时间尺度上动态方程振动理论

韩振来　孙书荣　著

山东大学出版社

图书在版编目(CIP)数据

时间尺度上动态方程振动理论/韩振来,孙书荣著.
—济南:山东大学出版社,2014.3
ISBN 978-7-5607-4999-0

Ⅰ.①时…
Ⅱ.①韩… ②孙…
Ⅲ.①时间尺度—动态方程—振动理论
Ⅳ.①O357.5

中国版本图书馆 CIP 数据核字(2014)第 045534 号

策划编辑 尹凤桐
责任编辑 李云霄
封面设计 牛 钧

出版发行 山东大学出版社
社 址 山东省济南市山大南路 20 号
邮 编 250100
电 话 市场部(0531)88364466
经 销 山东省新华书店
印 刷 山东泰安金彩印务有限公司
规 格 787 毫米×1092 毫米 1/16
15 印张 344 千字
版 次 2014 年 3 月第 1 版
印 次 2014 年 3 月第 1 次印刷
定 价 28.00 元

前　言

随着科学技术的发展和进步，在物理学、控制理论、生物学、医学和经济学等自然科学和边缘学科研究领域提出了大量由时滞动态方程描述的具体数学模型，因而对时滞动态方程进行研究在理论和实际应用中都具有重要意义.

振动性理论是动态方程定性理论的一个重要分支，占有非常重要的地位. Sturm G 建立了二阶齐次线性微分方程零点分布的比较理论和分离理论，为微分方程振动性理论研究奠定了基础. 此后，动态方程的振动性理论研究取得了迅猛发展，其研究内容和研究方法不断得到丰富和发展，其研究方向也扩展到矩阵微分系统、差分系统、泛函微分方程、偏微分方程等研究领域.

1988 年，德国的 Stefan Hilger 在他的博士论文中首次提出了测度链(Measure chains)分析，即一个把连续分析与离散分析统一的数学方法. 此文发表后受到数学家的广泛关注. 一方面，近年来发展起来的时间尺度上的动态方程理论为我们提供了同时研究和处理微分方程和差分方程所需要的一种数学方法. 另一方面，由于时间尺度的复杂性，大大丰富了动态方程的研究内容，使我们能够更清楚地理解连续系统与离散系统以及其他复杂系统的本质问题.

我们从 1994 年开始研究微分方程与差分方程的振动性，2004 年开始研究时间尺度上动态方程振动理论. 到目前为止，研究方程的振动性理论已有 19 个年头. 本书的主要内容，是我们团队多年来科学研究的结晶. 由于水平有限，书中一定有不当和错误，敬请批评指正.

本书研究了时间尺度上几类时滞动态方程的振动性，统一并推广了连续时滞动态方程和离散时滞动态方程在振动性方面的一些结果. 本书共由五章组成，主要内容是：第 1 章，绪论；第 2 章，时间尺度上 Emden-Fowler 时滞动态方程振动理论；第 3 章，时间尺度上二阶非线性时滞动态方程振动理论；第 4 章，时间尺度上二阶非线性中立型时滞动态方程振动理论；第 5 章，时间尺度上高阶非线性时滞动态方程振动理论.

本书的出版得到济南大学出版基金(Publishing Foundation Project of University of Jinan)资助，得到济南大学学科处、济南大学数学科学学院和山东大学出版社的大力支持，在此表示感谢.

韩振来　孙书荣

2013 年 1 月于济南

前言

目　录

第1章 绪　论

1.1 问题的提出

我们知道，在现实世界中，许多物理学、力学、化学、生物学、医学、经济学和社会学的系统，往往要用动力方程(动力系统)来描述，而动力方程通常都是用常微分方程、差分方程或偏微分方程所确定的数学模型来表达的，当然这些数学模型实际上都是假定事物的变化规律只与当时的状态有关，而与过去的历史无关. 但是，事实告诉人们，许多事物的变化规律不仅依赖于当时的状态，还依赖于过去的状态. 也就是说，当把动力方程理论应用到某些实际问题中去时，必须考虑到一个重要的现象——时滞反馈的影响. 例如，在物理学、力学、生物学、化工、通信工程、控制过程等应用领域中，就经常需要考虑带有时滞反馈的动力方程问题. 在这种情况下，不带有时滞的动力方程就不能很精确地描述客观事物，能客观地描述事物本质的是带有时滞的动力方程. 描述这类动力系统的数学模型通常称为时滞动力方程或时滞动力系统，在数学上一般称为泛函微分方程. 这种方程可以看作是带有导数的泛函方程，也可以看作是带有偏差变元的微分方程.

一般而言，动力系统总是不可避免地存在时滞现象，即使是质点间力的传递或者是以光速传递的信息也是如此. 在自动控制的装置中，从输入信号到接收到反馈信号，也必然相差一段时间. 因此用传统的微分方程或差分方程去描述系统的状态只是一种近似，是在理想的条件下进行的，必须符合精度要求才行. 由于泛函微分方程能充分考虑到事物的历史、现时对未来状态变化的影响，与传统的微分方程相比较，它能更深刻地、更精确地反映事物的变化规律，揭示事物的本质.

随着现代科学技术的快速发展，在自然科学与社会科学的许多研究领域中也都提出了大量的时滞动力方程的动力学问题，如人口、生态、经济、宇宙起源等宏观问题，如中子迁移、物质结构、化学反应等微观问题，又如神经网络、人工智能等生命现象问题. 在这些重大的实际问题中，人们不断地提出许多新的时滞动力方程的动力学问题和相关的数学理论，需要我们去研究和解决.

无论是从现代科学技术应用上的需要，还是从数学理论本身的发展来看，时滞动力方程的动力学问题都是一个新的、具有挑战性的数学分支. 时滞动力方程的动力学问题的研究可以追溯到18世纪的Euler或者更早些，但是系统的、形成一定规模的研究工作还是在20世纪40年代末. 在这一个时期，人们研究的工作重点是讨论线性常系数的情况，并且主要是设法具体求解这些方程. 所有的方法主要是 Laplace 变换、各种展开和近似方法. 对于稳定性的讨论,限于判断其特征方程根的分布.从 20 世纪 40 年代末到 50 年代末这 10 年间的工作,重点是初步建立了基本理论和系统地推广常微分方程的种种结果,特别是 Liapunov 第二方法.历史上,在推广 Liapunov 第二方法的时候碰到了极大困难,于是在 20 世纪 50 年代末人们提出了时滞泛函微分方程的普遍概念.

对时滞泛函微分方程的系统研究是在 20 世纪 60 年代全面展开的[1,2,3].一方面由于在实际问题中提出了大量的时滞动力方程的动力学问题,推动着一批数学家去研究解决;另一方面也由于数学理论本身的发展和近代数学工具的不断引入,促进了时滞动力方程理论的快速发展.到 20 世纪 70 年代末,国际上已初步形成了一支研究队伍,时滞动力方程理论已经成为一个相当活跃的数学分支.20 世纪 80 年代末,在我国也形成了一支人数较多的研究队伍,被国际学术界称为"中国学派".

时滞动力方程的振动性理论是时滞动力方程理论的中心内容之一,也是定性理论的一个重要组成部分.广泛的应用背景促使这一理论在近 30 年中有了迅速发展,从 20 世纪 80 年代至今,一直比较活跃.国际文献中这一领域的论文已达数千篇,1977 年以来出版了有关时滞动力方程振动理论的一批专著,如文献[4 ~ 7].

众所周知,生物模型中出现大量时滞微分方程[8],其中最著名的就是 Hutchinson 在 1948 年建立的描述单个种群增长的时滞 Logistic 方程

$$x'(t) = rx(t)\left(1 - \frac{x(t-\tau)}{k}\right), \tag{1.1.1}$$

其中,时滞 τ 包含对种群增长的各种影响,如孵化周期、怀孕时间、食物更新时间等.用特征方程讨论可知,当 $0 < r\tau < \frac{\pi}{2}$ 时,方程(1.1.1)的平衡点 $x = k$ 是渐近稳定的;当 $r\tau > \frac{\pi}{2}$ 时,$x = k$ 是不稳定的,即 $r\tau = \frac{\pi}{2}$ 为分叉点.另外,当 $r\tau > \frac{1}{\mathrm{e}}$ 时,方程(1.1.1)的解在 $x = k$ 附近振动;当 $r\tau \leqslant \frac{1}{\mathrm{e}}$ 时,方程的所有解不在 $x = k$ 附近振动[9].这个数学分析的结果给生态学家提供了引起振动现象的时滞 τ 的界限.

在工业技术方面也存在着大量的时滞动力方程问题.如电磁开关触头的振动可归结为研究二阶时滞微分方程

$$x''(t) + ax'(t) + bx(t) + cx(t-\tau) = 0$$

解的振动性[9].在研究两个星球或者两个带电粒子问题时,它们之间的引力传递速度为光速,其运动规律[10]为

$$\begin{cases} x''(t) = f_1(x(t) - y(t - r_{21}(t)), x'(t), y'(t - r_{21}(t))), \\ y''(t) = f_2(y(t) - x(t - r_{12}(t)), y'(t), x'(t - r_{12}(t))). \end{cases}$$

在研究核反应堆燃烧的循环理论中有数学模型[11]

$$x'(t) = -\int_{t-r}^{t} a(t-u)g(x(u))\mathrm{d}u,$$

其中,$x(t)$ 表示时刻 t 时的中子密度.在研究无损传输线连接问题时得到数学模型[12]

$$x'(t) - kx'\left(t - \frac{2}{s}\right) = f\left(x(t), x\left(t - \frac{2}{s}\right)\right).$$

近年来，随着时滞动力方程理论研究的深入，其重要性引起人们更广泛的关注. 人们习惯于将系统分为连续和离散两种类型，连续结果与离散结果有时是相通的，甚至有时是相似的，二者之间有许多共性和紧密的联系. 差分方程理论中的许多结果在微分方程理论中都能找到与之相应的类似结果. 但是，差分方程理论与微分方程理论相比，在内容上更为丰富. 差分方程与微分方程之间也存在着许多差异，甚至是本质上的差异. 有许多例子表明微分方程与其相应的差分方程会有一些完全不同的性质.

例如，1836 年，Verhulst 提出的著名单个种群增长的生态数学模型 Logistic 方程

$$x'(t) = rx(t)\left(1 - \frac{x(t)}{k}\right)$$

的所有解都是单调的. 但是，人们发现相应的差分方程

$$x(n+1) = ax(n)(1 - x(n))$$

当 $a = 4$ 时有一个混沌解[13]，这就有了本质性的区别. 时滞微分方程的振动性与相应的时滞差分方程的振动性也具有完全不同的性质[14,15]. 另外，Cooke[16] 和 Hooker[17] 也都论述过微分方程的振动性与相应的差分方程的振动性之间的差异. 这种可能的差异性，使得人们对许多微分方程和它们相应的差分方程进行重复的研究. 对时滞差分方程定性理论研究的历史比较短，真正开始在 20 世纪 80 年代末. 近 20 年的时间发展较为迅速，出现了一大批研究成果，如专著[18 ～ 21].

从模型的观点来看，用动力系统描述一种现象的更现实的方法是将变量定义在连续和离散的点的混合实数子集上，也就是在一个实数集的闭子集上. 因此，一个自然的问题是能否寻找到一种新的理论体系，使人们可以同时处理连续和离散系统，以便更好地洞察这两类不同系统之间的本质差异，这一直是人们想要克服的难题. 测度链上的微积分理论就在此背景下产生了.

测度链(Measure chains)上的微积分理论是德国 Wurzburg 大学的学者 Hilger 在 1988 年他的博士论文[22] 中提出来的，并随后发表在论文[23,24]中. 其主要思想就是把连续与离散统一起来，是为了统一连续分析和离散分析理论而引入的一种新的分析理论. 按照 Hilger 的导师 Aulbach 教授的解释，提出这种新的分析理论，其主要目的有三：统一、推广和离散化. 所谓统一，就是把微分方程理论和差分方程理论融合在一起去研究，分析他们之间的异同点，这样就避免了对很多问题的两次重复证明. 同时，因为测度链还包含其他的一些集合，因此可以得到更广泛的结果. 作为测度链的一种特殊情形，时间尺度(time scales) 是非常具有代表性的，因此备受关注. 目前，时间尺度上的微积分理论基础已经建立[25～28].

虽然测度链上的微积分理论是在 1988 年创立的，但是由于当时缺乏应用背景，并没有引起学术界的重视，被搁置了几年. 后来随着时间尺度上的微积分理论的进一步发展和完善，人们发现在不同季节有活动期和休眠期的昆虫种群的数学模型就可以用时间尺度上的动力方程来描述.

因此，近年来这一理论越来越引起数学家们的兴趣和关注. 时间尺度上的动力方程理论能更精确地预测在一个层面平稳变化，而在另一个层面又间歇变化的规律. 可以预言，在不久的将来，时间尺度上的动力方程理论不仅能成功地应用于生物学、经济学、物理学、

控制理论等领域，而且还能成为从事预测工作的科学家们不可或缺的工具.

1.2 研究背景及动态方程振动理论的发展

振动是一种带有普遍意义的物质运动形式，是系统运动的又一特征. 无论在哪一种技术领域，还是在哪一个物理部门，都会碰到某种程度的振动过程. 从自然界到工业领域，从日常生活到社会生活，振动现象屡见不鲜. 无线电技术、交流电工学以及某些其他技术都是建立在利用振动过程的基础之上的. 如钟摆的摆动和心脏的跳动、经济发展的高涨和萧条、声波和超声波、工程技术中的机器和结构物的机械振动、无线电和光学中的电磁振荡等，从最小的粒子到巨大的天体，从简单的摆到复杂的生物体，无处不存在振动现象[29].

同世界上一切事物无不具有两重性一样，在我们未认清、未掌握它时，振动会给人类带来严重的危害，一旦为我们所掌握，它就会化害为利，给人类带来益处. 因此，人们有时力图防止或减少振动，有时又力图制造和利用振动. 尽管振动现象的形式多种多样，但有着共同的客观规律和统一的数学表达形式，即动力方程的振动理论. 动力方程的振动理论不仅在力学、光学、声学、无线电、电子学、自动控制理论等学科，以及机械、航空、土木、水利等工程学科有着十分重要的作用，而且还在经济学、生态学、生命科学等领域也有着十分重要的作用.

对各类产品而言，振动存在于各种运输过程和使用环境中. 在运输过程中，振动激励主要来自运输工具与其载体的相互作用. 在使用过程中，振动来自产品自身和安装区域的旋转机械或外界运动的激励. 振动激励可以归为三大类：冲击激励、周期振动激励和随机振动激励.

振动会严重影响产品的工作状态，对其结构破坏也影响极大，主要表现为导线的摩擦、紧固件的松动、间断的接触点、带电元件间的接触和短路、密封失效、印刷电路引起的折断、光学上的失调、构件疲劳及断裂、产生强点噪声等. 特别是激振频率和设备的固有频率接近时，影响尤为剧烈. 因此，从产品设计的角度考虑，一是减弱振动对产品的作用强度；二是产品的固有频率应避开激励频率，使产品具有较高的可靠性.

振动是产品失效的主要原因之一. 早在 1940 年，美国塔可马(Tacoma)吊桥因风载引起振动而坍塌就是典型的非线性振动而引起破坏的例子. 另外，美国空军对沿海某基地使用的产品故障调查表明，振动引起的故障占 27%；我国某部曾对机械产品失效情况进行分析，振动引起的故障占环境因素引起故障的 21.6%.

由于振动的复杂性，人们往往通过等效综合手段和归一化方法，建立数学模型，把复杂的振动用相对简单的方法加以描述. 动力方程的振动性理论是动力方程定性理论的一个重要分支，也是近年来定性理论研究中一个十分活跃的方向. 因此，研究系统的振动性与其控制问题是十分有意义的.

1836 年，Sturm 在研究热传导问题时第一次提出并研究了二阶线性微分方程

$$y'' + q(t)y = 0$$

的振动性问题，建立了二阶线性微分方程解的零点分布的比较理论和零点分离理论，为微分方程振动性理论的研究奠定了基础. 从此，微分方程振动理论一直是微分方程定性理论

述,进而加以解决.

再比如,一个由电阻、电容及自感线圈所组成简单串联电路,当电容以固定频率作周期闭合时,电路中电流的改变率恰好可以用时间尺度上的导数来刻画[27].

另外,时间尺度上的动力系统在经济学领域也有着广泛的应用.例如,关于动态均衡分析经济学理论的蛛网模型.传统的蛛网模型,时间变量要么是离散的,要么是连续的,无法确切描述某一季节性产品的供求关系.当我们引入时间尺度上的蛛网模型后,就能较好地解决这一问题.

在国际上,致力于研究时间尺度上动力方程振动理论的主要代表人物有 Agarwal、Anderson、Bohner、Erbe、Henderson、Lakshmikantham、Li、Peterson、O'Regan、Saker、Zhang 等,发表了大量的研究成果,如文献[113 ～ 146].

人们对时间尺度上几类典型的一阶和二阶线性动力方程的振动性和非振动性,给出一些非常好的结果,其中包括三个非常有用的基本结论:变分方法定理、Riccati 变换、Sturm 分离定理.

关于时间尺度上的二阶非线性动力方程的振动性和非振动性研究也有一些结果,但是非常有限.与微分方程和差分方程一样,除了由方程的系数以及方程自身结构等一些因素引起解的振动外,滞量本身的改变也可引起时间尺度上动力方程解的振动性质的改变.

关于时间尺度上的时滞动力方程的振动性和非振动性研究到目前为止只有几十篇文章.Zhang[145] 在 2002 年利用微分方程振动性方法,研究了时间尺度上一阶线性时滞动力方程

$$x^{\Delta}(t)+p(t)x(\tau(t))=0$$

的振动性,这是第一篇研究时间尺度上时滞动力方程振动性的论文.时间尺度上二阶非线性时滞动力方程的振动性研究成果并不丰富.

由于时间尺度上动力方程理论还不很成熟,比如时间尺度上微积分理论以及不动点理论中的紧性问题等等,使得这类方程处理起来比较困难.

目前,许多时滞泛函微分(差分)方程的结论在时间尺度上动力方程中难以实现.因此,时间尺度上时滞动力方程研究还有很多工作尚待解决.如时间尺度上某些动力方程的振动性、振动解的零点分布以及高阶时滞动力方程正解的存在性等都是值得研究的问题.

本书主要是研究时间尺度上时滞动态方程的振动理论.

1.3　时间尺度上微积分基本理论

本节所引用的概念和结论主要来自文献[24 ～ 28,85,86,105].

实数集 **R** 的任何一非空闭子集$\mathbb{T}$称为一个时间尺度.时间尺度$\mathbb{T}$具有由 **R** 诱导的拓扑及序关系.常见的情况是$\mathbb{T}$和 $\mathbb{T}=\mathbf{N}$,其中 **N** 表示自然数集.除此之外,还有许多其他形式的时间尺度.例如,

$$\mathbb{T}=q^{\mathbf{Z}}=\{q^k\mid k\in\mathbf{Z}\}\cup\{0\},$$

其中,$q>1$,**Z** 表示整数集;

$$\mathbb{T}=h\mathbf{Z}=\{hk\mid k\in\mathbf{Z}\},$$

其中，$h>0$；

$$\mathbb{T}=P_{a,b}=\bigcup_{k=0}^{+\infty}[k(a+b),k(a+b)+a],$$

其中，$a>0,b>0$.

定义 1.3.1 设$\mathbb{T}$是一时间尺度，对 $t\in\mathbb{T}$,定义前跳算子 σ 为

$$\sigma:\mathbb{T}\to\mathbb{T},\sigma(t)=\inf\{s\in\mathbb{T}:s>t\},$$

后跳算子 ρ 为

$$\rho:\mathbb{T}\to\mathbb{T},\rho(t)=\sup\{s\in\mathbb{T}:s<t\},$$

补充定义 $\inf\varnothing=\sup\mathbb{T},\sup\varnothing=\inf\mathbb{T}$.

点 $t\in\mathbb{T}$称为右稠密的、右离散的、左稠密的和左离散的，如果$\sigma(t)=t,\sigma(t)>t,\rho(t)=t$ 和$\rho(t)<t$.

为了度量时间尺度上相邻点的位置关系，定义步差函数为

$$\mu:\mathbb{T}\to\mathbf{R},\mu(t)=\sigma(t)-t.$$

很明显 $\mu(t)\geqslant 0$.

特别地，当$\mathbb{T}=\mathbf{R}$时，$\sigma(t)=\rho(t)=t,\mu(t)=0$；当$\mathbb{T}=\mathbf{Z}$时，$\sigma(t)=t+1,\rho(t)=t-1,\mu(t)=1$.

定义$\mathbb{T}^k=\mathbb{T}$,如果 T 无上界；否则，$\mathbb{T}^k=\mathbb{T}\backslash[\rho(\sup\mathbb{T}),\sup\mathbb{T}]$. 类似地，定义$\mathbb{T}_k=\mathbb{T}$,如果$\mathbb{T}$无下界；否则，$\mathbb{T}_k=\mathbb{T}\backslash[\inf\mathbb{T},\sigma(\inf\mathbb{T}))$.

设函数 $f:\mathbb{T}\to\mathbf{R},t\in\mathbb{T}$. 定义 $f^\sigma:\mathbb{T}\to\mathbf{R}$ 为 $f^\sigma(t)=f(\sigma(t)),\forall t\in\mathbb{T}$.

定义 1.3.2 设函数 $f:\mathbb{T}\to\mathbf{R}$. 如果函数 f 对$\mathbb{T}$中的所有右稠密点存在有限的右极限，对$\mathbb{T}$中的所有左稠密点存在有限的左极限，那么称函数 f 是正规的.

定义 1.3.3 设函数 $f:\mathbb{T}\to\mathbf{R},t_0\in\mathbb{T}$. 如果对任意的 $\varepsilon>0$,存在 t_0 的一个小邻域 $U\subset\mathbb{T}$,当 $s\in U$ 时，都有 $|f(s)-f(t_0)|<\varepsilon$,则称函数 f 在点 t_0 是连续的.

定义 1.3.4 如果函数 $f:\mathbb{T}\to\mathbf{R}$ 在$\mathbb{T}$中一切右稠密点连续，且在左稠密点处存在有限左极限，则称函数 f 为右稠连续的，或称函数 f 为 rd 连续的. 在$\mathbb{T}$上一切右稠连续函数的集合记作 $C_{\mathrm{rd}}(\mathbb{T},\mathbf{R})$.

下面我们给出时间尺度上 Δ 导数与 Δ 积分的定义及其性质.

定义 1.3.5 设函数 $f:\mathbb{T}\to\mathbf{R},t\in\mathbb{T}^k$. 如果存在一个数 α,对任意的 $\varepsilon>0$,存在 t 的一个小邻域 $U\subset\mathbb{T}$,当 $s\in U$ 时，都有 $|f(\sigma(t))-f(s)-\alpha(\sigma(t)-s)|<\varepsilon|\sigma(t)-s|$,则称函数 f 在点 t 处是 Δ 可微的，简称可微，并称数 α 是函数 f 在点 t 处的 Δ 导数，简称导数，记为 $f^\Delta(t)$.

此外，如果对所有的 $t\in\mathbb{T}^k$,$f^\Delta(t)$ 都存在，则称函数 f 在$\mathbb{T}^k$ 上是 Δ 可微的，简称可微. 此时称函数 $f^\Delta:\mathbb{T}^k\to\mathbf{R}$ 为 f 在$\mathbb{T}^k$ 上的 Δ 导函数，简称导数.

当$\mathbb{T}=\mathbf{R}$时，$f^\Delta(t)=f'(t)$,就是通常的导数；当$\mathbb{T}=\mathbf{Z}$时，$f^\Delta(t)=\Delta f(t)$,就是通常的向前差分算子.

引理 1.3.1 设函数 $f:\mathbb{T}\to\mathbf{R},t\in\mathbb{T}^k$,则有

(1) 如果函数 f 在点 t Δ 可微，那么函数 f 在点 t 连续；

(2) 如果函数 f 在点 t 是连续的，点 t 是右离散的，那么函数 f 在点 t 是 Δ 可微的，且

$f^{\Delta}(t)=\dfrac{f(\sigma(t))-f(t)}{\sigma(t)-t}$；

(3) 如果点 t 是右稠密的，那么函数 f 在点 t 是 Δ 可微的，当且仅当极限

$$\lim_{s\to t}\frac{f(t)-f(s)}{t-s}$$

存在，且此时有 $f^{\Delta}(t)=\lim\limits_{s\to t}\dfrac{f(t)-f(s)}{t-s}$；

(4) 如果函数 f 在点 $t\Delta$ 可微，那么 $f^{\sigma}(t)=f(t)+\mu(t)f^{\Delta}(t)$；

(5) 如果函数 f 在 $\mathbb{T}^k$ 上分别满足 $f^{\Delta}(t)>0, f^{\Delta}(t)<0, f^{\Delta}(t)\geqslant 0, f^{\Delta}(t)\leqslant 0$，那么函数 f 在 $\mathbb{T}^k$ 上分别是递增的、递减的、非递减的、非递增的.

引理 1.3.2　设函数 $f,g:\mathbb{T}\to\mathbf{R}$ 在点 $t\in\mathbb{T}^k$ 是 Δ 可微的，则有

(1) 和函数 $f+g:\mathbb{T}\to\mathbf{R}$ 在点 t 是 Δ 可微的，且

$$(f+g)^{\Delta}(t)=f^{\Delta}(t)+g^{\Delta}(t);$$

(2) 对任意的常数 α，函数 $\alpha f:\mathbb{T}\to\mathbf{R}$ 在点 t 是 Δ 可微的，且

$$(\alpha f)^{\Delta}(t)=\alpha f^{\Delta}(t);$$

(3) 积函数 $fg:\mathbb{T}\to\mathbf{R}$ 在点 t 是 Δ 可微的，且

$$(fg)^{\Delta}(t)=f^{\Delta}(t)g(t)+f(\sigma(t))g^{\Delta}(t)=f(t)g^{\Delta}(t)+f^{\Delta}(t)g(\sigma(t));$$

(4) 如果 $f(t)f(\sigma(t))\neq 0$，那么函数 $\dfrac{1}{f}:\mathbb{T}\to\mathbf{R}$ 在点 t 是 Δ 可微的，且

$$\left(\frac{1}{f}\right)^{\Delta}(t)=-\frac{f^{\Delta}(t)}{f(t)f(\sigma(t))};$$

(5) 如果 $g(t)g(\sigma(t))\neq 0$，那么函数 $\dfrac{f}{g}:\mathbb{T}\to\mathbf{R}$ 在点 t 是 Δ 可微的，且

$$\left(\frac{f}{g}\right)^{\Delta}(t)=\frac{f^{\Delta}(t)g(t)-f(t)g^{\Delta}(t)}{g(t)g(\sigma(t))}.$$

引理 1.3.3　设函数 $f:\mathbb{T}\to\mathbf{R}$.

(1) 若函数 f 是连续的，则函数 f 是 rd 连续的；

(2) 若函数 f 是 rd 连续的，则函数 f 是正规的；

(3) 前跳算子 σ 是 rd 连续的；

(4) 若函数 f 是正规的，或是 rd 连续的，则 f^{σ} 是正规的，或是 rd 连续的；

(5) 设函数 f 是连续的，若函数 $g:\mathbb{T}\to\mathbf{R}$ 是正规的，或是 rd 连续的，则复合函数 $f\circ g$ 是正规的，或是 rd 连续的.

定义 1.3.6　定义在 $\mathbb{T}$ 上的 Δ 可微且其 Δ 导数右稠连续的函数集合记作 $C_{\mathrm{rd}}^{1}(\mathbb{T},\mathbf{R})$. 同理，定义在 $\mathbb{T}$ 上的二阶 Δ 可微且其二阶 Δ 导数右稠连续的函数集合记作 $C_{\mathrm{rd}}^{2}(\mathbb{T},\mathbf{R})$.

定义 1.3.7　设 $\mathbb{T}$ 为时间尺度，$a<b$ 为 $\mathbb{T}$ 中的点，定义时间尺度 $\mathbb{T}$ 上的闭区间

$$[a,b]_{\mathbb{T}}:=\{t\in\mathbb{T}\mid a\leqslant t\leqslant b\}.$$

同样可以定义时间尺度 $\mathbb{T}$ 上的开区间、无穷区间等. 例如，如果时间尺度 $\mathbb{T}$ 是无上界的，那么，$[a,+\infty)_{\mathbb{T}}:=\{t\in\mathbb{T}\mid a\leqslant t<+\infty\}$.

定义 1.3.8　设函数 $f:\mathbb{T}\to\mathbf{R}$, $a,b\in\mathbb{T}$, $a<b$. 如果存在一个函数 $F:\mathbb{T}\to\mathbf{R}$，对所有 $t\in\mathbb{T}^k$，都有 $F^{\Delta}(t)=f(t)$，那么称函数 $F(t)$ 为函数 $f(t)$ 的一个原函数，称原函数族 $F(t)$

$+c$ 为函数 $f(t)$ 的不定积分，记为$\int f(t)\Delta t = F(t)+c$，$c$ 是任意常数.

定义函数 $f(t)$ 从 a 到 b 的 Cauchy 积分或定积分为$\int_a^b f(t)\Delta t = F(b)-F(a)$，此时称函数 $f(t)$ 在区间$[a,b]_{\mathbb{T}}$ 上是可积的.

若 $\sup\mathbb{T}=+\infty$，那么函数 $f(t)$ 在$\mathbb{T}$上的无穷积分定义为$\int_a^{+\infty} f(t)\Delta t = \lim\limits_{b\to+\infty}\int_a^b f(t)\Delta t$.

为运算方便，规定$\int_a^a f(t)\Delta t = 0$；当 $a>b$ 时，$\int_a^b f(t)\Delta t = -\int_b^a f(t)\Delta t$.

引理 1.3.4(原函数存在定理)　设函数 $f:\mathbb{T}\to\mathbf{R}$ 是 rd 连续的，则函数 f 一定存在原函数. 特别地，如果 $t_0\in\mathbb{T}$，那么

$$F(t)=\int_0^t f(\tau)\Delta\tau,\quad t\in\mathbb{T}$$

是函数 f 的一个原函数.

引理 1.3.5　设 $a,b,c\in\mathbb{T}$，$\alpha\in\mathbf{R}$，函数 f,g 是 rd 连续的，则

(1)$\int_a^b[f(t)+g(t)]\Delta t=\int_a^b f(t)\Delta t+\int_a^b g(t)\Delta t$；

(2)$\int_a^b[\alpha f(t)]\Delta t=\alpha\int_a^b f(t)\Delta t$；

(3)$\int_a^b f(t)\Delta t=\int_a^c f(t)\Delta t+\int_c^b f(t)\Delta t$；

(4)$\int_a^b f(\sigma(t))g^{\Delta}(t)\Delta t=(fg)(b)-(fg)(a)-\int_a^b f^{\Delta}(t)g(t)\Delta t$；

(5)$\int_a^b f(t)g^{\Delta}(t)\Delta t=(fg)(b)-(fg)(a)-\int_a^b f^{\Delta}(t)g(\sigma(t))\Delta t$；

(6) 如果 $f(t)\geqslant 0$，$a\leqslant t\leqslant b$，那么$\int_a^b f(t)\Delta t\geqslant 0$；

(7) 如果 $|f(t)|\leqslant g(t)$，$a\leqslant t<b$，那么$\left|\int_a^b f(t)\Delta t\right|\leqslant\int_a^b g(t)\Delta t$.

引理 1.3.6　设函数 $f:\mathbb{T}\to\mathbf{R}$ 是 rd 连续的，$t\in\mathbb{T}^k$，则$\int_t^{\sigma(t)} f(\tau)\Delta\tau=\mu(t)f(t)$.

引理 1.3.7(Keller 链锁法则)　设函数 $f:\mathbf{R}\to\mathbf{R}$ 是连续可微的，$g:\mathbb{T}\to\mathbf{R}$ 是 Δ 可微的，则复合函数 $f\circ g:\mathbb{T}\to\mathbf{R}$ 是 Δ 可微的，且

$$(f\circ g)^{\Delta}(t)=\left\{\int_0^1 f'(g(t)+h\mu(t)g^{\Delta}(t))\mathrm{d}h\right\}g^{\Delta}(t).$$

由引理 1.3.7 可得，当 $x(t)$ 是 Δ 可微时，则有下列等式成立：

$$((x(t))^{\gamma})^{\Delta}=\gamma\int_0^1[hx^{\sigma}+(1-h)x]^{\gamma-1}x^{\Delta}(t)\mathrm{d}h.$$

引理 1.3.8　如果 $a,b\in\mathbb{T}$，函数 f 是 rd 连续的，那么

(1) 若$\mathbb{T}=\mathbf{R}$，则$\int_a^b f(t)\Delta t=\int_a^b f(t)\mathrm{d}t$；

(2) 若 $[a,b]$ 是由孤立点组成的,则 $\int_a^b f(t)\Delta t = \begin{cases} \sum_{t\in[a,b)_{\mathbb{T}}} \mu(t)f(t), a<b \\ 0, \quad a=b; \\ -\sum_{t\in[b,a)_{\mathbb{T}}} f(t), \quad a>b \end{cases}$

(3) 若 $\mathbb{T}=h\mathbf{Z}=\{hk \mid k\in\mathbf{Z}\}, h>0$,则 $\int_a^b f(t)\Delta t = \begin{cases} \sum_{k=\frac{a}{h}}^{\frac{b}{h}-1} f(kh)h, \quad a<b \\ 0, \quad a=b; \\ -\sum_{k=\frac{b}{h}}^{\frac{a}{h}-1} f(kh)h, a>b \end{cases}$

(4) 若 $\mathbb{T}=\mathbf{Z}$,则 $\int_a^b f(t)\Delta t = \begin{cases} \sum_{t=a}^{b-1} f(t), \quad a<b \\ 0, \quad a=b. \\ -\sum_{t=b}^{a-1} f(t), a>b \end{cases}$

时间尺度上动力方程的一般形式可以由下面的方程表达:

$$F(t,x,x^{\Delta},x^{\Delta\Delta},\cdots,x^{\Delta^n})=0,\quad t\in\mathbb{T},$$

其中,x^{Δ^n} 称为 n 阶导数. 当 $\mathbb{T}=\mathbf{R}$ 时,上述方程就是通常的常微分方程;当 $\mathbb{T}=\mathbf{Z}$ 时,就是通常的常差分方程.

定义 1.3.9 称函数 $p:\mathbb{T}\to\mathbf{R}$ 是回归的,如果

$$1+\mu(t)p(t)\neq 0,\quad \forall t\in\mathbb{T}^k.$$

所有 rd 连续的且是回归的函数 $p:\mathbb{T}\to\mathbf{R}$ 的集合,记为 $\mathcal{R}=\mathcal{R}(\mathbb{T},\mathbf{R})$.

引理 1.3.9 如果 $p(t)$ 是 rd 连续的,且是回归的,那么初值问题

$$x^{\Delta}(t)=p(t)x(t), x(t_0)=x_0$$

的解一定存在,且

$$x(t)=x_0e_p(t,t_0),$$

这里,$e_p(t,t_0)=\exp\left\{\int_{t_0}^{t}\zeta_{\mu(s)}(p(s))\Delta s\right\}$ 是时间尺度上的指数函数,它满足半群性质:

$$e_p(t,r)e_p(r,s)=e_p(t,s),\quad \forall r,s,t\in\mathbb{T},$$

其中

$$\zeta_{\mu}(z)=\begin{cases}\dfrac{\ln(1+\mu z)}{\mu}, \mu\neq 0 \\ z, \quad \mu=0\end{cases}.$$

1.4 本书内容安排

本书由五章组成,主要内容安排如下:

第 1 章,绪论. 概述了时滞动态方程的研究背景和发展状况,并对时间尺度上的微积

分理论作了介绍,同时简要介绍了本书的内容安排.

第 2 章,时间尺度上 Emden-Fowler 时滞动态方程振动理论.具体研究了时间尺度上二阶 Emden-Fowler 时滞动态方程的振动性、时间尺度上二阶 Emden-Fowler 中立型时滞动态方程的振动性判据、时间尺度上三阶 Emden-Fowler 时滞动态方程的振动准则、时间尺度上三阶 Emden-Fowler 中立型时滞动态方程的振动性判据、时间尺度上一类具阻尼项的二阶 Emden-Fowler 动态方程的振动性、时间尺度上一类三阶 Emden-Fowler 非线性时滞动态方程的振动性.建立了 Emden-Fowler 时滞动态方程振动的若干新准则,所得结论不仅推广和改进了前人的有关结果,而且还统一和推广了 Emden-Fowler 时滞微分方程与 Emden-Fowler 时滞差分方程振动性的有关结论.

第 3 章,时间尺度上二阶非线性时滞动态方程振动理论.具体研究了时间尺度上二阶非线性时滞动态方程的振动准则、时间尺度上一类二阶非线性时滞动态方程的振动性、时间尺度上带强迫项的二阶非线性时滞动态方程的振动定理、时间尺度上具强迫项的二阶阻尼非线性动态方程的区间振动准则、时间尺度上二阶具阻尼项的非线性动态方程的振动性.建立了二阶非线性时滞动态方程振动的若干新的充分条件,我们的结果不仅推广和改进了已有文献的相关结论,而且还统一和推广了二阶非线性时滞微分方程与二阶非线性时滞差分方程振动性的相关结果.

第 4 章,时间尺度上二阶非线性中立型时滞动态方程振动理论.具体研究了时间尺度上二阶非线性中立型时滞动态方程的振动准则、时间尺度上二阶拟线性中立型时滞动态方程的振动性判据、时间尺度上二阶具强迫项的中立型时滞动态方程的非振动性、时间尺度上一类二阶非线性中立型时滞动态方程的振动准则、时间尺度上一类二阶具阻尼项的半线性中立型时滞动态方程的振动性.建立了二阶非线性中立型时滞动态方程振动的若干新的充分条件.我们的结果推广和改进了已有文献的相关结论,统一和推广了二阶中立型时滞微分方程与二阶非线性中立型时滞差分方程振动性的相关结果.

第 5 章,时间尺度上高阶非线性时滞动态方程振动理论.具体研究了时间尺度上三阶非线性时滞动态方程的振动准则、时间尺度上三阶非线性时滞动态方程的振动性判据、时间尺度上一类三阶非线性中立型时滞动态方程的振动行为、时间尺度上一类三阶非线性时滞动态方程的振动准则、时间尺度上一类三阶半线性时滞动态方程的振动性与渐近性、时间尺度上一类四阶非线性时滞动态方程的振动准则,建立了高阶动态方程振动的若干新的充分条件.

第 2 章　时间尺度上 Emden-Fowler 时滞动态方程振动理论

学术界对微分方程振动性理论的研究比较多，其成果也比较丰富，如文献[147 ～ 166]. 近年来，人们也开始对时间尺度上动态方程解的振动性和非振动性进行了研究，如 Akin-Bohner[115～118]，Bohner[119～121,123]，Erbe[125～133] 和 Saker[140,141,143]. 然而关于时间尺度上时滞动力方程解的振动性研究目前仅有十几篇文章，如文献[113,114,122,133,135,138,142,144 ～ 146].

2.1　时间尺度上二阶 Emden-Fowler 时滞动态方程的振动性

本节研究下列形式的时间尺度上二阶 Emden-Fowler 时滞动力方程

$$x^{\Delta\Delta}(t)+p(t)x^{\gamma}(\tau(t))=0,\quad t\in\mathbb{T}\tag{2.1.1}$$

解的振动性.

2002 年，Zhang[145] 研究了时间尺度上一阶线性时滞动力方程

$$x^{\Delta}(t)+p(t)x(\tau(t))=0,\quad t\in\mathbb{T}\tag{2.1.2}$$

解的振动性，给出了相应的时滞微分方程和时滞差分方程振动的统一方法. 这是第一篇关于时间尺度上时滞动力方程振动性的研究论文，这说明研究时间尺度上时滞动力方程是可行的.

2005 年，Agarwal[114] 研究了时间尺度上二阶线性时滞动力方程

$$x^{\Delta\Delta}(t)+p(t)x(\tau(t))=0,\quad t\in\mathbb{T}\tag{2.1.3}$$

解的振动性，建立了方程(2.1.3) 振动的一些充分条件，统一了时滞微分方程和时滞差分方程振动性的相应结果. 明显，方程(2.1.3) 是方程(2.1.1) 的特殊情况.

由于我们研究的是方程解的振动性，所以假设时间尺度$\mathbb{T}$是无界的，即它是时间尺度上的无穷区间$[a,+\infty)_{\mathbb{T}}=\{t\in\mathbb{T}:t\geqslant a,a\in\mathbb{T},a>0\}$.

这里γ是两个正奇数的商，$p(t)$ 是定义在时间尺度区间$[a,+\infty)_{\mathbb{T}}$上的正的实数值 rd 连续函数. $\tau(t)$ 是定义在$\mathbb{T}$到$\mathbb{T}$上的 rd 连续函数，且 $\tau(t)\leqslant t,\lim\limits_{t\to+\infty}\tau(t)=+\infty$.

方程(2.1.1) 的一个解是指定义在时间尺度区间$[a,+\infty)_{\mathbb{T}}$上的一个实值函数 $x(t)$，满足方程(2.1.1). 称方程(2.1.1) 的一个解 $x(t)$ 是一个最终正解，如果存在 $t_0\in\mathbb{T}$，使得 $x(t)$ 在$[a,+\infty)_{\mathbb{T}}$是正的. 方程(2.1.1) 的解 $x(t)$ 称为是振动的，如果 $x(t)$ 既不最终为正，也不最终为负. 否则，称为非振动的. 方程(2.1.1) 称为是振动的，如果它的所有解都

是振动的.

我们注意到,当时间尺度$\mathbb{T}=\mathbf{R}$时,有$x^{\Delta}(t)=x'(t)$,这是通常的导数.方程(2.1.1)就变成二阶非线性 Emden-Fowler 时滞微分方程

$$x''(t)+p(t)x^{\gamma}(\tau(t))=0,\quad t\in\mathbf{R}. \tag{2.1.4}$$

当时间尺度$\mathbb{T}=\mathbf{Z}$时,有$x^{\Delta}(t)=\Delta x(t)=x(t+1)-x(t)$,这是通常的向前差分.方程(2.1.1)就变成二阶非线性 Emden-Fowler 时滞差分方程

$$\Delta^2 x(t)+p(t)x^{\gamma}(\tau(t))=0,\quad t\in\mathbf{Z}. \tag{2.1.5}$$

当$\gamma>1$时,方程(2.1.1)称为 Emden-Fowler 超线性动力方程;当$0<\gamma<1$时,方程(2.1.1)称为 Emden-Fowler 次线性动力方程.研究方程(2.1.1)是非常有意义的.因为方程(2.1.4)和(2.1.5)在物理学方面有很多重要应用[23].人们对方程(2.1.4)和(2.1.5)已经建立了很多振动和非振动准则,如文献[5,52,69,167,168].

本节利用 Riccati 变换技巧和不等式理论,建立了方程(2.1.1)振动的几个准则.我们的结论不仅推广了 Agarwal[114] 的结果,而且还统一和推广了相应的二阶 Emden-Fowler 时滞微分方程与二阶 Emden-Fowler 时滞差分方程振动性的有关结果.

2.1.1 基本引理

为了证明我们的主要结论,需要用到下面的公式

$$((x(t))^{\gamma})^{\Delta}=\gamma\int_0^{1}[hx^{\sigma}+(1-h)x]^{\gamma-1}x^{\Delta}(t)\mathrm{d}h, \tag{2.1.6}$$

这里,函数$x(t)$是Δ可导的.公式(2.1.6)是 Keller 链锁法则的一个简单推论.

引理 2.1.1 设$x(t)$方程(2.1.1)的一个最终正解,则存在$t_1\in[a,+\infty)_{\mathbb{T}}$,使得

$$x^{\Delta}(t)>0,x^{\Delta\Delta}(t)<0,\qquad t\in[t_1,+\infty)_{\mathbb{T}}. \tag{2.1.7}$$

引理 2.1.1 的证明过程与文献[114]中的引理 2.1 类似.

引理 2.1.2 设

$$\int_a^{+\infty}\sigma(t)p(t)\Delta t=+\infty, \tag{2.1.8}$$

则方程(2.1.1)的最终正解$x(t)$满足$x(t)\geqslant tx^{\Delta}(t)$,$\dfrac{x(t)}{t}$是非增的. (2.1.9)

引理 2.1.2 的证明过程与文献[114]中的引理 4.3 类似.

引理 2.1.3 设函数z和x在时间尺度$\mathbb{T}$上可微,且$x(t)\neq 0,t\in\mathbb{T}$,则有

$$(x^{\gamma})^{\Delta}\left(\frac{z^2}{x^{\gamma}}\right)^{\Delta}=(z^{\Delta})^2-(xx^{\sigma})^{\gamma}\left(\left(\frac{z}{x^{\gamma}}\right)^{\Delta}\right)^2. \tag{2.1.10}$$

引理 2.1.3 的证明过程与文献[118]中的引理 3.1 类似.

2.1.2 主要结果与证明

定理 2.1.1 设式(2.1.8)成立,$\gamma\geqslant 1$.若

$$\limsup_{t\to+\infty}\left\{t\int_t^{+\infty}p(s)\left(\frac{\tau(s)}{s}\right)^{\gamma}\Delta s\right\}=+\infty, \tag{2.1.11}$$

则方程(2.1.1)是振动的.

证明 假设方程(2.1.1)有非振动的解$x(t)$.不妨设最终为正,即存在$t_1\in[a,+\infty)_{\mathbb{T}}$,有$x(t)>0,x(\tau(t))>0,t\in[t_1,+\infty)_{\mathbb{T}}$.我们只考虑这种情况,因为当$x(t)$最终

为负时可类似证明.

由引理 2.1.1,得式(2.1.7)成立.由方程(2.1.1)和式(2.1.7),对 $T \geqslant t \geqslant t_1$,有

$$\int_t^T p(s)x^\gamma(\tau(s))\Delta s = -\int_t^T x^{\Delta\Delta}(s)\Delta s = x^\Delta(t) - x^\Delta(T) \leqslant x^\Delta(t),$$

因此

$$\int_t^{+\infty} p(s)x^\gamma(\tau(s))\Delta s \leqslant x^\Delta(t).$$

由引理 2.1.2,对充分大的 $t \in [a,+\infty)_{\mathbb{T}}$,有

$$\begin{aligned} x(t) &\geqslant tx^\Delta(t) \geqslant t\int_t^{+\infty} p(s)x^\gamma(\tau(s))\Delta s \geqslant t\int_t^{+\infty} p(s)\left(\frac{\tau(s)}{s}\right)^\gamma x^\gamma(s)\Delta s \\ &\geqslant x^\gamma(t)\left\{t\int_t^{+\infty} p(s)\left(\frac{\tau(s)}{s}\right)^\gamma \Delta s\right\}. \end{aligned}$$

所以

$$t\int_t^{+\infty} p(s)\left(\frac{\tau(s)}{s}\right)^\gamma \Delta s \leqslant \left(\frac{1}{x(t)}\right)^{\gamma-1}.$$

注意到 $\gamma \geqslant 1$ 和式(2.1.7),得

$$t\int_t^{+\infty} p(s)\left(\frac{\tau(s)}{s}\right)^\gamma \Delta s \leqslant \left(\frac{1}{x(t_1)}\right)^{\gamma-1},$$

这与式(2.1.11)矛盾,证毕.

注 2.1.1　定理 2.1.1 包含了文献[114]中定理 4.4 的结果.

定理 2.1.2　设式(2.1.8)成立,$\gamma \geqslant 1$.假设存在一个函数 $z(t) \in C_{\mathrm{rd}}^1([a,+\infty)_{\mathbb{T}}, \mathbf{R})$,使得对任意常数 $M > 0$,都有

$$\limsup_{t\to+\infty}\int_a^t \left(p(s)\left(\frac{\tau(s)}{\sigma(s)}\right)^\gamma (z(\sigma(s)))^2 - M^{\gamma-1}(z^\Delta(s))^2\right)\Delta s = +\infty \tag{2.1.12}$$

成立,则方程(2.1.1)是振动的.

证明　假设方程(2.1.1)有非振动的解 $x(t)$.不妨设最终为正,即存在 $t_1 \in [a,+\infty)_{\mathbb{T}}$,有 $x(t) > 0, x(\tau(t)) > 0, t \in [t_1 +\infty)_{\mathbb{T}}$.由引理 2.1.1,得式(2.1.7)成立.定义函数 $\omega(t)$ 如下:

$$\omega = \frac{z^2 x^\Delta}{x^\gamma}. \tag{2.1.13}$$

于是 $\omega(t) > 0$,对 $\omega(t)$ 微分得

$$\omega^\Delta = \left(\frac{z^2}{x^\gamma}\right)^\sigma x^{\Delta\Delta} + x^\Delta\left(\frac{z^2}{x^\gamma}\right)^\Delta.$$

由方程(2.1.1)和引理 2.1.3 得

$$\omega^\Delta = -p(z^\sigma)^2\left(\frac{x\circ\tau}{x^\sigma}\right)^\gamma + \frac{x^\Delta}{(x^\gamma)^\Delta}(z^\Delta)^2 - \frac{x^\Delta}{(x^\gamma)^\Delta}(xx^\sigma)^\gamma\left(\left(\frac{z}{x^\gamma}\right)^\Delta\right)^2. \tag{2.1.14}$$

由引理 2.1.2,得 $\dfrac{x(\tau(t))}{\tau(t)} \geqslant \dfrac{x(\sigma(t))}{\sigma(t)}$,再注意到 $\gamma \geqslant 1$,由式(2.1.6)和式(2.1.7)得

$$(x^\gamma)^\Delta(t) \geqslant \gamma(x(t))^{\gamma-1}x^\Delta(t) \geqslant \gamma(x(t_1))^{\gamma-1}x^\Delta(t),$$

于是,有

$$\omega^{\Delta} \leqslant -p(z^{\sigma})^2\left(\frac{\tau}{\sigma}\right)^{\gamma} + M^{\gamma-1}(z^{\Delta})^2,$$

这里,如果 $\gamma > 1$,那么取 $M = (\gamma^{\frac{1}{\gamma-1}} x(t_1))^{-1}$;如果 $\gamma = 1$,那么取 $M = 1$. 所以,有

$$\int_{t_1}^{t}\left(p(s)\left(\frac{\tau(s)}{\sigma(s)}\right)^{\gamma}(z(\sigma(s)))^2 - M^{\gamma-1}(z^{\Delta}(s))^2\right)\Delta s \leqslant -\int_{t_1}^{t}\omega^{\Delta}(s)\Delta s \leqslant \omega(t_1),$$

这与条件式(2.1.12) 矛盾,证毕.

注 2.1.2 定理 2.1.2 包含了文献[114] 中定理 4.8 的结果.

由定理 2.1.2,我们可以通过选择不同的函数 $z(t)$,而得到方程(2.1.1) 不同的振动条件. 例如,分别令 $z = \sqrt{t}$,$z \equiv 1$,则有下面的推论.

推论 2.1.1 设式(2.1.8) 成立,$\gamma \geqslant 1$. 若对任意常数 $M > 0$,都有

$$\limsup_{t\to+\infty}\int_{a}^{t}\left(p(s)\sigma(s)\left(\frac{\tau(s)}{\sigma(s)}\right)^{\gamma} - \frac{M^{\gamma-1}}{(\sqrt{s}+\sqrt{\sigma(s)})^2}\right)\Delta s = +\infty$$

成立,则方程(2.1.1) 是振动的.

推论 2.1.2 设式(2.1.8) 成立,$\gamma \geqslant 1$. 若

$$\limsup_{t\to+\infty}\int_{a}^{t}p(s)\left(\frac{\tau(s)}{\sigma(s)}\right)^{\gamma}\Delta s = +\infty$$

成立,则方程(2.1.1) 是振动的.

有时候,下面推论 2.1.3 的条件要比推论 2.1.1 的条件更容易验证. 由于 $\sigma(t) \geqslant t$,由推论 2.1.1 很容易得出下面的结果.

推论 2.1.3 设式(2.1.8) 成立,$\gamma \geqslant 1$. 若对任意常数 $M > 0$,都有

$$\limsup_{t\to+\infty}\int_{a}^{t}\left(p(s)\sigma(s)\left(\frac{\tau(s)}{\sigma(s)}\right)^{\gamma} - \frac{M^{\gamma-1}}{4s}\right)\Delta s = +\infty$$

成立,则方程(2.1.1) 是振动的.

定理 2.1.3 设式(2.1.8) 成立,$\gamma \geqslant 1$. 若

$$\limsup_{t\to+\infty}\int_{a}^{t}p(s)\sigma(s)\left(\frac{\tau(s)}{\sigma(s)}\right)^{\gamma}\Delta s = +\infty, \tag{2.1.15}$$

则方程(2.1.1) 是振动的.

证明 假设方程(2.1.1) 有非振动的解 $x(t)$. 不妨设最终为正,即存在 $t_1 \in [a, +\infty)_{\mathbb{T}}$,有 $x(t) > 0$,$x(\tau(t)) > 0$,$t \in [t_1, +\infty)_{\mathbb{T}}$. 由引理 2.1.1,得式(2.1.7) 成立. 令 $z = \sqrt{t}$,像式(2.1.13) 那样定义函数 $\omega(t)$. 由引理 2.1.2 和求导法则,得

$$\begin{aligned}\omega^{\Delta} &= (x^{\Delta} + \sigma(t)x^{\Delta\Delta})(x^{-\gamma})^{\sigma} + tx^{\Delta}(x^{-\gamma})^{\Delta}\\ &= x^{\Delta}(x^{-\gamma})^{\sigma} - \sigma(t)p(t)\left(\frac{x(\tau(t))}{x(\sigma(t))}\right)^{\gamma} + (tx^{\Delta})(x^{-\gamma})^{\Delta}.\end{aligned}$$

注意到 $\gamma > 1$,由式(2.1.6) 和式(2.1.7) 得,$(x^{-\gamma})^{\Delta} \leqslant 0$,$\left(\frac{\tau(t)}{\sigma(t)}\right)^{\gamma} \leqslant \left(\frac{x(\tau(t))}{x(\sigma(t))}\right)^{\gamma}$,且

$$\begin{aligned}((x(t))^{1-\gamma})^{\Delta} &= (1-\gamma)\int_0^1[hx^{\sigma} + (1-h)x]^{-\gamma}x^{\Delta}(t)\mathrm{d}h\\ &\leqslant (1-\gamma)\int_0^1[hx^{\sigma} + (1-h)x^{\sigma}]^{-\gamma}x^{\Delta}(t)\mathrm{d}h\\ &= (1-\gamma)(x^{\sigma}(t))^{-\gamma}x^{\Delta}(t)\end{aligned}$$

$$= (1-\gamma)(x^{-\gamma}(t))^{\sigma} x^{\Delta}(t),$$

所以 $x^{\Delta}(t)(x^{-\gamma}(t))^{\sigma} \leqslant \dfrac{((x(t))^{1-\gamma})^{\Delta}}{1-\gamma}$. 因此，有 $\omega^{\Delta} \leqslant \dfrac{((x(t))^{1-\gamma})^{\Delta}}{1-\gamma} - \sigma(t)p(t)\left(\dfrac{\tau(t)}{\sigma(t)}\right)^{\gamma}$. 积分得

$$\begin{aligned}\int_{t_1}^{t} \sigma(s)p(s)\left(\frac{\tau(t)}{\sigma(t)}\right)^{\gamma}\Delta s &\leqslant \int_{t_1}^{t}\left(\frac{x^{1-\gamma}}{1-\gamma}-\omega\right)^{\Delta}(s)\Delta s \\ &= \frac{x^{1-\gamma}(t)}{1-\gamma} - \omega(t) - \frac{x^{1-\gamma}(t_1)}{1-\gamma} + \omega(t_1) \\ &\leqslant \frac{x^{1-\gamma}(t_1)}{\gamma-1} + \omega(t_1).\end{aligned}$$

这与式(2.1.15) 矛盾，证毕.

定理 2.1.4　设式(2.1.8) 成立，$\gamma \leqslant 1$. 若存在函数 $z(t) \in C_{\mathrm{rd}}^{1}([a,+\infty),\mathbf{R})$，对任意常数 $K>0$，有

$$\limsup_{t\to+\infty}\int_{a}^{t}\left(p(s)\left(\frac{\tau(s)}{\sigma(s)}\right)^{\gamma}(z(\sigma(s)))^{2} - K^{\gamma-1}(\sigma(s))^{1-\gamma}(z^{\Delta}(s))^{2}\right)\Delta s = +\infty \qquad (2.1.16)$$

成立，则方程(2.1.1) 是振动的.

证明　假设方程(2.1.1) 有非振动的解 $x(t)$. 不妨设最终为正，即存在 $t_1 \in [a,+\infty)_{\mathbf{T}}$，有 $x(t)>0, x(\tau(t))>0, t\in[t_1,+\infty)_{\mathbf{T}}$. 由引理 2.1.1，得式(2.1.7) 成立. 因为

$$x(t) = x(t_1) + \int_{t_1}^{t} x^{\Delta}(s)\Delta s \leqslant \alpha + \beta t,$$

这里，$\alpha = x(t_1) - t_1 x^{\Delta}(t_1)$，$\beta = x^{\Delta}(t_1)$. 记 $L = |\alpha| + \beta$，$t_2 \geqslant \max\{t_1, 1\}$，我们得到

$$x(t) \leqslant Lt, t \geqslant t_2. \qquad (2.1.17)$$

注意到 $\gamma \leqslant 1$，由公式(2.1.6) 和式(2.1.17) 得

$$\begin{aligned}((x(t))^{\gamma})^{\Delta} &= \gamma\int_{0}^{1}[hx^{\sigma} + (1-h)x]^{\gamma-1}x^{\Delta}(t)\,\mathrm{d}h \\ &\geqslant \gamma\int_{0}^{1}[hx^{\sigma} + (1-h)x^{\sigma}]^{\gamma-1}x^{\Delta}(t)\,\mathrm{d}h \\ &= \gamma(x^{\sigma}(t))^{\gamma-1}x^{\Delta}(t),\end{aligned}$$

所以

$$((x(t))^{\gamma})^{\Delta} \geqslant \gamma(L\sigma(t))^{\gamma-1}x^{\Delta}(t) = \frac{(\sigma(t))^{\gamma-1}}{K^{\gamma-1}}x^{\Delta}(t), \qquad (2.1.18)$$

这里当 $\gamma<1$ 时，我们记 $K = (\gamma^{\frac{1}{\gamma-1}}L)^{-1}$. 当 $\gamma=1$ 时，取 $K=1$.

注意到 $K>0$，像式(2.1.13) 那样定义函数 $\omega(t)$. 由式(2.1.14) 和引理 2.1.2，注意到 $\gamma \leqslant 1$，由式(2.1.7) 和式(2.1.18)，得

$$\omega^{\Delta} \leqslant -p(z^{\sigma})^{2}\left(\frac{\tau}{\sigma}\right)^{\gamma} + K^{\gamma-1}\sigma^{1-\gamma}(z^{\Delta})^{2}.$$

积分得

$$\int_{t_2}^{t}\left(p(s)\left(\frac{\tau(s)}{\sigma(s)}\right)^{\gamma}(z(\sigma(s)))^{2} - K^{\gamma-1}(\sigma(s))^{1-\gamma}(z^{\Delta}(s))^{2}\right)\Delta s \leqslant -\int_{t_2}^{t}\omega^{\Delta}(s)\Delta s \leqslant \omega(t_2),$$

这与式(2.1.16) 矛盾，证毕.

由定理 2.1.4，我们可以通过选择不同的函数 $z(t)$，而得到方程(2.1.1) 不同的振动

条件.例如,分别令 $z=\sqrt{t}, z\equiv 1$,则有下面的推论.

推论 2.1.4 设式(2.1.8)成立,$\gamma\leqslant 1$.若对任意常数 $K>0$,有

$$\limsup_{t\to+\infty}\int_a^t\left(p(s)\sigma(s)\left(\frac{\tau(s)}{\sigma(s)}\right)^\gamma-\frac{K^{\gamma-1}(\sigma(s))^{1-\gamma}}{(\sqrt{s}+\sqrt{\sigma(s)})^2}\right)\Delta s=+\infty$$

成立,则方程(2.1.1)是振动的.

推论 2.1.5 设式(2.1.8)成立,$\gamma\leqslant 1$.若

$$\limsup_{t\to+\infty}\int_a^t p(s)\left(\frac{\tau(s)}{\sigma(s)}\right)^\gamma\Delta s=+\infty$$

成立,则方程(2.1.1)是振动的.

有时候,下面推论2.1.6的条件要比推论2.1.4的条件更容易验证.由于 $\sigma(t)\geqslant t$,由推论2.1.4很容易得到下面的结果.

推论 2.1.6 设式(2.1.8)成立,$\gamma\leqslant 1$.若对任意常数 $K>0$,有

$$\limsup_{t\to+\infty}\int_a^t\left(p(s)\sigma(s)\left(\frac{\tau(s)}{\sigma(s)}\right)^\gamma-(\sigma(s))^{1-\gamma}\frac{K^{\gamma-1}}{4s}\right)\Delta s=+\infty$$

成立,则方程(2.1.1)是振动的.

定理 2.1.5 设式(2.1.8)成立,$\gamma\leqslant 1$.若

$$\limsup_{t\to+\infty}\int_a^t p(s)(\tau(s))^\gamma\Delta s=+\infty \tag{2.1.19}$$

成立,则方程(2.1.1)是振动的.

证明 假设方程(2.1.1)有非振动的解 $x(t)$.不妨设最终为正,即存在 $t_1\in[a,+\infty)_{\mathbb{T}}$,有 $x(t)>0, x(\tau(t))>0, t\in[t_1,+\infty)_{\mathbb{T}}$.由引理2.1.1和引理2.1.2,得式(2.1.7)和式(2.1.9)成立.由式(2.1.6)和式(2.1.7),得

$$\begin{aligned}((x^\Delta(t))^{1-\gamma})^\Delta&=(1-\gamma)\int_0^1[h(x^\Delta)^\sigma+(1-h)x^\Delta]^{-\gamma}x^{\Delta\Delta}(t)\mathrm{d}h\\&\leqslant(1-\gamma)\int_0^1[h(x^\Delta)^\sigma+(1-h)(x^\Delta)^\sigma]^{-\gamma}x^{\Delta\Delta}(t)\mathrm{d}h\\&=(1-\gamma)((x^\Delta)^\sigma(t))^{-\gamma}x^{\Delta\Delta}(t),\end{aligned}$$

因此

$$((x^\Delta)^\sigma(t))^{-\gamma}x^{\Delta\Delta}(t)\geqslant\frac{((x^\Delta(t))^{1-\gamma})^\Delta}{1-\gamma}. \tag{2.1.20}$$

由式(2.1.9)和式(2.1.20)得

$$\begin{aligned}0=\frac{x^{\Delta\Delta}(t)+p(t)x^\gamma(\tau(t))}{((x^\Delta)^\sigma(t))^\gamma}&=x^{\Delta\Delta}(t)((x^\Delta)^\sigma(t))^{-\gamma}+p(t)\left(\frac{x(\tau(t))}{(x^\Delta)^\sigma(t)}\right)^\gamma\\&\geqslant\frac{((x^\Delta(t))^{1-\gamma})^\Delta}{1-\gamma}+p(t)\left(\frac{\sigma(t)x(\tau(t))}{x(\sigma(t))}\right)^\gamma\\&\geqslant\frac{((x^\Delta(t))^{1-\gamma})^\Delta}{1-\gamma}+p(t)\left(\frac{\sigma(t)\tau(t)}{\sigma(t)}\right)^\gamma.\end{aligned}$$

所以,$p(t)(\tau(t))^\gamma\leqslant\dfrac{((x^\Delta(t))^{1-\gamma})^\Delta}{\gamma-1}$.因此

$$\int_{t_1}^t p(s)(\tau(s))^\gamma\Delta s\leqslant\int_{t_1}^t\frac{((x^\Delta(s))^{1-\gamma})^\Delta}{\gamma-1}\Delta s\leqslant\frac{1}{1-\gamma}(x^\Delta(t_1))^{1-\gamma}.$$

这与式(2.1.19)矛盾,证毕.

注 2.1.3　很容易看到,在文献[113,114,122,133,135,138,142,144～146]中得到的结果是不能应用到方程(2.1.1)的,所以我们的结果是新的.

2.1.3　理论应用

下面给出一些例子来说明我们的结果.为了得到振动条件,我们需要使用下面的结论:

若 $0\leqslant p\leqslant 1$,则

$$\int_1^{+\infty}\frac{\Delta t}{t^p}=+\infty.$$

关于这个结论的细节,可以参考文献[85]中的定理 5.68.

例 2.1.1　考虑时间尺度上二阶非线性时滞动力方程

$$x^{\Delta\Delta}(t)+\frac{\sigma^{\gamma-1}(t)}{\sqrt{t}\tau^{\gamma}(t)}x^{\gamma}(\tau(t))=0,\quad t\in[1,+\infty),\tag{2.1.21}$$

这里,$p(t)=\dfrac{\sigma^{\gamma-1}(t)}{\sqrt{t}\tau^{\gamma}(t)}$,$\tau(t)=\dfrac{t}{2}$,$\gamma\geqslant 1$.于是,

$$\int_1^{+\infty}\sigma(s)p(s)\Delta s=\int_1^{+\infty}\sigma(s)\frac{\sigma^{\gamma-1}(s)}{\sqrt{s}\tau^{\gamma}(s)}\Delta s\geqslant\int_1^{+\infty}\frac{1}{\sqrt{s}}\Delta s=+\infty,$$

且对任意常数 $M>0$,有

$$\limsup_{t\to+\infty}\int_{t_1}^{t}\left(p(s)\sigma(s)\left(\frac{\tau(s)}{\sigma(s)}\right)^{\gamma}-\frac{M^{\gamma-1}}{4s}\right)\Delta s=\limsup_{t\to+\infty}\int_{t_1}^{t}\left(\frac{1}{\sqrt{s}}-\frac{M^{\gamma-1}}{4s}\right)\Delta s=+\infty$$

成立,这里 $t_1=\left(\dfrac{1+M^{\gamma-1}}{4}\right)^2$.由推理 2.1.3 得,方程(2.1.21)是振动的.

例 2.1.2　考虑时间尺度上二阶非线性时滞动力方程

$$x^{\Delta\Delta}(t)+\frac{1}{t^{\frac{1}{3}}\tau(t)}x^{\frac{1}{3}}(\tau(t))=0,\quad t\in[1,+\infty),\tag{2.1.22}$$

这里,$p(t)=\dfrac{1}{t^{\frac{1}{3}}\tau(t)}$,$\tau(t)=\dfrac{t}{2}$,$\gamma=\dfrac{1}{3}<1$.于是,

$$\int_1^{+\infty}\sigma(s)p(s)\Delta s=\int_1^{+\infty}\sigma(s)\frac{1}{s^{\frac{1}{3}}\tau(s)}\Delta s\geqslant\int_1^{+\infty}\frac{1}{s^{\frac{1}{3}}}\Delta s=+\infty,$$

$$\limsup_{t\to+\infty}\int_1^t p(s)\tau^{\gamma}(s)\Delta s=\limsup_{t\to+\infty}\int_1^t\frac{1}{s^{\frac{1}{3}}\tau^{\frac{2}{3}}(s)}\Delta s\geqslant\limsup_{t\to+\infty}\int_1^t\frac{1}{s}\Delta s=+\infty.$$

由定理 2.1.5 知,方程(2.1.22)是振动的.

2.1.4　小　结

本节研究了时间尺度上一类二阶 Emden-Fowler 时滞动力方程的振动性,利用 Riccati 变换及不等式技巧,建立了方程振动的几个新准则.我们的结论不仅推广和改进了文献[114]的有关结果,而且还统一和推广了二阶 Emden-Fowler 时滞微分方程与二阶 Emden-Fowler 时滞差分方程振动性的有关结论,我们的结果是新的.

本节的主要结果来自于文献[169].

2.2 时间尺度上二阶 Emden-Fowler 中立型时滞动力方程的振动性判据

2.2.1 背景和基本假设

近年来,人们对时间尺度上的动力方程解的振动性和非振动性研究比较多,试图统一和推广连续系统及离散系统的振动理论,如文献[115 ~ 121,127 ~ 129,140,141].关于时间尺度上时滞动力方程解的振动性研究目前已有一些研究成果.然而,关于时间尺度上中立型时滞动力方程解的振动性研究刚刚开始,目前仅有几篇文章,见文献[113,139,142,144].

本节研究下列形式的时间尺度上二阶 Emden-Fowler 中立型时滞动力方程

$$[r(t)|x^{\Delta}(t)|^{\gamma-1}x^{\Delta}(t)]^{\Delta}+q_1(t)|y(\delta_1(t))|^{\alpha-1}y(\delta_1(t))+q_2(t)|y(\delta_2(t))|^{\beta-1}y(\delta_2(t))=0,\quad t\in[t_0,+\infty)_{\mathbb{T}} \tag{2.2.1}$$

解的振动性,这里 $x(t)=y(t)+p(t)y(\tau(t))$,$[t_0,+\infty)_{\mathbb{T}}=[t_0,+\infty)\cap\mathbb{T}$是时间尺度区间.

Agarwal[113],Saker[142] 考虑了时间尺度上二阶非线性中立型时滞动力方程

$$(r(t)((x(t)+p(t)x(t-\tau))^{\Delta})^{\gamma})^{\Delta}+f(t,x(t-\delta))=0,\quad t\in\mathbb{T}, \tag{2.2.2}$$

建立了方程(2.2.2)振动的一些振动准则.这里,$0\leqslant p(t)<1$,$\gamma\geqslant 0$是两个正奇数的商,τ,δ是正常数,$r,p\in C_{\mathrm{rd}}(\mathbb{T},\mathbf{R}_+)$,$\int_{t_0}^{+\infty}\left(\frac{1}{r(t)}\right)^{\frac{1}{\gamma}}\Delta t=+\infty$,$f\in C(\mathbb{T}\times\mathbf{R},\mathbf{R})$,且对非零数 u,有 $uf(t,u)>0$.存在定义在时间尺度$\mathbb{T}$上的非负函数 $q(t)$,满足 $|f(t,u)|\geqslant q(t)|u^{\gamma}|$.

Sahiner[139],Wu[144] 研究了时间尺度上二阶非线性中立型时滞动力方程

$$(r(t)((x(t)+p(t)x(\tau(t)))^{\Delta})^{\gamma})^{\Delta}+f(t,x(\delta(t)))=0,\quad t\in\mathbb{T}, \tag{2.2.3}$$

建立了方程(2.2.3)振动的一些振动准则.这里 $0\leqslant p(t)<1$,γ是两个正奇数的商,$r,p\in C_{\mathrm{rd}}(\mathbb{T},\mathbf{R}_+)$,$\int_{t_0}^{+\infty}\left(\frac{1}{r(t)}\right)^{\frac{1}{\gamma}}\Delta t=+\infty$,$\tau,\delta\in C_{\mathrm{rd}}(\mathbb{T},\mathbb{T})$,$\tau(t)\leqslant t$,$\lim_{t\to+\infty}\tau(t)=+\infty$,$\lim_{t\to+\infty}\delta(t)=+\infty$,$f\in C(\mathbb{T}\times\mathbf{R},\mathbf{R})$,且对非零数 u,有 $uf(t,u)>0$.存在定义在时间尺度$\mathbb{T}$上的非负函数 $q(t)$,满足 $|f(t,u)|\geqslant q(t)|u^{\gamma}|$.

在文献[113,139,142,144]中,要求函数 f 满足条件 $|f(t,u)|\geqslant q(t)|u^{\gamma}|$.很明显,当 $f(t,u)=|u^{\gamma-1}|u$ 时,即所谓的 Emden-Fowler 情形是不满足条件 $|f(t,u)|\geqslant q(t)|u^{\gamma}|$ 的,因此,文献[113,139,142,144]中的结论是不能应用到方程(2.2.1)及其特殊情况的.

方程(2.2.1)包含了其他很多重要的方程.例如,如果 $q_1(t)\equiv 0$,那么方程(2.2.1)就变为应用十分广泛的一类时间尺度上非线性动力方程,通常称为 Emden-Fowler 中立型时滞超线性动力方程,即

$$[r(t)|x^{\Delta}(t)|^{\gamma-1}x^{\Delta}(t)]^{\Delta}+q_2(t)|y(\delta_2(t))|^{\beta-1}y(\delta_2(t))=0,\quad t\in[t_0,+\infty)_{\mathbb{T}}, \tag{2.2.4}$$

这里,$x(t)=y(t)+p(t)y(\tau(t))$.

如果 $q_2(t)\equiv 0$,那么方程(2.2.1)就变为时间尺度上非线性动力方程,通常称为 Emden-Fowler 中立型时滞次线性动力方程,即

$$[r(t)|x^{\Delta}(t)|^{\gamma-1}x^{\Delta}(t)]^{\Delta}+q_1(t)|y(\delta_1(t))|^{\alpha-1}y(\delta_1(t))=0,\quad t\in[t_0,+\infty)_{\mathbb{T}},\tag{2.2.5}$$

这里,$x(t)=y(t)+p(t)y(\tau(t))$.

如果 $\gamma=1$,那么方程(2.2.1)就变为时间尺度上二阶非线性 Emden-Fowler 中立型时滞动力方程

$$[r(t)x^{\Delta}(t)]^{\Delta}+q_1(t)|y(\delta_1(t))|^{\alpha-1}y(\delta_1(t))+q_2(t)|y(\delta_2(t))|^{\beta-1}y(\delta_2(t))=0,\quad t\in[t_0,+\infty)_{\mathbb{T}}\tag{2.2.6}$$

这里,$x(t)=y(t)+p(t)y(\tau(t))$.

如果 $p(t)\equiv 0$,那么方程(2.2.1)就变为时间尺度上二阶非线性 Emden-Fowler 时滞动力方程

$$[r(t)|y^{\Delta}(t)|^{\gamma-1}y^{\Delta}(t)]^{\Delta}+q_1(t)|y(\delta_1(t))|^{\alpha-1}y(\delta_1(t))+q_2(t)\,|\,y(\delta_2(t))\,|^{\beta-1}y(\delta_2(t))=0,t\in[t_0,+\infty)_{\mathbb{T}}.\tag{2.2.7}$$

如果 $\gamma=1,p(t)\equiv 0$,那么方程(2.2.1)就变为时间尺度上二阶非线性 Emden-Fowler 时滞动力方程

$$[r(t)y^{\Delta}(t)]^{\Delta}+q_1(t)\,|\,y(\delta_1(t))\,|^{\alpha-1}y(\delta_1(t))+q_2(t)\,|\,y(\delta_2(t))\,|^{\beta-1}y(\delta_2(t))=0,\quad t\in[t_0,+\infty)_{\mathbb{T}}.\tag{2.2.8}$$

如果 $\gamma=1,r(t)\equiv 1,p(t)\equiv 0$,那么方程(2.2.1)就变为时间尺度上二阶非线性 Emden-Fowler 时滞动力方程

$$y^{\Delta\Delta}(t)+q_1(t)|y(\delta_1(t))|^{\alpha-1}y(\delta_1(t))+q_2(t)|y(\delta_2(t))|^{\beta-1}y(\delta_2(t))=0,\quad t\in[t_0,+\infty)_{\mathbb{T}}.\tag{2.2.9}$$

我们注意到,当时间尺度$\mathbb{T}=\mathbf{R}$时,有 $\sigma(t)=0,\mu(t)=0,x^{\Delta}(t)=x'(t)$,方程(2.2.1)就变成二阶非线性 Emden-Fowler 中立型时滞微分方程

$$[r(t)\,|\,x'(t)|^{\gamma-1}x'(t)]'+q_1(t)|y(\delta_1(t))|^{\alpha-1}y(\delta_1(t))+q_2(t)|y(\delta_2(t))|^{\beta-1}y(\delta_2(t))=0,t\in[t_0,+\infty),\tag{2.2.10}$$

这里,$x(t)=y(t)+p(t)y(\tau(t))$.

如果$\mathbb{T}=\mathbf{Z}$,那么 $\sigma(t)=t+1,\mu(t)=1,x^{\Delta}(t)=\Delta x(t)=x(t+1)-x(t)$,方程(2.2.1)就变成二阶非线性 Emden-Fowler 中立型时滞差分方程

$$\Delta[r(t)|\Delta x(t)|^{\gamma-1}\Delta x(t)]+q_1(t)|y(\delta_1(t))|^{\alpha-1}y(\delta_1(t))+q_2(t)|y(\delta_2(t))|^{\beta-1}y(\delta_2(t))=0,t\in\mathbf{Z},\tag{2.2.11}$$

这里,$x(t)=y(t)+p(t)y(\tau(t))$.

研究方程(2.2.1)是非常有意义的.因为当自变量 t 是连续的时候,方程(2.2.1)就是方程(2.2.10),而方程(2.2.10)和它的特殊情况在物理学中有广泛的应用,见文献[23].当自变量 t 是离散的时候,方程(2.2.1)就是方程(2.2.11),而方程(2.2.11)和它的特殊情况在工程技术中也有重要应用.

人们对方程(2.2.10)和方程(2.2.11)以及它们的特殊形式进行了大量研究,建立了一些振动和非振动的准则,如文献[5,52,56,59,170 ~ 184].

为叙述方便,假设下面的条件成立:

(A_1) α,β 和 γ 是正常数,且满足 $0<\alpha<\gamma<\beta$;

$(\mathrm{A}_2)\, r, q_1, q_2 \in C_{\mathrm{rd}}([t_0, +\infty)_{\mathbb{T}}, \mathbf{R}_+), \mathbf{R}_+ = [0, +\infty), r(t) > 0$;

$(\mathrm{A}_3)\, p \in C_{\mathrm{rd}}([t_0, +\infty)_{\mathbb{T}}, \mathbf{R})$，且 $-1 < p_0 \leqslant p(t) \leqslant 1$，$p_0$ 是常数；

$(\mathrm{A}_4)\ \tau, \delta_1, \delta_2 \in C_{\mathrm{rd}}([t_0, +\infty)_{\mathbb{T}}, \mathbb{T}), \tau(t) \leqslant t, \delta_1(t) \leqslant t, \delta_2(t) \leqslant t, t \in [t_0, +\infty)_{\mathbb{T}}$，且满足 $\lim\limits_{t\to+\infty} \tau(t) = +\infty, \lim\limits_{t\to+\infty} \delta_1(t) = +\infty, \lim\limits_{t\to+\infty} \delta_2(t) = +\infty$.

方程(2.2.1)的解是指非平凡的实数值函数 $y \in C^1_{\mathrm{rd}}[t_y, +\infty)_{\mathbb{T}}, t_y \in [t_0, +\infty)_{\mathbb{T}}$，具有性质 $r(t)|x^\Delta(t)|^{\gamma-1} x^\Delta(t) \in C^1_{\mathrm{rd}}[t_y, +\infty)_{\mathbb{T}}$，当 $t \in [t_y, +\infty)_{\mathbb{T}}$ 时，满足方程(2.2.1). 我们所关心的方程(2.2.1)的解 y 通常是指，存在某区间 $[t_y, +\infty)_{\mathbb{T}}$，当 $t_1 \in [t_y, +\infty)_{\mathbb{T}}$ 时，有 $\sup\{|y(t)|: t \geqslant t_1\} > 0$.

称方程(2.2.1)的解 $y(t)$ 是一个最终正解，如果存在 $t_0 \in \mathbb{T}$，使得 $y(t)$ 在 $[t_0, +\infty)_{\mathbb{T}}$ 是正的. 方程(2.2.1)的解 $y(t)$ 称为是振动的，如果 $y(t)$ 既不最终为正，也不最终为负；否则，称为非振动的. 方程(2.2.1)称为是振动的，如果它的所有解都是振动的.

很明显，方程(2.2.1)与方程(2.2.2)和方程(2.2.3)不同. 在文献[113,139,142,144]中得到的有关结果也不能应用到方程(2.2.1). 于是，自然地要提出这样的问题：能否将文献[113,139,142,144]中得到的振动结果推广和改进到方程(2.2.1)中去，由此将前人所建立的有关微分方程与差分方程相应的振动性结果统一到时间尺度上呢？

为了发展时间尺度上的时滞动力方程定性理论，本节将应用广义 Riccati 变换、平均技术、Keller 链锁法则、Young 不等式

$$|ab| \leqslant \frac{1}{p}|a|^p + \frac{1}{q}|b|^q, a, b \in \mathbf{R}, p > 1, q > 1, \frac{1}{p} + \frac{1}{q} = 1, \tag{2.2.12}$$

和不等式

$$\lambda AB^{\lambda-1} - A^\lambda \leqslant (\lambda - 1)B^\lambda, \lambda \geqslant 1, \tag{2.2.13}$$

这里 A 和 B 是非负常数，当 $0 \leqslant p(t) \leqslant 1$ 和 $-1 < p_0 \leqslant p(t) \leqslant 0$ 时，分别建立了方程(2.2.1)振动的若干新的准则. 我们的结果不仅推广和改进了已有文献[113,114,139,142,144]的相关结论，而且还统一和推广了 Emden-Fowler 中立型时滞微分方程和 Emden-Fowler 中立型时滞差分方程的有关结果.

2.2.2 基本引理

为方便起见，首先给出下面的一些记号. 令

$$\mu = \min\left\{\frac{\beta-\alpha}{\beta-\gamma}, \frac{\beta-\alpha}{\gamma-\alpha}\right\}, \quad \delta(t) = \lim_{t\geqslant t_0}\{\delta_1(t), \delta_2(t)\},$$

$$Q_1(t) = \mu(q_1(t)(1-p(\delta_1(t)))^\alpha)^{\frac{\beta-\gamma}{\beta-\alpha}}(q_2(t)(1-p(\delta_2(t)))^\beta)^{\frac{\gamma-\alpha}{\beta-\alpha}}\left(\frac{\delta(t)}{\sigma(t)}\right)^\gamma,$$

$$Q_2(t) = \mu((q_1(t))^\alpha)^{\frac{\beta-\gamma}{\beta-\alpha}}((q_2(t))^\beta)^{\frac{\gamma-\alpha}{\beta-\alpha}}\left(\frac{\delta(t)}{\sigma(t)}\right)^\gamma.$$

定义函数空间 $\mathscr{R}$：$H \in \mathscr{R}$ 当且仅当 H 是定义在 $t_0 \leqslant s \leqslant \sigma(t)$ 上，$t, s \in [t_0, +\infty)_{\mathbb{T}}$，满足 $H(t,s) \geqslant 0, H(\sigma(t), t) = 0, H^{\Delta_s}(\sigma(t), s) = -h(t,s)H(\sigma(t), \sigma(s))$，其中 $h(t,s)$ 是 rd 连续非负函数. 对给定的函数 $\rho \in C^1_{\mathrm{rd}}([t_0, +\infty)_{\mathbb{T}}, \mathbf{R}_+)$ 和 $\eta \in C^1_{\mathrm{rd}}([t_0, +\infty)_{\mathbb{T}}, \mathbf{R})$，令

$$\lambda(t,s) = h(\sigma(t), s) - \frac{\rho^\Delta(s)}{\rho(s)},$$

$$\Theta_i(t,s)=\left[Q_i(s)-\eta^{\Delta}(s)\right]\frac{\rho^{\sigma}(s)}{\rho(s)}+\lambda(t,s)\eta(s),\quad i=1,2.$$

为了证明我们的主要结果,需要使用下面的公式:

$$((x(t))^{\gamma})^{\Delta}=\gamma\int_0^1\left[hx^{\sigma}+(1-h)x\right]^{\gamma-1}x^{\Delta}(t)\mathrm{d}h,\tag{2.2.14}$$

这里,$x(t)$ 是 Δ 可导的. 公式(2.2.14) 是 Keller 链锁法则的一个推论,见文献[28].

引理 2.2.1　设条件

$$\int_{t_0}^{+\infty}\left(\frac{1}{r(t)}\right)^{\frac{1}{\gamma}}\Delta t=+\infty\tag{2.2.15}$$

成立. 令 $0\leqslant p(t)\leqslant 1$,若 $y(t)$ 是方程(2.2.1) 的一个最终正解,则存在 $t_*\in[t_0,+\infty)_{\mathbb{T}}$,使得 $x(t)>0,x^{\Delta}(t)\geqslant 0,t\in[t_*,+\infty)_{\mathbb{T}}$,而且

$$\begin{aligned}\left[r(t)\,|x^{\Delta}(t)|^{\gamma-1}x^{\Delta}(t)\right]^{\Delta}\leqslant&-q_1(t)((1-p(\delta_1(t)))x(\delta_1(t)))^{\alpha}\\&-q_2(t)((1-p(\delta_2(t)))x(\delta_2(t)))^{\beta}<0,\quad t\in[t_*,+\infty)_{\mathbb{T}}.\end{aligned}\tag{2.2.16}$$

证明　因为 $y(t)$ 是方程(2.2.1) 的一个最终正解,所以存在 $t_1\in[t_0,+\infty)_{\mathbb{T}}$,使得

$$y(t)>0,y(\tau(t))>0,y(\delta_1(t))>0,y(\delta_2(t))>0,t\in[t_1,+\infty)_{\mathbb{T}}.$$

由方程(2.2.1),得

$$\left[r(t)\,|x^{\Delta}(t)|^{\gamma-1}x^{\Delta}(t)\right]^{\Delta}=-q_1(t)(y(\delta_1(t)))^{\alpha}-q_2(t)(y(\delta_2(t)))^{\beta}<0,t\in[t_1,+\infty)_{\mathbb{T}},\tag{2.2.17}$$

因此,$r(t)\,|x^{\Delta}(t)|^{\gamma-1}x^{\Delta}(t)$ 是最终递减的. 于是,有

$$\lim_{t\to+\infty}r(t)\,|x^{\Delta}(t)|^{\gamma-1}x^{\Delta}(t)=l\geqslant-\infty.$$

由条件 $0\leqslant p(t)\leqslant 1$,得 $x(t)\geqslant y(t)>0$. 下面首先证明 $r(t)\,|x^{\Delta}(t)|^{\gamma-1}x^{\Delta}(t)$ 是最终为正的.

其实,递减函数 $r(t)\,|x^{\Delta}(t)|^{\gamma-1}x^{\Delta}(t)$ 或者是最终为正,或者是最终为负.

假设存在 $t_2\in[t_1,+\infty)_{\mathbb{T}}$,使得 $r(t_2)\,|x^{\Delta}(t_2)|^{\gamma-1}x^{\Delta}(t_2)=c<0$. 于是,有

$$r(t)\,|x^{\Delta}(t)|^{\gamma-1}x^{\Delta}(t)\leqslant r(t_2)\,|x^{\Delta}(t_2)|^{\gamma-1}x^{\Delta}(t_2)=c,\quad t\in[t_2,+\infty)_{\mathbb{T}}.$$

因此,

$$x^{\Delta}(t)\leqslant-(-c)^{\frac{1}{\gamma}}\left(\frac{1}{r(t)}\right)^{\frac{1}{\gamma}}.$$

由条件式(2.2.15),得

$$x(t)\leqslant x(t_2)-(-c)^{\frac{1}{\gamma}}\int_{t_2}^{t}\left(\frac{1}{r(s)}\right)^{\frac{1}{\gamma}}\Delta s\to-\infty\quad(t\to+\infty),$$

这与 $x(t)>0,t\in[t_2,+\infty)_{\mathbb{T}}$ 矛盾. 因此,$r(t)\,|x^{\Delta}(t)|^{\gamma-1}x^{\Delta}(t)$ 是最终为正的. 所以 $x^{\Delta}(t)$ 是最终为正的,于是 $x(t)$ 是最终递增的. 由 $y(t)=x(t)-p(t)y(\tau(t)),\tau(t)\leqslant t$,得

$$y(t)\geqslant x(t)-p(t)x(\tau(t)),x(\tau(t))\leqslant x(t),y(t)\geqslant(1-p(t))x(t),$$

$$y(\delta_i(t))\geqslant(1-p(\delta_i(t)))x(\delta_i(t)),\quad i=1,2.$$

由式(2.2.17),得

$$\begin{aligned}\left[r(t)\,|x^{\Delta}(t)|^{\gamma-1}x^{\Delta}(t)\right]^{\Delta}\leqslant&-q_1(t)((1-p(\delta_1(t)))x(\delta_1(t)))^{\alpha}\\&-q_2(t)((1-p(\delta_2(t)))x(\delta_2(t)))^{\beta}<0,\quad t\in[t_1,+\infty)_{\mathbb{T}}.\end{aligned}$$

令 $t_* \geqslant t_1$，即式(2.2.16)成立. 证毕.

引理 2.2.2 设条件(2.2.15)成立. 令 $-1 < p_0 \leqslant p(t) \leqslant 0$, $\lim\limits_{t\to+\infty} p(t) = p > -1$. 进一步，假设存在 $\{c_k\}_{k\geqslant 0}$，使得 $\lim\limits_{k\to+\infty} c_k = +\infty$ 和 $\tau(c_{k+1}) = c_k$. 若 $y(t)$ 是方程(2.2.1)的一个最终正解，则存在 $t_* \in [t_0, +\infty)_{\mathbb{T}}$，使得 $x(t) > 0, x^{\Delta}(t) \geqslant 0, t \in [t_*, +\infty)_{\mathbb{T}}$，而且

$$[r(t)\,|x^{\Delta}(t)|^{\gamma-1} x^{\Delta}(t)]^{\Delta} \leqslant -q_1(t)(x(\delta_1(t)))^{\alpha} - q_2(t)(x(\delta_2(t)))^{\beta} < 0, t \in [t_*, +\infty)_{\mathbb{T}}, \tag{2.2.18}$$

或者 $\lim\limits_{t\to+\infty} y(t) = 0$.

证明 因为 $y(t)$ 是方程(2.2.1)的一个最终正解，所以存在 $t_1 \in [t_0, +\infty)_{\mathbb{T}}$，使得

$$y(t) > 0, y(\tau(t)) > 0, y(\delta_1(t)) > 0, y(\delta_2(t)) > 0, t \in [t_1, +\infty)_{\mathbb{T}}.$$

由方程(2.2.1)，得式(2.2.17)成立. 因此，$r(t)\,|x^{\Delta}(t)|^{\gamma-1} x^{\Delta}(t)$ 是最终递减的. 我们将证明 $r(t)\,|\,x^{\Delta}(t)\,|^{\gamma-1} x^{\Delta}(t)$ 是最终为正的.

假设 $r(t)\,|x^{\Delta}(t)|^{\gamma-1} x^{\Delta}(t)$ 是最终为负的，则由引理 2.2.1 的证明可得 $\lim\limits_{t\to+\infty} x(t) = -\infty$. 即存在 $t_2 \in [t_1, +\infty)_{\mathbb{T}}$，有 $x(t) \leqslant x(t_2) - (-c)^{\frac{1}{\gamma}} \int_{t_2}^{t} \left(\frac{1}{r(s)}\right)^{\frac{1}{\gamma}} \Delta s \to -\infty (t \to +\infty)$. 因此，存在 $d > 0$ 和 $t_3 \geqslant t_2$，使得

$$y(t) \leqslant -d - p(t) y(\tau(t)) \leqslant -d + p_0 y(\tau(t)), t \geqslant t_3.$$

所以，可以取某正整数 k_0 使得 $c_k \geqslant t_3, k \geqslant k_0$. 由已知条件，得

$$\begin{aligned} y(c_k) &\leqslant -d + p_0 y(\tau(c_k)) = -d + p_0 y(c_{k-1}) \leqslant -d - p_0 d + p_0^2 y(\tau(c_{k-1})) \\ &= -d - p_0 d + p_0^2 y(c_{k-2}) \leqslant \cdots \leqslant -d - p_0 d - \cdots - p_0^{k-k_0-1} d + p_0^{k-k_0} y(\tau(c_{k_0+1})) \\ &= -d - p_0 d - \cdots - p_0^{k-k_0-1} d + p_0^{k-k_0} y(c_{k_0}). \end{aligned}$$

上述不等式表明对于充分大的 k，$y(c_k) < 0$，这与 $y(t)$ 是最终为正的矛盾.

所以 $r(t)\,|\,x^{\Delta}(t)\,|^{\gamma-1} x^{\Delta}(t)$ 是最终为正的. 由此可得 $x^{\Delta}(t)$ 是最终为正的. 因此，存在两种可能的情况：

(ⅰ) $x(t)$ 是最终为正的；

或者

(ⅱ) $x(t)$ 是最终为负的.

如果存在 $t_4 \geqslant t_1$，使得情况(ⅱ)成立，则 $\lim\limits_{t\to+\infty} x(t)$ 存在，并且 $\lim\limits_{t\to+\infty} x(t) = l \leqslant 0$，可以证明 $\lim\limits_{t\to+\infty} x(t) = 0$. 否则，$\lim\limits_{t\to+\infty} x(t) < 0$. 于是，可以取某正整数 k_0 使得 $c_k \geqslant t_4, k \geqslant k_0$，并得到

$$\begin{aligned} y(c_k) &\leqslant p_0 y(\tau(c_k)) = p_0 y(c_{k-1}) \leqslant p_0^2 y(\tau(c_{k-1})) \\ &= p_0^2 y(c_{k-2}) \leqslant \cdots \leqslant p_0^{k-k_0} y(\tau(c_{k_0+1})) = p_0^{k-k_0} y(c_{k_0}), \end{aligned}$$

推出 $\lim\limits_{k\to+\infty} y(c_k) = 0$，所以 $\lim\limits_{k\to+\infty} x(c_k) = 0$，这与 $\lim\limits_{t\to+\infty} x(t) = l < 0$ 矛盾. 现在，可以证明 $y(t)$ 是有界的. 若不然，存在 $\{t_k\}, t_k \to +\infty, k \to +\infty$，使得

$$y(t_k) = \max_{t_0 \leqslant s \leqslant t_k} y(s), \quad \lim_{k\to+\infty} y(t_k) = +\infty.$$

由 $\tau(t) \leqslant t$，得到

$$x(t_k) = y(t_k) + p(t_k) y(\tau(t_k)) \geqslant (1 - p_0) y(t_k),$$

于是，$\lim\limits_{k\to+\infty} x(t_k) = +\infty$，这与 $\lim\limits_{t\to+\infty} x(t) = 0$ 矛盾. 因此，可以假设

$$\lim_{t\to+\infty}\sup y(t)=y_1,\quad \lim_{t\to+\infty}\inf y(t)=y_2.$$

由 $-1<p\leqslant 0$,可得

$$y_1+py_1\leqslant 0\leqslant y_2+py_2,$$

可推得 $y_1\leqslant y_2$,所以 $y_1=y_2$. 因此,$\lim\limits_{t\to+\infty}y(t)=0$.

如果存在 $t_5\geqslant t_1$,使得情况(ⅰ)成立,即最终有 $x(t)>0,x^{\Delta}(t)\geqslant 0$. 由条件 $-1<p_0\leqslant p(t)\leqslant 0$,得 $y(t)\geqslant x(t)$. 考虑到式(2.2.17),得

$[r(t)\mid x^{\Delta}(t)\mid^{\gamma-1}x^{\Delta}(t)]^{\Delta}\leqslant -q_1(t)(x(\delta_1(t)))^{\alpha}-q_2(t)(x(\delta_2(t)))^{\beta}<0,t\in[t_1,+\infty)_{\mathbb{T}}$.

令 $t_*\geqslant t_5$,即式(2.2.18)成立. 证毕.

引理 2.2.3　设条件(2.2.15)成立. 令 $0\leqslant p(t)\leqslant 1,r\in C_{\mathrm{rd}}^{1}([t_0,+\infty)_{\mathbb{T}},\mathbf{R}_+),r^{\Delta}\geqslant 0$, 而且

$$\int_{t_0}^{+\infty}q_1(t)((1-p(\delta_1(t)))\delta_1(t))^{\alpha}\Delta t=+\infty \tag{2.2.19}$$

或

$$\int_{t_0}^{+\infty}q_2(t)((1-p(\delta_2(t))\delta_2(t))^{\beta}\Delta t=+\infty \tag{2.2.20}$$

成立. 若 $y(t)$ 是方程(2.2.1)的最终正解,则 $x^{\Delta\Delta}(t)<0,x(t)\geqslant tx^{\Delta}(t),\dfrac{x(t)}{t}$ 是严格递减的.

证明　因为 $y(t)$ 是方程(2.2.1)的最终正解,由引理 2.2.1 得,存在 $t_*\in[t_0,+\infty)_{\mathbb{T}}$,使得

$$x(t)>0,x^{\Delta}(t)\geqslant 0,t\in[t_*,+\infty)_{\mathbb{T}}.$$

由于 $(r(t)(x^{\Delta}(t))^{\gamma})^{\Delta}=r^{\Delta}(t)(x^{\Delta}(t))^{\gamma}+r(\sigma(t))((x^{\Delta}(t))^{\gamma})^{\Delta}<0$,而 $r^{\Delta}(t)\geqslant 0$,容易得出

$$((x^{\Delta}(t))^{\gamma})^{\Delta}<0.$$

应用公式(2.2.14),得

$$((x^{\Delta}(t))^{\gamma})^{\Delta}=\gamma\int_0^1[h(x^{\Delta})^{\sigma}+(1-h)x^{\Delta}]^{\gamma-1}x^{\Delta\Delta}(t)\mathrm{d}h.$$

由于 $\int_0^1[h(x^{\Delta})^{\sigma}+(1-h)x^{\Delta}]^{\gamma-1}\mathrm{d}h>0$,因此 $x^{\Delta\Delta}(t)$ 是最终为负的.

令 $X(t)=x(t)-tx^{\Delta}(t)$,因为 $X^{\Delta}(t)=x^{\Delta}(t)-(x^{\Delta}(t)+\sigma(t)x^{\Delta\Delta}(t))=-\sigma(t)x^{\Delta\Delta}(t)$ 是最终为正的,所以 $X(t)$ 是最终递增的. 因此,$X(t)$ 或者是最终为正,或者是最终为负.

假如 $X(t)$ 是最终为负,那么存在 $t_3\in[t_*,+\infty)_{\mathbb{T}}$,使得 $X(t)<0,t\in[t_3,+\infty)_{\mathbb{T}}$. 所以

$$\left(\frac{x(t)}{t}\right)^{\Delta}=\frac{tx^{\Delta}(t)-x(t)}{t\sigma(t)}=-\frac{X(t)}{t\sigma(t)}>0,\quad t\in[t_3,+\infty)_{\mathbb{T}}.$$

这说明当 $t\in[t_3,+\infty)_{\mathbb{T}}$ 时,$\dfrac{x(t)}{t}$ 是严格递增的. 取 $t_4\in[t_3,+\infty)_{\mathbb{T}}$,有 $\delta_i(t)\geqslant\delta_i(t_*),t\in[t_4,+\infty)_{\mathbb{T}},i=1,2$. 于是 $\dfrac{x(\delta_i(t))}{\delta_i(t)}\geqslant\dfrac{x(\delta_i(t_*))}{\delta_i(t_*)}$. 记 $\dfrac{x(\delta_i(t_*))}{\delta_i(t_*)}=d_i$,则有 d_i

>0. 因此 $x(\delta_i(t)) \geqslant d_i\delta_i(t), t\in[t_4,+\infty)_{\mathbb{T}}$. 由式(2.2.16),得

$$r(t)(x^{\Delta}(t))^{\gamma}-r(t_4)(x^{\Delta}(t_4))^{\gamma}$$

$$\leqslant -\int_{t_4}^{t}[q_1(s)((1-p(\delta_1(s)))x(\delta_1(s)))^{\alpha}+q_2(s)((1-p(\delta_2(s)))x(\delta_2(s)))^{\beta}]\Delta s,$$

即

$$\begin{aligned}&r(t_4)(x^{\Delta}(t_4))^{\gamma}\\&\geqslant r(t)(x^{\Delta}(t))^{\gamma}+\int_{t_4}^{t}[q_1(s)((1-p(\delta_1(s)))x(\delta_1(s)))^{\alpha}\\&\quad+q_2(s)((1-p(\delta_2(s)))x(\delta_2(s)))^{\beta}]\Delta s\\&\geqslant d_1{}^{\alpha}\int_{t_4}^{t}q_1(s)((1-p(\delta_1(s)))\delta_1(s))^{\alpha}\Delta s+d_2{}^{\beta}\int_{t_4}^{t}q_2(s)((1-p(\delta_2(s)))\delta_2(s))^{\beta}\Delta s,\end{aligned}$$

这与条件(2.2.19)和条件(2.2.20)矛盾.

因此,不失一般性,存在 $t_*\geqslant t_0$,当 $t\geqslant t_*$ 时,有 $X(t)>0$,也就是 $x(t)>tx^{\Delta}(t)$. 所以

$$\left(\frac{x(t)}{t}\right)^{\Delta}=\frac{tx^{\Delta}(t)-x(t)}{t\sigma(t)}=-\frac{X(t)}{t\sigma(t)}<0,\quad t\geqslant t_*.$$

这表明当 $t\geqslant t_*$ 时,$\dfrac{x(t)}{t}$ 是严格递减的. 证毕.

与引理 2.2.3 类似,可以得出下面的引理 2.2.4.

引理 2.2.4 设条件(2.2.15)成立. 令 $-1<p_0\leqslant p(t)\leqslant 0, \lim\limits_{t\to+\infty}p(t)=p>-1$. 进一步,假设存在 $\{c_k\}_{k\geqslant 0}$ 使得 $\lim\limits_{k\to+\infty}c_k=+\infty$ 和 $\tau(c_{k+1})=c_k, r\in C_{\mathrm{rd}}^1([t_0,+\infty)_{\mathbb{T}},\mathbf{R}_+), r^{\Delta}\geqslant 0$,而且

$$\int_{t_0}^{+\infty}q_1(t)(\delta_1(t))^{\alpha}\Delta t=+\infty \tag{2.2.21}$$

或

$$\int_{t_0}^{+\infty}q_2(t)(\delta_2(t))^{\beta}\Delta t=+\infty \tag{2.2.22}$$

成立. 若 $y(t)$ 是方程(2.2.1)的最终正解,则 $x^{\Delta\Delta}(t)<0, x(t)\geqslant tx^{\Delta}(t), \dfrac{x(t)}{t}$ 是严格递减的,或者 $\lim\limits_{t\to+\infty}y(t)=0$.

2.2.3 方程(2.2.1)振动性判据与证明

定理 2.2.1 设条件(2.2.15)成立,令 $0\leqslant p(t)\leqslant 1, r\in C_{\mathrm{rd}}^1([t_0,+\infty)_{\mathbb{T}},\mathbf{R}_+), r^{\Delta}\geqslant 0$,而且式(2.2.19)或式(2.2.20)成立. 若

$$\limsup_{t\to+\infty}\left[t\left(\frac{1}{r(t)}\int_{t}^{+\infty}q_2(s)(1-p(\delta_2(s)))^{\beta}\left(\frac{\delta_2(s)}{s}\right)^{\beta}\Delta s\right)^{\frac{1}{\gamma}}\right]=+\infty \tag{2.2.23}$$

成立,则方程(2.2.1)是振动的.

证明 假设方程(2.2.1)有非振动的解 $y(t)$,不妨设最终为正,我们只考虑这种情况,因为当 $y(t)$ 最终为负时可类似证明. 由引理 2.2.1 和引理 2.2.3,存在 $t_*\in[t_0,+\infty)_{\mathbb{T}}$,当 $t\in[t_*,+\infty)_{\mathbb{T}}$ 时,有 $x(t)>0, x^{\Delta}(t)\geqslant 0, x^{\Delta\Delta}(t)<0, x(t)\geqslant tx^{\Delta}(t), \dfrac{x(t)}{t}$ 是

严格递减的.

由式(2.2.16),对 $T\geqslant t,T,t\in[t_*,+\infty)_{\mathbb{T}}$,有

$$\int_t^T q_2(s)(1-p(\delta_2(s)))^\beta(x(\delta_2(s)))^\beta\Delta s$$

$$\leqslant-\int_t^T[r(s)(x^\Delta(s))^\gamma]^\Delta\Delta s=r(t)(x^\Delta(t))^\gamma-r(T)(x^\Delta(T))^\gamma\leqslant r(t)(x^\Delta(t))^\gamma,$$

因此

$$\left(\frac{1}{r(t)}\int_t^{+\infty}q_2(s)(1-p(\delta_2(s)))^\beta(x(\delta_2(s)))^\beta\Delta s\right)^{\frac{1}{\gamma}}\leqslant x^\Delta(t).$$

所以

$$\begin{aligned}x(t)&\geqslant tx^\Delta(t)\geqslant t\left(\frac{1}{r(t)}\int_t^{+\infty}q_2(s)(1-p(\delta_2(s)))^\beta(x(\delta_2(s)))^\beta\Delta s\right)^{\frac{1}{\gamma}}\\&\geqslant t\left(\frac{1}{r(t)}\int_t^{+\infty}q_2(s)(1-p(\delta_2(s)))^\beta\left(\frac{\delta_2(s)}{s}x(s)\right)^\beta\Delta s\right)^{\frac{1}{\gamma}}\\&\geqslant x^{\frac{\beta}{\gamma}}(t)t\left(\frac{1}{r(t)}\int_t^{+\infty}q_2(s)(1-p(\delta_2(s)))^\beta\left(\frac{\delta_2(s)}{s}\right)^\beta\Delta s\right)^{\frac{1}{\gamma}},\end{aligned}$$

即有

$$t\left(\frac{1}{r(t)}\int_t^{+\infty}q_2(s)(1-p(\delta_2(s)))^\beta\left(\frac{\delta_2(s)}{s}\right)^\beta\Delta s\right)^{\frac{1}{\gamma}}\leqslant\left(\frac{1}{x(t)}\right)^{\frac{\beta}{\gamma}-1}.$$

注意到$\dfrac{\beta}{\gamma}>1$,得

$$t\left(\frac{1}{r(t)}\int_t^{+\infty}q_2(s)(1-p(\delta_2(s)))^\beta\left(\frac{\delta_2(s)}{s}\right)^\beta\Delta s\right)^{\frac{1}{\gamma}}\leqslant\left(\frac{1}{x(t_*)}\right)^{\frac{\beta}{\gamma}-1},$$

这与条件(2.2.23)矛盾.证毕.

定理 2.2.2　设条件(2.2.15)成立.令$-1<p_0\leqslant p(t)\leqslant 0,\lim\limits_{t\to+\infty}p(t)=p>-1$.进一步,假设存在$\{c_k\}_{k\geqslant 0}$使得$\lim\limits_{k\to+\infty}c_k=+\infty$和$\tau(c_{k+1})=c_k,r\in C_{\mathrm{rd}}^1([t_0,+\infty)_{\mathbb{T}},\mathbf{R}_+),r^\Delta\geqslant 0$,而且式(2.2.21)或式(2.2.22)成立.若

$$\limsup_{t\to+\infty}\left[t\left(\frac{1}{r(t)}\int_t^{+\infty}q_2(s)\left(\frac{\delta_2(s)}{s}\right)^\beta\Delta s\right)^{\frac{1}{\gamma}}\right]=+\infty\tag{2.2.24}$$

成立,则方程(2.2.1)的解$y(t)$是振动的,或者$\lim\limits_{t\to+\infty}y(t)=0$.

证明　假设方程(2.2.1)有非振动的解$y(t)$,不妨设最终为正,我们只考虑这种情况,因为当$y(t)$最终为负时可类似证明.由引理2.2.2和引理2.2.4,存在$t_*\in[t_0,+\infty)_{\mathbb{T}}$,当$t\in[t_*,+\infty)_{\mathbb{T}}$时,有$x(t)>0,x^\Delta(t)\geqslant 0,x^{\Delta\Delta}(t)<0,x(t)\geqslant tx^\Delta(t),\dfrac{x(t)}{t}$是严格递减的.

由式(2.2.18),对$T\geqslant t,T,t\in[t_*,+\infty)_{\mathbb{T}}$,有

$$\begin{aligned}\int_t^T q_2(s)(x(\delta_2(s)))^\beta\Delta s&\leqslant-\int_t^T[r(s)(x^\Delta(s))^\gamma]^\Delta\Delta s\\&=r(t)(x^\Delta(t))^\gamma-r(T)(x^\Delta(T))^\gamma\leqslant r(t)(x^\Delta(t))^\gamma.\end{aligned}$$

下面的证明与定理 2.2.1 的证明类似，所以省略. 证毕.

注 2.2.1　很明显，当$0<\alpha\leqslant\gamma\leqslant\beta$时，定理 2.2.1 和定理 2.2.2 的结论也是成立的. 因此，定理 2.2.1 和定理 2.2.2 包含了文献[114] 中定理 4.4 的有关结果.

定理 2.2.3　设条件(2.2.15) 成立，而且式(2.2.19) 或式(2.2.20) 也成立，$0\leqslant p(t)\leqslant 1,\gamma\geqslant 1,r\in C_{\mathrm{rd}}^{1}([t_0,+\infty)_{\mathbb{T}},\mathbf{R}_{+}),r^{\Delta}\geqslant 0$. 若存在 $\rho,\eta\in C_{\mathrm{rd}}^{1}([t_0,+\infty)_{\mathbb{T}},\mathbf{R}_{+})$ 使得

$$\limsup_{t\to+\infty}\int_{t_0}^{t}\left[\rho^{\sigma}(s)(Q_1(s)-\eta^{\Delta}(s))-\rho^{\Delta}(s)\eta(s)-\frac{r(s)}{(\gamma+1)^{\gamma+1}}\frac{((\rho^{\Delta}(s))_{+})^{\gamma+1}}{(\rho^{\sigma}(s))^{\gamma}}\left(\frac{\sigma(s)}{s}\right)^{\gamma^2}\right]\Delta s=+\infty \tag{2.2.25}$$

成立，则方程(2.2.1) 是振动的. 这里$(\rho^{\Delta}(s))_{+}=\max\{\rho^{\Delta}(s),0\}$.

证明　假设方程(2.2.1) 有非振动的解 $y(t)$，不妨设最终为正，我们只考虑这种情况，因为当 $y(t)$ 最终为负时可类似证明. 由引理 2.2.1 和引理 2.2.3，存在 $t_*\in[t_0,+\infty)_{\mathbb{T}}$，当$t\in[t_*,+\infty)_{\mathbb{T}}$时，有 $x(t)>0,x^{\Delta}(t)\geqslant 0,x^{\Delta\Delta}(t)<0,x(t)\geqslant tx^{\Delta}(t),\dfrac{x(t)}{t}$ 是严格递减的. 定义函数 $\omega(t)$ 如下：

$$\omega(t)=\rho(t)\left[\frac{r(t)\mid x^{\Delta}(t)\mid^{\gamma-1}x^{\Delta}(t)}{x^{\gamma}(t)}+\eta(t)\right],\quad t\in[t_*,+\infty)_{\mathbb{T}}. \tag{2.2.26}$$

于是 $\omega(t)>0$. 由微分法，可以得到

$$\omega^{\Delta}(t)=\frac{\rho^{\Delta}(t)}{\rho(t)}\omega(t)+\rho^{\sigma}(t)\left[\frac{(r(t)(x^{\Delta}(t))^{\gamma})^{\Delta}}{(x^{\sigma}(t))^{\gamma}}-\frac{r(t)(x^{\Delta}(t))^{\gamma}(x^{\gamma}(t))^{\Delta}}{x^{\gamma}(t)(x^{\sigma}(t))^{\gamma}}+\eta^{\Delta}(t)\right]. \tag{2.2.27}$$

由公式(2.2.14)，并注意到 $\gamma\geqslant 1$，得

$$((x(t))^{\gamma})^{\Delta}=\gamma\int_0^1[hx^{\sigma}+(1-h)x]^{\gamma-1}x^{\Delta}(t)\mathrm{d}h\geqslant\gamma(x(t))^{\gamma-1}x^{\Delta}(t).$$

考虑到式(2.2.16)，由式(2.2.27) 得

$$\begin{aligned}\omega^{\Delta}(t)\leqslant&\frac{\rho^{\Delta}(t)}{\rho(t)}\omega(t)-\rho^{\sigma}(t)q_1(t)(1-p(\delta_1(t)))^{\alpha}\frac{(x(\delta_1(t)))^{\alpha}}{(x^{\sigma}(t))^{\gamma}}-\\&\rho^{\sigma}(t)q_2(t)(1-p(\delta_2(t)))^{\beta}\frac{(x(\delta_2(t)))^{\beta}}{(x^{\sigma}(t))^{\gamma}}-\gamma\rho^{\sigma}(t)\frac{r(t)(x^{\Delta}(t))^{\gamma+1}}{x(t)(x^{\sigma}(t))^{\gamma}}+\rho^{\sigma}(t)\eta^{\Delta}(t).\end{aligned} \tag{2.2.28}$$

由 Young 不等式(2.2.12)，可以得到

$$\begin{aligned}&\frac{\beta-\gamma}{\beta-\alpha}q_1(t)(1-p(\delta_1(t)))^{\alpha}\frac{(x(\delta_1(t)))^{\alpha}}{(x^{\sigma}(t))^{\gamma}}+\frac{\gamma-\alpha}{\beta-\alpha}q_2(t)(1-p(\delta_2(t)))^{\beta}\frac{(x(\delta_1(t)))^{\beta}}{(x^{\sigma}(t))^{\gamma}}\\\geqslant&\left[q_1(t)(1-p(\delta_1(t)))^{\alpha}\frac{(x(\delta_1(t)))^{\alpha}}{(x^{\sigma}(t))^{\gamma}}\right]^{\frac{\beta-\gamma}{\beta-\alpha}}\left[q_2(t)(1-p(\delta_2(t)))^{\beta}\frac{(x(\delta_2(t)))^{\beta}}{(x^{\sigma}(t))^{\gamma}}\right]^{\frac{\gamma-\alpha}{\beta-\alpha}}\\=&(q_1(t)(1-p(\delta_1(t)))^{\alpha})^{\frac{\beta-\gamma}{\beta-\alpha}}(q_2(t)(1-p(\delta_2(t)))^{\beta})^{\frac{\gamma-\alpha}{\beta-\alpha}}\left(\frac{(x(\delta_1(t)))^{\alpha}}{(x^{\sigma}(t))^{\gamma}}\right)^{\frac{\beta-\gamma}{\beta-\alpha}}\left(\frac{(x(\delta_2(t)))^{\beta}}{(x^{\sigma}(t))^{\gamma}}\right)^{\frac{\gamma-\alpha}{\beta-\alpha}}\\\geqslant&(q_1(t)(1-p(\delta_1(t)))^{\alpha})^{\frac{\beta-\gamma}{\beta-\alpha}}(q_2(t)(1-p(\delta_2(t)))^{\beta})^{\frac{\gamma-\alpha}{\beta-\alpha}}\left(\frac{x(\delta(t))}{x^{\sigma}(t)}\right)^{\gamma}.\end{aligned}$$

因为$\dfrac{x(t)}{t}$ 是严格递减的，所以$\dfrac{x(\delta(t))}{x^{\sigma}(t)}\geqslant\dfrac{\delta(t)}{\sigma(t)},\dfrac{x(t)}{x^{\sigma}(t)}\geqslant\dfrac{t}{\sigma(t)}$，由式(2.2.26) 和式

(2.2.28),得

$$\omega^{\Delta}(t)\leqslant\frac{\rho^{\Delta}(t)}{p(t)}\omega(t)-\mu\rho^{\sigma}(t)(q_1(t)(1-p(\delta_1(t)))^{\alpha})^{\frac{\beta-\gamma}{\beta-\alpha}}(q_2(t)(1-p(\delta_2(t)))^{\beta})^{\frac{\gamma-\alpha}{\beta-\alpha}}\left(\frac{\delta(t)}{\sigma(t)}\right)^{\gamma}$$

$$-\gamma\rho^{\sigma}(t)\frac{1}{(r(t))^{\frac{1}{\gamma}}}\left(\frac{t}{\sigma(t)}\right)^{\gamma}\left(\frac{\omega(t)}{\rho(t)}-\eta(t)\right)^{\frac{\gamma+1}{\gamma}}+\rho^{\sigma}(t)\eta^{\Delta}(t),$$

即

$$\omega^{\Delta}(t)\leqslant-\rho^{\sigma}(t)[Q_1(t)-\eta^{\Delta}(t)]+\frac{\rho^{\Delta}(t)}{\rho(t)}\omega(t)-\gamma\rho^{\sigma}(t)\frac{1}{(r(t))^{\frac{1}{\gamma}}}\left(\frac{t}{\sigma(t)}\right)^{\gamma}\left|\frac{\omega(t)}{\rho(t)}-\eta(t)\right|^{\frac{\gamma+1}{\gamma}}. \tag{2.2.29}$$

因此,

$$\omega^{\Delta}(t)\leqslant-\rho^{\sigma}(t)[Q_1(t)-\eta^{\Delta}(t)]+\rho^{\Delta}(t)\eta(t)+(\rho^{\Delta}(t))_{+}\left|\frac{\omega(t)}{\rho(t)}-\eta(t)\right|$$

$$-\gamma\rho^{\sigma}(t)\frac{t}{(r(t))^{\frac{1}{\gamma}}}\left(\frac{t}{\sigma(t)}\right)^{\gamma}\left|\frac{\omega(t)}{\rho(t)}-\eta(t)\right|^{\frac{\gamma+1}{\gamma}}.$$

令

$$\lambda=1+\frac{1}{\gamma},A=\gamma^{\frac{1}{\lambda}}(\rho^{\sigma})^{\frac{1}{\lambda}}\frac{1}{(r(t))^{\frac{1}{\gamma+1}}}\left(\frac{t}{\sigma(t)}\right)^{\frac{\gamma^2}{\gamma+1}}\left|\frac{\omega(t)}{\rho(t)}-\eta(t)\right|,$$

$$B=(\rho^{\Delta}(t))_{+}^{\gamma}\left(\frac{\gamma}{\gamma+1}\right)^{\gamma}\frac{(r(t))^{\frac{\gamma}{\gamma+1}}}{\gamma^{\frac{\gamma^2}{\gamma+1}}(\rho^{\sigma})^{\frac{\gamma^2}{\gamma+1}}}\left(\frac{\sigma(t)}{t}\right)^{\frac{\gamma^3}{\gamma+1}},$$

由不等式(2.2.13)得

$$\omega^{\Delta}(t)\leqslant-\rho^{\sigma}(t)[Q_1(t)-\eta^{\Delta}(t)]+\rho^{\Delta}(t)\eta(t)+\frac{r(t)}{(\gamma+1)^{\gamma+1}}\frac{((\rho^{\Delta}(t))_{+})^{\gamma+1}}{(\rho^{\sigma}(t))^{\gamma}}\left(\frac{\sigma(t)}{t}\right)^{\gamma^2}.$$

对上式从 t_* 到 t 积分,得

$$\omega(t)-\omega(t_*)\leqslant$$

$$-\int_{t_*}^{t}\left(\rho^{\sigma}(s)[Q_1(s)-\eta^{\Delta}(s)]-\rho^{\Delta}(s)\eta(s)-\frac{r(s)}{(\gamma+1)^{\gamma+1}}\frac{((\rho^{\Delta}(s))_{+})^{\gamma+1}}{(\rho^{\sigma}(s))^{\gamma}}\left(\frac{\sigma(s)}{s}\right)^{\gamma^2}\right)\Delta s.$$

因此,

$$\int_{t_*}^{t}\left(\rho^{\sigma}(s)[Q_1(s)-\eta^{\Delta}(s)]-\rho^{\Delta}(s)\eta(s)-\frac{r(s)}{(\gamma+1)^{\gamma+1}}\frac{((\rho^{\Delta}(s))_{+})^{\gamma+1}}{(\rho^{\sigma}(s))^{\gamma}}\left(\frac{\sigma(s)}{s}\right)^{\gamma^2}\right)\Delta s$$

$$\leqslant\omega(t_*)-\omega(t)\leqslant\omega(t_*).$$

这与式(2.2.25)矛盾.证毕.

注 2.2.2　当 $0<\alpha\leqslant\gamma\leqslant\beta$ 时,定理 2.2.3 的结论也是成立的.只不过是我们可以约定,当 $0<\alpha=\gamma=\beta$ 时,取 $\eta=2$;当 $0<\alpha=\gamma\neq\beta$ 或 $0<\alpha\neq\gamma=\beta$ 时,取 $\eta=1$.在这种约定下,当 $0<\alpha\leqslant\gamma\leqslant\beta$ 时,下面的所有定理都是成立的.以后不再注明.

由定理 2.2.3,容易得到下面的推论.

推论 2.2.1　设条件(2.2.15)成立,而且式(2.2.19)或式(2.2.20)也成立,$0\leqslant p(t)\leqslant1,\gamma\geqslant1,r\in C_{rd}^{1}([t_0,+\infty)_{\mathbb{T}},\mathbf{R}_{+}),r^{\Delta}\geqslant0$.若存在 $\rho,\eta\in C_{rd}^{1}([t_0,+\infty)_{\mathbb{T}},\mathbf{R}_{+})$ 使得

$$\limsup_{t\to+\infty}\int_{t_0}^{t}[\rho^\sigma(s)(Q_1(s)-\eta^\Delta(s))-\rho^\Delta(s)\eta(s)]\Delta s=+\infty,$$

$$\limsup_{t\to+\infty}\int_{t_0}^{t}\left[r(s)\frac{((\rho^\sigma(s))_+)^{\gamma+1}}{(\rho^\sigma(s))^\gamma}\left(\frac{\sigma(s)}{s}\right)^{\gamma^2}\right]\Delta s<+\infty,$$

则方程(2.2.1)是振动的.这里$(\rho^\Delta(s))_+=\max\{\rho^\Delta(s),0\}$.

由定理2.2.3,通过选择不同的函数ρ和η,可以得到方程(2.2.1)不同的振动条件.例如,令$\rho(t)=t,\eta(t)=1,t\geqslant t_0$.由定理2.2.3可以得出下面的结果.

推论2.2.2 设条件(2.2.15)成立,而且式(2.2.19)或式(2.2.20)也成立,$0\leqslant p(t)\leqslant 1,\gamma\geqslant 1,r\in C_{\mathrm{rd}}^1([t_0,+\infty)_{\mathbb{T}},\mathbf{R}_+),r^\Delta\geqslant 0$.若

$$\limsup_{t\to+\infty}\int_{t_0}^{t}\left[\sigma(s)Q_1(s)-1-\frac{r(s)}{(\gamma+1)^{\gamma+1}}\frac{1}{(\sigma(s))^\gamma}\left(\frac{\sigma(s)}{s}\right)^{\gamma^2}\right]\Delta s=+\infty,\tag{2.2.30}$$

则方程(2.2.1)是振动的.

令$\rho(t)=1,\eta(t)=0,t\geqslant t_0$.由定理2.2.3可以得出下面的结果.

推论2.2.3 设条件(2.2.15)成立,而且式(2.2.19)或式(2.2.20)也成立,$0\leqslant p(t)\leqslant 1,\gamma\geqslant 1,r\in C_{\mathrm{rd}}^1([t_0,+\infty)_{\mathbb{T}},\mathbf{R}_+),r^\Delta\geqslant 0$.若

$$\limsup_{t\to+\infty}\int_{t_0}^{t}Q_1(s)\Delta s=+\infty,\tag{2.2.31}$$

则方程(2.2.1)是振动的.

定理2.2.4 设条件(2.2.15)成立,而且式(2.2.19)或式(2.2.20)也成立,$0\leqslant p(t)\leqslant 1,0<\gamma<1,r\in C_{\mathrm{rd}}^1([t_0,+\infty)_{\mathbb{T}},\mathbf{R}_+),r^\Delta\geqslant 0$.若存在$\rho,\eta\in C_{\mathrm{rd}}^1([t_0,+\infty)_{\mathbb{T}},\mathbf{R}_+)$,使得

$$\limsup_{t\to+\infty}\int_{t_0}^{t}\left[\rho^\sigma(s)(Q_1(s)-\eta^\Delta(s))-\rho^\Delta(s)\eta(s)-\frac{r(s)}{(\gamma+1)^{\gamma+1}}\frac{((\rho^\Delta(s))_+)^{\gamma+1}}{(\rho^\sigma(s))^\gamma}\left(\frac{\sigma(s)}{s}\right)^{\gamma}\right]\Delta s=+\infty\tag{2.2.32}$$

成立,则方程(2.2.1)是振动的.这里$(\rho^\Delta(s))_+=\max\{\rho^\Delta(s),0\}$.

证明 假设方程(2.2.1)有非振动的解$y(t)$,不妨设最终为正,我们只考虑这种情况,因为当$y(t)$最终为负时可类似证明.由引理2.2.1和引理2.2.3,存在$t_*\in[t_0,+\infty)_{\mathbb{T}}$,当$t\in[t_*,+\infty)_{\mathbb{T}}$时,有$x(t)>0,x^\Delta(t)\geqslant 0,x^{\Delta\Delta}(t)<0,x(t)\geqslant tx^\Delta(t),\dfrac{x(t)}{t}$是严格递减的.像定理2.2.3中式(2.2.26)那样定义函数$\omega(t)$,由定理2.2.3的证明可知,式(2.2.27)成立.由公式(2.2.14),并注意到$0<\gamma<1$,得

$$((x(t))^\gamma)^\Delta=\gamma\int_0^1[hx^\sigma+(1-h)x]^{\gamma-1}x^\Delta(t)\mathrm{d}h\geqslant\gamma(x^\sigma(t))^{\gamma-1}x^\Delta(t),$$

于是,考虑到式(2.2.16),由式(2.2.27)得

$$\begin{aligned}\omega^\Delta(t)\leqslant&\frac{\rho^\Delta(t)}{\rho(t)}\omega(t)-\rho^\sigma(t)q_1(t)(1-p(\delta_1(t)))^\alpha\frac{(x(\delta_1(t)))^\alpha}{(x^\sigma(t))^\gamma}\\&-\rho^\sigma(t)q_2(t)(1-p(\delta_2(t)))^\beta\frac{(x(\delta_1(t)))^\beta}{(x^\sigma(t))^\gamma}-\gamma\rho^\sigma(t)\frac{r(t)(x^\Delta(t))^{\gamma+1}}{x^\sigma(t)x^\gamma(t)}+\rho^\sigma(t)\eta^\Delta(t).\end{aligned}\tag{2.2.33}$$

下面的证明与定理2.2.3的证明过程类似,所以省略.证毕.

由定理2.2.4,容易得到下面的推论.

推论 2.2.4　设条件(2.2.15)成立,而且式(2.2.19)或式(2.2.20)也成立,$0 \leqslant p(t) \leqslant 1, 0 < \gamma < 1, r \in C_{rd}^1([t_0, +\infty)_{\mathbb{T}}, \mathbf{R}_+), r^\Delta \geqslant 0$.若存在 $\rho, \eta \in C_{rd}^1([t_0, +\infty)_{\mathbb{T}}, \mathbf{R}_+)$,使得

$$\limsup_{t \to +\infty} \int_{t_0}^{t} [\rho^\sigma(s)(Q_1(s) - \eta^\Delta(s)) - \rho^\Delta(s)\eta(s)]\Delta s = +\infty,$$

$$\limsup_{t \to +\infty} \int_{t_0}^{t} \left[r(s) \frac{((\rho^\Delta(s))_+)^{\gamma+1}}{(\rho^\sigma(s))^\gamma} \left(\frac{\sigma(s)}{s}\right)^\gamma \right]\Delta s < +\infty,$$

则方程(2.2.1)是振动的.这里 $(\rho^\Delta(s))_+ = \max\{\rho^\Delta(s), 0\}$.

注 2.2.3　由定理 2.2.3 和定理 2.2.4 得知,当 $\gamma \geqslant 1$ 或 $0 < \gamma < 1$ 时,方程(2.2.1)的振动条件是不同的.但是,当时间尺度 $\mathbb{T} = \mathbf{R}$ 时,相对应的方程(2.2.10)的振动条件却是相同的,即下面的推论.

为叙述方便,首先给出有关记号.令

$$\overline{Q_1}(t) = \mu(q_1(t)(1 - p(\delta_1(t)))^\alpha)^{\frac{\beta-\gamma}{\beta-\alpha}}(q_2(t)(1 - p(\delta_2(t)))^\beta)^{\frac{\gamma-\alpha}{\beta-\alpha}}\left(\frac{\delta(t)}{t}\right)^\gamma,$$

$$\overline{Q_2}(t) = \mu((q_1(t))^\alpha)^{\frac{\beta-\gamma}{\beta-\alpha}}((q_2(t))^\beta)^{\frac{\gamma-\alpha}{\beta-\alpha}}\left(\frac{\delta(t)}{t}\right)^\gamma.$$

推论 2.2.5　设 $0 \leqslant p(t) \leqslant 1, r \in C^1([t_0, +\infty), \mathbf{R}_+), r'(t) \geqslant 0, \int_{t_0}^{+\infty} \left(\frac{1}{r(t)}\right)^{\frac{1}{\gamma}} dt = +\infty$,而且 $\int_{t_0}^{+\infty} q_1(t)((1 - p(\delta_1(t)))\delta_1(t))^\alpha dt = +\infty$,或者 $\int_{t_0}^{+\infty} q_2(t)((1 - p(\delta_2(t)))\delta_2(t))^\beta dt = +\infty$.

若存在 $\rho, \eta \in C_{rd}^1([t_0, +\infty)_{\mathbb{T}}, \mathbf{R}_+)$,使得

$$\limsup_{t \to +\infty} \int_{t_0}^{t} \left[\rho(s)(\overline{Q_1}(s) - \eta'(s)) - \rho'(s)\eta(s) - \frac{r(s)}{(\gamma+1)^{\gamma+1}} \frac{((\rho'(s))_+)^{\gamma+1}}{(\rho(s))^\gamma}\right] ds = +\infty$$

成立,则方程(2.2.10)是振动的.这里 $(\rho'(s))_+ = \max\{\rho'(s), 0\}$.

定理 2.2.5　设条件(2.2.15)成立,而且式(2.2.21)或式(2.2.22)也成立,$-1 < p_0 \leqslant p(t) \leqslant 0, \lim\limits_{t \to +\infty} p(t) = p > -1$.进一步,假设存在 $\{c_k\}_{k \geqslant 0}$ 使得 $\lim\limits_{k \to +\infty} c_k = +\infty$ 和 $\tau(c_{k+1}) = c_k, \gamma \geqslant 1, r \in C_{rd}^1([t_0, +\infty)_{\mathbb{T}}, \mathbf{R}_+), r^\Delta \geqslant 0$.若存在 $\rho, \eta \in C_{rd}^1([t_0, +\infty)_{\mathbb{T}}, \mathbf{R}_+)$,使得

$$\limsup_{t \to +\infty} \int_{t_0}^{t} \left[\rho^\sigma(s)(Q_2(s) - \eta^\Delta(s)) - \rho^\Delta(s)\eta(s) - \frac{r(s)}{(\gamma+1)^{\gamma+1}} \frac{((\rho^\Delta(s))_+)^{\gamma+1}}{(\rho^\sigma(s))^\gamma}\left(\frac{\sigma(s)}{s}\right)^{\gamma^2}\right]\Delta s = +\infty \tag{2.2.34}$$

成立,则方程(2.2.1)的解 $y(t)$ 是振动的,或者 $\lim\limits_{t \to +\infty} y(t) = 0$.这里

$$(\rho^\Delta(s))_+ = \max\{\rho^\Delta(s), 0\}.$$

证明　假设方程(2.2.1)有非振动的解 $y(t)$,不妨设最终为正,我们只考虑这种情况,因为当 $y(t)$ 最终为负时可类似证明.由引理 2.2.2 和引理 2.2.4,或者 $\lim\limits_{t \to +\infty} y(t) = 0$,或者存在 $t_* \in [t_0, +\infty)_{\mathbb{T}}$,当 $t \in [t_*, +\infty)_{\mathbb{T}}$ 时,有 $x(t) > 0, x^\Delta(t) \geqslant 0, x^{\Delta\Delta}(t) < 0, x(t) \geqslant t x^\Delta(t), \frac{x(t)}{t}$ 是严格递减的.

像定理 2.2.3 中式(2.2.26)那样定义函数 $\omega(t)$,由定理 2.2.3 的证明可知,式(2.2.27)成立.由公式(2.2.14),并注意到 $\gamma \geqslant 1$,得

$$((x(t))^{\gamma})^{\Delta}=\gamma\int_0^1[hx^{\sigma}+(1-h)x]^{\gamma-1}x^{\Delta}(t)\mathrm{d}h\geqslant\gamma(x(t))^{\gamma-1}x^{\Delta}(t).$$

于是,考虑到式(2.2.18),由式(2.2.27)得

$$\omega^{\Delta}(t)\leqslant\frac{\rho^{\Delta}(t)}{\rho(t)}\omega(t)-\rho^{\sigma}(t)q_1(t)\frac{(x(\delta_1(t)))^{\alpha}}{(x^{\sigma}(t))^{\gamma}}$$

$$-\rho^{\sigma}(t)q_2(t)\frac{(x(\delta_2(t)))^{\beta}}{(x^{\sigma}(t))^{\gamma}}-\gamma\rho^{\sigma}(t)\frac{r(t)(x^{\Delta}(t))^{\gamma+1}}{x(t)(x^{\sigma}(t))^{\gamma}}+\rho^{\sigma}(t)\eta^{\Delta}(t).\quad(2.2.35)$$

由 Young 不等式(2.2.12),我们得到

$$\frac{\beta-\gamma}{\beta-\alpha}q_1(t)\frac{(x(\delta_1(t)))^{\alpha}}{(x^{\sigma}(t))^{\gamma}}+\frac{\gamma-\alpha}{\beta-\alpha}q_2(t)\frac{(x(\delta_2(t)))^{\beta}}{(x^{\sigma}(t))^{\gamma}}$$

$$\geqslant\left[q_1(t)\frac{(x(\delta_1(t)))^{\alpha}}{(x^{\sigma}(t))^{\gamma}}\right]^{\frac{\beta-\gamma}{\beta-\alpha}}\left[q_2(t)\frac{(x(\delta_2(t)))^{\beta}}{(x^{\sigma}(t))^{\gamma}}\right]^{\frac{\gamma-\alpha}{\beta-\alpha}}$$

$$=(q_1(t))^{\frac{\beta-\gamma}{\beta-\alpha}}(q_2(t))^{\frac{\gamma-\alpha}{\beta-\alpha}}\left(\frac{(x(\delta_1(t)))^{\alpha}}{(x^{\sigma}(t))^{\gamma}}\right)^{\frac{\beta-\gamma}{\beta-\alpha}}\left(\frac{(x(\delta_2(t)))^{\beta}}{(x^{\sigma}(t))^{\gamma}}\right)^{\frac{\gamma-\alpha}{\beta-\alpha}}$$

$$\geqslant(q_1(t))^{\frac{\beta-\gamma}{\beta-\alpha}}(q_2(t))^{\frac{\gamma-\alpha}{\beta-\alpha}}\left(\frac{x(\delta(t))}{x^{\sigma}(t)}\right)^{\gamma}.$$

因为$\dfrac{x(t)}{t}$是严格递减的,所以$\dfrac{x(\delta(t))}{x^{\sigma}(t)}\geqslant\dfrac{\delta(t)}{\sigma(t)}$,$\dfrac{x(t)}{x^{\sigma}(t)}\geqslant\dfrac{t}{\sigma(t)}$,因此由式(2.2.35),得

$$\omega^{\Delta}(t)\leqslant\frac{\rho^{\Delta}(t)}{\rho(t)}\omega(t)-\mu\rho^{\sigma}(t)(q_1(t))^{\frac{\beta-\gamma}{\beta-\alpha}}(q_2(t))^{\frac{\gamma-\alpha}{\beta-\alpha}}\left(\frac{\delta(t)}{\sigma(t)}\right)^{\gamma}$$

$$-\gamma\rho^{\sigma}(t)\frac{1}{(r(t))^{\frac{1}{\gamma}}}\left(\frac{t}{\sigma(t)}\right)^{\gamma}\left(\frac{\omega(t)}{\rho(t)}-\eta(t)\right)^{\frac{\gamma+1}{\gamma}}+\rho^{\sigma}(t)\eta^{\Delta}(t),$$

即

$$\omega^{\Delta}(t)\leqslant-\rho^{\sigma}(t)(Q_2(t)-\eta^{\Delta}(t))+\frac{\rho^{\Delta}(t)}{\rho(t)}\omega(t)-\gamma\rho^{\sigma}(t)\frac{1}{(\gamma(t))^{\frac{1}{\gamma}}}\left(\frac{t}{\sigma(t)}\right)^{\gamma}\left|\frac{\omega(t)}{\rho(t)}-\eta(t)\right|^{\frac{\gamma+1}{\gamma}}.\quad(2.2.36)$$

因此,

$$\omega^{\Delta}(t)\leqslant-\rho^{\sigma}(t)(Q_2(t)-\eta^{\Delta}(t))+\rho^{\Delta}(t)\eta(t)+(\rho^{\Delta}(t))_{+}\left|\frac{\omega(t)}{\rho(t)}-\eta(t)\right|$$

$$-\gamma\rho^{\sigma}(t)\frac{1}{(r(t))^{\frac{1}{\gamma}}}\left(\frac{t}{\sigma(t)}\right)^{\gamma}\left|\frac{\omega(t)}{\rho(t)}-\eta(t)\right|^{\frac{\gamma+1}{\gamma}}.$$

由不等式(2.2.13)得

$$\omega^{\Delta}(t)\leqslant-\rho^{\sigma}(t)(Q_2(t)-\eta^{\Delta}(t))+\rho^{\Delta}(t)\eta(t)+\frac{r(t)}{(\gamma+1)^{\gamma+1}}\frac{((\rho^{\Delta}(t))_{+})^{\gamma+1}}{(\rho^{\sigma}(t))^{\gamma}}\left(\frac{\sigma(t)}{t}\right)^{\gamma^2}.$$

对上式从 t_* 到 t 积分,得

$$\omega(t)-\omega(t_*)\leqslant$$

$$-\int_{t_*}^{t}\left(\rho^{\sigma}(s)(Q_2(s)-\eta^{\Delta}(s))-\rho^{\Delta}(s)\eta(s)-\frac{r(s)}{(\gamma+1)^{\gamma+1}}\frac{((\rho^{\Delta}(s))_{+})^{\gamma+1}}{(\rho^{\sigma}(s))^{\gamma}}\left(\frac{\sigma(s)}{s}\right)^{\gamma^2}\right)\Delta s.$$

因此,

$$\int_{t_*}^{t}\left(\rho^{\sigma}(s)(Q_2(s)-\eta^{\Delta}(s))-\rho^{\Delta}(s)\eta(s)-\frac{r(s)}{(\gamma+1)^{\gamma+1}}\frac{((\rho^{\Delta}(s))_+)^{\gamma+1}}{(\rho^{\sigma}(s))^{\gamma}}\left(\frac{\sigma(s)}{s}\right)^{\gamma^2}\right)\Delta s$$
$$\leqslant \omega(t_*)-\omega(t)\leqslant \omega(t_*).$$

这与式(2.2.34)矛盾. 证毕.

由定理 2.2.5,容易得到下面的推论.

推论 2.2.6　设条件(2.2.15)成立,而且式(2.2.21)或式(2.2.22)也成立,$-1<p_0\leqslant p(t)\leqslant 0$, $\lim\limits_{t\to+\infty}p(t)=p>-1$. 进一步,假设存在$\{c_k\}_{k\geqslant 0}$使得$\lim\limits_{k\to+\infty}c_k=+\infty$和$\tau(c_{k+1})=c_k$, $\gamma\geqslant 1$, $r\in C_{\rm rd}^1([t_0,+\infty)_{\mathbb{T}},\mathbf{R}_+)$, $r^{\Delta}\geqslant 0$. 若存在$\rho,\eta\in C_{\rm rd}^1([t_0,+\infty)_{\mathbb{T}},\mathbf{R}_+)$,使得

$$\limsup_{t\to+\infty}\int_{t_0}^{t}[\rho^{\sigma}(s)(Q_2(s)-\eta^{\Delta}(s))-\rho^{\Delta}(s)\eta(s)]\Delta s=+\infty,$$

$$\limsup_{t\to+\infty}\int_{t_0}^{t}\left[r(s)\frac{((\rho^{\Delta}(s))_+)^{\gamma+1}}{(\rho^{\sigma}(s))^{\gamma}}\left(\frac{\sigma(s)}{s}\right)^{\gamma^2}\right]\Delta s<+\infty,$$

则方程(2.2.1)的解 $y(t)$ 是振动的,或者$\lim\limits_{t\to+\infty}y(t)=0$.

由定理 2.2.5,通过选择不同的函数 ρ 和 η,可以得到方程(2.2.1)不同的振动条件. 例如,令 $\rho(t)=t$, $\eta(t)=1$, $t\geqslant t_0$. 由定理 2.2.5 可以得出下面的结果.

推论 2.2.7　设条件(2.2.15)成立,而且式(2.2.21)或式(2.2.22)也成立,$-1<p_0\leqslant p(t)\leqslant 0$, $\lim\limits_{t\to+\infty}p(t)=p>-1$. 进一步,假设存在$\{c_k\}_{k\geqslant 0}$使得$\lim\limits_{k\to+\infty}c_k=+\infty$和$\tau(c_{k+1})=c_k$, $\gamma\geqslant 1$, $r\in C_{\rm rd}^1([t_0,+\infty)_{\mathbb{T}},\mathbf{R}_+)$, $r^{\Delta}\geqslant 0$. 若

$$\limsup_{t\to+\infty}\int_{t_0}^{t}\left[\sigma(s)Q_2(s)-1-\frac{r(s)}{(\gamma+1)^{\gamma+1}}\frac{1}{(\sigma(s))^{\gamma}}\left(\frac{\sigma(s)}{s}\right)^{\gamma^2}\right]\Delta s=+\infty, \tag{2.2.37}$$

则方程(2.2.1)的解 $y(t)$ 是振动的,或者$\lim\limits_{t\to+\infty}y(t)=0$.

令 $\rho(t)=1$, $\eta(t)=0$, $t\geqslant t_0$. 由定理 2.2.5 可以得出下面的结果.

推论 2.2.8　设条件(2.2.15)成立,而且式(2.2.21)或式(2.2.22)也成立,$-1<p_0\leqslant p(t)\leqslant 0$, $\lim\limits_{t\to+\infty}p(t)=p>-1$. 进一步,假设存在$\{c_k\}_{k\geqslant 0}$使得$\lim\limits_{k\to+\infty}c_k=+\infty$和$\tau(c_{k+1})=c_k$, $\gamma\geqslant 1$, $r\in C_{\rm rd}^1([t_0,+\infty)_{\mathbb{T}},\mathbf{R}_+)$, $r^{\Delta}\geqslant 0$. 若

$$\limsup_{t\to+\infty}\int_{t_0}^{t}Q_2(s)\Delta s=+\infty, \tag{2.2.38}$$

则方程(2.2.1)的解 $y(t)$ 是振动的,或者$\lim\limits_{t\to+\infty}y(t)=0$.

定理 2.2.6　设条件(2.2.15)成立,而且式(2.2.21)或式(2.2.22)也成立,$-1<p_0\leqslant p(t)\leqslant 0$, $\lim\limits_{t\to+\infty}p(t)=p>-1$. 进一步,假设存在$\{c_k\}_{k\geqslant 0}$使得$\lim\limits_{k\to+\infty}c_k=+\infty$和$\tau(c_{k+1})=c_k$, $0<\gamma<1$, $r\in C_{\rm rd}^1([t_0,+\infty)_{\mathbb{T}},\mathbf{R}_+)$, $r^{\Delta}\geqslant 0$. 若存在$\rho,\eta\in C_{\rm rd}^1([t_0,+\infty)_{\mathbb{T}},\mathbf{R}_+)$,使得

$$\limsup_{t\to+\infty}\int_{t_0}^{t}\left[\rho^{\sigma}(s)(Q_2(s)-\eta^{\Delta}(s))-\rho^{\Delta}(s)\eta(s)-\frac{r(s)}{(\gamma+1)^{\gamma+1}}\frac{((\rho^{\Delta}(s))_+)^{\gamma+1}}{(\rho^{\sigma}(s))^{\gamma}}\left(\frac{\sigma(s)}{s}\right)^{\gamma}\right]\Delta s$$
$$=+\infty \tag{2.2.39}$$

成立,则方程(2.2.1)的解 $y(t)$ 是振动的,或者$\lim\limits_{t\to+\infty}y(t)=0$. 这里

$$(\rho^{\Delta}(s))_+=\max\{\rho^{\Delta}(s),0\}.$$

证明　假设方程(2.2.1)有非振动的解 $y(t)$，不妨设最终为正，我们只考虑这种情况，因为当 $y(t)$ 最终为负时可类似证明. 由引理 2.2.2 和引理 2.2.4 得，$\lim\limits_{t\to+\infty} y(t)=0$，或者，存在 $t_*\in[t_0,+\infty)_{\mathbb{T}}$，当 $t\in[t_*,+\infty)_{\mathbb{T}}$ 时，有 $x(t)>0$，$x^{\Delta}(t)\geqslant 0$，$x^{\Delta\Delta}(t)<0$，$x(t)\geqslant tx^{\Delta}(t)$，$\dfrac{x(t)}{t}$ 是严格递减的. 像定理 2.2.3 中式(2.2.26)那样定义函数 $\omega(t)$，由定理 2.2.3 的证明可知，式(2.2.27)成立. 由公式(2.2.14)，并注意到 $0<\gamma<1$，得

$$((x(t))^{\gamma})^{\Delta}=\gamma\int_0^1[hx^{\sigma}+(1-h)x]^{\gamma-1}x^{\Delta}(t)\mathrm{d}h\geqslant\gamma(x^{\sigma}(t))^{\gamma-1}x^{\Delta}(t).$$

于是，注意到式(2.2.18)，由式(2.2.27)得

$$\begin{aligned}\omega^{\Delta}(t)\leqslant&\frac{\rho^{\Delta}(t)}{\rho(t)}\omega(t)-\rho^{\sigma}(t)q_1(t)\frac{(x(\delta_1(t)))^{\alpha}}{(x^{\sigma}(t))^{\gamma}}-\rho^{\sigma}(t)q_2(t)\frac{(x(\delta_2(t)))^{\beta}}{(x^{\sigma}(t))^{\gamma}}\\&-\gamma\rho^{\sigma}(t)\frac{r(t)(x^{\Delta}(t))^{\gamma+1}}{x^{\sigma}(t)x^{\gamma}(t)}+\rho^{\sigma}(t)\eta^{\Delta}(t).\end{aligned}\tag{2.2.40}$$

下面的证明过程与定理 2.2.5 的证明类似，所以省略. 证毕.

由定理 2.2.6，容易得到下面的推论.

推论 2.2.9　设条件(2.2.15)成立，而且式(2.2.21)或式(2.2.22)也成立，$-1<p_0\leqslant p(t)\leqslant 0$，$\lim\limits_{t\to+\infty}p(t)=p>-1$. 进一步，假设存在 $\{c_k\}_{k\geqslant 0}$ 使得 $\lim\limits_{k\to+\infty}c_k=+\infty$ 和 $\tau(c_{k+1})=c_k$，$0<\gamma<1$，$r\in C_{\mathrm{rd}}^1([t_0,+\infty)_{\mathbb{T}},\mathbf{R}_+)$，$r^{\Delta}\geqslant 0$. 若存在 $\rho,\eta\in C_{\mathrm{rd}}^1([t_0,+\infty)_{\mathbb{T}},\mathbf{R}_+)$，使得

$$\limsup_{t\to+\infty}\int_{t_0}^t[\rho^{\sigma}(s)(Q_2(s)-\eta^{\Delta}(s))-\rho^{\Delta}(s)\eta(s)]\Delta s=+\infty,$$

$$\limsup_{t\to+\infty}\int_{t_0}^t\left[r(s)\frac{((\rho^{\Delta}(s))_+)^{\gamma+1}}{(\rho^{\sigma}(s))^{\gamma}}\left(\frac{\sigma(s)}{s}\right)^{\gamma}\right]\Delta s<+\infty,$$

则方程(2.2.1)的解 $y(t)$ 是振动的，或者 $\lim\limits_{t\to+\infty}y(t)=0$.

由定理 2.2.5 和定理 2.2.6，可以得到方程(2.2.10)振动的充分条件.

推论 2.2.10　设$\displaystyle\int_{t_0}^{+\infty}\left(\frac{1}{r(t)}\right)^{\frac{1}{\gamma}}\mathrm{d}t=+\infty$，$-1<p_0\leqslant p(t)\leqslant 0$，$\lim\limits_{t\to+\infty}p(t)=p>-1$. 进一步，假设存在 $\{c_k\}_{k\geqslant 0}$ 使得 $\lim\limits_{k\to+\infty}c_k=+\infty$ 和 $\tau(c_{k+1})=c_k$，$r\in C^1([t_0,+\infty),\mathbf{R}_+)$，$r'(t)\geqslant 0$，而且 $\displaystyle\int_{t_0}^{+\infty}q_1(t)(\delta_1(t))^{\alpha}\mathrm{d}t=+\infty$，或者 $\displaystyle\int_{t_0}^{+\infty}q_2(t)(\delta_2(t))^{\beta}\mathrm{d}t=+\infty$. 若存在 ρ，$\eta\in C^1([t_0,+\infty),\mathbf{R}_+)$，使得

$$\limsup_{t\to+\infty}\int_{t_0}^t\left[\rho(s)(\overline{Q_2}(s)-\eta'(s))-\rho'(s)\eta(s)-\frac{r(s)}{(\gamma+1)^{\gamma+1}}\frac{((\rho'(s))_+)^{\gamma+1}}{(\rho(s))^{\gamma}}\right]\mathrm{d}s=+\infty$$

成立，则方程(2.2.10)的解 $y(t)$ 是振动的，或者 $\lim\limits_{t\to+\infty}y(t)=0$. 这里

$$(\rho'(s))_+=\max\{\rho'(s),0\}.$$

定理 2.2.7　设条件(2.2.15)成立，而且式(2.2.19)或式(2.2.20)也成立，$0\leqslant p(t)\leqslant 1$，$\gamma\geqslant 1$，$r\in C_{\mathrm{rd}}^1([t_0,+\infty)_{\mathbb{T}},\mathbf{R}_+)$，$r^{\Delta}\geqslant 0$. 若存在 $\rho,\eta\in C_{\mathrm{rd}}^1([t_0,+\infty)_{\mathbb{T}},\mathbf{R}_+)$，$H\in\mathscr{R}$，使得

$$\limsup_{t\to+\infty}\frac{1}{H(\sigma(t),t_0)}\int_{t_0}^t H(\sigma(t),\sigma(s))\rho(s)\cdot$$

$$\left(\Theta_1(t,s)-\frac{r(s)}{(\gamma+1)^{\gamma+1}}\left(\frac{\rho(s)}{\rho^{\sigma}(s)}\right)^{\gamma}\left(\frac{\sigma(s)}{s}\right)^{\gamma^2}\mid\lambda(t,s)\mid^{\gamma+1}\right)\Delta s=+\infty \quad (2.2.41)$$

成立,则方程(2.2.1) 是振动的.

证明　假设方程(2.2.1) 有非振动的解 $y(t)$,不妨设最终为正,我们只考虑这种情况,因为当 $y(t)$ 最终为负时可类似证明. 由引理 2.2.1 和引理 2.2.3,存在 $t_* \in [t_0,+\infty)_{\mathbb{T}}$,当 $t\in[t_*,+\infty)_{\mathbb{T}}$ 时,有 $x(t)>0,x^{\Delta}(t)\geqslant 0,x^{\Delta\Delta}(t)<0,x(t)\geqslant tx^{\Delta}(t),\dfrac{x(t)}{t}$ 是严格递减的. 由定理 2.2.3 的证明可知,式(2.2.29) 成立.

在式(2.2.29) 中,用 s 替代 t,然后用 $H(\sigma(t),\sigma(s))$ 乘式(2.2.29) 两边,再从 T 到 t 积分,$t>T,t,T\in[t_*,+\infty)_{\mathbb{T}}$,得

$$\int_T^t H(\sigma(t),\sigma(s))\rho^{\sigma}(s)[Q_1(s)-\eta^{\Delta}(s)]\Delta s\leqslant-\int_T^t H(\sigma(t),\sigma(s))\omega^{\Delta}(s)\Delta s$$

$$+\int_T^t H(\sigma(t),\sigma(s))\rho^{\Delta}(s)\frac{\omega(s)}{\rho(s)}\Delta s-\gamma\int_T^t H(\sigma(t),\sigma(s))\rho^{\sigma}(s)\frac{1}{(r(s))^{\frac{1}{\gamma}}}\left(\frac{s}{\sigma(s)}\right)^{\gamma}\left(\frac{\omega(s)}{\rho(s)}-\eta(s)\right)^{\frac{\gamma+1}{\gamma}}\Delta s.$$

由分部积分法,注意到 $H(\sigma(t),t)=0$,得

$$\int_T^t H(\sigma(t),\sigma(s))\omega^{\Delta}(s)\Delta s=-H(\sigma(t),T)\omega(T)-\int_T^t H^{\Delta_s}(\sigma(t),s)\omega(s)\Delta s.$$

所以,

$$\int_T^t H(\sigma(t),\sigma(s))\rho^{\sigma}(t)[Q_1(s)-\eta^{\Delta}(s)]\Delta s\leqslant H(\sigma(t),T)\omega(T)$$

$$-\int_T^t h(\sigma(t),s)H(\sigma(t),\sigma(s))\omega(s)\Delta s+\int_T^t H(\sigma(t),\sigma(s))\rho^{\Delta}(s)\frac{\omega(s)}{\rho(s)}\Delta s$$

$$-\gamma\int_T^t H(\sigma(t),\sigma(s))\rho^{\sigma}(s)\frac{1}{(r(s))^{\frac{1}{\gamma}}}\left(\frac{s}{\sigma(s)}\right)^{\gamma}\left(\frac{\omega(s)}{\rho(s)}-\eta(s)\right)^{\frac{\gamma+1}{\gamma}}\Delta s,$$

即

$$\int_T^t H(\sigma(t),\sigma(s))\rho^{\sigma}(s)[Q_1(s)-\eta^{\Delta}(s)]\Delta s$$

$$\leqslant H(\sigma(t),T)\omega(T)-\int_T^t\left[h(\sigma(t),s)-\frac{\rho^{\Delta}(s)}{\rho(s)}\right]H(\sigma(t),\sigma(s))\omega(s)\Delta s$$

$$-\gamma\int_T^t H(\sigma(t),\sigma(s))\rho^{\sigma}(s)\frac{1}{(r(s))^{\frac{1}{\gamma}}}\left(\frac{s}{\sigma(s)}\right)^{\gamma}\left(\frac{\omega(s)}{\rho(s)}-\eta(s)\right)^{\frac{\gamma+1}{\gamma}}\Delta s.$$

因此,

$$\int_T^t H(\sigma(t),\sigma(s))\rho(t)\Theta_1(t,s)\Delta s$$

$$\leqslant H(\sigma(t),T)\omega(T)+\int_T^t H(\sigma(t),\sigma(s))\rho(s)\mid\lambda(t,s)\left|\frac{\omega(s)}{\rho(s)}-\eta(s)\right|\Delta s$$

$$-\gamma\int_T^t H(\sigma(t),\sigma(s))\rho^{\sigma}(s)\frac{1}{(r(s))^{\frac{1}{\gamma}}}\left(\frac{s}{\sigma(s)}\right)^{\gamma}\left|\frac{\omega(s)}{\rho(s)}-\eta(s)\right|^{\frac{\gamma+1}{\gamma}}\Delta s. \quad (2.2.42)$$

应用不等式(2.2.13),得

$$\frac{1}{H(\sigma(t),T)}\int_T^t H(\sigma(t),\sigma(s))\rho(s)\left(\Theta_1(t,s)-\frac{r(s)}{(\gamma+1)^{\gamma+1}}\left(\frac{\rho(s)}{\rho^{\sigma}(s)}\right)^{\gamma}\left(\frac{\sigma(s)}{s}\right)^{\gamma^2}\mid\lambda(t,s)\mid^{\gamma+1}\right)\Delta s$$

$$\leqslant \omega(T). \tag{2.2.43}$$

令 $T=t_*$,所以

$$\limsup_{t\to+\infty}\frac{1}{H(\sigma(t),t_*)}\int_{t_*}^{t}H(\sigma(t),\sigma(s))\rho(s)\left(\Theta_1(t,s)-\frac{r(s)}{(\gamma+1)^{\gamma+1}}\left(\frac{\rho(s)}{\rho^\sigma(s)}\right)^{\gamma}\left(\frac{\sigma(s)}{s}\right)^{\gamma^2}|\lambda(t,s)|^{\gamma+1}\right)\Delta s$$
$$\leqslant \omega(t_*).$$

这与条件(2.2.41)矛盾.证毕.

由定理 2.2.7,容易得到下面的推论.

推论 2.2.11 设条件(2.2.15)成立,而且式(2.2.19)或式(2.2.20)也成立,$0\leqslant p(t)\leqslant 1,\gamma\geqslant 1,r\in C_{\rm rd}^1([t_0,+\infty)_{\mathbb T},\mathbf R_+),r^\Delta\geqslant 0$.若存在$\rho,\eta\in C_{\rm rd}^1([t_0,+\infty)_{\mathbb T},\mathbf R_+)$,$H\in\mathscr R$,使得

$$\limsup_{t\to+\infty}\frac{1}{H(\sigma(t),t_0)}\int_{t_0}^{t}H(\sigma(t),\sigma(s))\rho(s)\Theta_1(t,s)\Delta s=+\infty,$$

$$\limsup_{t\to+\infty}\frac{1}{H(\sigma(t),t_0)}\int_{t_0}^{t}\frac{r(s)}{(\gamma+1)^{\gamma+1}}\left(\frac{\rho(s)}{\rho^\sigma(s)}\right)^{\gamma}\left(\frac{\sigma(s)}{s}\right)^{\gamma^2}|\lambda(t,s)|^{\gamma+1}\Delta s<+\infty,$$

则方程(2.2.1)是振动的.

定理 2.2.8 设条件(2.2.15)成立,而且式(2.2.19)或式(2.2.20)也成立,$0\leqslant p(t)\leqslant 1,0<\gamma<1,r\in C_{\rm rd}^1([t_0,+\infty)_{\mathbb T},\mathbf R_+),r^\Delta\geqslant 0$.若存在$\rho,\eta\in C_{\rm rd}^1([t_0,+\infty)_{\mathbb T},\mathbf R_+),H\in\mathscr R$,使得

$$\limsup_{t\to+\infty}\frac{1}{H(\sigma(t),t_0)}\int_{t_0}^{t}H(\sigma(t),\sigma(s))\rho(s)\left(\Theta_1(t,s)-\frac{r(s)}{(\gamma+1)^{\gamma+1}}\left(\frac{\rho(s)}{\rho^\sigma(s)}\right)^{\gamma}\left(\frac{\sigma(s)}{s}\right)^{\gamma}|\lambda(t,s)|^{\gamma+1}\right)\Delta s$$
$$=+\infty, \tag{2.2.44}$$

成立,则方程(2.2.1)是振动的.

证明 假设方程(2.2.1)有非振动的解 $y(t)$,不妨设最终为正,我们只考虑这种情况,因为当 $y(t)$ 最终为负时可类似证明.由引理 2.2.1 和引理 2.2.3,存在 $t_*\in[t_0,+\infty)_{\mathbb T}$,当$t\in[t_*,+\infty)_{\mathbb T}$时,有 $x(t)>0,x^\Delta(t)\geqslant 0,x^{\Delta\Delta}(t)<0,x(t)\geqslant tx^\Delta(t),\dfrac{x(t)}{t}$是严格递减的.由定理 2.2.4 的证明可知,式(2.2.31)成立.

下面的证明过程与定理 2.2.7 的证明类似,所以省略.证毕.

由定理 2.2.8,容易得到下面的推论.

推论 2.2.12 设条件(2.2.15)成立,而且式(2.2.19)或式(2.2.20)也成立,$0\leqslant p(t)\leqslant 1,0<\gamma<1,r\in C_{\rm rd}^1([t_0,+\infty)_{\mathbb T},\mathbf R_+),r^\Delta\geqslant 0$.若存在$\rho,\eta\in C_{\rm rd}^1([t_0,+\infty)_{\mathbb T},\mathbf R_+),H\in\mathscr R$,使得

$$\limsup_{t\to+\infty}\frac{1}{H(\sigma(t),t_0)}\int_{t_0}^{t}H(\sigma(t),\sigma(s))\rho(s)\Theta_1(t,s)\Delta s=+\infty,$$

$$\limsup_{t\to+\infty}\frac{1}{H(\sigma(t),t_0)}\int_{t_0}^{t}\frac{r(s)}{(\gamma+1)^{\gamma+1}}\left(\frac{\rho(s)}{\rho^\sigma(s)}\right)^{\gamma}\left(\frac{\sigma(s)}{s}\right)^{\gamma}|\lambda(t,s)|^{\gamma+1}\Delta s<+\infty,$$

则方程(2.2.1)是振动的.

容易得到方程(2.2.10)振动的充分条件.为叙述方便,首先给出有关记号.

定义函数空间$\overline{\mathscr R}$:$H\in\overline{\mathscr R}$当且仅当 H 是定义在$t_0\leqslant s\leqslant t$上的函数,满足 $H(t,s)\geqslant 0$,

$H(t,t)=0,\frac{\partial}{\partial s}H(t,s)=-h(t,s)H(t,s)$，其中 $h(t,s)$ 是连续非负函数.

对给定的函数 $\rho,\eta\in C^1([t_0,+\infty),\mathbf{R}_+)$，令 $\bar{\lambda}(t,s)=h(t,s)-\frac{\rho'(s)}{\rho(s)}$，

$$\overline{\Theta_i}(t,s)=[\overline{Q_i}(s)-\eta'(s)]+\bar{\lambda}(t,s)\eta(s),i=1,2.$$

推论 2.2.13　设 $0\leqslant p(t)\leqslant 1,r\in C^1([t_0,+\infty),\mathbf{R}_+),r'(t)\geqslant 0,\int_{t_0}^{+\infty}\left(\frac{1}{r(t)}\right)^{\frac{1}{\gamma}}\mathrm{d}t=+\infty$，而且 $\int_{t_0}^{+\infty}q_1(t)((1-p(\delta_1(t)))\delta_1(t))^{\alpha}\mathrm{d}t=+\infty$，或者 $\int_{t_0}^{+\infty}q_2(t)((1-p(\delta_2(t)))\delta_2(t))^{\beta}\mathrm{d}t=+\infty$. 若存在 $\rho,\eta\in C^1([t_0,+\infty),\mathbf{R}_+),H\in\overline{\mathscr{R}}$，使得

$$\limsup_{t\to+\infty}\frac{1}{H(t,t_0)}\int_{t_0}^{t}H(t,s)\rho(s)\left(\overline{\Theta_1}(t,s)-\frac{r(s)}{(\gamma+1)^{\gamma+1}}\mid\bar{\lambda}(t,s)\mid^{\gamma+1}\right)\mathrm{d}s=+\infty$$

成立，则方程(2.2.10)是振动的.

推论 2.2.14　设 $0\leqslant p(t)\leqslant 1,r\in C^1([t_0,+\infty),\mathbf{R}_+),r'(t)\geqslant 0,\int_{t_0}^{+\infty}\left(\frac{1}{r(t)}\right)^{\frac{1}{\gamma}}\mathrm{d}t=+\infty$，而且 $\int_{t_0}^{+\infty}q_1(t)((1-p(\delta_1(t)))\delta_1(t))^{\alpha}\mathrm{d}t=+\infty$，或者 $\int_{t_0}^{+\infty}q_2(t)((1-p(\delta_2(t)))\delta_2(t))^{\beta}\mathrm{d}t=+\infty$. 若存在 $\eta\in C^1([t_0,+\infty),\mathbf{R}_+)$，使得

$$\limsup_{t\to+\infty}\frac{1}{t^m}\int_{t_0}^{t}(t-s)^m\,\overline{Q_1}(s)\mathrm{d}s=+\infty,\limsup_{t\to+\infty}\frac{1}{t^m}\int_{t_0}^{t}(t-s)^{m-\gamma-1}r(s)\mathrm{d}s<+\infty,$$

则方程(2.2.10)是振动的.

证明　取 $H(t,s)=(t-s)^m,t\geqslant s\geqslant t_0$，$m$ 是自然数，令 $\rho(t)=1$，则

$$\bar{\lambda}(t,s)=h(t,s)=\frac{m}{t-s},\quad \overline{\Theta_1}(t,s)=[\overline{Q_1}(s)-\eta'(s)]+\frac{m}{t-s}\eta(s).$$

因为

$$\begin{aligned}&\limsup_{t\to+\infty}\frac{1}{H(t,t_0)}\int_{t_0}^{t}H(t,s)\rho(s)\,\overline{\Theta_1}(t,s)\mathrm{d}s\\&=\limsup_{t\to+\infty}\frac{1}{t^m}\int_{t_0}^{t}[(t-s)^m\,\overline{Q_1}(s)-(t-s)^m\eta'(s)+m(t-s)^{m-1}\eta(s)]\mathrm{d}s\\&=\limsup_{t\to+\infty}\frac{1}{t^m}\left[\int_{t_0}^{t}(t-s)^m\,\overline{Q_1}(s)\mathrm{d}s-(t-t_0)^m\eta(t_0)\right]=+\infty,\\&\limsup_{t\to+\infty}\frac{1}{H(t,t_0)}\int_{t_0}^{t}H(t,s)\rho(s)\frac{r(s)}{(\gamma+1)^{\gamma+1}}\mid\bar{\lambda}(t,s)\mid^{\gamma+1}\mathrm{d}s\\&=\limsup_{t\to+\infty}\frac{1}{t^m}\int_{t_0}^{t}(t-s)^{m-\gamma-1}\frac{m^{\gamma+1}r(s)}{(\gamma+1)^{\gamma+1}}\mathrm{d}s<0,\end{aligned}$$

所以，由推论 2.2.11 得，方程(2.2.10)是振动的. 证毕.

定理 2.2.9　设条件(2.2.15)成立，而且式(2.2.21)或式(2.2.22)也成立，$-1<p_0\leqslant p(t)\leqslant 0,\lim_{t\to+\infty}p(t)=p>-1$. 进一步，假设存在 $\{c_k\}_{k\geqslant 0}$ 使得 $\lim_{k\to+\infty}c_k=+\infty$ 和 $\tau(c_{k+1})=c_k,\gamma\geqslant 1,r\in C_{\mathrm{rd}}^1([t_0,+\infty)_{\mathbb{T}},\mathbf{R}_+),r^{\Delta}\geqslant 0$. 若存在 $\rho,\eta\in C_{\mathrm{rd}}^1([t_0,+\infty)_{\mathbb{T}},\mathbf{R}_+),H\in\mathscr{R}$，使得

$$\limsup_{t\to+\infty}\frac{1}{H(\sigma(t),t_0)}\int_{t_0}^{t}H(\sigma(t),\sigma(s))\rho(s)\left(\Theta_2(t,s)-\frac{r(s)}{(\gamma+1)^{\gamma+1}}\left(\frac{\rho(s)}{\rho^{\sigma}(s)}\right)^{\gamma}\left(\frac{\sigma(s)}{s}\right)^{\gamma^2}|\lambda(t,s)|^{\gamma+1}\right)\Delta s$$
$$=+\infty \tag{2.2.45}$$

成立,则方程(2.2.1)的解 $y(t)$ 是振动的,或者 $\lim\limits_{t\to+\infty}y(t)=0$.

证明 假设方程(2.2.1)有非振动的解 $y(t)$,不妨设最终为正,我们只考虑这种情况,因为当 $y(t)$ 最终为负时可类似证明.由引理2.2.2和引理2.2.4,得 $\lim\limits_{t\to+\infty}y(t)=0$,或者,存在 $t_*\in[t_0,+\infty)_{\mathbb{T}}$,当 $t\in[t_*,+\infty)_{\mathbb{T}}$ 时,有 $x(t)>0$, $x^{\Delta}(t)\geqslant 0$, $x^{\Delta\Delta}(t)<0$, $x(t)\geqslant tx^{\Delta}(t)$, $\frac{x(t)}{t}$ 是严格递减的.由定理2.2.5的证明可知,式(2.2.34)成立.

下面的证明过程与定理2.2.7的证明类似,所以省略.证毕.

由定理2.2.9,容易得到下面的推论.

推论 2.2.15 设条件(2.2.15)成立,而且式(2.2.21)或式(2.2.22)也成立,$-1<p_0\leqslant p(t)\leqslant 0$, $\lim\limits_{t\to+\infty}p(t)=p>-1$.进一步,假设存在 $\{c_k\}_{k\geqslant 0}$ 使得 $\lim\limits_{k\to+\infty}c_k=+\infty$ 和 $\tau(c_{k+1})=c_k$, $\gamma\geqslant 1$, $r\in C_{\rm rd}^1([t_0,+\infty)_{\mathbb{T}},\mathbf{R}_+)$, $r^{\Delta}\geqslant 0$.若存在 $\rho,\eta\in C_{\rm rd}^1([t_0,+\infty)_{\mathbb{T}},\mathbf{R}_+)$, $H\in\mathscr{R}$,使得

$$\limsup_{t\to+\infty}\frac{1}{H(\sigma(t),t_0)}\int_{t_0}^{t}H(\sigma(t),\sigma(s))\rho(s)\Theta_2(t,s)\Delta s=+\infty,$$

$$\limsup_{t\to+\infty}\frac{1}{H(\sigma(t),t_0)}\int_{t_0}^{t}\frac{r(s)}{(\gamma+1)^{\gamma+1}}\left(\frac{\rho(s)}{\rho^{\sigma}(s)}\right)^{\gamma}\left(\frac{\sigma(s)}{s}\right)^{\gamma^2}|\lambda(t,s)|^{\gamma+1}\Delta s<+\infty,$$

则方程(2.2.1)的解 $y(t)$ 是振动的,或者 $\lim\limits_{t\to+\infty}y(t)=0$.

定理 2.2.10 设条件(2.2.15)成立,而且式(2.2.21)或式(2.2.22)也成立,$-1<p_0\leqslant p(t)\leqslant 0$, $\lim\limits_{t\to+\infty}p(t)=p>-1$.进一步,假设存在 $\{c_k\}_{k\geqslant 0}$ 使得 $\lim\limits_{k\to+\infty}c_k=+\infty$ 和 $\tau(c_{k+1})=c_k$, $0<\gamma<1$, $r\in C_{\rm rd}^1([t_0,+\infty)_{\mathbb{T}},\mathbf{R}_+)$, $r^{\Delta}\geqslant 0$.若存在 $\rho,\eta\in C_{\rm rd}^1([t_0,+\infty)_{\mathbb{T}},\mathbf{R}_+)$, $H\in\mathscr{R}$,使得

$$\limsup_{t\to+\infty}\frac{1}{H(\sigma(t),t_0)}\int_{t_0}^{t}H(\sigma(t),\sigma(s))\rho(s)\left(\Theta_2(t,s)-\frac{r(s)}{(\gamma+1)^{\gamma+1}}\left(\frac{\rho(s)}{\rho^{\sigma}(s)}\right)^{\gamma}\left(\frac{\sigma(s)}{s}\right)^{\gamma}|\lambda(t,s)|^{\gamma+1}\right)\Delta s$$
$$=+\infty \tag{2.2.46}$$

成立,则方程(2.2.1)的解 $y(t)$ 是振动的,或者 $\lim\limits_{t\to+\infty}y(t)=0$.

证明 假设方程(2.2.1)有非振动的解 $y(t)$,不妨设最终为正,我们只考虑这种情况,因为当 $y(t)$ 最终为负时可类似证明.由引理2.2.2和引理2.2.4得 $\lim\limits_{t\to+\infty}y(t)=0$,或者,存在 $t_*\in[t_0,+\infty)_{\mathbb{T}}$,当 $t\in[t_*,+\infty)_{\mathbb{T}}$ 时,有 $x(t)>0$, $x^{\Delta}(t)\geqslant 0$, $x^{\Delta\Delta}(t)<0$, $x(t)\geqslant tx^{\Delta}(t)$, $\frac{x(t)}{t}$ 是严格递减的.由定理2.2.6的证明可知,式(2.2.36)成立.

下面的证明过程与定理2.2.7的证明类似,所以省略.证毕.

由定理2.2.10,容易得到下面的推论.

推论 2.2.16 设条件(2.2.15)成立,而且式(2.2.21)或式(2.2.22)也成立,$-1<p_0\leqslant p(t)\leqslant 0$, $\lim\limits_{t\to+\infty}p(t)=p>-1$.进一步,假设存在 $\{c_k\}_{k\geqslant 0}$ 使得 $\lim\limits_{k\to+\infty}c_k=+\infty$ 和 $\tau(c_{k+1})=c_k$, $0<\gamma<1$, $r\in C_{\rm rd}^1([t_0,+\infty)_{\mathbb{T}},\mathbf{R}_+)$, $r^{\Delta}\geqslant 0$.若存在 $\rho,\eta\in C_{\rm rd}^1([t_0,+\infty)_{\mathbb{T}},$

$\mathbf{R}_+$)，$H \in \mathscr{R}$，使得

$$\limsup_{t\to+\infty}\frac{1}{H(\sigma(t),t_0)}\int_{t_0}^{t}H(\sigma(t),\sigma(s))\rho(s)\Theta_2(t,s)\Delta s=+\infty,$$

$$\limsup_{t\to+\infty}\frac{1}{H(\sigma(t),t_0)}\int_{t_0}^{t}\frac{r(s)}{(\gamma+1)^{\gamma+1}}\left(\frac{\rho(s)}{\rho^\sigma(s)}\right)^{\gamma}\left(\frac{\sigma(s)}{s}\right)^{\gamma}|\lambda(t,s)|^{\gamma+1}\Delta s<+\infty,$$

则方程(2.2.1)的解 $y(t)$ 是振动的，或者 $\lim\limits_{t\to+\infty}y(t)=0$.

由定理 2.2.9 和定理 2.2.10，容易得到下面的推论.

推论 2.2.17　设 $\int_{t_0}^{+\infty}\left(\frac{1}{r(t)}\right)^{\frac{1}{\gamma}}\mathrm{d}t=+\infty$，$-1<p_0\leqslant p(t)\leqslant 0$，$\lim\limits_{t\to+\infty}p(t)=p>-1$. 进一步，假设存在 $\{c_k\}_{k\geqslant 0}$ 使得 $\lim\limits_{k\to+\infty}c_k=+\infty$ 和 $\tau(c_{k+1})=c_k$，$r\in C^1([t_0,+\infty),\mathbf{R}_+)$，$r'(t)\geqslant 0$，而且 $\int_{t_0}^{+\infty}q_1(t)(\delta_1(t))^{\alpha}\mathrm{d}t=+\infty$，或者 $\int_{t_0}^{+\infty}q_2(t)(\delta_2(t))^{\beta}\mathrm{d}t=+\infty$，若存在 ρ，$\eta\in C^1([t_0,+\infty)_{\mathbf{T}},\mathbf{R}_+)$，$H\in\overline{\mathscr{R}}$，使得

$$\limsup_{t\to+\infty}\frac{1}{H(t,t_0)}\int_{t_0}^{t}H(t,s)\rho(s)\left(\overline{\Theta_2}(t,s)-\frac{r(s)}{(\gamma+1)^{\gamma+1}}|\bar{\lambda}(t,s)|^{\gamma+1}\right)\mathrm{d}s=+\infty$$

成立，则方程(2.2.10)的解 $y(t)$ 是振动的，或者 $\lim\limits_{t\to+\infty}y(t)=0$.

推论 2.2.18　设 $\int_{t_0}^{+\infty}\left(\frac{1}{r(t)}\right)^{\frac{1}{\gamma}}\mathrm{d}t=+\infty$，$-1<p_0\leqslant p(t)\leqslant 0$，$\lim\limits_{t\to+\infty}p(t)=p>-1$. 进一步，假设存在 $\{c_k\}_{k\geqslant 0}$ 使得 $\lim\limits_{k\to+\infty}c_k=+\infty$ 和 $\tau(c_{k+1})=c_k$，$r\in C^1([t_0,+\infty),\mathbf{R}_+)$，$r'(t)\geqslant 0$，而且 $\int_{t_0}^{+\infty}q_1(t)(\delta_1(t))^{\alpha}\mathrm{d}t=+\infty$，或者 $\int_{t_0}^{+\infty}q_2(t)(\delta_2(t))^{\beta}\mathrm{d}t=+\infty$. 若存在 $\eta\in C^1([t_0,+\infty),\mathbf{R}_+)$，使得

$$\limsup_{t\to+\infty}\frac{1}{t^m}\int_{t_0}^{t}(t-s)^m\,\overline{Q_2}(s)\mathrm{d}s=+\infty,\quad \limsup_{t\to+\infty}\frac{1}{t^m}\int_{t_0}^{t}(t-s)^{m-\gamma-1}r(s)\mathrm{d}s<+\infty,$$

则方程(2.2.10)的解 $y(t)$ 是振动的，或者 $\lim\limits_{t\to+\infty}y(t)=0$.

证明　取 $H(t,s)=(t-s)^m$，$t\geqslant s\geqslant t_0$，$m$ 是自然数，令 $\rho(t)=1$，则

$$\bar{\lambda}(t,s)=h(t,s)=\frac{m}{t-s},\ \overline{\Theta_2}(t,s)=[\overline{Q_2}(s)-\eta'(s)]+\frac{m}{t-s}\eta(s).$$

因为

$$\begin{aligned}&\limsup_{t\to+\infty}\frac{1}{H(t,t_0)}\int_{t_0}^{t}H(t,s)\rho(s)\,\overline{\Theta_2}(t,s)\mathrm{d}s\\=&\limsup_{t\to+\infty}\frac{1}{t^m}\int_{t_0}^{t}[(t-s)^m\,\overline{Q_2}(s)-(t-s)^m\eta'(s)+m(t-s)^{m-1}\eta(s)]\mathrm{d}s\\=&\limsup_{t\to+\infty}\frac{1}{t^m}\left[\int_{t_0}^{t}(t-s)^m\,\overline{Q_2}(s)\mathrm{d}s-(t-t_0)^m\eta(t_0)\right]=+\infty,\end{aligned}$$

$$\begin{aligned}&\limsup_{t\to+\infty}\frac{1}{H(t,t_0)}\int_{t_0}^{t}H(t,s)\rho(s)\frac{r(s)}{(\gamma+1)^{\gamma+1}}|\bar{\lambda}(t,s)|^{\gamma+1}\mathrm{d}s\\=&\limsup_{t\to+\infty}\frac{1}{t^m}\int_{t_0}^{t}(t-s)^{m-\gamma-1}\frac{m^{\gamma+1}r(s)}{(\gamma+1)^{\gamma+1}}\mathrm{d}s<0,\end{aligned}$$

所以，由推论 2.2.15 得，方程(2.2.10)的解 $y(t)$ 是振动的，或者 $\lim\limits_{t\to+\infty}y(t)=0$. 证毕.

定理 2.2.11 设条件(2.2.15)成立，而且式(2.2.19)或式(2.2.20)也成立，$0\leqslant p(t)\leqslant 1,\gamma\geqslant 1,r\in C_{\mathrm{rd}}^{1}([t_0,+\infty)_{\mathbb{T}},\mathbf{R}_+),r^{\Delta}\geqslant 0$. 若存在$\rho,\eta\in C_{\mathrm{rd}}^{1}([t_0,+\infty)_{\mathbb{T}},\mathbf{R}_+)$，$H\in\mathscr{R}$，使得

$$0<\inf_{s\geqslant t_0}\left[\liminf_{t\to+\infty}\frac{H(\sigma(t),s)}{H(\sigma(t),t_0)}\right]\leqslant+\infty. \tag{2.2.47}$$

$$\limsup_{t\to+\infty}\frac{1}{H(\sigma(t),t_0)}\int_{t_0}^{t}H(\sigma(t),\sigma(s))\rho(s)r(s)\left(\frac{\rho(s)}{\rho^{\sigma}(s)}\right)^{\gamma}\left(\frac{\sigma(s)}{s}\right)^{\gamma^2}|\lambda(t,s)|^{\gamma+1}\Delta s<+\infty, \tag{2.2.48}$$

也存在$\varphi\in C_{\mathrm{rd}}([t_0,+\infty)_{\mathbb{T}},\mathbf{R})$，使得

$$\int_{t_0}^{+\infty}\rho^{\sigma}(s)\frac{1}{(r(s))^{\frac{1}{\gamma}}}\left(\frac{s}{\sigma(s)}\right)^{\gamma}\left(\frac{\varphi(s)}{\rho(s)}-\eta(s)\right)_+^{\frac{\gamma+1}{\gamma}}\Delta s=+\infty,\quad(\varphi(t))_+=\max\{\varphi(t),0\}, \tag{2.2.49}$$

$$\limsup_{t\to+\infty}\frac{1}{H(\sigma(t),T)}\int_{T}^{t}H(\sigma(t),\sigma(s))\rho(s)\left(\Theta_1(t,s)-\frac{r(s)}{(\gamma+1)^{\gamma+1}}\left(\frac{\rho(s)}{\rho^{\sigma}(s)}\right)^{\gamma}\left(\frac{\sigma(s)}{s}\right)^{\gamma^2}|\lambda(t,s)|^{\gamma+1}\right)\Delta s$$
$$\geqslant\varphi(T),\quad T\in[t_0,+\infty)_{\mathbb{T}}, \tag{2.2.50}$$

则方程(2.2.1)是振动的.

证明 假设方程(2.2.1)有非振动的解$y(t)$，不妨设最终为正，我们只考虑这种情况，因为当$y(t)$最终为负时可类似证明. 由定理2.2.7的证明，可知式(2.2.42)和式(2.2.43)成立. 于是，当$t>T,t,T\in[t_*,+\infty)_{\mathbb{T}}$时，有

$$\limsup_{t\to+\infty}\frac{1}{H(\sigma(t),T)}\int_{T}^{t}H(\sigma(t),\sigma(s))\rho(s)\left(\Theta_1(t,s)-\frac{r(s)}{(\gamma+1)^{\gamma+1}}\left(\frac{\rho(s)}{\rho^{\sigma}(s)}\right)^{\gamma}\left(\frac{\sigma(s)}{s}\right)^{\gamma^2}|\lambda(t,s)|^{\gamma+1}\right)\Delta s$$
$$\leqslant\omega(T).$$

由式(2.2.50)，得

$$\varphi(T)\leqslant\omega(T),\quad T\in[t_*,+\infty)_{\mathbb{T}}. \tag{2.2.51}$$

定义

$$P(t)=\frac{1}{H(\sigma(t),t_*)}\int_{t_*}^{t}H(\sigma(t),\sigma(s))\rho(s)|\lambda(t,s)|\left|\frac{\omega(s)}{\rho(s)}-\eta(s)\right|\Delta s,$$

和

$$Q(t)=\frac{\gamma}{H(\sigma(t),t_*)}\int_{t_*}^{t}H(\sigma(t),\sigma(s))\rho^{\sigma}(s)\left(\frac{s}{\sigma(s)}\right)^{\gamma}\frac{1}{(r(s))^{\frac{1}{\gamma}}}\left|\frac{\omega(s)}{\rho(s)}-\eta(s)\right|^{\frac{\gamma+1}{\gamma}}\Delta s.$$

于是，由式(2.2.42)和式(2.2.50)，得

$$\begin{aligned}&\liminf_{t\to+\infty}[Q(t)-P(t)]\\&\leqslant\omega(t_*)-\limsup_{t\to+\infty}\frac{1}{H(\sigma(t),t_*)}\int_{t_*}^{t}H(\sigma(t),\sigma(s))\rho(s)\Theta_1(t,s)\Delta s\\&\leqslant\omega(t_*)-\varphi(t_*)<+\infty.\end{aligned} \tag{2.2.52}$$

下面将证明

$$\int_{t_*}^{t}\rho^{\sigma}(s)\left(\frac{s}{\sigma(s)}\right)^{\gamma}\frac{1}{(r(s))^{\frac{1}{\gamma}}}\left|\frac{\omega(s)}{\rho(s)}-\eta(s)\right|^{\frac{\gamma+1}{\gamma}}\Delta s<+\infty. \tag{2.2.53}$$

否则，有

$$\int_{t_*}^{t}\rho^{\sigma}(s)\left(\frac{s}{\sigma(s)}\right)^{\gamma}\frac{1}{(r(s))^{\frac{1}{\gamma}}}\left|\frac{\omega(s)}{\rho(s)}-\eta(s)\right|^{\frac{\gamma+1}{\gamma}}\Delta s=+\infty. \tag{2.2.54}$$

由条件(2.2.47)，可知存在正常数 k_1，使得

$$\inf_{s\geqslant t_0}\left[\liminf_{t\to+\infty}\frac{H(\sigma(t),s)}{H(\sigma(t),t_0)}\right]\geqslant k_1. \tag{2.2.55}$$

令 k_2 是任意的正常数，于是，由式(2.2.54)，得存在 $T_1\in[t_*,+\infty)_{\mathbb{T}}$，使得

$$\int_{t_*}^{t}\rho^{\sigma}(s)\left(\frac{s}{\sigma(s)}\right)^{\gamma}\frac{1}{(r(s))^{\frac{1}{\gamma}}}\left|\frac{\omega(s)}{\rho(s)}-\eta(s)\right|^{\frac{\gamma+1}{\gamma}}\Delta s\geqslant\frac{k_2}{\gamma k_1},t\in[T_1,+\infty)_{\mathbb{T}}.$$

因此，

$$\begin{aligned}Q(t)&=\frac{\gamma}{H(\sigma(t),t_*)}\int_{t_*}^{t}H(\sigma(t),\sigma(s))\left(\int_{t_*}^{s}\rho^{\sigma}(\tau)\left(\frac{\tau}{\sigma(\tau)}\right)^{\gamma}\frac{1}{(r(\tau))^{\frac{1}{\gamma}}}\left|\frac{\omega(\tau)}{\rho(\tau)}-\eta(\tau)\right|^{\frac{\gamma+1}{\gamma}}\Delta\tau\right)^{\Delta}\Delta s\\&=\frac{\gamma}{H(\sigma(t),t_*)}\int_{t_*}^{t}(-H^{\Delta_s}(\sigma(t),s))\left(\int_{t_*}^{s}\rho^{\sigma}(\tau)\left(\frac{\tau}{\sigma(\tau)}\right)^{\gamma}\frac{1}{(r(\tau))^{\frac{1}{\gamma}}}\left|\frac{\omega(\tau)}{\rho(\tau)}-\eta(\tau)\right|^{\frac{\gamma+1}{\gamma}}\Delta\tau\right)\Delta s\\&\geqslant\frac{\gamma}{H(\sigma(t),t_*)}\int_{T_1}^{t}(-H^{\Delta_s}(\sigma(t),s))\left(\int_{t_*}^{s}\rho^{\sigma}(\tau)\left(\frac{\tau}{\sigma(\tau)}\right)^{\gamma}\frac{1}{(r(\tau))^{\frac{1}{\gamma}}}\left|\frac{\omega(\tau)}{\rho(\tau)}-\eta(\tau)\right|^{\frac{\gamma+1}{\gamma}}\Delta\tau\right)\Delta s\\&\geqslant\frac{k_2}{k_1}\frac{1}{H(\sigma(t),t_*)}\int_{T_1}^{t}(-H^{\Delta_s}(\sigma(t),s))\Delta s=\frac{k_2}{k_1}\frac{H(\sigma(t),T_1)}{H(\sigma(t),t_*)}.\end{aligned}$$

由式(2.2.55)，得存在 $T_2\in[T_1,+\infty)_{\mathbb{T}}$，使得 $\frac{H(\sigma(t),T_1)}{H(\sigma(t),t_*)}\geqslant k_1,t\in[T_2,+\infty)_{\mathbb{T}}$. 由此可得 $Q(t)\geqslant k_2$. 因为 k_2 是任意的正常数，所以

$$\lim_{t\to+\infty}Q(t)=+\infty. \tag{2.2.56}$$

由式(2.2.52)，考虑数列 $\{T_n\}_{n=1}^{+\infty}\subset[t_*,+\infty)_{\mathbb{T}}$，$\lim\limits_{n\to+\infty}T_n=+\infty$，满足

$$\lim_{n\to+\infty}(Q(T_n)-P(T_n))=\liminf_{t\to+\infty}[Q(t)-P(t)]<+\infty.$$

于是，存在一个常数 M，对 $n\in\mathbf{N}$，使得 $Q(T_n)-P(T_n)\leqslant M$. 由式(2.2.54)可以保证

$$\lim_{n\to+\infty}Q(T_n)=+\infty,\quad \lim_{n\to+\infty}P(T_n)=+\infty.$$

因此，

$$\frac{P(T_n)}{Q(T_n)}-1\geqslant\frac{-M}{Q(T_n)}>-\frac{1}{2},\ \text{即}\frac{P(T_n)}{Q(T_n)}\geqslant\frac{1}{2},n\in\mathbf{N}.$$

所以，

$$\lim_{n\to+\infty}\frac{P^{\gamma+1}(T_n)}{Q^{\gamma}(T_n)}=+\infty. \tag{2.2.57}$$

另一方面，由 P 的定义和 Hölders 不等式

$$\int_a^b|fg|\Delta x\leqslant\left(\int_a^b|f|^p\Delta x\right)^{\frac{1}{p}}\left(\int_a^b|g|^q\Delta x\right)^{\frac{1}{q}},\frac{1}{p}+\frac{1}{q}=1, \tag{2.2.58}$$

得

$$P(T_n)\leqslant\frac{1}{H(\sigma(T_n),t_*)}\left[\int_{t_*}^{T_n}H(\sigma(T_n),\sigma(s))\rho^{\sigma}(s)\left(\frac{s}{\sigma(s)}\right)^{\gamma}\frac{1}{(r(s))^{\frac{1}{\gamma}}}\left|\frac{\omega(s)}{\rho(s)}-\eta(s)\right|^{\frac{\gamma+1}{\gamma}}\Delta s\right]^{\frac{\gamma}{\gamma+1}}\cdot$$

$$\left[\int_{t_*}^{T_n} H(\sigma(T_n),\sigma(s))\rho(s)\left(\frac{\rho(s)}{\rho^\sigma(s)}\right)^\gamma\left(\frac{\sigma(s)}{s}\right)^{\gamma^2} r(s)\mid\lambda(t,s)\mid^{\gamma+1}\Delta s\right]^{\frac{1}{\gamma+1}},$$

于是，

$$\frac{P^{\gamma+1}(T_n)}{Q^\gamma(T_n)}\leqslant\frac{1}{\gamma^\gamma}\frac{1}{H(\sigma(T_n),t_*)}\int_{t_*}^{T_n} H(\sigma(T_n),\sigma(s))\rho(s)\left(\frac{\rho(s)}{\rho^\sigma(s)}\right)^\gamma\left(\frac{\sigma(s)}{s}\right)^{\gamma^2} r(s)\mid\lambda(T_n,s)\mid^{\gamma+1}\Delta s.$$

注意到式(2.2.57)，得

$$\lim_{n\to+\infty}\frac{1}{\gamma^\gamma}\frac{1}{H(\sigma(T_n),t_*)}\int_{t_*}^{T_n} H(\sigma(T_n),\sigma(s))\rho(s)\left(\frac{\rho(s)}{\rho^\sigma(s)}\right)^\gamma\left(\frac{\sigma(s)}{s}\right)^{\gamma^2} r(s)\mid\lambda(T_n,s)\mid^{\gamma+1}\Delta s$$
$$=+\infty,$$

于是，

$$\limsup_{n\to+\infty}\frac{1}{H(\sigma(t),t_*)}\int_{t_*}^{t} H(\sigma(t),\sigma(s))\rho(s)\left(\frac{\rho(s)}{\rho^\sigma(s)}\right)^\gamma\left(\frac{\sigma(s)}{s}\right)^{\gamma^2} r(s)\mid\lambda(t,s)\mid^{\gamma+1}\Delta s$$
$$=+\infty,$$

这与条件(2.2.48)矛盾.所以式(2.2.53)成立.

根据式(2.2.51)，由式(2.2.53)，得

$$\int_{t_*}^{+\infty}\rho^\sigma(s)\frac{1}{(r(s))^{\frac{1}{\gamma}}}\left(\frac{s}{\sigma(s)}\right)^\gamma\left(\frac{\varphi(s)}{\rho(s)}-\eta(s)\right)_+^{\frac{\gamma+1}{\gamma}}\Delta s$$
$$\leqslant\int_{t_*}^{+\infty}\rho^\sigma(s)\frac{1}{(r(s))^{\frac{1}{\gamma}}}\left(\frac{s}{\sigma(s)}\right)^\gamma\left|\frac{\omega(s)}{\rho(s)}-\eta(s)\right|^{\frac{\gamma+1}{\gamma}}\Delta s<+\infty,$$

这与式(2.2.49)矛盾.证毕.

注 2.2.4 与定理 2.2.11 的证明过程类似，我们可以得出下面的结果.

定理 2.2.12 设条件(2.2.15)成立，而且式(2.2.19)或式(2.2.20)也成立，$0\leqslant p(t)\leqslant 1,0<\gamma<1,r\in C_{\rm rd}^1([t_0,+\infty)_{\mathbb T},\mathbf R_+),r^\Delta\geqslant 0$.若存在$\rho,\eta\in C_{\rm rd}^1([t_0,+\infty)_{\mathbb T},\mathbf R_+),H\in\mathscr R$，使得式(2.2.47)和

$$\limsup_{t\to+\infty}\frac{1}{H(\sigma(t),t_0)}\int_{t_0}^{t} H(\sigma(t),\sigma(s))\rho(s)r(s)\left(\frac{\rho(s)}{\rho^\sigma(s)}\right)^\gamma\left(\frac{\sigma(s)}{s}\right)^{\gamma}\mid\lambda(t,s)\mid^{\gamma+1}\Delta s$$
$$<+\infty,\tag{2.2.59}$$

成立，也存在$\varphi\in C_{\rm rd}([t_0,+\infty)_{\mathbb T},\mathbf R)$，使得

$$\int_{t_0}^{+\infty}\rho^\sigma(s)\frac{1}{(r(s))^{\frac{1}{\gamma}}}\frac{s}{\sigma(s)}\left(\frac{\varphi(s)}{\rho(s)}-\eta(s)\right)_+^{\frac{\gamma+1}{\gamma}}\Delta s=+\infty,(\varphi(t))_+=\max\{\varphi(t),0\},\tag{2.2.60}$$

$$\limsup_{t\to+\infty}\frac{1}{H(\sigma(t),T)}\int_{T}^{t} H(\sigma(t),\sigma(s))\rho(s)\left(\Theta_1(t,s)-\frac{r(s)}{(\gamma+1)^{\gamma+1}}\left(\frac{\rho(s)}{\rho^\sigma(s)}\right)^\gamma\left(\frac{\sigma(s)}{s}\right)^{\gamma}\mid\lambda(t,s)\mid^{\gamma+1}\right)\Delta s$$
$$\geqslant\varphi(T),\quad T\in[t_0,+\infty)_{\mathbb T},\tag{2.2.61}$$

则方程(2.2.1)是振动的.

由定理 2.2.11 和定理 2.2.12，容易得到下面的推论.

推论 2.2.19 设$0\leqslant p(t)\leqslant 1,r\in C^1([t_0,+\infty),\mathbf R_+),r'(t)\geqslant 0,\int_{t_0}^{+\infty}\left(\frac{1}{r(t)}\right)^{\frac{1}{\gamma}}{\rm d}t=+\infty$,

而且$\int_{t_0}^{+\infty} q_1(t)((1-p(\delta_1(t)))\delta_1(t))^\alpha \mathrm{d}t=+\infty$,或者$\int_{t_0}^{+\infty} q_2(t)((1-p(\delta_2(t))\delta_2(t))^\beta \mathrm{d}t=+\infty$.

若存在 $\rho,\eta\in C^1([t_0,+\infty),\mathbf{R}_+)$, $H\in\overline{\mathscr{R}}$,使得

$$0<\inf_{s\geqslant t_0}\left[\liminf_{t\to+\infty}\frac{H(t,s)}{H(t,t_0)}\right]\leqslant+\infty.$$

$$\limsup_{t\to+\infty}\frac{1}{H(t,t_0)}\int_{t_0}^t H(t,s)\rho(s)r(s)\mid\bar{\lambda}(t,s)\mid^{\gamma+1}\Delta s<+\infty,$$

也存在 $\varphi\in C([t_0,+\infty),\mathbf{R})$,使得

$$\int_{t_0}^{+\infty}\rho(s)\frac{1}{(r(s))^{\frac{1}{\gamma}}}\left(\frac{\varphi(s)}{\rho(s)}-\eta(s)\right)_+^{\frac{\gamma+1}{\gamma}}\mathrm{d}s=+\infty,\quad(\varphi(t))_+=\max\{\varphi(t),0\},$$

$$\limsup_{t\to+\infty}\frac{1}{H(t,T)}\int_T^t H(t,s)\rho(s)\left(\overline{\Theta_1}(t,s)-\frac{r(s)}{(\gamma+1)^{\gamma+1}}\mid\bar{\lambda}(t,s)\mid^{\gamma+1}\right)\mathrm{d}s\geqslant\varphi(T),$$

$T\in[t_0,+\infty)$,

则方程(2.2.10)是振动的.

定理 2.2.13　设条件(2.2.15)成立,而且式(2.2.21)或式(2.2.22)也成立,$-1<p_0\leqslant p(t)\leqslant 0$, $\lim\limits_{t\to+\infty}p(t)=p>-1$. 进一步,假设存在$\{c_k\}_{k\geqslant 0}$使得$\lim\limits_{k\to+\infty}c_k=+\infty$和$\tau(c_{k+1})=c_k$, $\gamma\geqslant 1$, $r\in C_{\mathrm{rd}}^1([t_0,+\infty)_{\mathbb{T}},\mathbf{R}_+)$, $r^\Delta\geqslant 0$. 若存在 $\rho,\eta\in C_{\mathrm{rd}}^1([t_0,+\infty)_{\mathbb{T}},\mathbf{R}_+)$, $H\in\mathscr{R}$,使得式(2.2.47)和式(2.2.48)成立. 同时也存在 $\varphi\in C_{\mathrm{rd}}([t_0,+\infty)_{\mathbb{T}},\mathbf{R})$,使得式(2.2.49)和

$$\limsup_{t\to+\infty}\frac{1}{H(\sigma(t),T)}\int_T^t H(\sigma(t),\sigma(s))\rho(s)\left(\Theta_2(t,s)-\frac{r(s)}{(\gamma+1)^{\gamma+1}}\left(\frac{\rho(s)}{\rho^\sigma(s)}\right)^\gamma\left(\frac{\sigma(s)}{s}\right)^{\gamma^2}\mid\lambda(t,s)\mid^{\gamma+1}\right)\Delta s$$
$$\geqslant\varphi(T),\quad T\in[t_0,+\infty)_{\mathbb{T}}\tag{2.2.62}$$

成立,则方程(2.2.1)的解 $y(t)$ 是振动的,或者 $\lim\limits_{t\to+\infty}y(t)=0$.

定理 2.2.14　设条件(2.2.15)成立,而且式(2.2.21)或式(2.2.22)也成立,$-1<p_0\leqslant p(t)\leqslant 0$, $\lim\limits_{t\to+\infty}p(t)=p>-1$. 进一步,假设存在$\{c_k\}_{k\geqslant 0}$使得$\lim\limits_{k\to+\infty}c_k=+\infty$和$\tau(c_{k+1})=c_k$, $0<\gamma<1$, $r\in C_{\mathrm{rd}}^1([t_0,+\infty)_{\mathbb{T}},\mathbf{R}_+)$, $r^\Delta\geqslant 0$. 若存在 $\rho,\eta\in C_{\mathrm{rd}}^1([t_0,+\infty)_{\mathbb{T}},\mathbf{R}_+)$, $H\in\mathscr{R}$,使得式(2.2.47)和式(2.2.59)成立. 同时也存在 $\varphi\in C_{\mathrm{rd}}([t_0,+\infty)_{\mathbb{T}},\mathbf{R})$,使得式(2.2.60)和

$$\limsup_{t\to+\infty}\frac{1}{H(\sigma(t),T)}\int_T^t H(\sigma(t),\sigma(s))\rho(s)\left(\Theta_2(t,s)-\frac{r(s)}{(\gamma+1)^{\gamma+1}}\left(\frac{\rho(s)}{\rho^\sigma(s)}\right)^\gamma\left(\frac{\sigma(s)}{s}\right)^{\gamma}\mid\lambda(t,s)\mid^{\gamma+1}\right)\Delta s$$
$$\geqslant\varphi(T),\quad T\in[t_0,+\infty)_{\mathbb{T}}\tag{2.2.63}$$

成立,则方程(2.2.1)的解 $y(t)$ 是振动的,或者 $\lim\limits_{t\to+\infty}y(t)=0$.

由定理 2.2.13 和定理 2.2.14,容易得到下面的推论.

推论 2.2.20　设$\int_{t_0}^{+\infty}\left(\frac{1}{r(t)}\right)^{\frac{1}{\gamma}}\mathrm{d}t=+\infty$, $-1<p_0\leqslant p(t)\leqslant 0$, $\lim\limits_{t\to+\infty}p(t)=p>-1$. 进一步,假设存在$\{c_k\}_{k\geqslant 0}$使得$\lim\limits_{k\to+\infty}c_k=+\infty$和$\tau(c_{k+1})=c_k$, $r\in C^1([t_0,+\infty),\mathbf{R}_+)$, $r'(t)\geqslant 0$,而且$\int_{t_0}^{+\infty}q_1(t)(\delta_1(t))^\alpha\mathrm{d}t=+\infty$,或者$\int_{t_0}^{+\infty}q_2(t)(\delta_2(t))^\beta\mathrm{d}t=+\infty$.

若存在 $\rho,\eta\in C^1([t_0,+\infty),\mathbf{R}_+)$, $H\in\overline{\mathscr{R}}$,使得

$$0<\inf_{s\geqslant t_0}\left[\liminf_{t\to+\infty}\frac{H(t,s)}{H(t,t_0)}\right]\leqslant+\infty,$$

$$\limsup_{t\to+\infty}\frac{1}{H(t,t_0)}\int_{t_0}^{t}H(t,s)\rho(s)r(s)\mid\bar{\lambda}(t,s)\mid^{\gamma+1}\Delta s<+\infty.$$

同时也存在 $\varphi\in C([t_0,+\infty),\mathbf{R})$,使得

$$\int_{t_0}^{+\infty}\rho(s)\frac{1}{(r(s))^{\frac{1}{\gamma}}}\left(\frac{\varphi(s)}{\rho(s)}-\eta(s)\right)_+^{\frac{\gamma+1}{\gamma}}\mathrm{d}s=+\infty,\quad(\varphi(t))_+=\max\{\varphi(t),0\},$$

$$\limsup_{t\to+\infty}\frac{1}{H(t,t_0)}\int_{t_0}^{t}H(t,s)\rho(s)\left(\overline{\Theta_2}(t,s)-\frac{r(s)}{(\gamma+1)^{\gamma+1}}\mid\bar{\lambda}(t,s)\mid^{\gamma+1}\right)\mathrm{d}s\geqslant\varphi(T),\quad T$$
$\in[t_0,+\infty)$,

则方程(2.2.10)的解 $y(t)$ 是振动的,或者 $\lim\limits_{t\to+\infty}y(t)=0$.

定理 2.2.15 设式(2.2.15)和式(2.2.47)成立,而且式(2.2.19)或式(2.2.20)也成立,$0\leqslant p(t)\leqslant1,\gamma\geqslant1,r\in C_{\mathrm{rd}}^1([t_0,+\infty)_{\mathbb{T}},\mathbf{R}_+),r^{\Delta}\geqslant0$.若存在 $\rho,\eta\in C_{\mathrm{rd}}^1([t_0,+\infty)_{\mathbb{T}},\mathbf{R}_+),H\in\mathscr{R}$,使得

$$\liminf_{t\to+\infty}\frac{1}{H(\sigma(t),t_0)}\int_{t_0}^{t}H(\sigma(t),\sigma(s))\rho(s)r(s)\left(\frac{\rho(s)}{\rho^{\sigma}(s)}\right)^{\gamma}\left(\frac{\sigma(s)}{s}\right)^{\gamma^2}\mid\lambda(t,s)\mid^{\gamma+1}\Delta s<+\infty,\tag{2.2.64}$$

也存在 $\varphi\in C_{\mathrm{rd}}([t_0,+\infty)_{\mathbb{T}},\mathbf{R})$,使得式(2.2.49)和

$$\liminf_{t\to+\infty}\frac{1}{H(\sigma(t),T)}\int_{T}^{t}H(\sigma(t),\sigma(s))\rho(s)\left(\Theta_1(t,s)-\frac{r(s)}{(\gamma+1)^{\gamma+1}}\left(\frac{\rho(s)}{\rho^{\sigma}(s)}\right)^{\gamma}\left(\frac{\sigma(s)}{s}\right)^{\gamma^2}\mid\lambda(t,s)\mid^{\gamma+1}\right)\Delta s\geqslant\varphi(T),\quad T\in[t_0,+\infty)_{\mathbb{T}}\tag{2.2.65}$$

成立,则方程(2.2.1)是振动的.

定理 2.2.16 设式(2.2.15)和式(2.2.47)成立,而且式(2.2.19)或式(2.2.20)也成立,$0\leqslant p(t)\leqslant1,0<\gamma<1,r\in C_{\mathrm{rd}}^1([t_0,+\infty)_{\mathbb{T}},\mathbf{R}_+),r^{\Delta}\geqslant0$.

若存在 $\rho,\eta\in C_{\mathrm{rd}}^1([t_0,+\infty)_{\mathbb{T}},\mathbf{R}_+),H\in\mathscr{R}$,使得

$$\liminf_{t\to+\infty}\frac{1}{H(\sigma(t),t_0)}\int_{t_0}^{t}H(\sigma(t),\sigma(s))\rho(s)r(s)\left(\frac{\rho(s)}{\rho^{\sigma}(s)}\right)^{\gamma}\left(\frac{\sigma(s)}{s}\right)^{\gamma}\mid\lambda(t,s)\mid^{\gamma+1}\Delta s<+\infty,\tag{2.2.66}$$

也存在 $\varphi\in C_{\mathrm{rd}}([t_0,+\infty)_{\mathbb{T}},\mathbf{R})$,使得式(2.2.49)和

$$\liminf_{t\to+\infty}\frac{1}{H(\sigma(t),T)}\int_{T}^{t}H(\sigma(t),\sigma(s))\rho(s)\left(\Theta_1(t,s)-\frac{r(s)}{(\gamma+1)^{\gamma+1}}\left(\frac{\rho(s)}{\rho^{\sigma}(s)}\right)^{\gamma}\left(\frac{\sigma(s)}{s}\right)^{\gamma}\mid\lambda(t,s)\mid^{\gamma+1}\right)\Delta s\geqslant\varphi(T),\quad T\in[t_0,+\infty)_{\mathbb{T}}\tag{2.2.67}$$

成立,则方程(2.2.1)是振动的.

由定理 2.2.15 和定理 2.2.16,容易得到下面的推论.

推论 2.2.21 设 $0\leqslant p(t)\leqslant1,r\in C^1([t_0,+\infty),\mathbf{R}_+),r'(t)\geqslant0,\int_{t_0}^{+\infty}\left(\frac{1}{r(t)}\right)^{\frac{1}{\gamma}}\mathrm{d}t=+\infty$,

而且 $\int_{t_0}^{+\infty}q_1(t)((1-p(\delta_1(t)))\delta_1(t))^{\alpha}\mathrm{d}t=+\infty$,或者 $\int_{t_0}^{+\infty}q_2(t)((1-p(\delta_2(t))\delta_2(t))^{\beta}\mathrm{d}t=+\infty$.

若存在 $\rho,\eta\in C^1([t_0,+\infty),\mathbf{R}_+),H\in\overline{\mathscr{R}}$,使得

$$0<\inf_{s\geqslant t_0}\left[\liminf_{t\to+\infty}\frac{H(t,s)}{H(t,t_0)}\right]\leqslant+\infty.$$

$$\liminf_{t\to+\infty}\frac{1}{H(t,t_0)}\int_{t_0}^{t}H(t,s)\rho(s)r(s)\mid\bar{\lambda}(t,s)\mid^{\gamma+1}\Delta s<+\infty,$$

也存在 $\varphi\in C([t_0,+\infty),\mathbf{R})$，使得

$$\int_{t_0}^{+\infty}\rho(s)\frac{1}{(r(s))^{\frac{1}{\gamma}}}\left(\frac{\varphi(s)}{\rho(s)}-\eta(s)\right)_+^{\frac{\gamma+1}{\gamma}}\mathrm{d}s=+\infty,\quad(\varphi(t))_+=\max\{\varphi(t),0\},$$

$$\liminf_{t\to+\infty}\frac{1}{H(t,T)}\int_{T}^{t}H(t,s)\rho(s)\left(\overline{\Theta_1}(t,s)-\frac{r(s)}{(\gamma+1)^{\gamma+1}}\mid\bar{\lambda}(t,s)\mid^{\gamma+1}\right)\mathrm{d}s\geqslant\varphi(T),$$

$T\in[t_0,+\infty)$，

则方程(2.2.10)是振动的.

定理 2.2.17　设式(2.2.15)和式(2.2.47)成立，而且式(2.2.21)或式(2.2.22)也成立，$-1<p_0\leqslant p(t)\leqslant 0,\lim\limits_{t\to+\infty}p(t)=p>-1$. 进一步，假设存在 $\{c_k\}_{k\geqslant 0}$ 使得 $\lim\limits_{k\to+\infty}c_k=+\infty$ 和 $\tau(c_{k+1})=c_k,\gamma\geqslant 1,r\in C_{\mathrm{rd}}^1([t_0,+\infty)_{\mathbb{T}},\mathbf{R}_+),r^{\Delta}\geqslant 0$.

若存在 $\rho,\eta\in C_{\mathrm{rd}}^1([t_0,+\infty)_{\mathbb{T}},\mathbf{R}_+),H\in\mathcal{R}$，存在 $\varphi\in C_{\mathrm{rd}}([t_0,+\infty)_{\mathbb{T}},\mathbf{R})$，使得式(2.2.48)、式(2.2.49)和

$$\liminf_{t\to+\infty}\frac{1}{H(\sigma(t),T)}\int_{T}^{t}H(\sigma(t),\sigma(s))\rho(s)\left(\Theta_2(t,s)-\frac{r(s)}{(\gamma+1)^{\gamma+1}}\left(\frac{\rho(s)}{\rho^{\sigma}(s)}\right)^{\gamma}\left(\frac{\sigma(s)}{s}\right)^{\gamma^2}\mid\lambda(t,s)\mid^{\gamma+1}\right)\Delta s$$
$$\geqslant\varphi(T),\quad T\in[t_0,+\infty)_{\mathbb{T}}\tag{2.2.68}$$

成立，则方程(2.2.1)的解 $y(t)$ 是振动的，或者 $\lim\limits_{t\to+\infty}y(t)=0$.

定理 2.2.18　设式(2.2.15)和式(2.2.47)成立，而且式(2.2.21)或式(2.2.22)也成立，$-1<p_0\leqslant p(t)\leqslant 0,\lim\limits_{t\to+\infty}p(t)=p>-1$. 进一步，假设存在 $\{c_k\}_{k\geqslant 0}$ 使得 $\lim\limits_{k\to+\infty}c_k=+\infty$ 和 $\tau(c_{k+1})=c_k,0<\gamma<1,r\in C_{\mathrm{rd}}^1([t_0,+\infty)_{\mathbb{T}},\mathbf{R}_+),r^{\Delta}\geqslant 0$.

若存在 $\rho,\eta\in C_{\mathrm{rd}}^1([t_0,+\infty)_{\mathbb{T}},\mathbf{R}_+),H\in\mathcal{R}$，存在 $\varphi\in C_{\mathrm{rd}}([t_0,+\infty)_{\mathbb{T}},\mathbf{R})$，使得式(2.2.59)、式(2.2.60)和

$$\liminf_{t\to+\infty}\frac{1}{H(\sigma(t),T)}\int_{T}^{t}H(\sigma(t),\sigma(s))\rho(s)\left(\Theta_2(t,s)-\frac{r(s)}{(\gamma+1)^{\gamma+1}}\left(\frac{\rho(s)}{\rho^{\sigma}(s)}\right)^{\gamma}\left(\frac{\sigma(s)}{s}\right)^{\gamma}\mid\lambda(t,s)\mid^{\gamma+1}\right)\Delta s$$
$$\geqslant\varphi(T),\quad T\in[t_0,+\infty)_{\mathbb{T}}\tag{2.2.69}$$

成立，则方程(2.2.1)的解 $y(t)$ 是振动的，或者 $\lim\limits_{t\to+\infty}y(t)=0$.

由定理 2.2.17 和定理 2.2.18，容易得到下面的推论.

推论 2.2.22　设 $\int_{t_0}^{+\infty}\left(\frac{1}{r(t)}\right)^{\frac{1}{\gamma}}\mathrm{d}t=+\infty,-1<p_0\leqslant p(t)\leqslant 0,\lim\limits_{t\to+\infty}p(t)=p>-1$. 进一步，假设存在 $\{c_k\}_{k\geqslant 0}$ 使得 $\lim\limits_{k\to+\infty}c_k=+\infty$ 和 $\tau(c_{k+1})=c_k,r\in C^1([t_0,+\infty),\mathbf{R}_+),r'(t)\geqslant 0$，而且 $\int_{t_0}^{+\infty}q_1(t)(\delta_1(t))^{\alpha}\mathrm{d}t=+\infty$，或者 $\int_{t_0}^{+\infty}q_2(t)(\delta_2(t))^{\beta}\mathrm{d}t=+\infty$.

若存在 $\rho,\eta\in C^1([t_0,+\infty),\mathbf{R}_+),H\in\overline{\mathcal{R}}$，使得

$$0<\inf_{s\geqslant t_0}\left[\liminf_{t\to+\infty}\frac{H(t,s)}{H(t,t_0)}\right]\leqslant+\infty,$$

$$\limsup_{t\to+\infty}\frac{1}{H(t,t_0)}\int_{t_0}^{t}H(t,s)\rho(s)r(s)\mid\bar{\lambda}(t,s)\mid^{\gamma+1}\Delta s<+\infty.$$

同时也存在 $\varphi\in C([t_0,+\infty),\mathbf{R})$,使得

$$\int_{t_0}^{+\infty}\rho(s)\frac{1}{(r(s))^{\frac{1}{\gamma}}}\left(\frac{\varphi(s)}{\rho(s)}-\eta(s)\right)_+^{\frac{\gamma+1}{\gamma}}\mathrm{d}s=+\infty,\quad (\varphi(t))_+=\max\{\varphi(t),0\},$$

$$\liminf_{t\to+\infty}\frac{1}{H(t,t_0)}\int_{t_0}^{t}H(t,s)\rho(s)\left(\overline{\Theta_2}(t,s)-\frac{r(s)}{(\gamma+1)^{\gamma+1}}\mid\bar{\lambda}(t,s)\mid^{\gamma+1}\right)\mathrm{d}s\geqslant\varphi(T),\quad T$$
$\in[t_0,+\infty)$,

则方程(2.2.10)的解 $y(t)$ 是振动的,或者 $\lim\limits_{t\to+\infty}y(t)=0$.

注 2.2.5 定理 2.2.7～定理 2.2.18 具有一般性,通过选择不同的函数 H,ρ,η,可以导出使用方便的振动准则. 另外,由定理 2.2.5～定理 2.2.18 得知,当 $\gamma\geqslant 1$ 或 $0<\gamma<1$ 时,方程(2.2.1)的振动条件是不同的. 但是,当时间尺度 $\mathbb{T}=\mathbf{R}$ 时,相对应的方程(2.2.10)的振动条件却是相同的. 由此可以看出时间尺度上的动力方程揭示了相对应的微分方程与差分方程之间的差异.

2.2.4 小　结

本节通过引入一类对 s 的偏导数不一定非正的 $H(t,s)$ 型函数,结合广义的 Riccati 变换技巧、平均函数技术及不等式理论,研究了时间尺度上一类二阶非线性 Emden-Fowler 中立型时滞动力方程的振动性,建立了方程振动的若干新的充分条件. 我们的结果不仅推广和改进了已有文献[113,114,139,142,144]的相关结论,而且还统一了二阶非线性 Emden-Fowler 中立型时滞微分方程与二阶非线性 Emden-Fowler 中立型时滞差分方程振动性的相关结果.

本节的主要结果来自于文献[185].

2.3 时间尺度上三阶 Emden-Fowler 时滞动态方程的振动准则

2.3.1 引　言

近年来,关于时间尺度上各种方程解的振动性以及非振动性的研究非常活跃,见文献[91,114,117,118,121,122,128,133,138～146,185～200]. 据我们所知,三阶动态方程的振动性研究结果较少,如文献[130,132,201,202]. 然而,唯一一篇研究三阶时滞动态方程振动性的文章是[201].

在文献[201]中,Hassan 研究了时间尺度上三阶非线性时滞动态方程

$$(c(t)((a(t)x^{\Delta}(t))^{\Delta})^{\gamma})^{\Delta}+f(t,x(\tau(t)))=0,\quad t\in\mathbb{T}\tag{2.3.1}$$

的振动性,在条件 $\tau(\sigma(t))=\sigma(\tau(t))$ 下,建立了方程(2.3.1)振动的一些充分条件.

2007 年,Erbe 等在文献[132]中研究了三阶时滞动力方程

$$x^{\Delta\Delta\Delta}(t)+p(t)x(t)=0,\quad t\in\mathbb{T}\tag{2.3.2}$$

其中,p 是定义在时间尺度 $\mathbb{T}$ 上正的实值 rd 连续函数.

本节研究时间尺度上三阶 Emden-Fowler 时滞动态方程

$$((x^{\Delta\Delta}(t))^{\gamma})^{\Delta}+p(t)x^{\gamma}(\tau(t))=0,\quad t\in\mathbb{T}\tag{2.3.3}$$

解的振动性. 假设 $\gamma>0$ 是正奇数的比值，p 是定义在时间尺度$\mathbb{T}$上正的实值 rd 连续函数. $\tau:\mathbb{T}\to\mathbb{T}$是 rd 连续函数，$\tau(t)\leqslant t$，$\lim\limits_{t\to+\infty}\tau(t)=+\infty$.

显然，方程(2.3.2) 是方程(2.3.3) 的特殊情况. 本节的主要目的是建立方程(2.3.3) 所有解 $x(t)$ 振动或者当 $t\to+\infty$ 时收敛的几个新准则.

由于我们感兴趣的是方程的振动性，所以本文中假设时间尺度$\mathbb{T}$是无界的. 假设 $t_0\in\mathbb{T}$，为方便起见，假设 $t_0>0$. 定义时间尺度上的区间为$[t_0,+\infty)_{\mathbb{T}}=[t_0,+\infty)\cap\mathbb{T}$.

本节分为以下几部分：在 2.3.2 节，建立方程(2.3.3) 的所有解振动或当 $t\to+\infty$ 时收敛的几个充分条件. 在 2.3.3 节，给出几个例子来说明我们主要结果的适应性.

2.3.2　主要结果

本节给出方程(2.3.3) 的几个新的振动准则. 为了证明主要结果，需要下列公式：

$$((x(t))^{\gamma})^{\Delta}=\gamma\int_0^1[hx^{\sigma}(t)+(1-h)x(t)]^{\gamma-1}x^{\Delta}(t)\mathrm{d}h,\tag{2.3.4}$$

其中，$x(t)$ 是 Δ 可微的，并且是最终为正或最终为负的. 公式(2.3.4) 是 Keller 链锁法则的一个简单推论(见 Bohner 和 Peterson [28，定理 1.90]).

我们也需要下面的记号，令

$$d_+(t):=\max\{0,d(t)\},\quad d_-(t):=\max\{0,-d(t)\}.$$

$$\alpha(t)=\left(\frac{t}{\sigma(t)}\right)^{\gamma},\gamma\geqslant1;\quad \alpha(t)=\frac{1}{\sigma(t)},\gamma<1.$$

引理 2.3.1　假设 x 是方程(2.3.3) 的一个最终正解，则对于充分大的 $t\geqslant t_0$ 只有下列两种情况成立：

(1)$x(t)>0,x^{\Delta}(t)>0,x^{\Delta\Delta}(t)>0,x^{\Delta\Delta\Delta}(t)<0$,

或者

(2)$x(t)>0,x^{\Delta}(t)<0,x^{\Delta\Delta}(t)>0,x^{\Delta\Delta\Delta}(t)<0$.

引理 2.3.1 的证明过程与 Erbe [130] 中的引理 1 类似，故省略.

泰勒单项式$\{h_n(t,s)\}_{n=0}^{+\infty}$[28，1.6 节] 定义为

$$h_0(t,s)=1,h_{n+1}(t,s)=\int_s^t h_n(\tau,s)\Delta\tau,t,s\in\mathbb{T},n\geqslant1.$$

由[28，1.6 节]可得对任意的时间尺度都有 $h_1(t,s)=t-s$，但是这一简单公式对于 $n\geqslant2$ 一般不成立.

引理 2.3.2[132，引理 4]　假设 x 满足引理 2.3.1 的情况(1)，则

$$\liminf_{t\to+\infty}\frac{tx(t)}{h_2(t,t_0)x^{\Delta}(t)}\geqslant1.\tag{2.3.5}$$

引理 2.3.3　假设 x 是方程(2.3.3) 的一个解，并且满足引理 2.3.1 的情况(1). 如果

$$\int_{t_0}^{+\infty}p(t)(h_2(\tau(t),t_0))^{\gamma}\Delta t=+\infty,\tag{2.3.6}$$

则

$$x^{\Delta}(t)\geqslant tx^{\Delta\Delta}(t),\frac{x^{\Delta}(t)}{t}\text{ 最终非增}.\tag{2.3.7}$$

证明 令 x 是方程(2.3.3)的一个最终正解,并且对 $t \geqslant t_1$,满足引理 2.3.1 的情况(1). 定义 $X(t) = x^{\Delta}(t) - tx^{\Delta\Delta}(t)$. 所以 $X(t) = -\sigma(t)x^{\Delta\Delta\Delta}(t) > 0$.

下面证明 $X(t)$ 最终为正. 否则,存在 $t_2 \geqslant t_1$,使得 $X(t) < 0, t \geqslant t_2$. 故

$$\left(\frac{x^{\Delta}(t)}{t}\right)^{\Delta} = -\frac{X(t)}{t\sigma(t)} > 0, t \geqslant t_2,$$

推出 $x^{\Delta}(t)/t$ 在 $[t_2, +\infty)$ 上最终严格递增. 取 $t_3 \geqslant t_2$ 使得 $\tau(t) \geqslant \tau(t_3) \geqslant t_2, t \geqslant t_3$. 则有

$$\frac{x^{\Delta}(\tau(t))}{\tau(t)} \geqslant \frac{x^{\Delta}(\tau(t_3))}{\tau(t_3)} = d > 0,$$

因此,$x^{\Delta}(\tau(t)) \geqslant d\tau(t), t \geqslant t_3$. 根据引理 2.3.2,对任意的 $0 < k < 1$ 存在 $t_4 \geqslant t_3$,使得

$$\frac{x(t)}{x^{\Delta}(t)} \geqslant k\frac{h_2(t, t_0)}{t}, t \geqslant t_4.$$

所以,存在 $t_5 \geqslant t_4$,使得

$$x(\tau(t)) \geqslant k\frac{h_2(\tau(t), t_0)}{\tau(t)}x^{\Delta}(\tau(t)) \geqslant dk\frac{h_2(\tau(t), t_0)}{\tau(t)}\tau(t) = dkh_2(\tau(t), t_0), t \geqslant t_5.$$

对方程(2.3.3)两边从 t_5 到 t 积分,有

$$(x^{\Delta\Delta}(t))^{\gamma} - (x^{\Delta\Delta}(t_5))^{\gamma} + (dk)^{\gamma}\int_{t_5}^{t} p(s)(h_2(\tau(s), t_0))^{\gamma}\Delta s \leqslant 0,$$

所以

$$(x^{\Delta\Delta}(t_5))^{\gamma} \geqslant (dk)^{\gamma}\int_{t_5}^{t} p(s)(h_2(\tau(s), t_0))^{\gamma}\Delta s,$$

这与式(2.3.6)矛盾. 因此,$X(t) > 0, x^{\Delta}(t)/t$ 是最终非增的. 证毕.

引理 2.3.4 假设 x 是方程(2.3.3)的一个解,并且满足引理 2.3.1 的情况(2). 如果

$$\int_{t_0}^{+\infty}\int_{z}^{+\infty}\left[\int_{u}^{+\infty} p(s)\Delta s\right]^{1/\gamma}\Delta u\Delta z = +\infty, \tag{2.3.8}$$

则 $\lim\limits_{t\to+\infty} x(t) = 0$.

证明类似 Erbe [132] 中引理 3 的证明,故省略.

定理 2.3.1 假设式(2.3.6)成立. 进一步,假设存在一个正值函数 $\delta \in C_{\mathrm{rd}}^1([t_0, +\infty)_{\mathbb{T}}, \mathbf{R})$,使得对某 $0 < k < 1$,

$$\limsup_{t\to+\infty}\int_{t_0}^{t}\left(kp(s)\delta^{\sigma}(s)C(s) - \frac{1}{(\gamma+1)^{\gamma+1}}\frac{((\delta^{\Delta}(s))_+)^{\gamma+1}}{\alpha^{\gamma}(s)\delta^{\gamma}(\sigma(s))}\right)\Delta s = +\infty \tag{2.3.9}$$

成立,其中 $C(t) = (h_2(\tau(t), t_0)/\sigma(t))^{\gamma}$. 则方程(2.3.3)的解 x 或者是振动的,或者 $\lim\limits_{t\to+\infty} x(t)$ 存在.

证明 假设方程(2.3.3)在 $[t_0, +\infty)_{\mathbb{T}}$ 有非振动解 x. 不失一般性,假设对于所有的 $t \in [t_1, +\infty)_{\mathbb{T}}, t_1 \in [t_0, +\infty)_{\mathbb{T}}$,有 $x(t) > 0, x(\tau(t)) > 0$. 则由引理 2.3.1,$x(t)$ 满足引理 2.3.1 的情况(1)或者(2). 假设情况(1)成立. 定义函数 ω 为

$$\omega(t) = \delta(t)\frac{(x^{\Delta\Delta}(t))^{\gamma}}{(x^{\Delta}(t))^{\gamma}}, \quad t \in [t_1, +\infty)_{\mathbb{T}}, \tag{2.3.10}$$

则有 $\omega(t) > 0$. 由乘积的求导法则,可得

$$\omega^{\Delta}(t) = \delta^{\Delta}(t)\frac{(x^{\Delta\Delta}(t))^{\gamma}}{(x^{\Delta}(t))^{\gamma}} + \delta^{\sigma}(t)\left(\frac{(x^{\Delta}(t))^{\gamma}}{(x^{\Delta}(t))^{\gamma}}\right)^{\Delta}.$$

由商的求导法则，可得

$$\omega^{\Delta}(t)=\delta^{\Delta}(t)\frac{(x^{\Delta\Delta}(t))^{\gamma}}{(x^{\Delta}(t))^{\gamma}}+\delta^{\sigma}(t)\frac{((x^{\Delta\Delta}(t))^{\gamma})^{\Delta}(x^{\Delta}(t))^{\gamma}-(x^{\Delta\Delta}(t))^{\gamma}((x^{\Delta}(t))^{\gamma})^{\Delta}}{(x^{\Delta}(t))^{\gamma}(x^{\Delta\sigma}(t))^{\gamma}}.$$

由式(2.3.3) 和式(2.3.10)，有

$$\omega^{\Delta}(t)=\frac{\delta^{\Delta}(t)}{\delta(t)}\omega(t)-p(t)\delta^{\sigma}(t)\frac{x^{\gamma}(\tau(t))}{(x^{\Delta\sigma}(t))^{\gamma}}-\delta^{\sigma}(t)\frac{(x^{\Delta\Delta}(t))^{\gamma}((x^{\Delta}(t))^{\gamma})^{\Delta}}{(x^{\Delta}(t))^{\gamma}(x^{\Delta\sigma}(t))^{\gamma}},$$

由式(2.3.5) 和式(2.3.7)，对任意的 $0<k<1$，有

$$\frac{x^{\gamma}(\tau(t))}{(x^{\Delta\sigma}(t))^{\gamma}}=\frac{x^{\gamma}(\tau(t))}{(x^{\Delta}(\tau(t)))^{\gamma}}\frac{(x^{\Delta}(\tau(t)))^{\gamma}}{(x^{\Delta\sigma}(t))^{\gamma}}\geqslant\left(k^{\frac{1}{\gamma}}\frac{h_2(\tau(t),t_0)}{\tau(t)}\right)^{\gamma}\left(\frac{\tau(t)}{\sigma(t)}\right)^{\gamma}=k\left(\frac{h_2(\tau(t),t_0)}{\sigma(t)}\right)^{\gamma},$$

因此

$$\omega^{\Delta}(t)\leqslant\frac{\delta^{\Delta}(t)}{\delta(t)}\omega(t)-kp(t)\delta^{\sigma}(t)C(t)-\delta^{\sigma}(t)\frac{(x^{\Delta\Delta}(t))^{\gamma}((x^{\Delta}(t))^{\gamma})^{\Delta}}{(x^{\Delta}(t))^{\gamma}(x^{\Delta\sigma}(t))^{\gamma}}.\qquad(2.3.11)$$

若 $\gamma\geqslant 1$，由式(2.3.4)，可得

$$((x^{\Delta}(t))^{\gamma})^{\Delta}=\gamma\int_0^1[hx^{\Delta\sigma}(t)+(1-h)x^{\Delta}(t)]^{\gamma-1}x^{\Delta\Delta}(t)\mathrm{d}h\geqslant\gamma(x^{\Delta}(t))^{\gamma-1}x^{\Delta\Delta}(t).$$

所以由式(2.3.11)，可得

$$\omega^{\Delta}(t)\leqslant\frac{\delta^{\Delta}(t)}{\delta(t)}\omega(t)-kp(t)\delta^{\sigma}(t)C(t)-\gamma\delta^{\sigma}(t)\frac{(x^{\Delta\Delta}(t))^{\gamma+1}}{x^{\Delta}(t)(x^{\Delta\sigma}(t))^{\gamma}},$$

注意到 $x^{\Delta}(t)/t$ 是非增的，因此得到 $x^{\Delta}(t)/t\geqslant x^{\Delta\sigma}(t)/\sigma(t)$，所以

$$\omega^{\Delta}(t)\leqslant\frac{\delta^{\Delta}(t)}{\delta(t)}\omega(t)-kp(t)\delta^{\sigma}(t)C(t)-\gamma\left(\frac{t}{\sigma(t)}\right)^{\gamma}\delta^{\sigma}(t)\frac{(x^{\Delta\Delta}(t))^{\gamma+1}}{(x^{\Delta}(t))^{\gamma+1}},$$

由式(2.3.10)，有

$$\omega^{\Delta}(t)\leqslant\frac{(\delta^{\Delta}(t))_+}{\delta(t)}\omega(t)-kp(t)\delta^{\sigma}(t)C(t)-\gamma\left(\frac{t}{\sigma(t)}\right)^{\gamma}\frac{\delta^{\sigma}(t)}{\delta^{\lambda}(t)}\omega^{\lambda}(t).\qquad(2.3.12)$$

若 $\gamma<1$，由式(2.3.4)，可得

$$((x^{\Delta}(t))^{\gamma})^{\Delta}=\gamma\int_0^1[hx^{\Delta\sigma}(t)+(1-h)x^{\Delta}(t)]^{\gamma-1}x^{\Delta\Delta}(t)\mathrm{d}h\geqslant\gamma(x^{\Delta\sigma}(t))^{\gamma-1}x^{\Delta\Delta}(t).$$

由式(2.3.11)，有

$$\omega^{\Delta}(t)\leqslant\frac{\delta^{\Delta}(t)}{\delta(t)}\omega(t)-kp(t)\delta^{\sigma}(t)C(t)-\gamma\delta^{\sigma}(t)\frac{(x^{\Delta\Delta}(t))^{\gamma+1}}{(x^{\Delta}(t))^{\gamma}x^{\Delta\sigma}(t)},$$

$$\omega^{\Delta}(t)\leqslant\frac{\delta^{\Delta}(t)}{\delta(t)}\omega(t)-kp(t)\delta^{\sigma}(t)C(t)-\gamma\frac{t}{\sigma(t)}\delta^{\sigma}(t)\frac{(x^{\Delta\Delta}(t))^{\gamma+1}}{(x^{\Delta}(t))^{\gamma+1}},$$

再由式(2.3.10)，得到

$$\omega^{\Delta}(t)\leqslant\frac{(\delta^{\Delta}(t))_+}{\delta(t)}\omega(t)-kp(t)\delta^{\sigma}(t)C(t)-\gamma\frac{t}{\sigma(t)}\frac{\delta^{\sigma}(t)}{\delta^{\lambda}(t)}\omega^{\lambda}(t).\qquad(2.3.13)$$

由式(2.3.12)、式(2.3.13) 以及 $\alpha(t)$ 的定义，对 $\gamma>0$，有

$$\omega^{\Delta}(t)\leqslant\frac{(\delta^{\Delta}(t))_+}{\delta(t)}\omega(t)-kp(t)\delta^{\sigma}(t)C(t)-\gamma\alpha(t)\frac{\delta^{\sigma}(t)}{\delta^{\lambda}(t)}\omega^{\lambda}(t).\qquad(2.3.14)$$

其中，$\lambda=(\gamma+1)/\gamma$. 令

$$A=\left[\gamma\alpha(t)\frac{\delta^{\sigma}(t)}{\delta^{\lambda}(t)}\right]^{\frac{1}{\lambda}}\omega(t),\quad B=\left[\frac{(\delta^{\Delta}(t))_+}{\lambda\delta(t)}\left(\gamma\alpha(t)\frac{\delta^{\sigma}(t)}{\delta^{\lambda}(t)}\right)^{-\frac{1}{\lambda}}\right]^{\frac{1}{\lambda-1}}.$$

利用不等式

$$\lambda AB^{\lambda-1}-A^{\lambda}\leqslant(\lambda-1)B^{\lambda},\quad \lambda\geqslant 1,$$

可得

$$\frac{(\delta^{\Delta}(t))_+}{\delta(t)}\omega(t)-\gamma\alpha(t)\frac{\delta^{\sigma}(t)}{\delta^{\lambda}(t)}\omega^{\lambda}(t)\leqslant\frac{1}{(\gamma+1)^{\gamma+1}}\frac{((\delta^{\Delta}(t))_+)^{\gamma+1}}{\alpha^{\gamma}(t)\delta^{\gamma}(\sigma(t))},$$

所以由式(2.3.14),有

$$\omega^{\Delta}(t)\leqslant -kp(t)\delta^{\sigma}(t)C(t)+\frac{1}{(\gamma+1)^{\gamma+1}}\frac{((\delta^{\Delta}(t))_+)^{\gamma+1}}{\alpha^{\gamma}(t)\delta^{\gamma}(\sigma(t))}. \tag{2.3.15}$$

对式(2.3.15)两边从 t_1 到 t 积分,得

$$-\omega(t_1)\leqslant\omega(t)-\omega(t_1)\leqslant -\int_{t_1}^{t}\left(kp(s)\delta^{\sigma}(s)C(s)-\frac{1}{(\gamma+1)^{\gamma+1}}\frac{((\delta^{\Delta}(s))_+)^{\gamma+1}}{\alpha^{\gamma}(s)\delta^{\gamma}(\sigma(s))}\right)\Delta s,$$

即对于充分大的 t,有

$$\int_{t_1}^{t}\left(kp(s)\delta^{\sigma}(s)C(s)-\frac{1}{(\gamma+1)^{\gamma+1}}\frac{((\delta^{\Delta}(s))_+)^{\gamma+1}}{\alpha^{\gamma}(s)\delta^{\gamma}(\delta(s))}\right)\Delta s\leqslant\omega(t_1),$$

这与式(2.3.9)矛盾.当情况(2)成立时,显然 $\lim\limits_{t\to+\infty}x(t)$ 存在.证毕.

注 2.3.1 由定理 2.3.1,选择不同的函数 δ,可以得到不同的关于方程(2.3.3)的所有解的振动的条件.

例如,令 $\gamma\geqslant 1,\delta(t)=t^{\gamma}$. 则 $(t^{\gamma})^{\Delta}\leqslant\gamma(\sigma(t))^{\gamma-1}$. 由定理 2.3.1,有下面的结果.

推论 2.3.1 假设式(2.3.6)成立. $\gamma\geqslant 1$,若对某 $0<k<1$,使得

$$\limsup_{t\to+\infty}\int_{t_0}^{t}\left(kp(s)(h_2(\tau(s),t_0))^{\gamma}-\left(\frac{\gamma}{\gamma+1}\right)^{\gamma+1}\frac{(\sigma(s))^{\gamma^2-1}}{s^{\gamma^2}}\right)\Delta s=+\infty \tag{2.3.16}$$

成立,则方程(2.3.3)的解 x 或者是振动的,或者 $\lim\limits_{t\to+\infty}x(t)$ 存在.

下面的定理是关于方程(2.3.3)的 Kamenev 型振动准则.

定理 2.3.2 假设式(2.3.6)成立.函数 δ 和 C 如定理 2.3.1 所定义.若对某 $0<k<1,m\geqslant 1$,使得

$$\limsup_{t\to+\infty}\frac{1}{t^m}\int_{t_0}^{t}(t-s)^m(kp(s)\delta^{\sigma}(s)C(s)-\frac{1}{(\gamma+1)^{\gamma+1}}\frac{((\delta^{\Delta}(s))_+)^{\gamma+1}}{\alpha^{\gamma}(s)\delta^{\gamma}(\sigma(s))}\Delta s=+\infty \tag{2.3.17}$$

成立,则方程(2.3.3)的解 x 或者是振动的,或者 $\lim\limits_{t\to+\infty}x(t)$ 存在.

证明 假设方程(2.3.3)在 $[t_0,+\infty)_{\mathbb{T}}$ 有非振动解 x. 不失一般性,假设对于所有的 $t\in[t_1,+\infty)_{\mathbb{T}},t_1\in[t_0,+\infty)_{\mathbb{T}}$,有 $x(t)>0,x(\tau(t))>0$. 由引理 2.3.1,x 满足引理 2.3.1 中的情况(1)或者(2).

假设情况(1)成立.定义函数 ω 如式(2.3.10).由定理 2.3.1 的证明得到式(2.3.15).由式(2.3.15),得到

$$kp(t)\delta^{\sigma}(t)C(t)-\frac{1}{(\gamma+1)^{\gamma+1}}\frac{((\delta^{\Delta}(t))_+)^{\gamma+1}}{\alpha^{\gamma}(t)\delta^{\gamma}(\sigma(t))}\leqslant -\omega^{\Delta}(t).$$

故

$$\int_{t_1}^{t}(t-s)^m\left[kp(s)\delta^{\sigma}(s)C(s)-\frac{1}{(\gamma+1)^{\gamma+1}}\frac{((\delta^{\Delta}(s))_+)^{\gamma+1}}{\alpha^{\gamma}(s)\delta^{\gamma}(\sigma(s))}\right]\Delta s\leqslant -\int_{t_1}^{t}(t-s)^m\omega^{\Delta}(s)\Delta s. \tag{2.3.18}$$

由分部积分公式,可得

$$\int_{t_1}^{t}(t-s)^m\omega^{\Delta}(s)\Delta s=(t-s)^m\omega(s)\mid_{t_1}^{t}-\int_{t_1}^{t}((t-s)^m)^{\Delta_s}\omega(\sigma(s))\Delta s.$$

注意到$((t-s)^m)^{\Delta_s}\leqslant -m(t-\sigma(s))^{m-1}\leqslant 0,t\geqslant\sigma(s),m\geqslant 1$. 则由式(2.3.18),可得

$$\int_{t_1}^{t}(t-s)^m\left[kp(s)\delta^{\sigma}(s)C(s)-\frac{1}{(\gamma+1)^{\gamma+1}}\frac{((\delta^{\Delta}(s))_+)^{\gamma+1}}{\alpha^{\gamma}(s)\delta^{\gamma}(\sigma(s))}\right]\Delta s\leqslant(t-t_1)^m\omega(t_1).$$

则

$$\frac{1}{t^m}\int_{t_1}^{t}(t-s)^m\left[kp(s)\delta^{\sigma}(s)C(s)-\frac{1}{(\gamma+1)^{\gamma+1}}\frac{((\delta^{\Delta}(s))_+)^{\gamma+1}}{\alpha^{\gamma}(s)\delta^{\gamma}(\sigma(s))}\right]\Delta s\leqslant\left(\frac{t-t_1}{t}\right)^m\omega(t_1).$$

这与式(2.3.17)矛盾. 当情况(2.3.2)成立时,则$\lim\limits_{t\to+\infty}x(t)$存在. 证毕.

下面的定理是关于方程(2.3.3)的 Philos 型振动准则.

定理 2.3.3　假设式(2.3.6)成立. 函数δ和C如定理 2.3.1 所定义. 进一步,假设存在函数$H,h\in C_{\mathrm{rd}}(D,\mathbf{R})$,其中$D\equiv\{(t,s):t\geqslant s\geqslant t_0\}$,满足

$$H(t,t)=0,\ t\geqslant t_0,\ H(t,s)>0,\ t>s\geqslant t_0,$$

H关于第二变元s有非正连续的Δ偏导数$H^{\Delta_s}(t,s)$,并且满足

$$H^{\Delta_s}(\sigma(t),s)+H(\sigma(t),\sigma(s))\frac{\delta^{\Delta}(s)}{\delta(s)}=-\frac{h(t,s)}{\delta(s)}(H(\sigma(t),\sigma(s)))^{\frac{\gamma}{\gamma+1}}.$$

若对某$0<k<1$,有

$$\limsup_{t\to+\infty}\frac{1}{H(\sigma(t),t_0)}\int_{t_0}^{\sigma(t)}K(t,s)\Delta s=+\infty,\tag{2.3.19}$$

这里

$$K(t,s)=kH(\sigma(t),\sigma(s))\delta^{\sigma}(s)p(s)C(s)-\frac{(h_-(t,s))^{\gamma+1}}{(\gamma+1)^{\gamma+1}(\delta^{\sigma}(s)\alpha(s))^{\gamma}},$$

则方程(2.3.3)的所有解x或者是振动的,或者$\lim\limits_{t\to+\infty}x(t)$存在.

定理 2.3.3 的证明利用不等式(2.3.14),类似文献[149]中定理 2.5 的证明. 故略.

下面给出方程(2.3.3)在满足不同条件下振动的几个新判据.

定理 2.3.4　假设式(2.3.6)成立. 若对某$0<k<1$,

$$\limsup_{t\to+\infty}\int_{\tau(t)}^{t}p(s)(h_2(\tau(s),t_0))^{\gamma}\Delta s>\frac{1}{k}\tag{2.3.20}$$

成立,则方程(2.3.3)的所有解x或者是振动的,或者$\lim\limits_{t\to+\infty}x(t)$存在.

证明　假设方程(2.3.3)在$[t_0,+\infty)_{\mathbb{T}}$有非振动解$x$. 不失一般性,假设对于所有的$t\in[t_1,+\infty)_{\mathbb{T}},t_1\in[t_0,+\infty)_{\mathbb{T}}$,有$x(t)>0,x(\tau(t))>0$. 由引理 2.3.1,$x$满足引理 2.3.1 的情况(1)或者(2).

假设情况(1)成立. 由式(2.3.5)和式(2.3.7),对任意的$0<k<1$,有

$$\begin{aligned}x(\tau(t))&\geqslant k^{\frac{1}{\gamma}}\frac{h_2(\tau(t),t_0)}{\tau(t)}x^{\Delta}(\tau(t))\geqslant k^{\frac{1}{\gamma}}\frac{h_2(\tau(t),t_0)}{\tau(t)}\tau(t)x^{\Delta\Delta}(\tau(t))\\&=k^{\frac{1}{\gamma}}h_2(\tau(t),t_0)x^{\Delta\Delta}(\tau(t)).\end{aligned}$$

由方程(2.3.3),可得

$$((x^{\Delta\Delta}(t))^{\gamma})^{\Delta}+kp(t)(h_2(\tau(t),t_0))^{\gamma}(x^{\Delta\Delta}(\tau(t)))^{\gamma}\leqslant 0.$$

令 $z(t)=(x^{\Delta\Delta}(t))^{\gamma}$,则有

$$z^{\Delta}(t)+kp(t)(h_2(\tau(t),t_0))^{\gamma}z(\tau(t))\leqslant 0.$$

对上述不等式从 $\tau(t)$ 到 t 积分,得

$$\begin{aligned}0&\geqslant\int_{\tau(t)}^{t}z^{\Delta}(s)\Delta s+\int_{\tau(t)}^{t}kp(s)(h_2(\tau(s),t_0))^{\gamma}z(\tau(s))\Delta s\\&=z(t)-z(\tau(t))+\int_{\tau(t)}^{t}kp(s)(h_2(\tau(s),t_0))^{\gamma}z(\tau(s))\Delta s\\&\geqslant z(t)-z(\tau(t))+z(\tau(t))\int_{\tau(t)}^{t}kp(s)(h_2(\tau(s),t_0))^{\gamma}\Delta s\\&=z(t)+z(\tau(t))\left[\int_{\tau(t)}^{t}kp(s)(h_2(\tau(s),t_0))^{\gamma}\Delta s-1\right]>0,\end{aligned}$$

这与式(2.3.20)矛盾.当情况(2)成立时,则 $\lim\limits_{t\to+\infty}x(t)$ 存在.证毕.

注 2.3.2 注意到当 $\tau(t)=t$ 时,定理 2.3.4 不适用(2.3.3)的方程.因此,对方程(2.3.3)来讲,滞量函数的出现,影响了方程定性性质.

定理 2.3.5 假设式(2.3.6)成立.若

$$\limsup_{t\to+\infty}t^{\gamma}\int_{t}^{+\infty}p(s)\left(\frac{h_2(\tau(s),t_0)}{s}\right)^{\gamma}\Delta s=+\infty \tag{2.3.21}$$

成立,则方程(2.3.3)的所有解 x 或者是振动的,或者 $\lim\limits_{t\to+\infty}x(t)$ 存在.

证明 假设方程(2.3.3)在 $[t_0,+\infty)_{\mathbb{T}}$ 有非振动解 x.不失一般性,假设对于所有的 $t\in[t_1,+\infty)_{\mathbb{T}}$,$t_1\in[t_0,+\infty)_{\mathbb{T}}$ 有 $x(t)>0$,$x(\tau(t))>0$.由引理 2.3.1,x 满足引理 2.3.1 的情况(1)或者情况(2).

假设情况(1)成立.令 $y(t)=(x^{\Delta\Delta}(t))^{\gamma}$.由方程(2.3.3),对于 $T\geqslant t\geqslant t_1$,我们有

$$y(T)=y(t)+\int_{t}^{T}y^{\Delta}(s)\Delta s=y(t)-\int_{t}^{T}p(s)x^{\gamma}(\tau(s))\Delta s,$$

所以

$$\int_{t}^{T}p(s)x^{\gamma}(\tau(s))\Delta s=y(t)-y(T)\leqslant y(t)=(x^{\Delta\Delta}(t))^{\gamma}.$$

由式(2.3.5)和式(2.3.7),对任意的 $0<k<1$,有

$$\begin{aligned}(x^{\Delta}(t))\gamma&\geqslant t^{\gamma}(x^{\Delta\Delta}(t))^{\gamma}\geqslant t^{\gamma}\int_{t}^{+\infty}p(s)x^{\gamma}(\tau(s))\Delta s\\&\geqslant t^{\gamma}\int_{t}^{+\infty}kp(s)\left(\frac{h_2(\tau(s),t_0)}{\tau(s)}x^{\Delta}(\tau(s))\right)^{\gamma}\Delta s\\&\geqslant kt^{\gamma}\int_{t}^{+\infty}p(s)\left(\frac{h_2(\tau(s),t_0)}{\tau(s)}\ \frac{\tau(s)}{s}x^{\Delta}(s)\right)^{\gamma}\Delta s\\&=kt^{\gamma}\int_{t}^{+\infty}p(s)\left(\frac{h_2(\tau(s),t_0)}{s}\right)^{\gamma}(x^{\Delta}(s))^{\gamma}\Delta s\\&\geqslant kt^{\gamma}(x^{\Delta}(t))^{\gamma}\int_{t}^{+\infty}p(s)\left(\frac{h_2(\tau(s),t_0)}{s}\right)^{\gamma}\Delta s,\end{aligned}$$

推出

$$t^{\gamma}\int_{t}^{+\infty}p(s)\left(\frac{h_2(\tau(s),t_0)}{s}\right)^{\gamma}\Delta s\leqslant\frac{1}{k},$$

与式(2.3.21)矛盾. 当情况(2)成立时,则 $\lim\limits_{t\to+\infty}x(t)$ 存在. 证毕.

由引理 2.3.4,得到下面的结果.

定理 2.3.6　假设式(2.3.6)和式(2.3.8)成立. 函数 δ 和 C 如定理 2.3.1 所定义, $0<k<1$. 若式(2.3.9)、式(2.3.17)、式(2.3.19)、式(2.3.20)和式(2.3.21)中的一个成立,则方程(2.3.3)的所有解 x 或者是振动的,或者收敛于零.

注 2.3.3　若定义的 Riccati 变换为式(2.3.10),则可得

$$\omega^{\Delta}(t)=(x^{\Delta\Delta\sigma}(t))^{\gamma}\left(\frac{\delta(t)}{(x^{\Delta}(t))^{\gamma}}\right)^{\Delta}+\frac{\delta(t)}{(x^{\Delta}(t))^{\gamma}}((x^{\Delta\Delta}(t))^{\gamma})^{\Delta}.$$

由上式,可以建立几个不同于上述结果的振动准则,我们留给有兴趣的读者.

2.3.3　应用举例

下面给出几个例子说明主要结果.

例 2.3.1　考虑时间尺度上三阶时滞动态方程

$$((x^{\Delta\Delta}(t))^{\gamma})^{\Delta}+\frac{\beta}{t(h_2(\tau(t),t_0))^{\gamma}}x^{\gamma}(\tau(t))=0,\quad t\in[t_0,+\infty)_{\mathbb{T}},\tag{2.3.22}$$

这里, $\beta>0,\gamma\geqslant 1$ 是两个正奇数的比值, $\sigma(t)\leqslant \alpha t,\alpha\geqslant 1$.

易证式(2.3.6)成立. 令 $p(t)=\dfrac{\beta}{t(h_2(\tau(t),t_0))^{\gamma}}$. 可得

$$\limsup_{t\to+\infty}\int_{t_0}^{t}\left(kp(s)(h_2(\tau(s),t_0))^{\gamma}-\left(\frac{\gamma}{\gamma+1}\right)^{\gamma+1}\frac{(\sigma(s))^{\gamma^2-1}}{s^{\gamma^2}}\right)\Delta s$$

$$\geqslant\left(k\beta-\left(\frac{\gamma}{\gamma+1}\right)^{\gamma+1}\alpha^{\gamma^2-1}\right)\limsup_{t\to+\infty}\int_{t_0}^{t}\frac{\Delta s}{s}=+\infty.$$

如果对某 $0<k<1,\beta>(\gamma/(\gamma+1))^{\gamma+1}\alpha^{\gamma^2-1}/k$,则式(2.3.16)成立. 由推论 2.3.1,对某 $0<k<1,\beta>(\gamma/(\gamma+1))^{\gamma+1}\alpha^{\gamma^2-1}/k$,方程(2.3.22)的所有解或者振动或者 $\lim\limits_{t\to+\infty}x(t)$ 存在.

例 2.3.2　考虑时间尺度上三阶时滞动态方程

$$x^{\Delta\Delta\Delta}(t)+\frac{\beta}{t\tau^2(t)}x(\tau(t))=0,\quad t\in[1,+\infty)_{\mathbb{T}},\tag{2.3.23}$$

这里, $\mathbb{T}=q^{\mathbb{N}_0},q>1,\beta>0$.

对于 $\mathbb{T}=q^{\mathbb{N}_0}$,有

$$\sigma(t)=qt,h_2(\tau(t),t_0)=h_2(\tau(t),1)=(\tau(t)-1)(\tau(t)-q)/(1+q).$$

令 $p(t)=\beta/(t\tau^2(t)),\gamma=1$. 则对某 $0<\alpha<1$,有

$$\int_{t_0}^{+\infty}p(t)(h_2(\tau(t),t_0))^{\gamma}\Delta t=\int_1^{+\infty}\frac{\beta}{t\tau^2(t)}\frac{(\tau(t)-1)(\tau(t)-q)}{1+q}\Delta t\geqslant\frac{\alpha\beta}{1+q}\int_1^{+\infty}\frac{\Delta t}{t}=+\infty.$$

因此,式(2.3.6)成立. 易证式(2.3.8)成立. 令 $\delta(t)=t$. 由式(2.3.9),如果对某 $0<k<1,0<\alpha<1,\beta>(1+q)/(4k\alpha)$,可得

$$\limsup_{t\to+\infty}\int_{t_0}^{t}\left(kp(s)\delta^{\sigma}(s)C(s)-\frac{1}{(\gamma+1)^{\gamma+1}}\frac{(\sigma(s))^{\gamma^2}((\delta^{\Delta}(s))_+)^{\gamma+1}}{s^{\gamma^2}\delta^{\gamma}(\sigma(s))}\right)\Delta s$$

$$=\limsup_{t\to+\infty}\int_1^{t}\left(k\frac{\beta}{s\tau^2(s)}\frac{(\tau(s)-1)(\tau(s)-q)}{1+q}-\frac{1}{4s}\right)\Delta s$$

$$\geqslant \left(\frac{k\alpha\beta}{1+q}-\frac{1}{4}\right)\limsup_{t\to+\infty}\int_1^t \frac{\Delta s}{s}=+\infty.$$

由定理 2.3.6,对某 $0<k<1,0<\alpha<1,\beta>(1+q)/(4k\alpha)$,方程(2.3.23)的所有解 $x(t)$ 或者振动或者 $\lim\limits_{t\to+\infty} x(t)=0$.

注 2.3.4 在这里值得注意的一点是对于 $\tau(\sigma(t))\neq\sigma(\tau(t))$, Hassan[201] 的结果并不适用于方程(2.3.22)和(2.3.23),因此我们的结果是新的.

2.3.4 小 结

本节利用分析的方法、不等式技巧,研究了一类时间尺度上三阶 Emden-Fowler 时滞动态方程振动性质,克服了滞量所带来的困难,给出了一些新的结果.所得结论推广和丰富了已有文献的相关内容.本节的主要结果来自于文献[203].

2.4 时间尺度上三阶 Emden-Fowler 中立型时滞动态方程的振动性判据

2.4.1 引 言

Hilger[22] 提出了时间尺度上动态方程理论,近年来引起广泛关注.时间尺度上动态方程理论能够统一微分方程理论与差分方程理论.微分方程中的许多结果可以较容易地推广到相应的差分方程中.时间尺度上动态方程理论可以避免对微分方程与差分方程的重复研究.

Hassan[201] 研究了时间尺度上三阶非线性时滞动态方程

$$(c(t)((a(t)x^{\Delta}(t))^{\Delta})^{\gamma})^{\Delta}+f(t,x(\tau(t)))=0,\quad t\in\mathbb{T}\tag{2.4.1}$$

的振动性,在条件 $\tau(\sigma(t))=\sigma(\tau(t))$ 下,建立了方程(2.4.1)所有解振动的一些充分条件,推广了已有文献中的相关结果.

据我们所知,到目前为止,关于下列形式的时间尺度上三阶 Emden-Fowler 中立型时滞动态方程

$$(r(t)(x(t)-a(t)x(\tau(t)))^{\Delta\Delta})^{\Delta}+p(t)x^{\gamma}(\delta(t))=0,\quad t\in\mathbb{T}\tag{2.4.2}$$

振动性研究还没有任何结果.这里假设 $\gamma>0$ 是两个正奇数的比值,r,a 和 p 是定义在时间尺度$\mathbb{T}$上的正的实数值 rd 连续函数,$r^{\Delta}(t)\geqslant 0,0\leqslant a(t)\leqslant a_0<1,\lim\limits_{t\to+\infty}a(t)=a<1$. $\tau:\mathbb{T}\to\mathbb{T},\delta:\mathbb{T}\to\mathbb{T}$是 rd 连续函数,$\tau(t)\leqslant t,\delta(t)\leqslant t,\lim\limits_{t\to+\infty}\tau(t)=\lim\limits_{t\to+\infty}\delta(t)=+\infty$.

由于我们感兴趣的是方程解的振动性与渐近性,所以假设时间尺度$\mathbb{T}$是无界的,即它是时间尺度上的无穷区间$[t_0,+\infty)_{\mathbb{T}}=[t_0,+\infty)\cap\mathbb{T}$.

对于时间尺度上中立型时滞动态方程,Mathsen 等[204] 研究了时间尺度上一阶中立型时滞动态方程

$$(y(t)-r(t)y(\tau(t)))^{\Delta}+p(t)y(\delta(t))=0,t\in\mathbb{T},\tag{2.4.3}$$

解的振动性,建立了方程(2.4.3)振动的一些新的准则.作为特殊情形,这些准则包含了有关一阶中立型时滞微分方程的一些著名的振动结果.

Agarwal 等[113],Sahiner[139],Saker[142],Wu 等[144] 和 Saker 等[205] 研究了时间尺度上二阶非线性中立型时滞动态方程

$$(r(t)((y(t)+p(t)y(\tau(t)))^{\Delta})^{\gamma})^{\Delta}+f(t,y(\delta(t)))=0,\quad t\in\mathbb{T}\tag{2.4.4}$$

利用 Riccati 变换技巧,建立了方程(2.4.4)的一些振动准则.

Saker[206] 讨论了时间尺度上二阶 Emden-Fowler 中立型时滞动态方程

$$(a(t)(y(t)+r(t)y(\tau(t)))^{\Delta})^{\Delta}+p(t)y^{\gamma}(\delta(t))=0,\quad t\in\mathbb{T},\tag{2.4.5}$$

并给出了方程(2.4.5)的一些新的振动结果.

本节研究的主要目的是解决由 Mathsen 等[204] 提出的一个问题:是否可以得到时间尺度上高阶中立型动态方程的有关结果以及各种形式的推广?

利用文献[207,208]的思想,研究了三阶的情形,给出了方程(2.4.2)的某些结果.

令 $t_{-1}:=\min_{t\in[t_0,+\infty)_{\mathbb{T}}}\{\tau(t),\delta(t)\}$. 方程(2.4.2)的解是指一个非平凡函数 $x\in C_{\mathrm{rd}}([t_{-1},+\infty)_{\mathbb{T}},\mathbf{R})$ 满足 $x-ax\circ\tau\in C_{\mathrm{rd}}^2((t_0,+\infty)_{\mathbb{T}},\mathbf{R})$ 与 $r(x-ax\circ\tau)^{\Delta\Delta}\in C_{\mathrm{rd}}^1([t_0,+\infty)_{\mathbb{T}},\mathbf{R})$,且对于所有的 $t\in[t_0,+\infty)_{\mathbb{T}}$,$x$ 满足方程(2.4.2).

本节组织如下:在 2.4.2 节,将应用 Keller 链锁法则,给出方程(2.4.2)的所有解振动或收敛于零的充分条件. 在 2.4.3 节,给出一些例子来验证所得结果的适应性.

2.4.2　主要结果

在这一部分,将给出方程(2.4.2)的一些新的振动准则. 为了证明主要结果,我们将利用公式

$$((x(t))^{\gamma})^{\Delta}=\gamma\int_0^1[hx^{\sigma}(t)+(1-h)x(t)]^{\gamma-1}x^{\Delta}(t)\mathrm{d}h,\tag{2.4.6}$$

其中,x 为 Δ 可微且最终为正或最终为负. 这是 Keller 链锁法则的一个简单结论(参见[28]).

下面给出下列引理来证明主要结果.

为方便起见,记:$z(t)=x(t)-a(t)x(\tau(t)),t\in[t_0,+\infty)_{\mathbb{T}}$. 并且假设

(H) 存在 $\{C_k\}_{k\in N_0}\subset\mathbb{T}$,使得 $\lim\limits_{k\to+\infty}c_k=+\infty,\tau(c_{k+1})=c_k$.

引理 2.4.1　假设(H)成立,函数 x 是方程(2.4.2)的一个最终正解,若

$$\int_{t_0}^{+\infty}\frac{1}{r(t)}\Delta t=+\infty.\tag{2.4.7}$$

则对于充分大的 $t\geqslant t_1$,仅有下列三种情形:

(ⅰ) $z(t)>0,z^{\Delta}(t)>0,z^{\Delta\Delta}(t)>0,z^{\Delta\Delta\Delta}(t)<0$;

(ⅱ) $z(t)<0,z^{\Delta}(t)>0,z^{\Delta\Delta}(t)>0,z^{\Delta\Delta\Delta}(t)<0,\lim\limits_{t\to+\infty}x(t)=0$;

(ⅲ) $z(t)>0,z^{\Delta}(t)<0,z^{\Delta\Delta}(t)>0,z^{\Delta\Delta\Delta}(t)<0,\lim\limits_{t\to+\infty}z(t)=l\geqslant0,\lim\limits_{t\to+\infty}x(t)=l/(1-a)\geqslant0$.

证明　假设函数 x 是方程(2.4.2)的一个最终正解,则存在 $t_1\geqslant t_0$ 使得对于所有的 $t\geqslant t_1$ 有 $x(t)>0,x(\tau(t))>0$ 与 $x(\delta(t))>0$. 由方程(2.4.2),得到

$$(r(t)z^{\Delta\Delta}(t))^{\Delta}=-p(t)x^{\gamma}(\delta(t))<0,\quad t\geqslant t_1.$$

所以 $r(t)z^{\Delta\Delta}(t)$ 在 $[t_1,+\infty)_{\mathbb{T}}$ 上严格递减. 下面证明 $z^{\Delta\Delta}(t)$ 最终为正. 若不然,存在 $t_2\geqslant t_1$,使得 $r(t)z^{\Delta\Delta}(t)<0,t\geqslant t_2$. 可以取一个负数 $c,t_3\geqslant t_2$,满足

$$r(t)z^{\Delta\Delta}(t)\leqslant c<0,\quad t\geqslant t_3.$$

两边除以 $r(t)$,从 t_3 到 t 积分可得

$$z^{\Delta}(t) \leqslant z^{\Delta}(t_3) + c\int_{t_3}^{t} \frac{\Delta s}{r(s)}.$$

令 $t \to +\infty$ 则 $z^{\Delta}(t) \to -\infty$. 所以,存在 $t_4 \geqslant t_3$,使得 $z^{\Delta}(t) \leqslant z^{\Delta}(t_4) < 0, t \geqslant t_4$. 从 t_4 到 t 积分可得 $z(t) - z(t_4) \leqslant z^{\Delta}(t_4)(t - t_4)$.

因此,存在 $d > 0, t_5 \geqslant t_4$,使得 $x(t) \leqslant -d + a(t)x(\tau(t)) \leqslant -d + a_0 x(\tau(t)), t > t_5$. 可以取某正整数 k_0,使得 $c_k \geqslant t_5, k \geqslant k_0$. 所以,得到

$$\begin{aligned} x(c_k) &\leqslant -d + a_0 x(\tau(c_k)) = -d + a_0 x(c_{k-1}) \leqslant -d - a_0 d + a_0^2 x(\tau(c_{k-1})) \\ &= -d - a_0 d + a_0^2 x(c_{k-2}) \leqslant \cdots \leqslant -d - a_0 d - \cdots - a_0^{k-k_0-1} d + a_0^{k-k_0} x(\tau(c_{k_{0+1}})) \\ &= -d - a_0 d - \cdots - a_0^{k-k_0-1} d + a_0^{k-k_0} x(c_{k_0}). \end{aligned}$$

上面的不等式推出,对充分大的 $k, x(c_k) < 0$,这与 $x(t)$ 最终为正矛盾. 故 $z^{\Delta\Delta}(t) > 0$. 所以 $z^{\Delta}(t) > 0$ 或者 $z^{\Delta}(t) < 0$.

又因为 $r^{\Delta}(t) \geqslant 0, (r(t)z^{\Delta\Delta}(t))^{\Delta} = r^{\Delta}(t)z^{\Delta\Delta}(t) + r^{\sigma}(t)z^{\Delta\Delta\Delta}(t) < 0$,推出 $z^{\Delta\Delta\Delta}(t) < 0$.

如果 $z^{\Delta}(t) > 0$,则有以下两种可能:

$(A_1)z(t)$ 最终为正;

$(A_2)z(t)$ 最终为负.

如果存在 $t_6 \geqslant t_1$ 使得情形(A_2) 成立,则 $\lim\limits_{t\to+\infty} z(t)$ 存在且 $\lim\limits_{t\to+\infty} z(t) = b \leqslant 0$. 下证 $\lim\limits_{t\to+\infty} z(t) = 0$. 若不然,$\lim\limits_{t\to+\infty} z(t) = b < 0$. 可以取某正整数 k_0 使得 $c_k \geqslant t_6, k \geqslant k_0$. 因此,有

$$\begin{aligned} x(c_k) &\leqslant a_0 x(\tau(c_k)) = a_0 x(c_{k-1}) \leqslant a_0^2 x(\tau(c_{k-1})) \\ &= a_0^2 x(c_{k-2}) \leqslant \cdots \leqslant a_0^{k-k_0} x(\tau(c_{k_0+1})) = a_0^{k-k_0} x(c_{k_0}), \end{aligned}$$

推出 $\lim\limits_{k\to+\infty} x(c_k) = 0$,且由 $z(t)$ 的定义,有 $\lim\limits_{k\to+\infty} z(c_k) = 0$,这与 $\lim\limits_{t\to+\infty} z(t) < 0$ 矛盾.

下证 $x(t)$ 是有界的. 若不然,存在 $\{s_k\}_{k\in\mathbf{N}} \subset [t_6, +\infty)_{\mathbf{T}}$,当 $k \to +\infty, s_k \to +\infty$,使得

$$x(s_k) = \sup_{t_0 \leqslant s \leqslant s_k} x(s), \quad \lim_{k\to+\infty} x(s_k) = +\infty.$$

由

$$\tau(t) \leqslant t, z(s_k) = x(s_k) - a(s_k)x(\tau(s_k)) \geqslant (1 - a_0)x(s_k),$$

推出 $\lim\limits_{k\to+\infty} z(s_k) = +\infty$,这与 $\lim\limits_{t\to+\infty} z(t) = 0$ 矛盾. 因此,我们可以假设

$$\limsup_{t\to+\infty} x(t) = x_1, \quad \liminf_{t\to+\infty} x(t) = x_2.$$

利用 $0 \leqslant a < 1$,有 $x_1 - ax_1 \leqslant 0 \leqslant x_2 - ax_2$,故 $x_1 \leqslant x_2$,所以 $x_1 = x_2$,因此 $\lim\limits_{t\to+\infty} x(t) = 0$.

假设 $z^{\Delta}(t) < 0$. 下证 $z(t)$ 最终非负. 若不然,$\lim\limits_{t\to+\infty} z(t) < 0$ 或者 $\lim\limits_{t\to+\infty} z(t) = -\infty$. 由(H),存在 $t_7 \geqslant t_1$,可以取某正整数 k_0 使得 $c_k \geqslant t_7, k \geqslant k_0$. 因此,有

$$\begin{aligned} x(c_k) &\leqslant a_0 x(\tau(c_k)) = a_0 x(c_{k-1}) \leqslant a_0^2 x(\tau(c_{k-1})) \\ &= a_0^2 x(c_{k-2}) \leqslant \cdots \leqslant a_0^{k-k_0} x(\tau(c_{k_0+1})) = a_0^{k-k_0} x(c_{k_0}), \end{aligned}$$

推出 $\lim\limits_{k\to+\infty} x(c_k) = 0$,且由 $z(t)$ 的定义,有 $\lim\limits_{k\to+\infty} z(c_k) = 0$,这与 $\lim\limits_{t\to+\infty} z(t) < 0$ 或 $\lim\limits_{t\to+\infty} z(t) = -\infty$ 矛盾. 所以,有 $\lim\limits_{t\to+\infty} z(t) = l \geqslant 0$,这里 l 是有限数.

证明 $x(t)$ 是有界的. 若不然,存在 $\{s_k\}_{k\in\mathbf{N}} \subset [t_6, +\infty)_{\mathbf{T}}$,当 $k \to +\infty, s_k \to +\infty$,使得

$$x(s_k)=\sup_{t_0\leqslant s\leqslant s_k}x(s),\quad \lim_{k\to+\infty}x(s_k)=+\infty.$$

由

$$\tau(t)\leqslant t, z(s_k)=x(s_k)-a(s_k)x(\tau(s_k))\geqslant(1-a_0)x(s_k),$$

推出 $\lim\limits_{k\to+\infty}z(s_k)=+\infty$，这与 $\lim\limits_{t\to+\infty}z(t)=l\geqslant 0$ 矛盾. 因此，可以假设

$$\limsup_{t\to+\infty}x(t)=x_{1*},\quad \liminf_{t\to+\infty}x(t)=x_{2*}.$$

利用 $0\leqslant a<1$，有 $x_{1*}-ax_{1*}\leqslant l\leqslant x_{2*}-ax_{2*}$，故 $x_{1*}\leqslant x_{2*}$，所以 $x_{1*}=x_{2*}$. 因此，得到 $\lim\limits_{t\to+\infty}x(t)=l/(1-a)\geqslant 0$. 证毕.

在文献[28]中，Taylor 单项式 $\{h_n(t,s)\}_{n=0}^{+\infty}$ 定义为

$$h_0(t,s)=1, h_{n+1}(t,s)=\int_s^t h_n(\tau,s)\Delta\tau, t,s\in\mathbb{T}, n\geqslant 1.$$

由文献[28]，对于任意的时间尺度都有 $h_1(t,s)=t-s$，但是对于 $n\geqslant 2$ 时此式不成立.

引理 2.4.2[28,引理4]　假设函数 z 满意引理 2.4.1 中的情形(ⅰ)，则

$$\liminf_{t\to+\infty}\frac{tz(t)}{h_2(t,t_0)z^{\Delta}(t)}\geqslant 1. \tag{2.4.8}$$

引理 2.4.3　假设函数 x 是方程(2.4.2)的一个解且满足引理 2.4.1 中的情形(ⅰ). 如果

$$\int_{t_0}^{+\infty}p(t)(h_2(\delta(t),t_0)^{\gamma}\Delta t=+\infty, \tag{2.4.9}$$

则

$$z^{\Delta}(t)\geqslant tz^{\Delta\Delta}(t), \frac{z^{\Delta}(t)}{t}\text{ 最终严格递减}. \tag{2.4.10}$$

证明　假设函数 x 是方程(2.4.2)的一个解，并且对 $t\geqslant t_1$，满足引理 2.4.1 中的情况(ⅰ). 定义函数 $Z(t)=z^{\Delta}(t)-tz^{\Delta\Delta}(t)$. 所以 $Z^{\Delta}(t)=-\sigma(t)z^{\Delta\Delta\Delta}(t)>0$. 下面证明 $Z(t)$ 最终为正. 否则，存在 $t_2\geqslant t_1$ 使得 $Z(t)<0, t\geqslant t_2$. 因此，

$$\left(\frac{z^{\Delta}(t)}{t}\right)^{\Delta}=-\frac{Z(t)}{t\sigma(t)}>0,\quad t\geqslant t_2,$$

推出 $z^{\Delta}(t)/t$ 在 $[t_2,+\infty)_{\mathbb{T}}$ 上严格递增. 取 $t_3\geqslant t_2$，使得 $\delta(t)\geqslant\delta(t_3)\geqslant t_2, t\geqslant t_3$. 则得

$$\frac{z^{\Delta}(\delta(t))}{\delta(t)}\geqslant\frac{z^{\Delta}(\delta(t_3))}{\delta(t_3)}=P>0.$$

因此，$z^{\Delta}(\delta(t))\geqslant P\delta(t), t\geqslant t_3$. 由引理 2.4.2，对任意的 $0<k<1$，存在 $t_4\geqslant t_3$ 使得

$$\frac{z(t)}{z^{\Delta}(t)}\geqslant k\frac{h_2(t,t_0)}{t},\quad t\geqslant t_4.$$

所以，存在 $t_5\geqslant t_4$ 使得

$$z(\delta(t))\geqslant k\frac{h_2(\delta(t),t_0)}{\delta(t)}z^{\Delta}(\delta(t))\geqslant Pk\frac{h_2(\delta(t),t_0)}{\delta(t)}\delta(t)=Pkh_2(\delta(t),t_0), t\geqslant t_5.$$

由 z 的定义得 $x(t)\geqslant z(t)$. 由方程(2.4.2)，有

$$(r(t)z^{\Delta\Delta}(t))^{\Delta}+p(t)z^{\gamma}(\delta(t))\leqslant 0. \tag{2.4.11}$$

对方程(2.4.11)两边从 t_5 到 t 积分,得

$$r(t)z^{\Delta\Delta}(t)-r(t_5)z^{\Delta\Delta}(t_5)+(Pk)^{\gamma}\int_{t_5}^{t}p(s)(h_2(\delta(s),t_0))^{\gamma}\Delta s\leqslant 0,$$

所以

$$r(t_5)z^{\Delta\Delta}(t_5)\geqslant (Pk)^{\gamma}\int_{t_5}^{t}p(s)(h_2(\delta(s),t_0))^{\gamma}\Delta s,$$

这与式(2.4.9)矛盾.因此 $Z(t)>0$ 且 $z^{\Delta}(t)/t$ 非增.证毕.

引理 2.4.4 假设函数 x 是方程(2.4.2)的一个解且满足引理 2.4.1 中的情形(ⅲ).如果

$$\int_{t_0}^{+\infty}p(s)R^{\sigma}(s)\Delta s=+\infty, \tag{2.4.12}$$

其中,$R(t):=\int_{t_0}^{t}\frac{\sigma(u)}{r(u)}\Delta u, t\in[t_0,+\infty)_{\mathbb{T}}$,则 $\lim\limits_{t\to+\infty}x(t)=0$.

证明 假设函数 x 是方程(2.4.2)的一个解,并且对 $t\geqslant t_1$,满足引理 2.4.1 中的情况(ⅲ).则 $\lim\limits_{t\to+\infty}z(t)=l\geqslant 0$, $\lim\limits_{t\to+\infty}x(t)=l/(1-a)\geqslant 0$.

下面证明 $l=0$.否则,存在 $t_2\geqslant t_1$ 使得 $z(\delta(t))\geqslant l>0, t\geqslant t_2$.由 $z(t)$ 的定义,有(2.4.11)式成立.对式(2.4.11)从 t 到 $+\infty$ 积分可得

$$z^{\Delta\Delta}(t)\geqslant\frac{1}{r(t)}\int_{t}^{+\infty}p(s)z^{\gamma}(\delta(s))\Delta s.$$

从 t 到 $+\infty$ 积分,得到

$$-z^{\Delta}(t)\geqslant\int_{t}^{+\infty}\frac{1}{r(u)}\int_{u}^{+\infty}p(s)z^{\gamma}(\delta(s))\Delta s\Delta u.$$

从 t_2 到 $+\infty$ 积分,得

$$z(t_1)\geqslant\int_{t_2}^{+\infty}\int_{v}^{+\infty}\frac{1}{r(u)}\int_{u}^{+\infty}p(s)z^{\gamma}(\delta(s))\Delta s\Delta u\Delta v\geqslant l^{\gamma}\int_{t_2}^{+\infty}\int_{v}^{+\infty}\frac{1}{r(u)}\int_{u}^{+\infty}p(s)\Delta s\Delta u\Delta v,$$

这与式(2.4.12)矛盾,由文献[170]中的引理 1,可知

$$\begin{aligned}&\int_{t_0}^{+\infty}\int_{v}^{+\infty}\frac{1}{r(u)}\int_{u}^{+\infty}p(s)\Delta s\Delta u\Delta v=\int_{t_0}^{+\infty}\int_{v}^{+\infty}\int_{u}^{+\infty}\frac{1}{r(u)}p(s)\Delta s\Delta u\Delta v\\&=\int_{t_0}^{+\infty}\int_{v}^{+\infty}\int_{v}^{\sigma(s)}\frac{1}{r(u)}p(s)\Delta u\Delta s\Delta v=\int_{t_0}^{+\infty}\int_{t_0}^{\sigma(s)}\int_{v}^{\sigma(s)}\frac{1}{r(u)}p(s)\Delta u\Delta v\Delta s\\&=\int_{t_0}^{+\infty}p(s)\int_{t_0}^{\sigma(s)}\int_{v}^{\sigma(s)}\frac{1}{r(u)}\Delta u\Delta v\Delta s=\int_{t_0}^{+\infty}p(s)\int_{t_0}^{\sigma(s)}\int_{t_0}^{\sigma(u)}\frac{1}{r(u)}\Delta v\Delta u\Delta s\\&=\int_{t_0}^{+\infty}p(s)\int_{t_0}^{\sigma(s)}\frac{1}{r(u)}\int_{t_0}^{\sigma(u)}\Delta v\Delta u\Delta s=\int_{t_0}^{+\infty}p(s)\int_{t_0}^{\sigma(s)}\frac{\sigma(u)-t_0}{r(u)}\Delta u\Delta s\\&=\int_{t_0}^{+\infty}p(s)\int_{t_0}^{\sigma(s)}\frac{\sigma(u)}{r(u)}\Delta u\Delta s=\int_{t_0}^{+\infty}p(s)R^{\sigma}(s)\Delta s.\end{aligned}$$

所以 $\lim\limits_{t\to+\infty}x(t)=0$.证毕.

定理 2.4.1 假设(H)、式(2.4.7)、式(2.4.9)和式(2.4.12)成立,$\gamma\geqslant 1$.若存在一个正值函数 $\eta\in C_{\mathrm{rd}}^{1}([t_0,+\infty)_{\mathbb{T}},\mathbf{R})$,对某 $0<k<1$,对任意的 $M>0$,使得

$$\limsup_{t\to+\infty}\int_{t_0}^{t}\left[\eta(s)p(s)\zeta(s)-\frac{r(s)(\eta^{\Delta}(s))^2}{4k\gamma M^{\gamma-1}\eta(s)}\right]\Delta s=+\infty \tag{2.4.13}$$

成立，其中 $\zeta(t):=(h_2(\delta(t),t_0)/t)^\gamma$. 则方程(2.4.2)的解 x 或者是振动的，或者 $\lim\limits_{t\to+\infty}x(t)=0$.

证明　假设方程(2.4.2)有非振动解 x. 不妨设最终为正，即存在 $t_1\in[t_0,+\infty)_\mathbb{T}$，有 $x(t)>0,x(\tau(t))>0,x(\delta(t))>0,t\in[t_1,+\infty)_\mathbb{T}$. 由引理 2.4.1，$z$ 满足三种情形.

假设 z 满足情形(ⅰ). 定义函数 ω 为

$$\omega(t)=\eta(t)\frac{r(t)z^{\Delta\Delta}(t)}{(z^\Delta(t))^\gamma},\quad t\in[t_1,+\infty)_\mathbb{T},\tag{2.4.14}$$

则 $\omega(t)>0$. 由乘积的求导法则，得到

$$\omega^\Delta(t)=(r(t)z^{\Delta\Delta}(t))^\sigma\left(\frac{\eta(t)}{(z^\Delta(t))^\gamma}\right)^\Delta+(r(t)z^{\Delta\Delta}(t))^\Delta\frac{\eta(t)}{(z^\Delta(t))^\gamma}.$$

由商的求导法则，得

$$\omega^\Delta(t)=(r(t)z^{\Delta\Delta}(t))^\sigma\frac{\eta^\Delta(t)(z^\Delta(t))^\gamma-\eta(t)((z^\Delta(t))^\gamma)^\Delta}{(z^\Delta(t))^\gamma(z^{\Delta\sigma}(t))^\gamma}+(r(t)z^{\Delta\Delta}(t))^\Delta\frac{\eta(t)}{z^\Delta(t))^\gamma}.$$

由 z 的定义及方程(2.4.2)，有式(2.4.11)成立. 利用式(2.4.11)和式(2.4.14)，得到

$$\omega^\Delta(t)\leqslant\frac{\eta^\Delta(t)}{\eta^\sigma(t)}\omega^\sigma(t)-\eta(t)p(t)\frac{z^\gamma(\delta(t))}{(z^\Delta(t))^\gamma}-\eta(t)\frac{(r(t)z^{\Delta\Delta}(t))^\sigma((z^\Delta(t))^\gamma)^\Delta}{(z^\Delta(t))^\gamma(z^{\Delta\sigma}(t))^\gamma}.$$

由式(2.4.8)和式(2.4.10)，对任意的 $0<k<1$，有

$$\frac{z^\gamma(\delta(t))}{(z^\Delta(t))^\gamma}=\frac{z^\gamma(\delta(t))}{(z^\Delta(\delta(t)))^\gamma}\frac{(z^\Delta(\delta(t)))^\gamma}{(z^\Delta(t))^\gamma}\geqslant\left(k^{\frac{1}{\gamma}}\frac{h_2(\delta(t),t_0)}{\delta(t)}\right)^\gamma\left(\frac{\delta(t)}{t}\right)^\gamma=k\left(\frac{h_2(\delta(t),t_0)}{t}\right)^\gamma.\tag{2.4.15}$$

因此，由式(2.4.15)，可知

$$\omega^\Delta(t)\leqslant\frac{\eta^\Delta(t)}{\eta^\sigma(t)}\omega^\sigma(t)-k\eta(t)p(t)\zeta(t)-\eta(t)\frac{(r(t)z^{\Delta\Delta}(t))^\sigma((z^\Delta(t))^\gamma)^\Delta}{(z^\Delta(t))^\gamma(z^{\Delta\sigma}(t))^\gamma}.\tag{2.4.16}$$

当 $\gamma\geqslant1$，由式(2.4.6)及引理 2.4.1 的情形(ⅰ)有

$$((z^\Delta(t))^\gamma)^\Delta=\gamma\int_0^1[hz^{\Delta\sigma}(t)+(1-h)z^\Delta(t)]^{\gamma-1}z^{\Delta\Delta}(t)\mathrm{d}h\geqslant\gamma(z^\Delta(t))^{\gamma-1}z^{\Delta\Delta}(t)\geqslant\gamma M^{\gamma-1}z^{\Delta\Delta}(t),$$

其中，$M=z^\Delta(t_1)$. 由式(2.4.16)，得到

$$\omega^\Delta(t)\leqslant\frac{\eta^\Delta(t)}{\eta^\sigma(t)}\omega^\sigma(t)-k\eta(t)p(t)\zeta(t)-\gamma M^{\gamma-1}\eta(t)\frac{[(r(t)z^{\Delta\Delta}(t))^\sigma]^2}{(z^\Delta(t))^\gamma(z^{\Delta\sigma}(t))^\gamma\dfrac{z^{\Delta\Delta}(t)}{r^\sigma(t)z^{\Delta\Delta\sigma}(t)}}.$$

由(ⅰ)，有 $z^\Delta(t)\leqslant z^{\Delta\sigma}(t)$，因为 $(r(t)z^{\Delta\Delta}(t))^\Delta<0$，得 $z^{\Delta\Delta}(t)\geqslant\dfrac{r^\sigma(t)}{r(t)}z^{\Delta\Delta\sigma}(t)$，故

$$\omega^\Delta(t)\leqslant\frac{\eta^\Delta(t)}{\eta^\sigma(t)}\omega^\sigma(t)-k\eta(t)p(t)\zeta(t)-\gamma M^{\gamma-1}\eta(t)\frac{[(r(t)z^{\Delta\Delta}(t))^\sigma]^2}{r(t)((z^{\Delta\sigma}(t))^\gamma)^2}.$$

由式(2.4.14)可得

$$\omega^\Delta(t)\leqslant\frac{\eta^\Delta(t)}{\eta^\sigma(t)}\omega^\sigma(t)-k\eta(t)p(t)\zeta(t)-\gamma M^{\gamma-1}\frac{\eta(t)}{r(t)(\eta^\sigma(t))^2}(\omega^\sigma(t))^2.\tag{2.4.17}$$

因此

$$\omega^\Delta(t)\leqslant-k\eta(t)p(t)\zeta(t)+\frac{r(t)(\eta^\Delta(t))^2}{4\gamma M^{\gamma-1}\eta(t)}.\tag{2.4.18}$$

对式(2.4.18) 从 t_1 到 t 积分,得到

$$-\omega(t_1)\leqslant\omega(t)-\omega(t_1)\leqslant-\int_{t_1}^{t}\left(k\eta(s)p(s)\zeta(s)-\frac{r(s)(\eta^{\Delta}(s))^2}{4\gamma M^{\gamma-1}\eta(s)}\right)\Delta s,$$

推出

$$\int_{t_1}^{t}\left(k\eta(s)p(s)\zeta(s)-\frac{r(s)(\eta^{\Delta}(s))^2}{4\gamma M^{\gamma-1}\eta(s)}\right)\Delta s\leqslant\omega(t_1),$$

对于充分大的 t 成立,这与式(2.4.13) 矛盾.

当情形(ⅱ) 成立时,由引理 2.4.1,则 $\lim\limits_{t\to+\infty}x(t)=0$. 当情形(ⅲ) 成立时,由引理 2.4.4,则 $\lim\limits_{t\to+\infty}x(t)=0$. 证毕.

注 2.4.1 由定理 2.4.1,通过选择不同的函数 η,可以得到方程(2.4.2) 不同的振动条件.

例如,令 $\eta(t)=t$. 由定理 2.4.1,有下面的结果.

推论 2.4.1 假设(H)、式(2.4.7)、式(2.4.9) 和式(2.4.12) 成立,$\gamma\geqslant1$. 如果对某 $0<k<1$,对任意的 $M>0$,使得

$$\limsup_{t\to+\infty}\int_{t_0}^{t}\left[sp(s)\left(\frac{h_2(\delta(s),t_0)}{s}\right)^{\gamma}-\frac{r(s)}{4k\gamma M^{\gamma-1}s}\right]\Delta s=+\infty \tag{2.4.19}$$

成立,则方程(2.4.2) 的解 x 或者是振动的,或者 $\lim\limits_{t\to+\infty}x(t)=0$.

令 $\eta(t)=1$. 由定理 2.4.1,有下面的结果作为 Leighton-Wintner 定理的推广.

推论 2.4.2 假设(H)、式(2.4.7)、式(2.4.9) 和式(2.4.12) 成立,$\gamma\geqslant1$. 如果

$$\limsup_{t\to+\infty}\int_{t_0}^{t}p(s)\left(\frac{h_2(\delta(s),t_0)}{s}\right)^{\gamma}\Delta s=+\infty \tag{2.4.20}$$

成立,则方程(2.4.2) 的解 x 或者是振动的,或者 $\lim\limits_{t\to+\infty}x(t)=0$.

下面的定理是关于方程(2.4.2) 的 Kamenev 型振动准则.

定理 2.4.2 假设(H)、式(2.4.7)、式(2.4.9) 和式(2.4.12) 成立,$\gamma\geqslant1$,函数 η 和 ζ 如定理 2.4.1 所定义. 如果对某 $0<k<1$,对任意的 $M>0$,使得

$$\limsup_{t\to+\infty}\frac{1}{t^m}\int_{t_0}^{t}\left[(t-s)^m p(s)\eta(s)\zeta(s)-\frac{r(s)B^2(t,s)(\eta^{\sigma}(s))^2}{4k\gamma M^{\gamma-1}\eta(s)(t-s)^m}\right]\Delta s=+\infty \tag{2.4.21}$$

成立,其中 $m>1$,$B(t,s)=(t-s)^m\dfrac{\eta^{\Delta}(s)}{\eta^{\sigma}(s)}-m(t-\sigma(s))^{m-1}$,$t\geqslant\sigma(s)\geqslant t_0$,则方程(2.4.2) 或者是振动的,或者 $\lim\limits_{t\to+\infty}x(t)=0$.

证明 假设方程(2.4.2) 有非振动解 x. 不妨设最终为正,即存在 $t_1\in[t_0,+\infty)_{\mathbb{T}}$,有 $x(t)>0$,$x(\tau(t))>0$,$x(\delta(t))>0$,$t\in[t_1,+\infty)_{\mathbb{T}}$. 由引理 2.4.1,$z$ 满足三种情形.

假设 z 满足情形(ⅰ),对于充分大的 $t\geqslant t_1$,类似于定理 2.4.1 的证明过程,可以得到式(2.4.17) 成立. 将式(2.4.17) 两边同乘以 $(t-s)^m$,然后从 t_1 到 t 积分,得到

$$\int_{t_1}^{t}(t-s)^m k\eta(s)p(s)\zeta(s)\Delta s\leqslant-\int_{t_1}^{t}(t-s)^m\omega^{\Delta}(s)\Delta s+$$

$$\int_{t_1}^{t}(t-s)^m\frac{\eta^{\Delta}(s)}{\eta^{\sigma}(s)}\omega^{\sigma}(s)\Delta s-\int_{t_1}^{t}\frac{(t-s)^m\gamma M^{\gamma-1}\eta(s)}{r(s)(\eta^{\sigma}(s))^2}(\omega^{\sigma}(s))^2\Delta s. \tag{2.4.22}$$

利用分部积分,有

$$-\int_{t_1}^{t}(t-s)^m\omega^{\Delta}(s)\Delta s=-(t-s)^m\omega(s)\big|_{t_1}^{t}+\int_{t_1}^{t}((t-s)^m)^{\Delta_s}\omega^{\sigma}(s)\Delta s. \quad (2.4.23)$$

下证如果 $t\geqslant\sigma(s)$ 及 $m\geqslant 1$,则

$$((t-s)^m)^{\Delta_s}\leqslant -m(t-\sigma(s))^{m-1}. \quad (2.4.24)$$

如果 $\mu(s)=0$,显然式(2.4.24) 为一恒等式.如果 $\mu(s)>0$,则有

$$((t-s)^m)^{\Delta_s}=\frac{1}{\mu(s)}[(t-\sigma(s))^m-(t-s)^m]=-\frac{1}{\sigma(s)-s}[(t-s)^m-(t-\sigma(s))^m].$$

利用不等式 $x^m-y^m\geqslant my^{m-1}(x-y),x\geqslant y>0,m\geqslant 1$,对于 $t\geqslant\sigma(s)$,可知

$$[(t-s)^m-(t-\sigma(s))^m]\geqslant m(t-\sigma(s))^{m-1}(\sigma(s)-s),$$

因此式(2.4.24) 成立.由式(2.4.22) ~ 式(2.4.24),得到

$$\int_{t_1}^{t}(t-s)^m k\eta(s)p(s)\zeta(s)\Delta s\leqslant(t-t_1)^m\omega(t_1)+$$

$$\int_{t_1}^{t}\left[(t-s)^m\frac{\eta^{\Delta}(s)}{\eta^{\sigma}(s)}-m(t-\sigma(s))^{m-1}\right]\omega^{\sigma}(s)\Delta s-\int_{t_1}^{t}\frac{(t-s)^m\gamma M^{\gamma-1}\eta(s)}{r(s)(\eta^{\sigma}(s))^2}(\omega^{\sigma}(s))^2\Delta s.$$

所以

$$\int_{t_1}^{t}\left((t-s)^m\eta(s)p(s)\zeta(s)-\frac{r(s)B^2(t,s)(\eta^{\sigma}(s))^2}{4k\gamma M^{\gamma-1}\eta(s)(t-s)^m}\right)\Delta s\leqslant\frac{1}{k}\omega(t_1)(t-t_1)^m,$$

可以推出

$$\frac{1}{t^m}\int_{t_1}^{t}\left((t-s)^m\eta(s)p(s)\zeta(s)-\frac{r(s)B^2(t,s)(\eta^{\sigma}(s))^2}{4k\gamma M^{\gamma-1}\eta(s)(t-s)^m}\right)\Delta s\leqslant\frac{1}{k}\omega(t_1)\left(\frac{t-t_1}{t}\right)^m.$$

这与式(2.4.21) 矛盾.

当情形(ⅱ)成立时,由引理 2.4.1,则 $\lim\limits_{t\to+\infty}x(t)=0$. 当情形(ⅲ)成立时,由引理 2.4.4,则 $\lim\limits_{t\to+\infty}x(t)=0$. 证毕.

下面的定理是关于方程(2.4.2) 的 Philos 型振动准则.

定理 2.4.3　假设(H)、式(2.4.7)、式(2.4.9) 和式(2.4.12) 成立,$\gamma\geqslant 1$,函数 η 和 ζ 如定理 2.4.1 所定义.若存在函数 $H,h\in C_{\mathrm{rd}}(D,\mathbf{R})$,其中 $D\equiv\{(t,s):t\geqslant s\geqslant t_0\}$,使得

$$H(t,t)=0,t\geqslant t_0,H(t,s)>0,t>s\geqslant t_0, \quad (2.4.25)$$

成立,H 关于第二变元 s 有非正连续的 Δ 偏导数 $H^{\Delta_s}(t,s)$,满足

$$H^{\Delta_s}(t,s)+H(t,s)\frac{\eta^{\Delta}(s)}{\eta^{\sigma}(s)}=-\frac{h(t,s)}{\eta^{\sigma}(s)}\sqrt{H(t,s)}. \quad (2.4.26)$$

对某 $0<k<1$,对任意的 $M>0$,使得

$$\limsup_{t\to+\infty}\frac{1}{H(t,t_0)}\int_{t_0}^{t}K(t,s)\Delta s=+\infty \quad (2.4.27)$$

成立,其中

$$K(t,s)=H(t,s)\eta(s)p(s)\zeta(s)-\frac{r(s)(h_-(t,s))^2}{4k\gamma M^{\gamma-1}\eta(s)},h_-(t,s)=\max\{0,-h(t,s)\},$$

则方程(2.4.2) 的解 x 或者是振动的,或者 $\lim\limits_{t\to+\infty}x(t)=0$.

证明　假设方程(2.4.2) 有非振动解 x. 不妨设最终为正,即存在 $t_1\in[t_0,+\infty)_{\mathbf{T}}$,有 $x(t)>0,x(\tau(t))>0,x(\delta(t))>0,t\in[t_1,+\infty)_{\mathbf{T}}$. 由引理 2.4.1,$z$ 满足三种情形.

假设 z 满足情形(ⅰ). 对于充分大的 $t\geqslant t_1$,类似于定理 2.4.1 的证明过程,可以得到

式(2.4.17)成立.将式(2.4.17)两边s代替t并同乘以$H(t,s)$,然后对s从t_1到t积分,得到

$$\int_{t_1}^{t} kH(t,s)\eta(s)p(s)\zeta(s)\Delta s \leqslant -\int_{t_1}^{t} H(t,s)\omega^{\Delta}(s)\Delta s$$
$$+\int_{t_1}^{t} H(t,s)\frac{\eta^{\Delta}(s)}{\eta^{\sigma}(s)}\omega^{\sigma}(s)\Delta s-\int_{t_1}^{t} H(t,s)\frac{\gamma M^{\gamma-1}\eta(s)}{r(s)(\eta^{\sigma}(s))^2}(\omega^{\sigma}(s))^2\Delta s.$$

由分部积分法、式(2.4.25)和式(2.4.26),可知

$$\int_{t_1}^{t} kH(t,s)\eta(s)p(s)\zeta(s)\Delta s \leqslant H(t,t_1)\omega(t_1)+\int_{t_1}^{t} H^{\Delta_s}(t,s)\omega^{\sigma}(s)\Delta s$$
$$+\int_{t_1}^{t} H(t,s)\frac{\eta^{\Delta}(s)}{\eta^{\sigma}(s)}\omega^{\sigma}(s)\Delta s-\int_{t_1}^{t} H(t,s)\frac{\gamma M^{\gamma-1}\eta(s)}{r(s)(\eta^{\sigma}(s))^2}(\omega^{\sigma}(s))^2\Delta s$$
$$\leqslant H(t,t_1)\omega(t_1)+\int_{t_1}^{t}\left[-\frac{h(t,s)}{\eta^{\sigma}(s)}\sqrt{H(t,s)}\omega^{\sigma}(s)-H(t,s)\frac{\gamma M^{\gamma-1}\eta(s)}{r(s)(\eta^{\sigma}(s))^2}(\omega^{\sigma}(s))^2\right]\Delta s$$
$$\leqslant H(t,t_1)\omega(t_1)+\int_{t_1}^{t}\left[\frac{h_-(t,s)}{\eta^{\sigma}(s)}\sqrt{H(t,s)}\omega^{\sigma}(s)-H(t,s)\frac{\gamma M^{\gamma-1}\eta(s)}{r(s)(\eta^{\sigma}(s))^2}(\omega^{\sigma}(s))^2\right]\Delta s$$
$$\leqslant H(t,t_1)\omega(t_1)+\int_{t_1}^{t}\frac{r(s)(h_-(t,s))^2}{4\gamma M^{\gamma-1}\eta(s)}\Delta s.$$

因此

$$\int_{t_1}^{t}\left(H(t,s)\eta(s)p(s)\zeta(s)-\frac{r(s)(h_-(t,s))^2}{4k\gamma M^{\gamma-1}\eta(s)}\right)\Delta s\leqslant\frac{1}{k}H(t,t_1)\omega(t_1).$$

这与式(2.4.27)矛盾.

当情形(ⅱ)成立时,由引理2.4.1,则$\lim\limits_{t\to+\infty}x(t)=0$.当情形(ⅲ)成立时,由引理2.4.4,则$\lim\limits_{t\to+\infty}x(t)=0$.证毕.

下面的定理是关于方程(2.4.2)的Atkinson型振动准则.

定理 2.4.4 假设(H)、式(2.4.7)、式(2.4.9)和式(2.4.12)成立,$\gamma>1$.如果

$$\limsup_{t\to+\infty}\int_{t_0}^{t}\frac{p(s)}{r(s)}\sigma(s)\left(\frac{h_2(\delta(s),t_0)}{\sigma(s)}\right)^{\gamma}\Delta s=+\infty \tag{2.4.28}$$

成立,则方程(2.4.2)的解x或者是振动的,或者$\lim\limits_{t\to+\infty}x(t)=0$.

证明 假设方程(2.4.2)有非振动解x.不妨设最终为正,即存在$t_1\in[t_0,+\infty)_{\mathbb{T}}$,有$x(t)>0,x(\tau(t))>0,x(\delta(t))>0,t\in[t_1,+\infty)_{\mathbb{T}}$.由引理2.4.1,$z$满足三种情形.

假设z满足情形(ⅰ).定义函数ω为

$$\omega(t)=t\frac{r(t)z^{\Delta\Delta}(t)}{(z^{\Delta}(t))^{\gamma}},\quad t\in[t_1,+\infty)_{\mathbb{T}}.$$

由分部积分法、式(2.4.8)和式(2.4.10),对任意的$0<k<1$,得

$$\frac{z^{\gamma}(\delta(t))}{(z^{\Delta\sigma}(t))^{\gamma}}=\frac{z^{\gamma}(\delta(t))}{(z^{\Delta}(\delta(t)))^{\gamma}}\frac{(z^{\Delta}(\delta(t)))^{\gamma}}{(z^{\Delta\sigma}(t))^{\gamma}}\geqslant\left(k^{\frac{1}{\gamma}}\frac{h_2(\delta(t),t_0)}{\delta(t)}\right)^{\gamma}\left(\frac{\delta(t)}{\sigma(t)}\right)^{\gamma}=k\left(\frac{h_2(\delta(t),t_0)}{\sigma(t)}\right)^{\gamma}. \tag{2.4.29}$$

由方程(2.4.2),有式(2.4.11)成立,则由式(2.4.29),推出

$$\omega^{\Delta}(t)=[r(t)z^{\Delta\Delta}(t)+\sigma(t)(r(t)z^{\Delta\Delta}(t))^{\Delta}](z^{\Delta\sigma}(t))^{-\gamma}+tr(t)z^{\Delta\Delta}(t)((z^{\Delta}(t))^{-\gamma})^{\Delta}$$
$$\leqslant r(t)z^{\Delta\Delta}(t)(z^{\Delta\sigma}(t))^{-\gamma}-\sigma(t)p(t)\left(\frac{z(\delta(t))}{z^{\Delta\sigma}(t)}\right)^{\gamma}+tr(t)z^{\Delta\Delta}(t)((z^{\Delta}(t))^{-\gamma})^{\Delta}$$

$$\leqslant r(t)\frac{((z^{\Delta}(t))^{1-\gamma})^{\Delta}}{1-\gamma}-k\sigma(t)p(t)\Big(\frac{h_2(\delta(t),t_0)}{\sigma(t)}\Big)^{\gamma}.$$

由式(2.4.6)，$((z^{\Delta}(t))^{-\gamma})^{\Delta}\leqslant 0$，得到

$$((z^{\Delta}(t))^{1-\gamma})^{\Delta}=(1-\gamma)\int_0^t[hz^{\Delta\sigma}(t)+(1-h)z^{\Delta}(t)]^{-\gamma}z^{\Delta\Delta}(t)\mathrm{d}h$$

$$\leqslant(1-\gamma)\int_0^1[hz^{\Delta\sigma}(t)+(1-h)z^{\Delta\sigma}(t)]^{-\gamma}z^{\Delta\Delta}(t)\mathrm{d}h=(1-\gamma)(z^{\Delta\sigma}(t))^{-\gamma}z^{\Delta\Delta}(t).$$

因此

$$\begin{aligned}\int_{t_1}^t k\sigma(s)\frac{p(s)}{r(s)}\Big(\frac{h_2(\delta(s),t_0)}{\sigma(s)}\Big)^{\gamma}\Delta s&\leqslant\int_{t_1}^t\frac{((z^{\Delta}(s))^{1-\gamma})^{\Delta}}{1-\gamma}\Delta s-\int_{t_1}^t\frac{\omega^{\Delta}(s)}{r(s)}\Delta s\\&=\frac{(z^{\Delta}(t))^{1-\gamma}}{1-\gamma}-\frac{(z^{\Delta}(t_1))^{1-\gamma}}{1-\gamma}-\int_{t_1}^t\frac{\omega^{\Delta}(s)}{r(s)}\Delta s\\&\leqslant\frac{(z^{\Delta}(t_1))^{1-\gamma}}{\gamma-1}+\frac{\omega(t_1)}{r(t_1)}-\frac{\omega(t)}{r(t)}+\int_{t_1}^t\omega^{\sigma}(s)\Big(\frac{1}{r(s)}\Big)^{\Delta}\Delta s\\&\leqslant\frac{(z^{\Delta}(t_1))^{1-\gamma}}{\gamma-1}+\frac{\omega(t_1)}{r(t_1)}.\end{aligned}$$

由于 $r^{\Delta}(t)\geqslant 0$. 这与式(2.4.28) 矛盾.

当情形(ⅱ)成立时，由引理 2.4.1，则 $\lim\limits_{t\to+\infty}x(t)=0$.

当情形(ⅲ)成立时，由引理 2.4.4，则 $\lim\limits_{t\to+\infty}x(t)=0$. 证毕.

定理 2.4.5　假设(H)、式(2.4.7)、式(2.4.9) 和式(2.4.12) 成立，$\gamma\leqslant 1$. 若存在一个正值函数 $\eta\in C_{\mathrm{rd}}^1([t_0,+\infty)_{\mathbb{T}},\mathbf{R})$，对某 $0<k<1$，对任意的 $L>0$，使得

$$\limsup_{t\to+\infty}\int_{t_0}^t\Big[\eta(s)p(s)\zeta(s)-\frac{r(s)(\eta^{\Delta}(s))^2}{4k\gamma(L\sigma(s))^{\gamma-1}\eta(s)}\Big]\Delta s=+\infty\tag{2.4.30}$$

成立，ζ 定义同定理 2.4.1. 则方程(2.4.2) 的解 x 或者是振动的，或者 $\lim\limits_{t\to+\infty}x(t)=0$.

证明　假设方程(2.4.2) 有非振动解 x. 不妨设最终为正，即存在 $t_1\in[t_0,+\infty)_{\mathbb{T}}$，有 $x(t)>0,x(\tau(t))>0,x(\delta(t))>0,t\in[t_1,+\infty)_{\mathbb{T}}$. 由引理 2.4.1，$z$ 满足三种情形.

假设 z 满足情形(ⅰ). 定义函数 ω 同式(2.4.14). 类似于定理 2.4.1 的证明，可以得到式(2.4.16) 成立. 当 $\gamma\leqslant 1$，由式(2.4.6) 及引理 2.4.1 的情形(ⅰ)，有

$$((z^{\Delta}(t))^{\gamma})^{\Delta}=\gamma\int_0^1[hz^{\Delta\sigma}(t)+(1-h)z^{\Delta}(t)]^{\gamma-1}z^{\Delta\Delta}(t)\mathrm{d}h\geqslant\gamma(z^{\Delta\sigma}(t))^{\gamma-1}z^{\Delta\Delta}(t).$$

利用式(2.4.10)，存在实数 $L>0$ 使得 $z^{\Delta}(t)\leqslant Lt$，故 $((z^{\Delta}(t))^{\gamma})^{\Delta}\geqslant\gamma(L\sigma(t))^{\gamma-1}z^{\Delta\Delta}(t)$.

由式(2.4.16)，得到

$$\omega^{\Delta}(t)\leqslant\frac{\eta^{\Delta}(t)}{\eta^{\sigma}(t)}\omega^{\sigma}(t)-k\eta(t)p(t)\zeta(t)-\gamma(L\sigma(t))^{\gamma-1}\frac{\eta(t)}{r(t)(\eta^{\sigma}(t))^2}(\omega^{\sigma}(t))^2.$$

因此

$$\omega^{\Delta}(t)\leqslant-k\eta(t)p(t)\zeta(t)+\frac{r(t)(\eta^{\Delta}(t))^2}{4\gamma(L\sigma(t))^{\gamma-1}\eta(t)}.\tag{2.4.31}$$

对式(2.4.31) 从 t_1 到 t 积分，得

$$-\omega(t_1)\leqslant\omega(t)-\omega(t_1)\leqslant-\int_{t_1}^t\Big(k\eta(s)p(s)\zeta(s)-\frac{r(s)(\eta^{\Delta}(s))^2}{4\gamma(L\sigma(s))^{\gamma-1}\eta(s)}\Big)\Delta s,$$

推出

$$\int_{t_1}^{t}\left(k\eta(s)p(s)\zeta(s)-\frac{r(s)(\eta^{\Delta}(s))^2}{4\gamma(L\sigma(s))^{\gamma-1}\eta(s)}\right)\Delta s\leqslant\omega(t_1).$$

对充分大的 t,这与式(2.4.30)矛盾.

当情形(ⅱ)成立时,由引理 2.4.1,则 $\lim\limits_{t\to+\infty}x(t)=0$.

当情形(ⅲ)成立时,由引理 2.4.4,则 $\lim\limits_{t\to+\infty}x(t)=0$. 证毕.

注 2.4.2　由定理 2.4.5,通过选择不同的函数 η,可以得到方程(2.4.2)不同的振动条件.

例如,令 $\eta(t)=t$. 由定理 2.4.5,有下面的结果.

推论 2.4.3　假设(H)、式(2.4.7)、式(2.4.9)和式(2.4.12)成立,$\gamma\leqslant 1$. 如果对某 $0<k<1$,对任意的 $L>0$,使得

$$\limsup_{t\to+\infty}\int_{t_0}^{t}\left[sp(s)\left(\frac{h_2(\delta(s),t_0)}{s}\right)^{\gamma}-\frac{r(s)}{4k\gamma(L\sigma(s))^{\gamma-1}s}\right]\Delta s=+\infty$$

成立,则方程(2.4.2)的解 x 或者是振动的,或者 $\lim\limits_{t\to+\infty}x(t)=0$.

例如,令 $\eta(t)=1$. 由定理 2.4.5,有下面的结果作为 Leighton-Wintner 定理的推广.

推论 2.4.4　假设(H)、式(2.4.7)、式(2.4.9)和式(2.4.12)成立,$\gamma\leqslant 1$. 如果式(2.4.20)成立,则方程(2.4.2)的解 x 或者是振动的,或者 $\lim\limits_{t\to+\infty}x(t)=0$.

下面的定理是一个关于方程(2.4.2)的 Kamenev 型振动准则.

定理 2.4.6　假设(H)、式(2.4.7)、式(2.4.9)和式(2.4.12)成立,$\gamma\leqslant 1$. 函数 η 和 ζ 如定理 2.4.1 所定义. 如果对某 $0<k<1$,对任意的 $L>0$,使得

$$\limsup_{t\to+\infty}\frac{1}{t^m}\int_{t_0}^{t}\left[(t-s)^m\eta(s)p(s)\zeta(s)-\frac{r(s)B^2(t,s)(\eta^{\sigma}(s))^2}{4k\gamma(L\sigma(s))^{\gamma-1}\eta(s)(t-s)^m}\right]\Delta s=+\infty$$

成立,其中

$$m>1,B(t,s)=(t-s)^m\frac{\eta^{\Delta}(s)}{\eta^{\sigma}(s)}-m(t-\sigma(s))^{m-1},t\geqslant\sigma(s)\geqslant t_0,$$

则方程(2.4.2)的解 x 或者是振动的,或者 $\lim\limits_{t\to+\infty}x(t)=0$.

定理 2.4.6 的证明利用式(2.4.31),类似定理 2.4.2 的证明. 下面的定理是关于方程(2.4.2)的 Philos 型振动准则.

定理 2.4.7　假设(H)、式(2.4.7)、式(2.4.9)和式(2.4.12)成立,$\gamma\leqslant 1$. 函数 η 和 ζ 如定理 2.4.5 所定义.

如果存在函数 $H,h\in C_{\mathrm{rd}}(D,\mathbf{R})$,其中 $D\equiv\{(t,s):t\geqslant s\geqslant t_0\}$,使得式(2.4.25)成立,$H$ 关于第二变元 s 有非正连续的 Δ 偏导数 $H^{\Delta_s}(t,s)$,满足式(2.4.26). 如果对某 $0<k<1$,对任意的 $L>0$,使得

$$\limsup_{t\to+\infty}\frac{1}{H(t,t_0)}\int_{t_0}^{t}K(t,s)\Delta s=+\infty$$

成立,其中

$$K(t,s)=H(t,s)\eta(s)p(s)\zeta(s)-\frac{r(s)(h_-(t,s))^2}{4k\gamma(L\sigma(s))^{\gamma-1}\eta(s)},h_-(t,s)=\max\{0,-h(t,s)\}.$$

则方程(2.4.2)的解 x 或者是振动的,或者 $\lim\limits_{t\to+\infty}x(t)=0$.

定理 2.4.7 的证明利用式(2.4.31),类似定理 2.4.3 的证明. 下面的定理是关于 Belohorec 定理的推广.

定理 2.4.8　假设(H)、式(2.4.7)、式(2.4.9)和式(2.4.12)成立,$\gamma<1$. 如果

$$\limsup_{t\to+\infty}\int_{t_0}^{t}\frac{p(s)}{r^{\gamma}(\delta(s))}(h_2(\delta(s),t_0))^{\gamma}\Delta s=+\infty \tag{2.4.32}$$

成立,则方程(2.4.2)的解 x 或者是振动的,或者 $\lim\limits_{t\to+\infty}x(t)=0$.

证明　假设方程(2.4.2)有非振动解 x. 不妨设最终为正,即存在 $t_1\in[t_0,+\infty)_{\mathbb{T}}$,有 $x(t)>0,x(\tau(t))>0,x(\delta(t))>0,t\in[t_1,+\infty)_{\mathbb{T}}$. 由引理 2.4.1,$z$ 满足三种情形.

假设 z 满足情形(ⅰ). 由情形(ⅰ)及式(2.4.6),我们有

$$\begin{aligned}((r(t)z^{\Delta\Delta}(t))^{1-\gamma})^{\Delta}&=(1-\gamma)\int_0^1[h(r(t)z^{\Delta\Delta}(t))^{\sigma}+(1-h)r(t)z^{\Delta\Delta}(t)]^{-\gamma}(r(t)z^{\Delta\Delta}(t))^{\Delta}\mathrm{d}h\\&\leqslant(1-\gamma)\int_0^1[hr(t)z^{\Delta\Delta}(t)+(1-h)r(t)z^{\Delta\Delta}(t)]^{-\gamma}(r(t)z^{\Delta\Delta}(t)^{\Delta}\mathrm{d}h\\&=(1-\gamma)(r(t)z^{\Delta\Delta}(t))^{-\gamma}(r(t)z^{\Delta\Delta}(t))^{\Delta},\end{aligned}$$

因此

$$(r(t)z^{\Delta\Delta}(t))^{-\gamma}(r(t)z^{\Delta\Delta}(t))^{\Delta}\geqslant\frac{((r(t)z^{\Delta\Delta}(t))^{1-\gamma})^{\Delta}}{1-\gamma}.$$

由方程(2.4.2),有式(2.4.11)成立. 利用式(2.4.8)和式(2.4.10),对任意的 $0<k<1$,对于充分大的 t,对式(2.4.11)两边同除以 $(r(t)z^{\Delta\Delta}(t))^{\gamma}$,得

$$\begin{aligned}0&\geqslant\frac{(r(t)z^{\Delta\Delta}(t))^{\Delta}+p(t)z^{\gamma}(\delta(t))}{(r(t)z^{\Delta\Delta}(t))^{\gamma}}\\&=(r(t)z^{\Delta\Delta}(t))^{-\gamma}(r(t)z^{\Delta\Delta}(t))^{\Delta}+p(t)\left(\frac{z(\delta(t))}{r(t)z^{\Delta\Delta}(t)}\right)^{\gamma}\\&\geqslant\frac{((r(t)z^{\Delta\Delta}(t))^{1-\gamma})^{\Delta}}{1-\gamma}+\frac{p(t)}{r^{\gamma}(\delta(t))}\left(\frac{z(\delta(t))}{z^{\Delta}(\delta(t))}\frac{z^{\Delta}(\delta(t))}{z^{\Delta\Delta}(\delta(t))}\right)^{\gamma}\\&\geqslant\frac{((r(t)z^{\Delta\Delta}(t))^{1-\gamma})^{\Delta}}{1-\gamma}+\frac{p(t)}{r^{\gamma}(\delta(t))}\left(k\frac{h_2(\delta(t),t_0)}{\delta(t)}\delta(t)\right)^{\gamma}\\&=\frac{((r(t)z^{\Delta\Delta}(t))^{1-\gamma})^{\Delta}}{1-\gamma}+k^{\gamma}\frac{p(t)}{r^{\gamma}(\delta(t))}(h_2(\delta(t),t_0))^{\gamma}.\end{aligned}$$

所以

$$k^{\gamma}\frac{p(t)}{r^{\gamma}(\delta(t))}(h_2(\delta(t),t_0))^{\gamma}\leqslant\frac{((r(t)z^{\Delta\Delta}(t))^{1-\gamma})^{\Delta}}{\gamma-1}.$$

因此

$$\int_{t_1}^{t}k^{\gamma}\frac{p(s)}{r^{\gamma}(\delta(s))}(h_2(\delta(s),t_0))^{\gamma}\Delta s\leqslant\int_{t_1}^{t}\frac{((r(t)z^{\Delta\Delta}(s))^{1-\gamma})^{\Delta}}{\gamma-1}\Delta s\leqslant\frac{(r(t_1)z^{\Delta\Delta}(t_1))^{1-\gamma}}{1-\gamma}.$$

这与式(2.4.32)矛盾.

当情形(ⅱ)成立时,由引理 2.4.1,则 $\lim\limits_{t\to+\infty}x(t)=0$.

当情形(ⅲ)成立时,由引理 2.4.4,则 $\lim\limits_{t\to+\infty}x(t)=0$. 证毕.

注 2.4.3　显然,文献[130,132,167,168]中所得的结果不能应用到方程(2.4.2),因

此我们得到的结果是新的.

2.4.3 应用举例

在这一部分,我们将给出一些例子来验证所得到的结果.

例 2.4.1 考虑时间尺度上三阶 Emden-Fowler 中立型时滞动力方程

$$(x(t)-\frac{1}{2}x(\tau(t)))^{\Delta\Delta\Delta}+\frac{\beta}{t}\left(\frac{t}{h_2(\delta(t),t_0)}\right)^{\gamma}x^{\gamma}(\delta(t))=0, t\in[t_0,+\infty)_{\mathbb{T}}, \tag{2.4.33}$$

其中,$\beta>0$,$1<\gamma<2$ 为两个正奇数的比,$h_2(\delta(t),t_0)\leqslant t^2$. 令

$$r(t)=1, a(t)=1/2, p(t)=\frac{\beta}{t}\left(\frac{t}{h_2(\delta(t),t_0)}\right)^{\gamma}.$$

显然式(2.4.7)、式(2.4.9) 和式(2.4.12) 成立. 且

$$\limsup_{t\to+\infty}\int_{t_0}^{t}p(s)\left(\frac{h_2(\delta(s),t_0)}{s}\right)^{\gamma}\Delta s=\beta\limsup_{t\to+\infty}\int_{t_0}^{t}\frac{\Delta s}{s}=+\infty.$$

因此由推论 2.4.2,方程(2.4.33) 的解 x 或者是振动的,或者 $\lim_{t\to+\infty}x(t)=0$.

例 2.4.2 考虑时间尺度上三阶 Emden-Fowler 中立型时滞动力方程

$$(x(t)-\frac{1}{10}x(t-2))+(1-\frac{\mathrm{e}^2}{10})\mathrm{e}^{2t}x^3(t)=0, \quad t\in[t_0,+\infty). \tag{2.4.34}$$

令

$$\gamma=3, r(t)=1, a(t)=1/10, p(t)=(1-\mathrm{e}^2/10)\mathrm{e}^{2t}.$$

容易证明推论 2.4.2 的条件都成立. 则由推论 2.4.2,方程(2.4.34) 的解 x 或者是振动的,或者 $\lim_{t\to+\infty}x(t)=0$. 事实上,$x(t)=\mathrm{e}^{-t}$ 为方程(2.4.34) 的一个解.

例 2.4.3 考虑时间尺度上三阶 Emden-Fowler 时滞动力方程

$$(t(x(t)-\frac{1}{2}x(\tau(t)))^{\Delta\Delta})^{\Delta}+\frac{\beta t^{\gamma-1}}{\delta^2(t)}x^{\gamma}(\delta(t))=0, \quad t\in[1,+\infty)_{\mathbb{T}}, \tag{2.4.35}$$

其中,$\mathbb{T}=q^{N_0}$,$\beta>0$,$\gamma>1$ 为两个正奇数的比.

对于$\mathbb{T}=q^{N_0}$,我们有

$$h_2(\delta(t),t_0)=h_2(\delta(t),1)=(\delta(t)-1)(\delta(t)-q)/(1+q), \sigma(t)=qt.$$

令

$$r(t)=t, p(t)=\beta t^{\gamma-1}/\delta^2(t).$$

显然式(2.4.7) 和式(2.4.12) 成立,且

$$\int_{t_0}^{+\infty}p(t)(h_2(\delta(t),t_0))^{\gamma}\Delta t=\beta\int_{1}^{+\infty}\frac{t^{\gamma-1}}{\delta^2(t)}\left(\frac{(\delta(t)-1)(\delta(t)-q)}{1+q}\right)^{\gamma}\Delta t\geqslant l\beta\int_{1}^{+\infty}t^{\gamma-1}\Delta t=+\infty,$$

对于 $0<l<1$. 因此式(2.4.9) 成立. 且

$$\limsup_{t\to+\infty}\int_{t_0}^{t}\frac{p(s)}{r(s)}\sigma(s)\left(\frac{h_2(\delta(s),t_0)}{\sigma(s)}\right)^{\gamma}\Delta s$$

$$=\beta q^{1-\gamma}\limsup_{t\to+\infty}\int_{1}^{t}\frac{1}{s\delta^2(s)}\left(\frac{(\delta(s)-1)(\delta(s)-q)}{1+q}\right)^{\gamma}\Delta s=+\infty,$$

因此式(2.4.28) 成立. 由定理 2.4.4,方程(2.4.35) 的解 x 或者是振动的,或者 $\lim_{t\to+\infty}x(t)=0$.

例 2.4.4 考虑时间尺度上三阶时滞动力方程

$$\left(x(t)-\frac{1}{3}x(\tau(t))\right)^{\Delta\Delta\Delta}+\frac{\beta}{t}\left(\frac{1}{h_2(\delta(t),t_0)}\right)^{\gamma}x^{\gamma}(\delta(t))=1,t\in[t_0,+\infty)_{\mathbb{T}},\tag{2.4.36}$$

其中,$h_2(\delta(t),t_0)\leqslant t^2,\beta>0,\gamma<1$ 为两个正奇数的比. 令

$$r(t)=1,p(t)=\frac{\beta}{t}\left(\frac{1}{h_2(\delta(t),t_0)}\right)^{\gamma}.$$

显然式(2.4.7),式(2.4.9) 和式(2.4.12) 成立. 因此我们有

$$\limsup_{t\to+\infty}\int_{t_0}^{t}\frac{p(s)}{r^{\gamma}(\delta(s))}(h_2(\delta(s),t_0))^{\gamma}\Delta s=\beta\limsup_{t\to+\infty}\int_{t_0}^{t}\frac{\Delta s}{s}=+\infty.$$

因此式(2.4.32) 成立. 由定理 2.4.8,方程(2.4.36) 的解 x 或者是振动的,或者 $\lim\limits_{t\to+\infty}x(t)=0$.

2.4.4　小　结

本节利用 Riccati 变换技术和不等式技巧,研究了时间尺度上一类三阶 Emden-Fowler 中立型时滞动态方程的振动性质,克服了滞量和中立项所带来的困难,给出了一些新的结果. 所得结论推广和丰富了已有文献的相关内容.

本节主要结果来自于文献[209].

2.5　时间尺度上一类具阻尼项的二阶 Emden-Fowler 动态方程的振动性

2.5.1　引　言

Hilger[23] 提出了时间尺度上的分析理论,统一了连续分析和离散分析理论. 关于时间尺度上动态方程振动性研究近年来得到比较丰富的结果,Emden-Fowler 型方程在物理学方面有很多重要应用.

本节研究下列形式时间尺度上具阻尼项的二阶 Emden-Fowler 时滞动态方程

$$(a(t)x^{\Delta}(t))^{\Delta}+p(t)x^{\Delta\sigma}(t)+q(t)x^{\gamma}(\tau(t))=0,\quad t\in\mathbb{T}\tag{2.5.1}$$

的振动性.

Han[169] 研究了时间尺度上二阶 Emden-Fowler 时滞动力方程

$$x^{\Delta\Delta}(t)+p(t)x^{\gamma}(\tau(t))=0,\quad t\in\mathbb{T}\tag{2.5.2}$$

的振动性,建立了方程(2.5.2) 振动的几个充分条件. Erbe[191] 研究了时间尺度上二阶非线性带阻尼项动力方程

$$(r(t)(x^{\Delta}(t))^{\gamma})^{\Delta}+p(t)(x^{\Delta\sigma}(t))^{\gamma}+q(t)f(x(\tau(t)))=0,\quad t\in\mathbb{T}\tag{2.5.3}$$

的振动性,建立了方程(2.5.3) 振动的几个充分条件. Saker[143] 研究了时间尺度上二阶非线性带阻尼项动力方程

$$(a(t)x^{\Delta}(t))^{\Delta}+p(t)x^{\Delta\sigma}(t)+q(t)f(x^{\sigma}(t))=0,\quad t\in\mathbb{T}\tag{2.5.4}$$

的振动性,得到方程(2.5.4) 振动的一些充分条件. 孙书荣等[197] 研究了时间尺度上二阶 Emden-Fowler 中立型时滞动力方程

$$\begin{aligned}(r(t)\mid x^{\Delta}(t)\mid^{\gamma-1}x^{\Delta}(t))^{\Delta}&+q_1(t)\mid y(\delta_1(t))\mid^{\alpha-1}y(\delta_1(t))\\&+q_2(t)\mid y(\delta_2(t))\mid^{\beta-1}y(\delta_2(t))=0,t\in[t_0,+\infty)_{\mathbb{T}}\end{aligned}$$

的振动性,得到了该类方程振动的一些准则. Li 等[210] 研究了时间尺度上二阶中立型动力

方程

$$(p(t)((x(t)-c(t)x(\tau(t)))^{\Delta})^{\gamma})^{\Delta}+q(t)f(x(\tau(t)))=0,\quad t\in\mathbb{T}$$

的振动性,得到该方程振动的一些充分条件. 文[189,190]研究了时间尺度上二阶时滞动力方程

$$(p(t)(x^{\Delta}(t))^{\gamma})^{\Delta}+q(t)f(x(\tau(t)))=0,\quad t\in\mathbb{T}$$

的振动性,得到了该类方程振动的一些结果.

张全信等[211]利用 Riccati 变换技术和不等式技巧,研究了时间尺度上一类具阻尼项的二阶半线性时滞动力方程

$$(a(t)\mid x^{\Delta}(t)\mid^{\gamma-2}x^{\Delta}(t))^{\Delta}+p(t)\mid x^{\Delta}(t)\mid^{\gamma-2}x^{\Delta}(t)+q(t)\mid x(\tau(t))\mid^{\gamma-2}x(\tau(t))=0,\quad t\in\mathbb{T} \tag{2.5.5}$$

的振动性,给出了一些非常好的结果,这里 $\gamma>1$.

方程(2.5.1)的解 $x(t)$ 称为振动的,如果 $x(t)$ 既不最终为正,也不最终为负;否则称为非振动的. 方程(2.5.1)称为振动的,如果它的所有解都是振动的.

由于本文研究的是方程解的振动性,可以假设$\mathbb{T}$是无界的,定义时间尺度区间$[t_0,+\infty)_{\mathbb{T}}:=[t_0,+\infty)\cap\mathbb{T}$. 这里 $a(t)$, $p(t)$ 和 $q(t)$ 是定义在时间尺度区间$[t_0,+\infty)_{\mathbb{T}}$上的正的实数值 rd 连续函数. $\tau(t)$ 是定义在$\mathbb{T}$到$\mathbb{T}$上的滞量函数,且 $\tau(t)\leqslant t$, $\lim\limits_{t\to+\infty}\tau(t)=+\infty$. γ 是两个正奇数的比值,假设$\int_{t_0}^{+\infty}\frac{1}{a(t)e_{\frac{p(t)}{a^{\sigma}(t)}}(t,t_0)}\Delta t=+\infty$.

2.5.2 基本引理

引理 2.5.1(Keller 链锁法则) 当 $x(t)\Delta$ 可导时,有

$$((x(t))^{\gamma})^{\Delta}=\gamma\int_0^1[hx^{\sigma}+(1-h)x]^{\gamma-1}x^{\Delta}(t)\mathrm{d}h. \tag{2.5.6}$$

引理 2.5.2 设 $x(t)$ 是方程(2.5.1)的一个最终正解,则存在 $t_1\in[t_0,+\infty)_{\mathbb{T}}$ 使得

$$x^{\Delta}(t)>0,(a(t)x^{\Delta}(t))^{\Delta}<0,t\in[t_1,+\infty)_{\mathbb{T}} \tag{2.5.7}$$

成立,且有

$$x(\tau(t))\geqslant\alpha(t,t_1)x(t),\frac{\int_{t_1}^{\tau(t)}\frac{\Delta s}{a(s)}}{\int_{t_1}^{t}\frac{\Delta s}{a(s)}}\overset{\Delta}{=\!=}\alpha(t,t_1),t\geqslant t_2\geqslant t_1. \tag{2.5.8}$$

证明类似文献[191]中引理 2.1 与引理 2.4 的证明.

2.5.3 主要结果

定理 2.5.1 假设 $a^{\Delta}(t)\geqslant 0,\gamma\leqslant 1$,且存在正值 Δ 可导函数 $\delta(t)$,使得对任意常数 $\alpha\geqslant 1$ 及充分大的 t_1,有

$$\limsup_{t\to+\infty}\int_{t_1}^{t}\left[\delta(s)q(s)\alpha^{\gamma}(s,t_1)-\frac{\varphi^2(s)a(s)}{4\gamma\delta(s)(\alpha\sigma)^{\gamma-1}}\right]\Delta s=+\infty \tag{2.5.9}$$

成立. 这里 $\varphi(t)=\frac{\alpha^{\sigma}\delta^{\Delta}(t)-\delta(t)p(t)}{a^{\sigma}}$,则方程(2.5.1)振动.

证明 假设方程(2.5.1)在$[t_0,+\infty)_{\mathbb{T}}$上有非振动解 $x(t)$. 不失一般性,不妨设 $x(t)$

$>0, x(\tau(t))>0, t\geqslant t_1$. 由引理 2.5.2，得式(2.5.7) 成立，定义函数 $\omega(t)$ 为

$$\omega(t)=\delta(t)\frac{a(t)x^{\Delta}(t)}{x^{\gamma}(t)}, t\geqslant t_1, \tag{2.5.10}$$

则 $\omega(t)>0$，由求导法则有

$$\omega^{\Delta}(t)=\frac{\delta^{\Delta}(t)}{x^{\gamma\sigma}(t)}(ax^{\Delta})^{\sigma}(t)-\frac{\delta(t)(x^{\gamma}(t))^{\Delta}}{x^{\gamma}(t)x^{\gamma\sigma}(t)}(ax^{\Delta})^{\sigma}(t)+\frac{\delta(t)(a(t)x^{\Delta}(t))^{\Delta}}{x^{\gamma}(t)}.$$

由方程(2.5.1) 得

$$\omega^{\Delta}(t)=\frac{\delta^{\Delta}(t)}{x^{\gamma\sigma}(t)}(ax^{\Delta})^{\sigma}(t)-\frac{\delta(t)(x^{\gamma}(t))^{\Delta}}{x^{\gamma}(t)x^{\gamma\sigma}(t)}(ax^{\Delta})^{\sigma}(t)-\delta(t)p(t)\frac{x^{\Delta\sigma}(t)}{x^{\gamma}(t)}-\delta(t)q(t)\frac{x^{\gamma}(\tau(t))}{x^{\gamma}(t)}.$$

由式(2.5.7) 及 $\gamma\leqslant 1$，得 $(x^{\gamma})^{\Delta}\geqslant\gamma(x^{\sigma}(t))^{\gamma-1}x^{\Delta}(t)$，$a(t)x^{\Delta}(t)\geqslant(a(t)x^{\Delta}(t))^{\sigma}$，$x^{\sigma}\geqslant x$，所以

$$\omega^{\Delta}(t)\leqslant-\delta(t)q(t)\frac{x^{\gamma}(\tau(t))}{x^{\gamma}(t)}+\left(\frac{\delta^{\Delta}(t)}{\delta^{\sigma}}-\frac{\delta(t)p(t)}{a^{\sigma}\delta^{\sigma}}\right)\omega^{\sigma}-\gamma\frac{\delta(t)}{a(t)(x^{\gamma\sigma}(t))^{2}}x^{\gamma-1}(\sigma(t))((ax^{\Delta})^{\sigma}(t))^{2}.$$

由式(2.5.10)，得

$$\omega^{\Delta}(t)\leqslant-\delta(t)q(t)\frac{x^{\gamma}(\tau(t))}{x^{\gamma}(t)}+\frac{\varphi(t)}{\delta^{\sigma}}\omega^{\sigma}-\gamma\frac{\delta(t)}{a(t)(\delta^{\sigma})^{2}}x^{\gamma-1}(\sigma(t))(\omega^{\sigma})^{2}.$$

因为 $a^{\Delta}(t)\geqslant 0$，所以 $x^{\Delta\Delta}(t)<0, t\geqslant t_1$. 存在 $\alpha\geqslant 1$，使 $x(t)\leqslant\alpha t, t\geqslant t_1$. 又因为 $\gamma\leqslant 1$，由引理 2.5.2，得

$$\omega^{\Delta}(t)\leqslant-\delta(t)q(t)\alpha^{\gamma}(t,t_1)+\frac{\varphi(t)}{\delta^{\sigma}}\omega^{\sigma}-\gamma\frac{\delta(t)}{a(t)(\delta^{\sigma})^{2}}\alpha^{\gamma-1}\sigma^{\gamma-1}(\omega^{\sigma})^{2}.$$

所以

$$\omega^{\Delta}(t)\leqslant-\delta(t)q(t)\alpha^{\gamma}(t,t_1)+\frac{\varphi^{2}(t)a(t)}{4\gamma\delta(t)(\alpha\sigma)^{\gamma-1}}-\left[\frac{1}{\delta^{\sigma}}\sqrt{\gamma\frac{\delta(t)(\alpha\sigma)^{\gamma-1}}{a(t)}}w^{\sigma}+\frac{\varphi(t)}{2\sqrt{\gamma\frac{\delta(t)(\alpha\sigma)^{\gamma-1}}{a(t)}}}\right]^{2}.$$

上式从 t_1 到 t 积分得 $\int_{t_1}^{t}\left[\delta(s)q(s)\alpha^{\gamma}(s,t_1)-\frac{\varphi^{2}(s)a(s)}{4\gamma\delta(s)(\alpha\sigma)^{\gamma-1}}\right]\Delta s\leqslant\omega(t_1)$，这与式(2.5.9) 矛盾. 证毕.

定理 2.5.2　假设 $\gamma\geqslant 1$，存在正值 Δ 可导函数 $\delta(t)$，使对任意常数 $M>0$ 及所有充分大的 t_1，有

$$\limsup_{t\to+\infty}\int_{t_1}^{t}[\delta(s)q(s)\alpha^{\gamma}(s,t_1)-\frac{\varphi^{2}(s)a(s)}{4\gamma\delta(s)M^{\gamma-1}}]\Delta s=+\infty \tag{2.5.11}$$

成立. 这里 $\varphi(t)=\dfrac{\alpha^{\sigma}\delta^{\Delta}(t)-\delta(t)p(t)}{a^{\sigma}}$，则方程(2.5.1) 振动.

证明　假设方程(2.5.1) 在 $[t_0,+\infty)_{\mathbb{T}}$ 上有非振动解 $x(t)$. 不失一般性，不妨设 $x(t)>0$，$x(\tau(t))>0, t\geqslant t_1$. 由引理 2.5.2，得式(2.5.7) 成立，定义函数 $\omega(t)$ 为式(2.5.10)，因此

$$\omega^{\Delta}(t)=\frac{\delta^{\Delta}(t)}{x^{\gamma\sigma}(t)}(ax^{\Delta})^{\sigma}(t)-\frac{\delta(t)(x^{\gamma}(t))^{\Delta}}{x^{\gamma}(t)x^{\gamma\sigma}(t)}(ax^{\Delta})^{\sigma}(t)-\delta(t)p(t)\frac{x^{\Delta\sigma}}{x^{\gamma}(t)}-\delta(t)q(t)\frac{x^{\gamma}(\tau(t))}{x^{\gamma}(t)}.$$

由 $\gamma\geqslant 1$，得 $(x^{\gamma})^{\Delta}\geqslant\gamma(x(t))^{\gamma-1}x^{\Delta}(t)$，$a(t)x^{\Delta}(t)\geqslant(a(t)x^{\Delta}(t))^{\sigma}$，$x^{\sigma}\geqslant x$，所以

$$\omega^{\Delta}(t)\leqslant-\delta(t)q(t)\frac{x^{\gamma}(\tau(t))}{x^{\gamma}(t)}+\left(\frac{\delta^{\Delta}(t)}{\delta^{\sigma}}-\frac{\delta(t)p(t)}{a^{\sigma}\delta^{\sigma}}\right)\omega^{\sigma}-\gamma\frac{\delta(t)}{a(x^{\gamma\sigma}(t))^{2}}x^{(\gamma-1)\sigma}(t)((ax^{\Delta})^{\sigma})^{2}.$$

由式(2.5.10),得

$$\omega^{\Delta}(t)\leqslant-\delta(t)q(t)\frac{x^{\gamma}(\tau(t))}{x^{\gamma}(t)}+\frac{\varphi(t)}{\delta^{\sigma}}\omega^{\sigma}-\gamma\frac{\delta(t)}{a(t)(\delta^{\sigma})^{2}}x^{\gamma-1}(\sigma(t))(\omega^{\sigma})^{2}.$$

因为 $x^{\Delta}(t)>0$,所以存在 $M>0$,使 $x(t)\geqslant M,t\geqslant t_1$,又因为 $\gamma\geqslant 1$,所以由引理 2.5.2,得

$$\omega^{\Delta}(t)\leqslant-\delta(t)q(t)\alpha^{\gamma}(t,t_1)+\frac{\varphi(t)}{\delta^{\sigma}}\omega^{\sigma}-\gamma\frac{\delta(t)}{a(t)(\delta^{\sigma})^{2}}M^{\gamma-1}(\omega^{\sigma})^{2}.$$

所以

$$\omega^{\Delta}(t)\leqslant-\delta(t)q(t)\alpha^{\gamma}(t,t_1)+\frac{\varphi^{2}(t)a(t)}{4\gamma\delta(t)M^{\gamma-1}}-\left[\frac{1}{\delta^{\sigma}}\sqrt{\gamma\frac{\delta(t)M^{\gamma-1}}{a(t)}}\omega^{\sigma}+\frac{\varphi(t)}{2\sqrt{\gamma\frac{\delta(t)M^{\gamma-1}}{a(t)}}}\right]^{2}.$$

上式从 t_1 到 t 积分,得$\int_{t_1}^{t}\left[\delta(s)q(s)\alpha^{\gamma}(s,t_1)-\frac{\varphi^{2}(s)a(s)}{4\gamma\delta(s)M^{\gamma-1}}\right]\Delta s\leqslant\omega(t_1)$,这与式(2.5.11)矛盾.证毕.

例 2.5.1 考虑时间尺度上二阶超线性具阻尼项 Emden-Fowler 型方程

$$\left(\frac{t^{\gamma-1}}{b(t)}x^{\Delta}(t)\right)^{\Delta}+\frac{\sigma^{\gamma-1}(t)}{tb^{\sigma}(t)}x^{\Delta\sigma}(t)+\frac{\beta}{t^{2}\alpha^{\gamma}(t,t_1)}x^{\gamma}(\tau(t))=0,t\in[t_1,+\infty)_{\mathbb{T}},\quad(2.5.12)$$

这里,$b(t)=e_{\frac{p(t)}{a^{\sigma}(t)}}(t,t_0)$,$a(t)=\dfrac{t^{\gamma-1}}{b(t)}$,$\gamma\geqslant 1,\beta>0$. 令 $\delta(t)=t$,由定理 2.5.2,知方程(2.5.12)的所有解振动.

2.5.4 小 结

本节利用 Riccati 变换技术和不等式技巧,研究了时间尺度上具阻尼项的二阶 Emden-Fowler 时滞动态方程的振动性质,克服了滞量和中立项所带来的困难,给出了一些新的结果.所得结论推广和丰富了已有文献的相关内容.本节主要结果来自于文献[212].

2.6 时间尺度上一类三阶 Emden-Fowler 非线性时滞动态方程的振动性

2.6.1 研究背景

本节我们研究时间尺度上一类三阶 Emden-Fowler 非线性时滞动态方程

$$(b(t)((a(t)(x^{\Delta}(t))^{\alpha_1})^{\Delta})^{\alpha_2})^{\Delta}+q(t)x^{\alpha_3}(\tau(t))=0\quad(2.6.1)$$

的振动性.假设下列条件成立:

$(C_1)\alpha_i$ 是正奇数的比,$i=1,2,3$;

$(C_2)b,a$ 和 $q:\mathbb{T}\to\mathbf{R}$ 是正的实值 rd 连续函数,并且

$$\int_{t_0}^{+\infty}\left(\frac{1}{b(t)}\right)^{\frac{1}{\alpha_2}}\Delta t=+\infty,\quad\int_{t_0}^{+\infty}\left(\frac{1}{a(t)}\right)^{\frac{1}{\alpha_1}}\Delta t=+\infty;\quad(2.6.2)$$

$(C_3)\tau:\mathbb{T}\to\mathbb{T},\tau(t)\leqslant t,\tau^{\Delta}(t)>0$,对于所有的 $t\in\mathbb{T}$ 且当 $t\to+\infty$ 时,$\tau(t)\to+\infty$.

近年来,关于时间尺度上三阶动力方程的振动性研究已有一些结果,参见文献[130,132,201～203,209,213].

假设 $\sup\mathbb{T}=+\infty$，即定义时间尺度上的无穷区间为 $[t_0,+\infty)_{\mathbb{T}}:=[t_0,+\infty)\cap\mathbb{T}$. Erbe 等[130] 研究了时间尺度上三阶动力方程

$$(c(t)(a(t)x^{\Delta}(t))^{\Delta})^{\Delta}+q(t)f(x(t))=0,t\in\mathbb{T}\tag{2.6.3}$$

的振动性.

Hassan[201] 研究了时间尺度上三阶非线性时滞动力方程

$$(a(t)((r(t)x^{\Delta}(t))^{\Delta})^{\gamma})^{\Delta}+f(t,x(\tau(t)))=0\tag{2.6.4}$$

的振动性，得到了方程(2.6.4) 在所有的时间尺度$\mathbb{T}$上振动的新的准则.

Han 等[203] 研究了时间尺度上三阶非线性时滞动力方程

$$((x^{\Delta\Delta}(t))^{\gamma})^{\Delta}+p(t)x^{\gamma}(\tau(t))=0,t\in\mathbb{T}\tag{2.6.5}$$

的振动性，得到了方程(2.6.5) 的几个新的振动准则，保证了方程(2.6.5) 的所有解或者振动，或者收敛于零.

Yu 和 Wang[202] 研究了时间尺度上三阶非线性动力方程

$$\left(\frac{1}{a_2(t)}\left(\left(\frac{1}{a_1(t)}(x^{\Delta}(t))^{\alpha_1}\right)^{\Delta}\right)^{\alpha_2}\right)^{\Delta}+q(t)f(x(t))=0,t\in\mathbb{T}\tag{2.6.6}$$

解的振动性和渐近性.

显然，上述方程是方程(2.6.1) 的特殊形式. 本节我们运用不同于上述文献的 Riccati 变换技术，得到保证方程(2.6.1) 的所有解或者振动，或者收敛于零的几个新的充分条件，并完善了已有的结果.

2.6.2　基本引理

为方便起见，引入下列记号：$d_+(t):=\max\{0,d(t)\}$，$d_-(t):=\max\{0,-d(t)\}$.

引理 2.6.1[193]　令 $a,b\in\mathbb{T}$，$\tau\in C_{\mathrm{rd}}^1([a,b]_{\mathbb{T}},\mathbb{T})$ 是严格递增的函数，$x\in C_{\mathrm{rd}}^1([\tau(a),\tau(b)]_{\mathbb{T}},\mathbf{R})$. 则对于 $t\in[a,b]_{\mathbb{T}}$，

$$(x(\tau(t)))^{\Delta}=x^{\Delta}(\tau(t))\tau^{\Delta}(t).\tag{2.6.7}$$

引理 2.6.2　假设式(2.6.2) 成立. 进一步，假设 x 是方程(2.6.1) 的一个最终正解. 则存在 $t_1\in[t_0,+\infty)_{\mathbb{T}}$，当 $t\in[t_1,+\infty)_{\mathbb{T}}$ 时，有

(Ⅰ)　$x(t)>0,x^{\Delta}(t)>0,(a(t)(x^{\Delta}(t))^{\alpha_1})^{\Delta}>0$；

或者

(Ⅱ)　$x(t)>0,x^{\Delta}(t)<0,(a(t)(x^{\Delta}(t))^{\alpha_1})^{\Delta}>0$.

证明　令 x 是方程(2.6.1) 的一个最终正解. 则存在 $t_1\in[t_0,+\infty)_{\mathbb{T}}$，对于所有的 $t\in[t_1,+\infty)_{\mathbb{T}}$，有 $x(t)>0,x(\tau(t))>0$. 由条件(C_2) 和方程(2.6.1)，显然有

$$(b(t)((a(t)(x^{\Delta}(t))^{\alpha_1})^{\Delta})^{\alpha_2})^{\Delta}=-q(t)x^{\alpha_3}(\tau(t))<0,t\in[t_1,+\infty)_{\mathbb{T}},$$

则 $b(t)((a(t)(x^{\Delta}(t))^{\alpha_1})^{\Delta})^{\alpha_2}$ 在$[t_1,+\infty)_{\mathbb{T}}$上是递减的，所以 $(a(t)(x^{\Delta}(t))^{\alpha_1})^{\Delta}$ 是最终定号的. 可以证得 $(a(t)(x^{\Delta}(t))^{\alpha_1})^{\Delta}>0$. 否则，存在 $t_2\in[t_1,+\infty)_{\mathbb{T}}$，使得

$$(a(t)(x^{\Delta}(t))^{\alpha_1})^{\Delta}<0,t\in[t_2,+\infty)_{\mathbb{T}}.$$

则 $a(t)(x^{\Delta}(t))^{\alpha_1}$ 是递减的，并且存在常数 d 和 $t_3\in[t_2,+\infty)_{\mathbb{T}}$，使得

$$b(t)((a(t)(x^{\Delta}(t))^{\alpha_1})^{\Delta})^{\alpha_1}\leqslant d<0,t\in[t_3,+\infty)_{\mathbb{T}}.$$

将上述不等式两端同时除以 $b(t)$ 并从 t_3 到 t 积分，有

$$a(t)(x^{\Delta}(t))^{\alpha_1} \leqslant a(t_3)(x^{\Delta}(t_3))^{\alpha_1} + d^{\frac{1}{\alpha_2}}\int_{t_3}^{t}\left(\frac{1}{b(s)}\right)^{\frac{1}{\alpha_2}}\Delta s, \tag{2.6.8}$$

在不等式(2.6.8)中,令 $t \to +\infty$,由式(2.6.2)可得 $a(t)(x^{\Delta}(t))^{\alpha_1} \to -\infty$.因此,存在常数 c 和 $t_4 \in [t_3,+\infty)_{\mathbb{T}}$,使得

$$a(t)(x^{\Delta}(t))^{\alpha_1} \leqslant a(t_4)(x^{\Delta}(t_4))^{\alpha_1} = c < 0, t \in [t_4,+\infty)_{\mathbb{T}}.$$

将上述不等式两端同时除以 $a(t)$ 并从 t_4 到 t 积分,得到

$$x(t) - x(t_4) \leqslant c^{\frac{1}{\alpha_1}}\int_{t_4}^{t}\left(\frac{1}{a(s)}\right)^{\frac{1}{\alpha_1}}\Delta s. \tag{2.6.9}$$

当 $t \to +\infty$ 时,由式(2.6.2)可得 $x(t) \to -\infty$,这与 $x(t) > 0$ 矛盾.所以对于充分大的 t,有 $(a(t)(x^{\Delta}(t))^{\alpha_1})^{\Delta} > 0$,并得到情况(Ⅰ)或者(Ⅱ)成立.证毕.

引理 2.6.3 假设式(2.6.2)成立.如果 x 是方程(2.6.1)的一个最终正解,并且满足引理 2.6.2 的情况(Ⅰ),则存在 $t_1 \in [t_0,+\infty)_{\mathbb{T}}$,使得

$$x^{\Delta}(\tau(t)) \geqslant \left(\frac{\delta(\tau(t),t_1)}{a(\tau(t)}\right)^{\frac{1}{\alpha_1}}(b(\sigma(t))((a(\sigma(t))(x^{\Delta}(\sigma(t)))^{\alpha_1})^{\Delta})^{\alpha_2})^{\frac{1}{\alpha_1\alpha_2}}, t \in [t_1,+\infty)_{\mathbb{T}}, \tag{2.6.10}$$

这里,$\delta(t,t_1) = \int_{t_1}^{t} b^{-1/\alpha_2}(s)\Delta s$.

证明 假设 x 是方程(2.6.1)的一个最终正解,并且满足引理 2.6.2 的情况(Ⅰ).则存在 $t_1 \in [t_0,+\infty)_{\mathbb{T}}$ 并由方程(2.6.1),得到

$$x^{\Delta}(t) > 0, (a(t)(x^{\Delta}(t))^{\alpha_1})^{\Delta} > 0, (b(t)((a(t)(x^{\Delta}(t))^{\alpha_1})^{\Delta})^{\alpha_2})^{\Delta} < 0, t \in [t_1,+\infty)_{\mathbb{T}},$$

所以 $b(t)((a(t)(x^{\Delta}(t))^{\alpha_1})^{\Delta})^{\alpha_2}$ 在$[t_1,+\infty)_{\mathbb{T}}$上是递减的.对于 $t \in [t_1,+\infty)_{\mathbb{T}}$,可得

$$\begin{aligned} a(t)(x^{\Delta}(t))^{\alpha_1} &= a(t_1)(x^{\Delta}(t_1))^{\alpha_1} + \int_{t_1}^{t}\frac{b^{\frac{1}{\alpha_2}}(s)(a(s)(x^{\Delta}(s))^{\alpha_1})^{\Delta}}{b^{\frac{1}{\alpha_2}}(s)}\Delta s \\ &\geqslant b^{\frac{1}{\alpha_2}}(t)(a(t)(x^{\Delta}(t))^{\alpha_1})^{\Delta}\delta(t,t_1), \end{aligned}$$

即

$$x^{\Delta}(t) \geqslant \left(\frac{\delta(t,t_1)b^{\frac{1}{\alpha_2}}(t)}{a(t)}(a(t)(x^{\Delta}(t))^{\alpha_1})^{\Delta}\right)^{\frac{1}{\alpha_1}}.$$

因为 $b(t)((a(t)(x^{\Delta}(t))^{\alpha_1})^{\Delta})^{\sigma_2}$ 在$[t_1,+\infty)_{\mathbb{T}}$上是递减的,所以,

$$x^{\Delta}(\tau(t)) \geqslant \left(\frac{\delta(\tau(t),t_1)}{a(\tau(t))}b^{\frac{1}{\alpha_2}}(\sigma(t))(a(\sigma(t))(x^{\Delta}(\sigma(t)))^{\alpha_1})^{\Delta}\right)^{\frac{1}{\alpha_1}},$$

并且可得出式(2.6.11).证毕.

2.6.3 主要结果与证明

定理 2.6.1 假设式(2.6.2)和 $\alpha_1\alpha_2 \geqslant 1$ 成立.进一步,假设存在正值函数 $r \in C_{\mathrm{rd}}^{1}([t_0,+\infty)_{\mathbb{T}},\mathbf{R})$,对于充分大的 $t_2 \geqslant t_1 \geqslant t_0$,使得

$$\limsup_{t\to+\infty}\int_{t_0}^{t}\left[r(s)q(s)\xi(s) - \frac{(r^{\Delta}(s))^2}{4MQ(s)\tau^{\Delta}(s)}\right]\Delta s = +\infty \tag{2.6.11}$$

和

$$\int_{t_0}^{+\infty}\left[\frac{1}{a(u)}\int_{u}^{+\infty}\left[\frac{1}{b(v)}\int_{v}^{+\infty}q(s)\Delta s\right]^{\frac{1}{\alpha^2}}\Delta v\right]^{\frac{1}{\alpha_1}}\Delta u = +\infty, \tag{2.6.12}$$

这里，M 是正的常数，δ 是引理 2.6.3 中定义的，$Q(t)=r(t)[\delta(\tau(t),t_1)/a(\tau(t))]^{1/\alpha_1}$，

$$\xi(t)=\begin{cases}m_1, m_1\text{ 是任意的正常数，如果 } \alpha_3>1,\\ 1,\text{如果 } \alpha_3=1,\\ m_2\eta^{\alpha_3-1}(t,t_2), m_2\text{ 是任意的正常数，如果 } \alpha_3<1,\end{cases}$$

$$\eta(t,t_2)=\int_{t_2}^{t}(\delta(s)/a(s))^{1/\alpha_1}\Delta s.$$

则方程(2.6.1)的所有解或者振动，或者收敛于零.

证明　假设方程(2.6.1)有非振动解 x. 不失一般性，假设存在 $t_1\in[t_0,+\infty)_{\mathbb{T}}$，使得 $x(t)>0, x(\tau(t))>0, t\in[t_1,+\infty)_{\mathbb{T}}$，并且引理 2.6.1 和引理 2.6.2 成立. 由于式(2.6.2)成立，x 满足引理 2.6.2 的情况(Ⅰ)或者(Ⅱ).

假设情况(Ⅰ)成立. 定义函数 ω 为

$$\omega(t)=r(t)\frac{b(t)((a(t)(x^{\Delta}(t))^{\alpha_1})^{\Delta})^{\alpha_2}}{x(\tau(t))}, t\in[t_1,+\infty)_{\mathbb{T}}, \tag{2.6.13}$$

则 $\omega(t)>0$. 由乘积的求导法则，得到

$$\omega^{\Delta}(t)=b(\sigma(t))((a(\sigma(t))(x^{\Delta}(\sigma(t)))^{\alpha_1})^{\Delta})^{\alpha_2}\left(\frac{r(t)}{x(\tau(t))}\right)^{\Delta}+\frac{r(t)}{x(\tau(t))}(b(t)((a(t)(x^{\Delta}(t))^{\alpha_1})^{\Delta})^{\alpha_2})^{\Delta}.$$

由商的求导法则和方程(2.6.1)，得到

$$\omega^{\Delta}(t)=b(\sigma(t))((a(\sigma(t))(x^{\Delta}(\sigma(t)))^{\alpha_1})^{\Delta})^{\alpha_2}\frac{r^{\Delta}(t)x(\tau(t))-r(t)(x(\tau(t)))^{\Delta}}{x(\tau(t))x(\tau(\sigma(t)))}$$
$$-r(t)q(t)x^{\alpha_3-1}(\tau(t)).$$

由式(2.6.7)和式(2.6.13)，有

$$\omega^{\Delta}(t)=-r(t)q(t)x^{\alpha_3-1}(\tau(t))+\frac{r^{\Delta}(t)}{r(\sigma(t))}\omega(\sigma(t))$$
$$-b(\sigma(t))((a(\sigma(t))(x^{\Delta}(\sigma(t)))^{\alpha_1})^{\Delta})^{\alpha_2}\frac{r(t)x^{\Delta}(\tau(t))\tau^{\Delta}(t)}{x(\tau(t))x(\tau(\sigma(t)))}. \tag{2.6.14}$$

因为 $b(t)((a(t)(x^{\Delta}(t))^{\alpha_1})^{\Delta})^{\alpha_2}$ 在 $[t_1,+\infty)_{\mathbb{T}}$ 上是递减的，所以存在常数 $b_1>0$，使得

$$b(\sigma(t))((a(\sigma(t))(x^{\Delta}(\sigma(t)))^{\alpha_1})^{\Delta})^{\alpha_2}\leqslant b(t)((a(t)(x^{\Delta}(t))^{\alpha_1})^{\Delta})^{\alpha_2}\leqslant b_1, t\geqslant t_1, \tag{2.6.15}$$

这里，$b_1=b(t_1)((a(t_1)(x^{\Delta}(t_1))^{\alpha_1})^{\Delta})^{\alpha_2}$. 由式(2.6.10)和式(2.6.15)，并注意到 $\alpha_1\alpha_2\geqslant1$，可得

$$x^{\Delta}(\tau(t))\geqslant M\left(\frac{\delta(\tau(t),t_1)}{a(\tau(t))}\right)^{\frac{1}{\alpha_1}}b(\sigma(t))((a(\sigma(t))(x^{\Delta}(\sigma(t)))^{\alpha_1})^{\Delta})^{\alpha_2}, \tag{2.6.16}$$

这里，$M=b_1^{1/(\alpha_1\alpha_2)-1}$. 由式(2.6.14)和式(2.6.16)，有

$$\omega^{\Delta}(t)\leqslant-r(t)q(t)x^{\alpha_3-1}(\tau(t))+\frac{r^{\Delta}(t)}{r(\sigma(t))}\omega(\sigma(t))$$
$$-M\frac{r(t)\tau^{\Delta}(t)}{x(\tau(t))x(\tau(\sigma(t)))}\left(\frac{\delta(\tau(t),t_1)}{a(\tau(t))}\right)^{\frac{1}{\alpha_1}}b^2(\sigma(t))((a(\sigma(t))(x^{\Delta}(\sigma(t)))^{\alpha_1})^{\Delta})^{2\alpha_2}.$$

由于 $x^{\Delta}(t)>0, t\in[t_1,+\infty)_{\mathbb{T}}$，并由式(2.6.13)，得到

$$\omega^{\Delta}(t)\leqslant-r(t)q(t)x^{\alpha_3-1}(\tau(t))+\frac{r^{\Delta}(t)}{r(\sigma(t))}\omega(\sigma(t))-\frac{MQ(t)\tau^{\Delta}(t)}{r^2(\sigma(t))}\omega^2(\sigma(t)). \tag{2.6.17}$$

进一步,考虑以下三种情况:

(ⅰ)如果 $\alpha_3>1$. 由 $x^{\Delta}(t)>0$,存在常数 c_1 和 $t_2\geqslant t_1$,使得 $x(t)\geqslant x(t_2)=c_1$. 因此

$$x^{\alpha_3-1}(\tau(t))\geqslant m_1, t\geqslant t_2, \tag{2.6.18}$$

这里,$m_1=c_1^{\alpha_3-1}$.

(ⅱ)如果 $\alpha_3=1$. 则

$$x^{\alpha_3-1}(\tau(t))=1, t\geqslant t_1. \tag{2.6.19}$$

(ⅲ)如果 $\alpha_3<1$. 由式(2.6.15)可得

$$(a(t)(x^{\Delta}(t))^{\alpha_1})^{\Delta}\leqslant b_1^{\frac{1}{\alpha_2}}b^{-\frac{1}{\alpha_2}}(t), t\geqslant t_1. \tag{2.6.20}$$

对式(2.6.20)两边从 t_1 到 t 积分,得

$$a(t)(x^{\Delta}(t))^{\alpha_1}\leqslant a(t_1)(x^{\Delta}(t_1))^{\alpha_1}+b_1^{\frac{1}{\alpha_2}}\delta(t,t_1).$$

因此,存在常数 $b_2>0$ 和 $t_2\geqslant t_1$,使得 $a(t)(x^{\Delta}(t))^{\alpha_1}\leqslant b_2\delta(t,t_1)$. 将该不等式两端同时除以 $a(t)$ 并从 t_2 到 t 积分,得到

$$x(t)\leqslant x(t_2)+b_2^{\frac{1}{\alpha_1}}\int_{t_2}^{t}\left(\frac{\delta(s,t_1)}{a(s)}\right)^{\frac{1}{\alpha_1}}\Delta s.$$

存在常数 $b_3>0$,使得

$$x(t)\leqslant b_3\int_{t_2}^{t}\left(\frac{\delta(s,t_1)}{a(s)}\right)^{\frac{1}{\alpha_1}}\Delta s,$$

即

$$x^{\alpha_3-1}(\tau(t))\geqslant m_2\eta^{\alpha_3-1}(t,t_2), t\geqslant t_2, \tag{2.6.21}$$

这里,$m_2=b_3^{\alpha_3-1}$ 和 $\eta(t,t_2)=\int_{t_2}^{t}(\delta(s,t_1)/a(s))^{1/\alpha_1}\Delta s$.

将式(2.6.17)、式(2.6.18)、式(2.6.19)和式(2.6.21)结合,得到

$$\begin{aligned}\omega^{\Delta}(t)&\leqslant -r(t)q(t)\xi(t)+\frac{r^{\Delta}(t)}{r(\sigma(t))}\omega(\sigma(t))-\frac{MQ(t)\tau^{\Delta}(t)}{r^2(\sigma(t))}\omega^2(\sigma(t))\\&=-r(t)q(t)\xi(t)-\left[\frac{\sqrt{MQ(t)\tau^{\Delta}(t)}}{r(\sigma(t))}\omega(\sigma(t))-\frac{r^{\Delta}(t)}{2\sqrt{MQ(t)\tau^{\Delta}(t)}}\right]^2+\frac{(r^{\Delta}(t))^2}{4MQ(t)\tau^{\Delta}(t)},\end{aligned} \tag{2.6.22}$$

即得

$$\omega^{\Delta}(t)\leqslant -\left(r(t)q(t)\xi(t)-\frac{(r^{\Delta}(t))^2}{4MQ(t)\tau^{\Delta}(t)}\right). \tag{2.6.23}$$

对式(2.6.23)两边从 t_2 到 t 积分,得

$$\int_{t_2}^{t}\left(r(s)q(s)\xi(s)-\frac{(r^{\Delta}(s))^2}{4MQ(s)\tau^{\Delta}(s)}\right)\Delta s\leqslant\omega(t_2)-\omega(t)<\omega(t_2),$$

这与式(2.6.11)矛盾.

当情况(Ⅱ)成立时,因为 $x(t)>0$ 和 $x^{\Delta}(t)<0$,所以 $\lim\limits_{t\to+\infty}x(t)$ 存在且 $\lim\limits_{t\to+\infty}x(t)=l\geqslant 0$. 可以证得 $l=0$. 否则,$\lim\limits_{t\to+\infty}x(t)=l>0$. 则 $x(t)\geqslant l, t\geqslant t_1$. 对式(2.6.1)两边从 t 到 $+\infty$ 积分,得到

$$(a(t)(x^{\Delta}(t))^{\alpha_1})^{\Delta}\geqslant\left(\frac{1}{b(t)}\int_{t}^{+\infty}q(s)x^{\alpha_3}(s)\Delta s\right)^{\frac{1}{\alpha_2}}.$$

对上述不等式从 t 到 $+\infty$ 积分，得

$$-x^{\Delta}(t)\geqslant\left[\frac{1}{a(t)}\int_{t}^{+\infty}\left(\frac{1}{b(v)}\int_{v}^{+\infty}q(s)x^{\alpha_3}(s)\Delta s\right)^{\frac{1}{\alpha_2}}\Delta v\right]^{\frac{1}{\alpha_1}},$$

再从 t_0 到 $+\infty$ 积分，有

$$x(t_0)\geqslant\int_{t_0}^{+\infty}\left[\frac{1}{a(u)}\int_{u}^{+\infty}\left(\frac{1}{b(v)}\int_{v}^{+\infty}q(s)x^{\alpha_3}(s)\Delta s\right)^{\frac{1}{\alpha_2}}\Delta v\right]^{\frac{1}{\alpha_1}}\Delta u.$$

因为 $x(t)\geqslant l$，可得出

$$x(t_0)\geqslant l^{\frac{\alpha_3}{\alpha_1\alpha_2}}\int_{t_0}^{+\infty}\left[\frac{1}{a(u)}\int_{u}^{+\infty}\left(\frac{1}{b(v)}\int_{v}^{+\infty}q(s)\Delta s\right)^{\frac{1}{\alpha_2}}\Delta v\right]^{\frac{1}{\alpha_1}}\Delta u,$$

这与式(2.6.12)矛盾. 因此 $l=0$，即 $\lim\limits_{t\to+\infty}x(t)=0$. 证毕.

注 2.6.1　容易看到当 $\alpha_3=1$ 时，方程(2.6.1)将转变成与方程(2.6.6)类似的形式，这里 $f(x(t))=x(t)$. 本节，我们运用与文献[202]相同的 Riccati 变换，其中用 $\tau(t)$ 代替 t，那么定理 2.6.1 推广并改进了文献[202]的定理 2.1. 类似地，方程(2.6.1)可以转变成文献[82]的方程(2.6.3)并且定理 2.6.1 完善了文献[130]的定理 1.

注 2.6.2　在文献[130]和[202]中，Yu 和 Wang，Erbe 等分别在式(2.6.7)成立的情况下证明了方程的解收敛于零. 容易看到，如果$\int_{t_0}^{+\infty}q(s)\Delta s<+\infty$，上述结果将不成立，所以本节的结果推广并改进了文献[202]中的结果.

注 2.6.3　如果条件(2.6.12)不成立，我们得到方程(2.6.1)的所有解或者振动，或者 $\lim\limits_{t\to+\infty}x(t)$ 存在(有限)的几个充分条件.

分别令 $r(t)=1$ 和 $r(t)=t$. 由定理 2.6.1，可以得到下面的结果.

推论 2.6.1　假设式(2.6.2)、式(2.6.12)和 $\alpha_1\alpha_2\geqslant 1$ 成立. 进一步，假设

$$\int_{t_0}^{+\infty}q(s)\xi(s)\Delta s=+\infty,\tag{2.6.24}$$

这里，ξ 是定理 2.6.1 中定义的. 则方程(2.6.1)的所有解或者振动，或者收敛于零.

推论 2.6.2　假设式(2.6.2)、式(2.6.12)和 $\alpha_1\alpha_2\geqslant 1$ 成立. 进一步，假设

$$\limsup_{t\to+\infty}\int_{t_0}^{t}\left[sq(s)\xi(s)-\frac{1}{4Ms\tau^{\Delta}(s)}\left(\frac{\delta(\tau(t),t_1)}{a(\tau(t))}\right)^{-\frac{1}{\alpha_1}}\right]\Delta s=+\infty,$$

这里，M 和 ξ 是定理 2.6.1 中定义的. 则方程(2.6.1)的所有解或者振动，或者收敛于零.

定理 2.6.2　假设式(2.6.2)，式(2.6.12)和 $\alpha_1\alpha_2\geqslant 1$ 成立. 进一步，假设存在 $m\geqslant 1$ 和正值函数 $r\in C_{\mathrm{rd}}^{1}([t_0,+\infty)_{\mathbb{T}},\mathbf{R})$，对于充分大的 $t_2\geqslant t_1\geqslant t_0$，使得

$$\limsup_{t\to+\infty}\frac{1}{t^m}\int_{t_2}^{t}(t-s)^m\left[r(s)q(s)\xi(s)-\frac{(r^{\Delta}(s))^2}{rMQ(s)\tau^{\Delta}(s)}\right]\Delta s=+\infty,\tag{2.6.25}$$

这里，M,Q 和 ξ 是定理 2.6.1 中定义的. 则方程(2.6.1)的所有解或者振动，或者收敛于零.

证明　假设方程(2.6.1)有非振动解 x. 不失一般性，假设存在 $t_1\in[t_0,+\infty)_{\mathbb{T}}$，使得 $x(t)>0,x(\tau(t))>0,t\in[t_1,+\infty)_{\mathbb{T}}$，并且引理 2.6.1 和引理 2.6.2 成立. 由于式(2.6.2)成立，x 满足引理 2.6.2 的情况(Ⅰ)或者(Ⅱ).

假设情况(Ⅰ)成立. 定义函数 ω 为式(2.6.13)，根据定理 2.6.1 的证明，得到 $\omega(t)$

>0 和式(2.6.23)成立.将式(2.6.23)两边同时乘以$(t-s)^m$,并从t_1到t积分,得到

$$\int_{t_1}^{t}(t-s)^m\left(r(s)q(s)\xi(s)-\frac{(r^{\Delta}(s))^2}{4MQ(s)\tau^{\Delta}(s)}\right)\Delta s\leqslant -\int_{t_1}^{t}(t-s)^m\omega^{\Delta}(s)\Delta s. \quad (2.6.26)$$

利用分部积分,有

$$\int_{t_1}^{t}(t-s)^m\omega^{\Delta}(s)\Delta s=-\omega(t_1)(t-t_1)^m-\int_{t_1}^{t}((t-s)^m)^{\Delta_s}\omega(\sigma(s))\Delta s. \quad (2.6.27)$$

注意到$((t-s)^m)^{\Delta_s}\leqslant -m(t-\sigma(s))^{m-1}\leqslant 0, t\geqslant\sigma(s), m\geqslant 1$.由式(2.6.26)和(2.6.27)并乘以$1/t^m$,得到

$$\frac{1}{t^m}\int_{t_1}^{t}(t-s)^m\left[(r(s)q(s)\xi(s)-\frac{(r^{\Delta}(s))^2}{4MQ(s)\tau^{\Delta}(s)}\right]\Delta s\leqslant\omega(t_1)\left(\frac{t-t_1}{t}\right)^m,$$

这与式(2.6.25)矛盾.

当情况(Ⅱ)成立时,根据定理2.6.1的证明,得到式(2.6.12)的矛盾.证毕.

定理 2.6.3 假设式(2.6.2)、式(2.6.12)和$\alpha_1\alpha_2\geqslant 1$成立.进一步,假设存在函数$H,h\in C_{\mathrm{rd}}(D,\mathbf{R})$,这里$D\equiv\{(t,s):t\geqslant s\geqslant t_0\}$,使得

$$H(t,t)=0, t\geqslant t_0, H(t,s)>0, t>s\geqslant t_0. \quad (2.6.28)$$

H关于第二变元s有非正连续的Δ偏导数$H^{\Delta_s}(t,s)$满足

$$H^{\Delta_s}(t,s)+H(t,s)\frac{r^{\Delta}(s)}{r(\sigma(s))}=-\frac{h(t,s)}{r(\sigma(s))}H^{\frac{1}{2}}(t,s), \quad (2.6.29)$$

并对充分大的$t_2\geqslant t_1\geqslant t_0$,

$$\limsup_{t\to+\infty}\frac{1}{H(t,s)}\int_{t_0}^{t}\left[H(t,s)r(s)q(s)\xi(s)-\frac{(h_-(t,s))^2}{4MQ(s)\tau^{\Delta}(s)}\right]\Delta s=+\infty, \quad (2.6.30)$$

这里,$r\in C_{\mathrm{rd}}^1([t_0,+\infty)_{\mathbb{T}},\mathbf{R})$是正值函数,$M,Q$和$\zeta$是定理2.6.1中定义的,$h_-(t,s)=\max\{0,-h(t,s)\}$.则方程(2.6.1)的所有解或者振动,或者收敛于零.

证明 假设方程(2.6.1)有非振动解x.不失一般性,假设存在$t_1\in[t_0,+\infty)$,使得$x(t)>0, x(\tau(t))>0, t\in[t_1,+\infty)_{\mathbb{T}}$,并且引理2.6.1和引理2.6.2成立.由于式(2.6.2)成立,x满足引理2.6.2的情况(Ⅰ)或者(Ⅱ).

假设情况(Ⅰ)成立.定义函数ω为式(2.6.13),根据定理2.6.1的证明,得到$\omega(t)>0$和式(2.6.22)成立.将式(2.6.22)两边同时乘以$H(t,s)$,并从t_1到t积分,得到

$$\begin{aligned}\int_{t_1}^{t}H(t,s)r(s)q(s)\xi(s)\Delta s\leqslant &-\int_{t_1}^{t}H(t,s)\omega^{\Delta}(s)\Delta s\\ &+\int_{t_1}^{t}H(t,s)\frac{r^{\Delta}(s)}{r(\sigma(s))}\omega(\sigma(s))\Delta s-\int_{t_1}^{t}MH(t,s)\frac{Q(s)\tau^{\Delta}(s)}{r^2(\sigma(s))}\omega^2(\sigma(s))\Delta s.\end{aligned}$$

由式(2.6.28),式(2.6.29)和上述不等式,得

$$\begin{aligned}&\int_{t_1}^{t}H(t,s)r(s)q(s)\xi(s)\Delta s\leqslant H(t,t_1)\omega(t_1)+\int_{t_1}^{t}H^{\Delta_s}(t,s)\omega(\sigma(s))\Delta s\\ &+\int_{t_1}^{t}H(t,s)\frac{r^{\Delta}(s)}{r(\sigma(s))}\omega(\sigma(s))\Delta s-\int_{t_1}^{t}MH(t,s)\frac{Q(s)\tau^{\Delta}(s)}{r^2(\sigma(s))}\omega^2(\sigma(s))\Delta s\\ &\leqslant H(t,t_1)\omega(t_1)+\int_{t_1}^{t}\left[\frac{h_-(t,s)}{r(\sigma(s))}H^{\frac{1}{2}}(t,s)\omega(\sigma(s))-MH(t,s)\frac{Q(s)\tau^{\Delta}(s)}{r^2(\sigma(s))}\omega^2(\sigma(s))\right]\Delta s\\ &\leqslant H(t,t_1)\omega(t_1)+\int_{t_1}^{t}\frac{(h_-(t,s))^2}{4MQ(s)\tau^{\Delta}(s)}\Delta s-\int_{t_1}^{t}\left[\frac{\sqrt{MH(t,s)Q(s)\tau^{\Delta}(s)}}{r(\sigma(s))}\omega(\sigma(s))-\frac{h_-(t,s)}{2\sqrt{MQ(s)\tau^{\Delta}(s)}}\right]^2\Delta s\end{aligned}$$

$$\leqslant H(t,t_1)\omega(t_1)+\int_{t_1}^{t}\frac{(h_-(t,s))^2}{4MQ(s)\tau^{\Delta}(s)}\Delta s,$$

即

$$\frac{1}{H(t,t_1)}\int_{t_1}^{t}\left[H(t,s)r(s)q(s)\xi(s)-\frac{(h_-(t,s))^2}{4MQ(s)\tau^{\Delta}(s)}\right]\Delta s\leqslant\omega(t_1),$$

这与式(2.6.30)矛盾.

当情况(Ⅱ)成立时,根据定理 2.6.1 的证明,得到式(2.6.12)的矛盾.证毕.

2.6.4　应用举例

例 2.6.1　考虑时间尺度上三阶非线性动力方程

$$(((t^{\alpha_1}(x^{\Delta}(t))^{\alpha_1})^{\Delta})^{\frac{1}{\alpha_1}})^{\Delta}+\left(\int_1^t\frac{(s-1)^{\frac{1}{\alpha_2}}}{2}\Delta s\right)^{1-\alpha_3}x^{\alpha_3}(\tau(t))=0,t\geqslant 1,\quad(2.6.31)$$

这里,$\alpha_1,\alpha_2=1/\alpha_1$ 和 $\alpha_3<1$ 是正奇数的比.令

$$b(t)=1,a(t)=t^{\alpha_1},q(t)=\left(\int_1^t\frac{(s-1)^{\frac{1}{\alpha_1}}}{s}\Delta s\right)^{1-\alpha_3}.$$

对于任意的 $t\geqslant 1$,可得

$$\delta(t,t_1)=\int_1^t b^{-\frac{1}{\alpha_2}}(s)\Delta s=t-1,\eta(t,t_2)=\int_1^t\frac{(s-1)^{\frac{1}{\alpha_1}}}{2}\Delta s.$$

显然,条件(C_1)、(C_2)、式(2.6.2)和式(2.6.12)成立.由定理 2.6.2,只需验证式(2.6.25)是否成立.取 $m=2,r(t)=1,t\geqslant s\geqslant 1$,并由 $\alpha_1\alpha_2=1,\alpha_3<1$,得到

$$\xi(t)=m_2\eta^{\alpha_3-1}(t,t_2)=m_2\left(\int_1^t\frac{(s-1)^{\frac{1}{\alpha_1}}}{s}\Delta s\right)^{\alpha_3-1}$$

和

$$\limsup_{t\to+\infty}\frac{1}{t^2}\int_1^t(t-s)^2q(s)\xi(s)\Delta s=\limsup_{t\to+\infty}\frac{1}{t^2}\int_1^t m_2(t-s)^2\Delta s=+\infty.$$

因此,由定理 2.6.2,方程(2.6.31)的所有解或者是振动的,或者收敛于零.

2.6.4　小　结

本节研究了时间尺度上一类三阶 Emden-Fowler 非线性时滞动态方程的振动性.利用时间尺度上的有关理论、Riccati 变换技术和不等式技巧,给出方程的所有解振动或者收敛于零的几个充分条件,并用例子来验证了主要结果.

本节主要结果来自于文献[214].

第3章　时间尺度上二阶非线性时滞动态方程振动理论

3.1　时间尺度上二阶非线性时滞动态方程的振动准则

本节研究下列形式的时间尺度上二阶非线性时滞动力方程

$$(p(t)(x^{\Delta}(t))^{\gamma})^{\Delta}+q(t)f(x(\tau(t)))=0,t\in\mathbb{T} \tag{3.1.1}$$

解的振动性.

Zhang[146] 研究了时间尺度上二阶非线性时滞动力方程

$$x^{\Delta\Delta}(t)+p(t)f(x(t-\tau))=0,t\in\mathbb{T} \tag{3.1.2}$$

和时间尺度上二阶非线性动力方程

$$x^{\Delta\Delta}(t)+p(t)f(x(\sigma(t)))=0,t\in\mathbb{T}, \tag{3.1.3}$$

建立了方程(3.1.2)和方程(3.1.3)振动的等价关系,从而得到了方程(3.1.2)的一些振动准则和比较定理. Sahiner[138] 研究了时间尺度上二阶非线性时滞动力方程

$$x^{\Delta\Delta}(t)+q(t)f(x(\tau(t)))=0,t\in\mathbb{T}, \tag{3.1.4}$$

使用 Riccati 变换技术,得到了方程(3.1.4)振动的充分条件. Erbe[131] 研究了时间尺度上二阶非线性动力方程

$$(r(t)(x^{\Delta})^{\gamma})^{\Delta}+p(t)x^{\gamma}(t)=0,t\in\mathbb{T} \tag{3.1.5}$$

和

$$(r(t)(x^{\Delta})^{\gamma})^{\Delta}+p(t)x^{\gamma}(\sigma(t))=0,t\in\mathbb{T}, \tag{3.1.6}$$

建立了方程(3.1.5)和(3.1.6) Hille-Kneser 型非振动的一些充分必要条件.

很明显,方程(3.1.2)～(3.1.6)是方程(3.1.1)的特殊情况.因此,为了丰富和发展时间尺度上时滞动力方程的理论,研究方程(3.1.1)的动力学性质是有意义的.

由于我们感兴趣的是方程解的振动性,所以我们始终假设时间尺度$\mathbb{T}$是无界的,即它是时间尺度上的无穷区间$[a,+\infty)_{\mathbb{T}}=\{t\in\mathbb{T}:t\geqslant a,a\in\mathbb{T},a>0\}$.

假设γ是两个正奇数的商且$\gamma\geqslant 1$,$p(t)$和$q(t)$是定义在时间尺度区间$[a,+\infty)_{\mathbb{T}}$上的正的实数值 rd 连续函数. $\tau(t)$是定义在$\mathbb{T}$到$\mathbb{T}$上的 rd 连续函数,且$\tau(t)\leqslant t$, $\lim\limits_{t\to+\infty}\tau(t)=+\infty$. $f\in C(\mathbf{R},\mathbf{R})$,对某正数$L$,当$x\neq 0$时,满足$\dfrac{f(x)}{x^{\gamma}}\geqslant L$. 我们将考虑下面两种情况:

$$\int_a^{+\infty}\left(\frac{1}{p(t)}\right)^{\frac{1}{\gamma}}\Delta t=+\infty \tag{3.1.7}$$

和

$$\int_a^{+\infty}\left(\frac{1}{p(t)}\right)^{\frac{1}{\gamma}}\Delta t<+\infty. \tag{3.1.8}$$

方程(3.1.1) 的解是指一个非平凡的实数值函数 $x\in C^1_{\mathrm{rd}}[t_x,+\infty)_{\mathbb{T}}, t_x\geqslant a$，具有性质 $p(x^{\Delta})^{\gamma}\in C^1_{\mathrm{rd}}[t_x,+\infty)_{\mathbb{T}}$，当 $t\geqslant t_x$ 时，满足方程(3.1.1). 称方程(3.1.1) 的一个解 $x(t)$ 是一个最终正解，如果存在 $t_0\in\mathbb{T}$，使得 $x(t)$ 在 $[t_0,+\infty)_{\mathbb{T}}$ 是正的. 方程(3.1.1) 的解 $x(t)$ 称为是振动的，如果 $x(t)$ 既不最终为正，也不最终为负. 否则，称为非振动的. 方程(3.1.1) 称为是振动的，如果它的所有解都是振动的.

在本节，我们将使用广义 Riccati 变换技巧、平均函数技术及不等式理论，建立当条件式(3.1.7) 或式(3.1.8) 成立时，方程(3.1.1) 振动的若干准则.

我们注意到，当时间尺度 $\mathbb{T}=\mathbf{R}$ 时，有 $\sigma(t)=0, \mu(t)=0, x^{\Delta}(t)=x'(t)$，方程(3.1.1) 就变成二阶非线性时滞微分方程

$$(p(t)(x'(t))^{\gamma})+q(t)f(x(\tau(t)))=0, t\in\mathbf{R}. \tag{3.1.9}$$

当时间尺度 $\mathbb{T}=\mathbf{Z}$ 时，有 $\sigma(t)=t+1, \mu(t)=1, x^{\Delta}(t)=\Delta x(t)=x(t+1)-x(t)$，方程(3.1.1) 就变成二阶非线性时滞差分方程

$$\Delta(p(t)(\Delta x(t))^{\gamma})+q(t)f(x(\tau(t)))=0, t\in\mathbf{Z}. \tag{3.1.10}$$

人们对方程(3.1.9) 和(3.1.10) 建立了许多振动和非振动准则，如文献[5,52,169 ~ 176].

3.1.1　主要引理

引理 3.1.1　(Sahiner[138]) 设下列条件成立：

$(\mathrm{H}_1)\ u\in C^2_{\mathrm{rd}}(I,\mathbf{R})$，这里 $I=[t_*,+\infty)_{\mathbb{T}}\subset\mathbb{T}, t_*>0$；

$(\mathrm{H}_2)\ u(t)>0, u^{\Delta}(t)>0, u^{\Delta\Delta}(t)\leqslant 0, t\geqslant t_*$.

则对任意的常数 $k\in(0,1)$，存在一个常数 $t_k\in\mathbb{T}, t_k\geqslant t_*$，使得

$$u(\sigma(t))\leqslant\frac{\sigma(t)}{k\tau(t)}u(\tau(t)), t\geqslant t_k.$$

引理 3.1.2　设式(3.1.7) 成立. 令 $p\in C^1_{\mathrm{rd}}([a,+\infty)_{\mathbb{T}},\mathbf{R}), p^{\Delta}\geqslant 0, x(t)$ 是方程(3.1.1) 的一个最终正解，则存在 $t_1\geqslant a$，使得

$$x^{\Delta}(t)>0, x^{\Delta\Delta}(t)<0, (p(t)(x^{\Delta}(t))^{\gamma})^{\Delta}<0, t\geqslant t_1. \tag{3.1.11}$$

证明　因为 $x(t)$ 是方程(3.1.1) 的一个最终正解，存在 $t_0\geqslant a$，使得 $x(t)>0$，$x(\tau(t))>0, t\geqslant t_0>a$. 由方程(3.1.1)，得

$$(p(t)(x^{\Delta}(t))^{\gamma})^{\Delta}=-q(t)f(x(\tau(t)))\leqslant -Lq(t)(x(\tau(t)))^{\gamma}<0, t\geqslant t_0. \tag{3.1.12}$$

于是，$p(t)(x^{\Delta}(t))^{\gamma}$ 是最终递减的. 下面我们将证明 $p(t)(x^{\Delta}(t))^{\gamma}$ 是最终为正的.

实际上，递减函数 $p(t)(x^{\Delta}(t))^{\gamma}$ 或者是最终为正，或者是最终为负. 假如存在 $t_1\geqslant t_0$，使得 $p(t_1)(x^{\Delta}(t_1))^{\gamma}=c<0$，由式(3.1.12)，可得 $p(t)(x^{\Delta}(t))^{\gamma}\leqslant p(t_1)(x^{\Delta}(t_1))^{\gamma}=c$，$t\geqslant t_1$. 因此

$$x^{\Delta}(t)\leqslant c^{\frac{1}{\gamma}}\left(\frac{1}{p(t)}\right)^{\frac{1}{\gamma}}.$$

由条件式(3.1.7) 得

$$x(t)\leqslant x(t_1)+c^{\frac{1}{\gamma}}\left(\frac{1}{p(s)}\right)^{\frac{1}{\gamma}}\Delta s\rightarrow-\infty,t\rightarrow+\infty.$$

这与 $x(t)>0,t\geqslant t_0$ 相矛盾. 所以 $p(t)(x^{\Delta}(t))^{\gamma}$ 是最终为正的. 因此 $x^{\Delta}(t)$ 是最终为正的，所以 $x(t)$ 是最终递增的. 由求导公式可得

$$(p(t)(x^{\Delta}(t))^{\gamma})^{\Delta}=p^{\Delta}(t)(x^{\Delta}(t))^{\gamma}+p(\sigma(t))((x^{\Delta}(t))^{\gamma})^{\Delta}.\tag{3.1.13}$$

由式(3.1.12)、式(3.1.13) 及 $p^{\Delta}(t)\geqslant 0$，容易验证

$$((x^{\Delta}(t))^{\gamma})^{\Delta}<0.\tag{3.1.14}$$

由 Keller 链锁法则得

$$((x^{\Delta}(t))^{\gamma})^{\Delta}=\gamma\int_0^1[h(x^{\Delta})^{\sigma}+(1-h)x^{\Delta}]^{\gamma-1}x^{\Delta\Delta}(t)\mathrm{d}h.\tag{3.1.15}$$

由式(3.1.14) 和式(3.1.15) 及 $\int_0^1[h(x^{\Delta})^{\sigma}+(1-h)x^{\Delta}]^{\gamma-1}\mathrm{d}h>0$，可得 $x^{\Delta\Delta}(t)$ 是最终为负的. 所以存在某 $t_1>t_0$，使得式(3.1.11) 成立. 证毕.

引理 3.1.3 (Agarwal[114, 定理 3.1]) 若 $\tau(t)<1$，不等式 $x^{\Delta}(t)+p(t)x(\tau(t))\leqslant 0$，有一个最终正解，则 $\alpha\geqslant 1$，这里

$$\alpha=\lim_{t_0\rightarrow+\infty}\sup_{t>t_0}\sup_{\lambda\in E}\exp\{\lambda\exp\{\int_{\tau(t)}^{t}\zeta_{\mu(s)}(-\lambda p(s))\Delta s\}\},E=\{\lambda:\lambda>0,1-\lambda p(t)\mu(t)>0\}.$$

3.1.2 方程(3.1.1) 振动准则及证明

定理 3.1.1 设式(3.1.7) 成立. 令 $p\in C_{\mathrm{rd}}^{1}([a,+\infty)_{\mathbb{T}},\mathbf{R})$，$p^{\Delta}\geqslant 0$. 若存在一个正值函数 $\delta\in C_{\mathrm{rd}}^{1}([a,+\infty)_{\mathbb{T}},\mathbf{R})$，对常数 $k\in(0,1)$，使得

$$\limsup_{t\rightarrow+\infty}\int_a^t\left(Lk^{\gamma}q(s)\delta(s)\left(\frac{\tau(s)}{\sigma(s)}\right)^{\gamma}-\frac{p(s)(\delta^{\Delta}(s))_{+}^{\gamma+1}}{(\gamma+1)^{\gamma+1}(\delta(s))^{\gamma}}\right)\Delta s=+\infty\tag{3.1.16}$$

成立，这里 $(\delta^{\Delta}(s))_{+}=\max\{0,\delta^{\Delta}(s)\}$，则方程(3.1.1) 是振动的.

证明 假设方程(3.1.1) 有非振动的解 $x(t)$，不妨设最终为正，即存在 $t_1\in[a,+\infty)_{\mathbb{T}}$，有 $x(t)>0,x(\tau(t))>0,t\in[t_1,+\infty)_{\mathbb{T}}$. 我们只考虑这种情况，因为当 $x(t)$ 最终为负时可类似证明.

由引理 3.1.1 和引理 3.1.2 得，对常数 $k\in(0,1)$，存在 $t_2=\max\{t_k,t_1\}$，使得

$$x(t)\leqslant x(\sigma(t))\leqslant\frac{\sigma(t)}{k\tau(t)}x(\tau(t))\leqslant\frac{\sigma(t)}{k\tau(t)}x(t),t\geqslant t_2.\tag{3.1.17}$$

我们得到式(3.1.11)、式(3.1.12) 和式(3.1.13). 定义函数 $\omega(t)$：

$$\omega(t)=\delta(t)\frac{p(t)(x^{\Delta}(t))^{\gamma}}{(x(t))^{\gamma}},t\geqslant t_2.\tag{3.1.18}$$

于是 $\omega(t)>0$，由求导公式可得

$$\omega^{\Delta}(t)=\frac{\delta(t)}{(x(t))^{\gamma}}(p(t)(x^{\Delta}(t))^{\gamma})^{\Delta}+p(\sigma(t))(x^{\Delta}(\sigma(t)))^{\gamma}\frac{(x(t))^{\gamma}\delta^{\Delta}(t)-\delta(t)((x(t))^{\gamma})^{\Delta}}{(x(t))^{\gamma}(x(\sigma(t)))^{\gamma}}.$$

由式(3.1.12)、式(3.1.17) 和式(3.1.18)，我们得到

$$\omega^{\Delta}(t)\leqslant-Lk^{\gamma}q(t)\delta(t)\left(\frac{\tau(t)}{\sigma(t)}\right)^{\gamma}+\frac{\delta^{\Delta}(t)}{\delta(\sigma(t))}\omega(\sigma(t))$$
$$-\frac{\delta(t)p(\sigma(t))(x^{\Delta}(\sigma(t)))^{\gamma}((x(t))^{\gamma})^{\Delta}}{(x(t))^{\gamma}(x(\sigma(t)))^{\gamma}}.$$

由式(3.1.11)，有 $x(\sigma(t)) \geqslant x(t)$，根据 Keller 链锁法则，并注意到 $\gamma \geqslant 1$，得

$$\omega^{\Delta}(t) \leqslant -Lk^{\gamma}q(t)\delta(t)\left(\frac{\tau(t)}{\sigma(t)}\right)^{\gamma} + \frac{\delta^{\Delta}(t)}{\delta(\sigma(t))}\omega(\sigma(t)) - \frac{\gamma\delta(t)p(\sigma(t))(x^{\Delta}(\sigma(t)))^{\gamma}(x(t))^{\gamma-1}x^{\Delta}(t)}{(x(t))^{\gamma}(x(\sigma(t)))^{\gamma}}.$$

于是，

$$\omega^{\Delta}(t) \leqslant -Lk^{\gamma}q(t)\delta(t)\left(\frac{\tau(t)}{\sigma(t)}\right)^{\gamma} + \frac{\delta^{\Delta}(t)}{\delta(\sigma(t))}\omega(\sigma(t)) - \frac{\gamma\delta(t)p(\sigma(t))(x^{\Delta}(\sigma(t)))^{\gamma}x^{\Delta}(t)}{(x(\sigma(t)))^{\gamma+1}}. \tag{3.1.19}$$

由式(3.1.11)，因为 $(p(t)(x^{\Delta}(t))^{\gamma})^{\Delta} < 0$，所以

$$x^{\Delta}(t) > \frac{(p(\sigma(t)))^{\frac{1}{\gamma}}}{(p(t))^{\frac{1}{\gamma}}}x^{\Delta}(\sigma(t)). \tag{3.1.20}$$

将式(3.1.20) 代入式(3.1.19)，得

$$\omega^{\Delta}(t) \leqslant -Lk^{\gamma}q(t)\delta(t)\left(\frac{\tau(t)}{\sigma(t)}\right)^{\gamma} + \frac{\delta^{\Delta}(t)}{\delta(\sigma(t))}\omega(\sigma(t)) - \frac{\gamma\delta(t)(p(\sigma(t)))^{\frac{\gamma+1}{\gamma}}(x^{\Delta}(\sigma(t)))^{\gamma+1}}{(p(t))^{\frac{1}{\gamma}}(x(\sigma(t)))^{\gamma+1}}.$$

所以，

$$\omega^{\Delta}(t) \leqslant -Lk^{\gamma}q(t)\delta(t)\left(\frac{\tau(t)}{\sigma(t)}\right)^{\gamma} + \frac{(\delta^{\Delta}(t))_{+}}{\delta(\sigma(t))}\omega(\sigma(t)) - \frac{\gamma\delta(t)}{(p(t))^{\lambda-1}(\delta(\sigma(t)))^{\lambda}}(\omega(\sigma(t)))^{\lambda}, \tag{3.1.21}$$

这里，$\lambda = \dfrac{\gamma+1}{\gamma}$，$(\delta^{\Delta}(t))_{+} = \max\{0, \delta^{\Delta}(t)\}$. 令

$$A = \left[\frac{\gamma\delta(t)}{(\delta(\sigma(t)))^{\lambda}(p(t))^{\lambda-1}}\right]^{\frac{1}{\lambda}}\omega(\sigma(t)),$$

$$B = \left[\frac{(\delta^{\Delta}(t))_{+}}{\lambda\delta(\sigma(t))}\left(\frac{\gamma\delta(t)}{(\delta(\sigma(t)))^{\lambda}(p(t))^{\lambda-1}}\right)^{-\frac{1}{\lambda}}\right]^{\frac{1}{\lambda-1}}.$$

应用不等式

$$\lambda AB^{\lambda-1} - A^{\lambda} \leqslant (\lambda-1)B^{\lambda}, \lambda \geqslant 1, \tag{3.1.22}$$

这里，A 和 B 是非负常数，可得

$$\frac{(\delta^{\Delta}(t))_{+}}{\delta(\sigma(t))}\omega(\sigma(t)) - \frac{\gamma\delta(t)}{(\delta(\sigma(t)))^{\lambda}(p(t))^{\lambda-1}}(\omega(\sigma(t)))^{\lambda} \leqslant (\lambda-1)\lambda^{-\frac{\lambda}{\lambda-1}}\left(\frac{(\delta^{\Delta}(t))_{+}}{\delta(\sigma(t))}\right)^{\frac{\lambda}{\lambda-1}}\left(\frac{\gamma\delta(t)}{(\delta(\sigma(t)))^{\lambda}(p(t))^{\lambda-1}}\right)^{-\frac{1}{\lambda-1}},$$

于是，

$$\frac{(\delta^{\Delta}(t))_{+}}{\delta(\sigma(t))}\omega(\sigma(t)) - \frac{\gamma\delta(t)}{(\delta(\sigma(t)))^{\lambda}(p(t))^{\lambda-1}}(\omega(\sigma(t)))^{\lambda} \leqslant C\frac{p(t)(\delta^{\Delta}(t))_{+}^{\gamma+1}}{(\delta(t))^{\gamma}}, \tag{3.1.23}$$

这里，$C=(\lambda-1)\lambda^{\frac{\lambda}{\lambda-1}}\lambda^{-\frac{1}{\lambda-1}}=\dfrac{1}{(\gamma+1)^{\gamma+1}}$. 由式(3.1.21) 和式(3.1.23)，得

$$\omega^{\Delta}(t)\leqslant -Lk^{\gamma}q(t)\delta(t)\left(\frac{\tau(t)}{\sigma(t)}\right)^{\gamma}+\frac{p(t)(\delta^{\Delta}(t))_{+}^{\gamma+1}}{(\gamma+1)^{\gamma+1}(\delta(t))^{\gamma}}. \tag{3.1.24}$$

对式(3.1.24) 两边从 t_2 到 t 积分，得

$$-\omega(t_2)\leqslant \omega(t)-\omega(t_2)\leqslant -\int_{t_2}^{t}\left(Lk^{\gamma}q(s)\delta(s)\left(\frac{\tau(s)}{\sigma(s)}\right)^{\gamma}-\frac{p(s)(\delta^{\Delta}(s))_{+}^{\gamma+1}}{(\gamma+1)^{\gamma+1}(\delta(s))^{\gamma}}\right)\Delta s,$$

即

$$\int_{t_2}^{t}\left(Lk^{\gamma}q(s)\delta(s)\left(\frac{\tau(s)}{\sigma(s)}\right)^{\gamma}-\frac{p(s)(\delta^{\Delta}(s))_{+}^{\gamma+1}}{(\gamma+1)^{\gamma+1}(\delta(s))^{\gamma}}\right)\Delta s\leqslant \omega(t_2)$$

对充分大的 t 都成立，这与条件式(3.1.16) 矛盾. 证毕.

由定理 3.1.1，通过选择不同的函数 $\delta(t)$，可以得到方程(3.1.1) 不同的振动条件. 例如，令 $\delta(t)=t, t\geqslant a$. 由定理 3.1.1，可以得到下面的结果.

推论 3.1.1 设式(3.1.7) 成立. 令 $p\in C_{\mathrm{rd}}^{1}([a,+\infty)_{\mathbb{T}},\mathbf{R})$，$p^{\Delta}\geqslant 0$. 若对常数 $k\in(0,1)$，使得

$$\limsup_{t\to+\infty}\int_{a}^{t}\left(Lk^{\gamma}sq(s)\left(\frac{\tau(s)}{\sigma(s)}\right)^{\gamma}-\frac{p(s)}{(\gamma+1)^{\gamma+1}s^{\gamma}}\right)\Delta s=+\infty$$

成立，则方程(3.1.1) 是振动的.

令 $\delta(t)=1, t\geqslant a$. 由定理 3.1.1，可以得到下面著名的结果(Leighton-Wintner 定理).

推论 3.1.2(Leighton-Wintner 定理) 设式(3.1.7) 成立. 令 $p\in C_{\mathrm{rd}}^{1}([a,+\infty)_{\mathbb{T}},\mathbf{R})$，$p^{\Delta}\geqslant 0$. 若

$$\limsup_{t\to+\infty}\int_{a}^{t}q(s)\left(\frac{\tau(s)}{\sigma(s)}\right)^{\gamma}\Delta s=+\infty$$

成立，则方程(3.1.1) 是振动的.

令 $\gamma=1, p(t)=1, t\geqslant a$. 由定理 3.1.1，可以得到下面的结果.

推论 3.1.3 设存在正值函数 $\delta\in C_{\mathrm{rd}}^{1}([a,+\infty)_{\mathbb{T}},\mathbf{R})$，对常数 $k\in(0,1)$，使得

$$\limsup_{t\to+\infty}\int_{a}^{t}\left(Lkq(s)\delta(s)\frac{\tau(s)}{\sigma(s)}-\frac{(\delta^{\Delta}(s))_{+}^{2}}{4\delta(s)}\right)\Delta s=+\infty$$

成立，这里 $(\delta^{\Delta}(s))_{+}=\max\{0,\delta^{\Delta}(s)\}$，则方程(3.1.1) 是振动的.

注 3.1.1 由定理 3.1.1，可以得到一些在不同时间尺度上方程(3.1.1) 振动的条件. 例如，如果存在正值函数 $\delta\in C^{1}([a,+\infty)_{\mathbb{T}},\mathbf{R})$，使得对常数 $k\in(0,1)$，有

$$p'(t)\geqslant 0, \int_{a}^{+\infty}\left(\frac{1}{p(t)}\right)^{\frac{1}{\gamma}}\mathrm{d}t=+\infty,$$

$$\limsup_{t\to+\infty}\int_{a}^{t}\left(Lk^{\gamma}q(s)\delta(s)\left(\frac{\tau(s)}{s}\right)^{\gamma}-\frac{p(s)(\delta'(s))_{+}^{\gamma+1}}{(\gamma+1)^{\gamma+1}(\delta(s))^{\gamma}}\right)\mathrm{d}s=+\infty,$$

这里，$(\delta'(s))_{+}=\max\{0,\delta'(s)\}$，那么方程(3.1.9) 是振动的.

如果存在正项数列 $\{\delta_n\}$，使得对常数 $k\in(0,1)$，有

$$\Delta p(n)\geqslant 0, \sum_{i=a}^{+\infty}\left(\frac{1}{p(i)}\right)^{\frac{1}{\gamma}}=+\infty,$$

$$\limsup_{t\to+\infty}\sum_{i=a}^{n-1}\left(Lk^{\gamma}q(i)\delta(i)\left(\frac{\tau(i)}{i+1}\right)^{\gamma}-\frac{p(i)(\Delta\delta(i))_{+}^{\gamma+1}}{(\gamma+1)^{\gamma+1}\delta(i)^{\gamma}}\right)=+\infty,$$

这里，$(\Delta\delta(i))_{+}=\max\{0,\Delta\delta(i)\}$，那么方程(3.1.10)是振动的.

定理 3.1.2　设式(3.1.7)成立. 令 $p\in C_{\mathrm{rd}}^{1}([a,+\infty)_{\mathbb{T}},\mathbf{R})$，$p^{\Delta}\geqslant 0$. 若存在一个正值函数 $\delta\in C_{\mathrm{rd}}^{1}([a,+\infty)_{\mathbb{T}},\mathbf{R})$，对常数 $k\in(0,1)$，$m\geqslant 1$，使得

$$\limsup_{t\to+\infty}\frac{1}{t^{m}}\int_{a}^{t}(t-s)^{m}\left(Lk^{\gamma}q(s)\delta(s)\left(\frac{\tau(s)}{\sigma(s)}\right)^{\gamma}-\frac{p(s)(\delta^{\Delta}(s))_{+}^{\gamma+1}}{(\gamma+1)^{\gamma+1}(\delta(s))^{\gamma}}\right)\Delta s=+\infty \tag{3.1.25}$$

成立，这里 $(\delta^{\Delta}(s))_{+}=\max\{0,\delta^{\Delta}(s)\}$，则方程(3.1.1)是振动的.

证明　假设方程(3.1.1)有非振动的解 $x(t)$，不妨设最终为正，即存在 $t_1\in[a,+\infty)_{\mathbb{T}}$，有 $x(t)>0$，$x(\tau(t))>0$，$t\in[t_1,+\infty)_{\mathbb{T}}$. 我们只考虑这种情况，因为当 $x(t)$ 最终为负时可类似证明.

由定理 3.1.1 的证明过程可知，式(3.1.24)成立. 于是

$$Lk^{\gamma}q(t)\delta(t)\left(\frac{\tau(t)}{\sigma(t)}\right)^{\gamma}-\frac{p(t)(\delta^{\Delta}(t))_{+}^{\gamma+1}}{(\gamma+1)^{\gamma+1}\delta^{\gamma}(t)}\leqslant-\omega^{\Delta}(t).$$

因此，

$$\int_{t_2}^{t}(t-s)^{m}\left[Lk^{\gamma}q(s)\delta(s)\left(\frac{\tau(s)}{\sigma(s)}\right)^{\gamma}-\frac{p(s)(\delta^{\Delta}(s))_{+}^{\gamma+1}}{(\gamma+1)^{\gamma+1}\delta^{\gamma}(s)}\right]\Delta s\leqslant-\int_{t_2}^{t}(t-s)^{m}\omega^{\Delta}(s)\Delta s. \tag{3.1.26}$$

由分部积分法，上式右端可得

$$\int_{t_2}^{t}(t-s)^{m}\omega^{\Delta}(s)\Delta s=(t-s)^{m}\omega(s)\Big|_{t_2}^{t}-\int_{t_2}^{t}((t-s)^{m})^{\Delta_s}\omega^{\Delta}(\sigma(s))\Delta s.$$

注意到 $((t-s)^{m})^{\Delta_s}\leqslant-m(t-\sigma(s))^{m-1}\leqslant 0$，$t\geqslant\sigma(s)$，$m\geqslant 1$(见 Saker[142]). 由(3.1.26)得

$$\int_{t_2}^{t}(t-s)^{m}\left[Lk^{\gamma}q(s)\delta(\sigma(s))\left(\frac{\tau(s)}{\sigma(s)}\right)^{\gamma}-\frac{p(s)(\delta^{\Delta}(s))_{+}^{\gamma+1}}{(\gamma+1)^{\gamma+1}\delta^{\gamma}(s)}\right]\Delta s\leqslant(t-t_2)^{m}\omega(t_2),$$

于是

$$\frac{1}{t^{m}}\int_{t_2}^{t}(t-s)^{m}\left[Lk^{\gamma}q(s)\delta(\sigma(s))\left(\frac{\tau(s)}{\sigma(s)}\right)^{\gamma}-\frac{p(s)(\delta^{\Delta}(s))_{+}^{\gamma+1}}{(\gamma+1)^{\gamma+1}\delta^{\gamma}(s)}\right]\Delta s\leqslant\left(\frac{t-t_2}{t}\right)^{m}\omega(t_2),$$

这与条件(3.1.25)矛盾. 证毕.

由定理 3.1.2，我们可以得到方程(3.1.9)和方程(3.1.10)的振动准则.

推论 3.1.4　设存在正值函数 $\delta\in C^{1}([a,+\infty),\mathbf{R})$，对常数 $k\in(0,1)$，$m\geqslant 1$，有

$$p'(t)\geqslant 0,\int_{a}^{+\infty}\left(\frac{1}{p(t)}\right)^{\frac{1}{\gamma}}\mathrm{d}t=+\infty,$$

$$\limsup_{t\to+\infty}\frac{1}{t^{m}}\int_{a}^{t}(t-s)^{m}\left(Lk^{\gamma}q(s)\delta(s)\left(\frac{\tau(s)}{s}\right)^{\gamma}-\frac{p(s)(\delta'(s))_{+}^{\gamma+1}}{(\gamma+1)^{\gamma+1}(\delta(s))^{\gamma}}\right)\mathrm{d}s=+\infty,$$

这里，$(\delta'(s))_{+}=\max\{0,\delta'(s)\}$，则方程(3.1.9)是振动的.

推论 3.1.5　设存在正数列 $\{\delta(n)\}$，对常数 $k\in(0,1)$，$m\geqslant 1$，有

$$\Delta p(n)\geqslant 0,\sum_{i=a}^{+\infty}\left(\frac{1}{p(i)}\right)^{\frac{1}{\gamma}}=+\infty,$$

$$\limsup_{t\to+\infty}\frac{1}{n^m}\sum_{i=a}^{n-1}(n-i)^m\left(Lk^\gamma q(i)\delta(i)\left(\frac{\tau(i)}{i+1}\right)^\gamma-\frac{p(i)(\Delta\delta(i))_+^{\gamma+1}}{(\gamma+1)^{\gamma+1}(\delta(i))^\gamma}\right)=+\infty,$$

这里，$(\Delta\delta(i))_+=\max\{0,\Delta\delta(i)\}$，则方程(3.1.10)是振动的.

下面给出当式(3.1.8)成立时，方程(3.1.1)的每一个解振动或收敛到零的充分条件.

定理 3.1.3　设式(3.1.8)成立. 令 $p\in C_{\mathrm{rd}}^1([a,+\infty)_{\mathbb{T}},\mathbf{R})$. 若存在一个正值函数 $\delta\in C_{\mathrm{rd}}^1([a,+\infty)_{\mathbb{T}},\mathbf{R})$，对常数 $k\in(0,1)$，使得式(3.1.16)成立. 如果

$$\int_a^{+\infty}\left[\frac{1}{p(t)}\int_a^t q(s)\Delta s\right]^{\frac{1}{\gamma}}\Delta t=+\infty,\tag{3.1.27}$$

那么方程(3.1.1)的每一个解或者是振动的或者是收敛到零.

证明　不妨设方程(3.1.1)有一个非振动解 $x(t)>0,x(\tau(t))>0,t\geqslant t_1>a$. 由引理 3.1.2 的证明，可以看到 $x^\Delta(t)$ 的符号存在两种可能情况. 首先，当 $x^\Delta(t)$ 是最终为正时，可类似于定理 3.1.1 的证明，因此可以省略. 其次，当 $x^\Delta(t)$ 是最终为负时，即 $x^\Delta(t)<0,t\geqslant t_1>a$. 于是 $x(t)$ 是递减的，不妨设 $\lim\limits_{t\to+\infty}x(t)=b\geqslant 0$. 我们将证明 $b=0$.

否则，有 $x(\tau(t))>x(t)>x(\sigma(t))>b>0,t\geqslant t_2>t_1$. 因为 $f(x(\tau(t)))\geqslant Lb^\gamma$，存在 $t_3>t_2$，使得 $f(x(\tau(t)))\geqslant L(x(\tau(t)))^\gamma,t\geqslant t_3$. 定义函数

$$u(t)=p(t)(x^\Delta(t))^\gamma.$$

由方程(3.1.1)，得

$$u^\Delta(t)=-q(t)f(x(\tau(t)))\leqslant -Lq(t)(x(\tau(t)))^\gamma\leqslant -Lb^\gamma q(t),t\geqslant t_3.$$

因此，当 $t\geqslant t_3$ 时，有

$$u(t)\leqslant u(t_3)-Lb^\gamma\int_a^t q(s)\Delta s\leqslant -Lb^\gamma\int_a^t q(s)\Delta s.$$

因为 $u(t_3)=p(t_3)(x^\Delta(t_3))^\gamma<0$，所以

$$\int_{t_3}^t x^\Delta s\Delta s\leqslant -L^{\frac{1}{\gamma}}b\int_{t_3}^t\left[\frac{1}{p(s)}\int_{t_3}^s q(\tau)\Delta\tau\right]^{\frac{1}{\gamma}}\Delta s.$$

由条件(3.1.27)，可以得到当 $t\to+\infty$ 时，有 $x(t)\to-\infty$，这与事实 $x(t)>0,t\geqslant t_1$ 矛盾. 因此，$b=0$. 即当 $t\to+\infty$ 时，有 $x(t)\to 0$. 证毕.

类似于定理 3.1.3 的证明，我们有下面的结论.

定理 3.1.4　设式(3.1.8)成立. 令 $p\in C_{\mathrm{rd}}^1([a,+\infty)_{\mathbb{T}},\mathbf{R})$. 若存在一个正值函数 $\delta\in C_{\mathrm{rd}}^1([a,+\infty)_{\mathbb{T}},\mathbf{R})$，对常数 $k\in(0,1)$，式(3.1.25)和式(3.1.27)成立，则方程(3.1.1)的每一个解或者是振动的或者是收敛到零.

由定理 3.1.3 和定理 3.1.4，对方程(3.1.9)和方程(3.1.10)可以得到下面的结果.

推论 3.1.6　若存在一个正值函数 $\delta\in C^1([a,+\infty),\mathbf{R})$，对常数 $k\in(0,1)$，有

$$p'(t)\geqslant 0,\int_a^{+\infty}\left(\frac{1}{p(t)}\right)^{\frac{1}{\gamma}}\mathrm{d}t<+\infty,\int_a^{+\infty}\left[\frac{1}{p(t)}\int_a^t q(s)\mathrm{d}s\right]^{\frac{1}{\gamma}}\mathrm{d}t=+\infty,$$

$$\limsup_{t\to+\infty}\int_a^t\left(Lk^\gamma q(s)\delta(s)\left(\frac{\tau(s)}{s}\right)^\gamma-\frac{p(s)(\delta'(s))_+^{\gamma+1}}{(\gamma+1)^{\gamma+1}(\delta(s))^\gamma}\right)\mathrm{d}s=+\infty.$$

这里，$(\delta'(s))_+=\max\{0,\delta'(s)\}$，则方程(3.1.9)的每一个解或者是振动的或者是收敛

到零.

推论 3.1.7　若存在一个正值数列$\{\delta(n)\}$,对常数$k\in(0,1)$,有

$$\Delta p(n)\geqslant 0,\sum_{i=a}^{+\infty}\left(\frac{1}{p(i)}\right)^{\frac{1}{\gamma}}<+\infty,\sum_{i=a}^{+\infty}\left(\frac{1}{p(i)}\sum_{j=a}^{i-1}q(j)\right)^{\frac{1}{\gamma}}=+\infty,$$

$$\limsup_{n\to+\infty}\sum_{i=a}^{n-1}\left(Lk^{\gamma}q(i)\delta(i)\left(\frac{\tau(i)}{i+1}\right)^{\gamma}-\frac{p(i)(\Delta\delta(i)_+^{\gamma+1}}{(\gamma+1)^{\gamma+1}(\delta(i))^{\gamma}}\right)=+\infty,$$

这里,$(\Delta\delta(i))_+=\max\{0,\Delta\delta(i)\}$,则方程(3.1.10)的每一个解或者是振动的或者是收敛到零.

推论 3.1.8　若存在一个正值函数$\delta\in C^1([a,+\infty),\mathbf{R})$,对常数$k\in(0,1)$,$m\geqslant 1$,有

$$p'(t)\geqslant 0,\int_a^{+\infty}\left(\frac{1}{p(t)}\right)^{\frac{1}{\gamma}}\mathrm{d}t<+\infty,\int_a^{+\infty}\left[\frac{1}{p(t)}\int_a^t q(s)\mathrm{d}s\right]^{\frac{1}{\gamma}}\mathrm{d}t=+\infty,$$

$$\limsup_{t\to+\infty}\frac{1}{t^m}\int_a^t(t-s)^m\left(Lk^{\gamma}q(s)\delta(s)\left(\frac{\tau(s)}{s}\right)^{\gamma}-\frac{p(s)(\delta'(s))_+^{\gamma+1}}{(\gamma+1)^{\gamma+1}(\delta(s))^{\gamma}}\right)\mathrm{d}s=+\infty,$$

这里,$(\delta'(s))_+=\max\{0,\delta'(s)\}$,则方程(3.1.9)的每一个解或者是振动的或者是收敛到零.

推论 3.1.9　若存在一个正值数列$\{\delta(n)\}$,对常数$k\in(0,1)$,$m\geqslant 1$,有

$$\Delta p(n)\geqslant 0,\sum_{i=a}^{+\infty}\left(\frac{1}{p(i)}\right)^{\frac{1}{\gamma}}<+\infty,\sum_{i=a}^{+\infty}\left(\frac{1}{p(i)}\sum_{j=a}^{i-1}q(j)\right)^{\frac{1}{\gamma}}=+\infty,$$

$$\limsup_{n\to+\infty}\frac{1}{n^m}\sum_{i=a}^{n-1}(n-i)^m\left(Lk^{\gamma}q(i)\delta(i)\left(\frac{\tau(i)}{i+1}\right)^{\gamma}-\frac{p(i)(\Delta\delta(i))_+^{\gamma+1}}{(\gamma+1)^{\gamma+1}(\delta(i))^{\gamma}}\right)=+\infty,$$

这里,$(\Delta\delta(i))_+=\max\{0,\Delta\delta(i)\}$,则方程(3.1.10)的每一个解或者是振动的或者是收敛到零.

定理 3.1.5　设式(3.1.7)成立.令$p\in C_{\mathrm{rd}}^1([a,+\infty),\mathbf{R})$,$p^{\Delta}(t)\geqslant 0$,且$\tau(t)<t$.若方程(3.1.1)有一个最终正解,则对任意的$c\in\mathbf{R}$,且$0<c<1$,有$\alpha(c)\geqslant 1$,这里

$$\alpha(c)=\lim_{t_0\to+\infty}\sup_{t\to t_0}\sup_{\lambda\in E}\{\lambda\exp\{\int_{\tau(t)}^t\zeta_{\mu(s)}(-\lambda Lc^{\gamma}q(s)\frac{(\tau(s))^{\gamma}}{p(\tau(s))})\Delta s\}\},$$

$$E=\{\lambda:\lambda>0,1-\lambda Lc^{\gamma}q(t)\frac{(\tau(t))^{\gamma}}{p(\tau(t))}\mu(t)>0\}.$$

证明　设$x(t)$是方程(3.1.1)在$[a,+\infty)_{\mathbf{T}}$上的一个最终正解,所以存在$t_1\geqslant a$.由引理3.1.2,得式(3.1.11)成立.由函数乘积的求导公式得

$$(p(t)(x^{\Delta}(t))^{\gamma})^{\Delta}=p^{\Delta}(t)(x^{\Delta}(t))^{\gamma}+p(\sigma(t))[(x^{\Delta}(t))^{\gamma}]^{\Delta}.$$

根据 Keller 链锁法则,并注意到$\gamma\geqslant 1$,得

$$((x(t))^{\gamma})^{\Delta}\geqslant\gamma\int_0^1[hx+(1-h)x]^{\gamma-1}x^{\Delta}(t)\mathrm{d}h=\gamma(x(t))^{\gamma-1}x^{\Delta}(t).\quad(3.1.28)$$

所以$[(x^{\Delta}(t))^{\gamma}]^{\Delta}\geqslant\gamma(x(t))^{\gamma-1}x^{\Delta\Delta}(t)$.由于式(3.1.11)、式(3.1.28)和$p^{\Delta}(t)\geqslant 0$,得$x^{\Delta\Delta}(t)$最终为负.因此,$x^{\Delta}(t)$最终递减.所以当$x\geqslant t_1$时,有

$$x(t)=x(t_1)+\int_{t_1}^t x^{\Delta}(s)\Delta s\geqslant x(t_1)+x^{\Delta}(t)(t-t_1)\geqslant(t-t_1)x^{\Delta}(t).$$

令 $c\in\mathbf{R}$,且 $0<c<1$. 于是,当 $t\geqslant\dfrac{t_1}{1-c}$ 时,有 $t-t_1\geqslant ct$. 令 $t_2=\dfrac{t_1}{1-c}$,所以 $x(t)\geqslant ctx^{\Delta}(t),t\geqslant t_2$. 由于 $\lim\limits_{t\to+\infty}\tau(t)=+\infty$,不失一般性,亦有 $x(\tau(t))\geqslant c\tau(t)x^{\Delta}(\tau(t)),t\geqslant t_2$. 由式(3.1.12)得

$$
\begin{aligned}
(p(t)(x^{\Delta}(t))^{\gamma})^{\Delta}&\leqslant-Lq(t)(x(\tau(t)))^{\gamma}\leqslant-Lq(t)c^{\gamma}(\tau(t))^{\gamma}(x^{\Delta}(\tau(t)))^{\gamma}\\
&=-\frac{Lc^{\gamma}q(t)(\tau(t))^{\gamma}}{p(\tau(t))}p(\tau(t))(x^{\Delta}(\tau(t)))^{\gamma},t\geqslant t_2.
\end{aligned}
$$

令 $y(t)=p(t)(x^{\Delta}(t))^{\gamma}$,则 $y(t)>0$,且

$$
y^{\Delta}(t)\leqslant-\frac{Lc^{\gamma}q(t)(\tau(t))^{\gamma}}{p(\tau(t))}p(\tau(t))(x^{\Delta}(\tau(t)))^{\gamma}\leqslant-\frac{Lc^{\gamma}q(t)(\tau(t))^{\gamma}}{p(\tau(t))}y(\tau(t)).
$$

因此,$y(t)$ 是不等式

$$
y^{\Delta}(t)+\frac{Lc^{\gamma}q(t)(\tau(t))^{\gamma}}{p(\tau(t))}y(\tau(t))\leqslant 0 \tag{3.1.29}
$$

的一个最终正解. 应用引理 3.1.3,得定理 3.1.5 结论成立.

由定理 3.1.5 易得下面的结论.

推论 3.1.10 设式(3.1.7)成立. 令 $p\in C_{\mathrm{rd}}^{1}([a,+\infty)_{\mathbb{T}},\mathbf{R})$,$p^{\Delta}(t)\geqslant 0$,且 $\tau(t)<t$. 若对任意的 $c\in\mathbf{R}$,且 $0<c<1$,有 $\alpha(c)<1$,则方程(3.1.1)是振动的.

定理 3.1.6 设式(3.1.7)成立. 令 $p\in C_{\mathrm{rd}}^{1}([a,+\infty)_{\mathbb{T}},\mathbf{R})$,$p^{\Delta}(t)\geqslant 0$,且 $\tau(t)<t$. 若对任意的 $c\in\mathbf{R}$,且 $0<c<1$,有

$$
\int_{\tau(t)}^{t}q(s)\,\frac{(\tau(s))^{\gamma}}{p(\tau(s))}\Delta s>\frac{1}{Lc^{\gamma}}, \tag{3.1.30}
$$

则方程(3.1.1)是振动的.

证明 假设方程(3.1.1)不振动. 不失一般性,设方程(3.1.1)在 $[a,+\infty)_{\mathbb{T}}$ 上有一个最终正解 $x(t)$,所以存在 $t_1\geqslant a$,由引理 3.1.2,得式(3.1.11)成立. 由定理 3.1.5 的证明过程,得式(3.1.29)成立. 对式(3.1.29)两端从 $\tau(t)$ 到充分大的 t 积分,考虑到条件式(3.1.30)得

$$
\begin{aligned}
0&\geqslant\int_{\tau(t)}^{t}\left[y^{\Delta}(s)+Lc^{\gamma}q(s)\,\frac{(\tau(s))^{\gamma}}{p(\tau(s))}y(\tau(s))\right]\Delta s\\
&=y(t)-y(\tau(t))+\int_{\tau(t)}^{t}Lc^{\gamma}q(s)\,\frac{(\tau(s))^{\gamma}}{p(\tau(s))}y(\tau(s))\Delta s\\
&\geqslant y(t)-y(\tau(t))+y(\tau(t))\int_{\tau(t)}^{t}Lc^{\gamma}q(s)\,\frac{(\tau(s))^{\gamma}}{p(\tau(s))}\Delta s\\
&=y(t)+y(\tau(t))\left[\int_{\tau(t)}^{t}Lc^{\gamma}q(s)\,\frac{(\tau(s))^{\gamma}}{p(\tau(s))}\Delta s-1\right]>0,
\end{aligned}
$$

矛盾. 因此,定理 3.1.6 成立.

注 3.1.2 当 $\tau(t)=t$ 时,定理 3.1.5 和定理 3.1.6 的有关结果是不能够应用到方程(3.1.1)的. 这说明,滞量 $\tau(t)$ 的出现影响了方程(3.1.1)的振动性质.

下面给出当 $\tau(t)\leqslant t$ 时方程(3.1.1)振动的几个结果.

定理 3.1.7 设式(3.1.7)成立. 令 $p\in C_{\mathrm{rd}}^{1}([a,+\infty)_{\mathbb{T}},\mathbf{R})$,$p^{\Delta}(t)\geqslant 0$. 若

$$
\int_{a}^{+\infty}q(t)\left(\frac{\tau(t)}{t}\right)^{\gamma}\Delta t=+\infty, \tag{3.1.31}
$$

则方程(3.1.1)是振动的.

证明　不失一般性，设方程(3.1.1)在$[a,+\infty)_{\mathbb{T}}$上存在一个最终正解$x(t)$，所以，存在$t_1 \geqslant a$，由引理 3.1.2，得式(3.1.11)成立，并且存在$\alpha > 0$，有$x(t) > \alpha$. 令$y(t) = p(t)(x^{\Delta}(t))^{\gamma}$，则$y(t) > 0$. 由式(3.1.12)，得

$$y(t) = y(t_1) + \int_{t_1}^{t} y^{\Delta} s \Delta s \leqslant y(t_1) - L\int_{t_1}^{t} q(s)(x(\tau(s)))^{\gamma}\Delta s. \tag{3.1.32}$$

由于$p^{\Delta}(t) \geqslant 0$，根据定理 3.1.5 的证明得，$x^{\Delta\Delta}(t)$最终为负. 由引理 3.1.1，存在$t_2 \geqslant t_1 \geqslant a$，当$t \geqslant t_2$时，有$\frac{1}{2}\frac{\tau(t)}{t}x(t) \leqslant x(\tau(t))$. 结合式(3.1.32)，得

$$y(t) \leqslant y(t_1) - L\left(\frac{\alpha}{2}\right)^{\gamma}\int_{t_1}^{t} q(s)\left(\frac{\tau(s)}{s}\right)^{\gamma}\Delta s,$$

所以

$$L\left(\frac{\alpha}{2}\right)^{\gamma}\int_{t_1}^{t} q(s)\left(\frac{\tau(s)}{s}\right)^{\gamma}\Delta s \leqslant y(t_1),$$

这与条件式(3.1.31)矛盾. 因此，定理 3.1.7 成立.

定理 3.1.8　设式(3.1.7)成立. 令$p \in C_{\mathrm{rd}}^{1}([a,+\infty)_{\mathbb{T}},\mathbf{R})$，$p^{\Delta}(t) \geqslant 0$. 若

$$\lim_{t\to+\infty}\left\{\frac{t^{\gamma}}{p(t)}\int_{t}^{+\infty} q(s)\left(\frac{\tau(s)}{s}\right)^{\gamma}\Delta s\right\} = +\infty, \tag{3.1.33}$$

则方程(3.1.1)是振动的.

证明　不失一般性，设方程(3.1.1)在$[a,+\infty)_{\mathbb{T}}$上有一个最终正解$x(t)$，所以存在$t_1 \geqslant a$，当$t \geqslant t_1$时，由引理 3.1.2，得式(3.1.11)成立. 令$y(t) = p(t)(x^{\Delta}(t))^{\gamma}$，当$T \geqslant t \geqslant t_1$时，有$y(t) > 0$，且

$$y(T) = y(t) + \int_{t}^{T} y^{\Delta}(s)\Delta s \leqslant y(t) - L\int_{t}^{T} q(s)(x(\tau(s)))^{\gamma}\Delta s,$$

所以$L\int_{t}^{T} q(s)(x(\tau(s)))^{\gamma}\Delta s \leqslant y(t) - y(T) \leqslant y(t) = p(t)(x^{\Delta}(t))^{\gamma}$. 由于$p^{\Delta}(t) \geqslant 0$，根据定理 3.1.5 的证明得，$x^{\Delta\Delta}(t)$最终为负，并且，当$t$充分大时，有$x(t) \geqslant \frac{t}{2}x^{\Delta}(t)$，所以

$$p(t)(x(t))^{\gamma} \geqslant \left(\frac{t}{2}\right)^{\gamma} p(t)(x^{\Delta}(t))^{\gamma} \geqslant L\left(\frac{t}{2}\right)^{\gamma}\int_{t}^{+\infty} q(s)(x(\tau(s)))^{\gamma}\Delta s.$$

由引理 3.1.1 可知，$x(t) \leqslant \frac{2t}{\tau(t)}x(\tau(t))$，所以

$$p(t)(x(t))^{\gamma} \geqslant L\left(\frac{t}{4}\right)^{\gamma}\int_{t}^{+\infty} q(s)\left(\frac{\tau(s)}{s}\right)^{\gamma}(x(s))^{\gamma}\Delta s \geqslant L\left(\frac{t}{4}\right)^{\gamma}(x(t))^{\gamma}\int_{t}^{+\infty} q(s)\left(\frac{\tau(s)}{s}\right)^{\gamma}\Delta s.$$

因此，

$$\frac{t^{\gamma}}{p(t)}\int_{t}^{+\infty} q(s)\left(\frac{\tau(s)}{s}\right)^{\gamma}\Delta s \leqslant \frac{4^{\gamma}}{L},$$

这与条件式(3.1.33)矛盾. 因此，定理 3.1.8 成立.

注 3.1.3　文献[114]中的定理 3.2、定理 3.6 和定理 4.4 分别是本章中的定理 3.1.5、定理 3.1.6 和定理 3.1.8 的特殊情况.

定理 3.1.9　设式(3.1.7)成立. 令$p \in C_{\mathrm{rd}}^{1}([a,+\infty)_{\mathbb{T}},\mathbf{R})$，$p^{\Delta}(t) \geqslant 0$. 若存在正的$\Delta$

可导函数 $\delta(t)$，对常数 $k\in(0,1)$，使得

$$\limsup_{t\to+\infty}\int_a^t\left[q(s)\delta(\sigma(s))\left(\frac{\tau(s)}{\sigma(s)}\right)^{\gamma}-\frac{(\delta^{\Delta}(s))^2p(s)}{4L\gamma k^{2\gamma}\delta(\sigma(s))}\left(\frac{\sigma(s)}{\tau(s)}\right)^{\gamma}\left(\frac{2}{s}\right)^{\gamma-1}\right]\Delta s=+\infty, \tag{3.1.34}$$

则方程(3.1.1)是振动的.

证明 假设方程(3.1.1)有一个非振动解 $x(t)$. 不失一般性，不妨设 $x(t)>0$，$x(\tau(t))>0,t\geqslant t_1\geqslant a$. 由引理3.1.1和引理3.1.2，对常数 $k\in(0,1)$，存在 $t_2=\max\{t_k,t_1\}$，使得

$$x(t)\leqslant x(\sigma(t))\leqslant\frac{\sigma(t)}{k\tau(t)}x(\tau(t))\leqslant\frac{\sigma(t)}{k\tau(t)}x(t),t\geqslant t_2. \tag{3.1.35}$$

并且式(3.1.11)和式(3.1.12)成立. 定义函数 $\omega(t)$ 如下：

$$\omega(t)=\delta(t)\,\frac{p(t)(x^{\Delta}(t))^{\gamma}}{(x(t))^{\gamma}},t\geqslant t_2.$$

于是 $\omega(t)>0$，且

$$\omega^{\Delta}(t)=\frac{\delta^{\Delta}(t)}{\delta(t)}\omega(t)+\delta(\sigma(t))\,\frac{(x(t))^{\gamma}(p(t)(x^{\Delta}(t))^{\gamma})^{\Delta}-p(t)(x^{\Delta}(t))^{\gamma}((x(t))^{\gamma})^{\Delta}}{(x(t))^{\gamma}(x(\sigma(t)))^{\gamma}}.$$

注意到式(3.1.12)，得

$$\omega^{\Delta}(t)\leqslant\frac{\delta^{\Delta}(t)}{\delta(t)}\omega(t)-Lq(t)\delta(\sigma(t))\,\frac{(x(\tau(t)))^{\gamma}}{(x(\sigma(t)))^{\gamma}}-\frac{\delta(\sigma(t))p(t)(x^{\Delta}(t))^{\gamma}((x(t))^{\gamma})^{\Delta}}{(x(t))^{\gamma}(x(\sigma(t)))^{\gamma}}.$$

考虑到式(3.1.35)，所以，由上式可得

$$\omega^{\Delta}(t)\leqslant\frac{\delta^{\Delta}(t)}{\delta(t)}\omega(t)-Lk^{\gamma}q(t)\delta(\sigma(t))\left(\frac{\tau(t)}{\sigma(t)}\right)^{\gamma}-\frac{\gamma k^{\gamma}\delta(\sigma(t))}{p(t)(\delta(t))^2}\left(\frac{\tau(t)}{\sigma(t)}\right)^{\gamma}\left(\frac{x(t)}{x^{\Delta}(t)}\right)^{\gamma-1}\omega^2(t). \tag{3.1.36}$$

由式(3.1.11)得，$x^{\Delta}(t)$ 是正的且是递减的. 于是，对固定的 $t_3\geqslant 2t_2$，当 $t\in[t_3,+\infty)$ 时，有

$$x(t)=x(t_2)+\int_{t_2}^t x^{\Delta}(s)\Delta s=\int_{t_2}^t x^{\Delta}(t)\Delta s\geqslant(t-t_2)x^{\Delta}(t)\geqslant\frac{t}{2}x^{\Delta}(t). \tag{3.1.37}$$

由式(3.1.36)和式(3.1.37)，得

$$\omega^{\Delta}(t)\leqslant\frac{\delta^{\Delta}(t)}{\delta(t)}\omega(t)-Lk^{\gamma}q(t)\delta(\sigma(t))\left(\frac{\tau(t)}{\sigma(t)}\right)^{\gamma}-\frac{\gamma k^{\gamma}\delta(\sigma(t))}{p(t)(\delta(t))^2}\left(\frac{\tau(t)}{\sigma(t)}\right)^{\gamma}\left(\frac{t}{2}\right)^{\gamma-1}\omega^2(t).$$

因此，

$$\omega^{\Delta}(t)\leqslant\frac{\delta^{\Delta}(t)}{\delta(t)}\omega(t)-Lk^{\gamma}q(t)\delta(\sigma(t))\left(\frac{\tau(t)}{\sigma(t)}\right)^{\gamma}-\frac{Q_1(t)\omega^2(t)}{(\delta(t))^2}, \tag{3.1.38}$$

这里，$Q_1(t)=\dfrac{\gamma k^{\gamma}\delta(\sigma(t))}{p(t)}\left(\dfrac{\tau(t)}{\sigma(t)}\right)^{\gamma}\left(\dfrac{t}{2}\right)^{\gamma-1}$. 于是，由式(3.1.38)得

$$\omega^{\Delta}(t)\leqslant-Lk^{\gamma}q(t)\delta(\sigma(t))\left(\frac{\tau(t)}{\sigma(t)}\right)^{\gamma}+\frac{(\delta^{\Delta}(t))^2}{4Q_1(t)}-\left[\frac{\sqrt{Q_1(t)}}{\delta(t)}\omega(t)-\frac{\delta^{\Delta}(t)}{2\sqrt{Q_1(t)}}\right]^2.$$

因此，

$$Lk^{\gamma}q(t)\delta(\sigma(t))\left(\frac{\tau(t)}{\sigma(t)}\right)^{\gamma}-\frac{(\delta^{\Delta}(t))^2}{4Q_1(t)}\leqslant-\omega^{\Delta}(t). \tag{3.1.39}$$

对式(3.1.39) 两边从 t_3 到 t 积分,得

$$\int_{t_3}^{t}\left[Lk^{\gamma}q(s)\delta(\sigma(s))\left(\frac{\tau(s)}{\sigma(s)}\right)^{\gamma}-\frac{(\delta^{\Delta}(s))^2}{4Q_1(s)}\right]\Delta s\leqslant\omega(t_3).$$

这与条件式(3.1.34) 矛盾.因此结论成立.

由定理 3.1.9 可知,通过选择不同的正的 Δ 可微函数 $\delta(t)$,可以得到不同的振动条件.例如,设 $\delta(t)=t,t\geqslant a$,则有下面的推论.

推论 3.1.11　设式(3.1.7) 成立.令 $p\in C_{\rm rd}^{1}([a,+\infty)_{\mathbb{T}},\mathbf{R})$,$p^{\Delta}(t)\geqslant 0$.若对常数 $k\in(0,1)$,使得

$$\lim_{t\to+\infty}\int_{a}^{t}\left[Lk^{\gamma}q(s)\frac{(\tau(s))^{\gamma}}{(\sigma(s))^{\gamma-1}}-\frac{p(s)}{4\gamma k^{\gamma}}\frac{(\sigma(s))^{\gamma-1}}{(\tau(s))^{\gamma}}\left(\frac{2}{s}\right)^{\gamma-1}\right]\Delta s=+\infty,$$

则方程(3.1.1) 是振动的.

当 $\gamma=1,p(t)\equiv 1,t\geqslant a$ 时,由定理 3.1.9 就可以推得文献[138] 中的定理 1,即下面推论.

推论 3.1.12　若存在正的 Δ 可微函数 $\delta(t)$,对常数 $k\in(0,1)$,使得

$$\limsup_{t\to+\infty}\int_{a}^{t}\left[q(s)\delta(\sigma(s))\frac{\tau(s)}{\sigma(s)}-\frac{\sigma(s)}{4Lk^2\tau(s)}\frac{(\delta^{\Delta}(s))^2}{\delta(\sigma(s))}\right]\Delta s=+\infty,$$

则方程(3.1.1) 是振动的.

定理 3.1.10　设式(3.1.7) 成立.令 $p\in C_{\rm rd}^{1}([a,+\infty)_{\mathbb{T}},\mathbf{R})$,$p^{\Delta}(t)\geqslant 0$.若存在正的 Δ 可导函数 $\delta(t)$,对常数 $k\in(0,1),m\geqslant 1$,使得

$$\limsup_{t\to+\infty}\frac{1}{t^m}\int_{a}^{t}(t-s)^m\left[Lk^{\gamma}q(s)\delta(\sigma(s))\left(\frac{\tau(s)}{\sigma(s)}\right)^{\gamma}-\frac{(\delta^{\Delta}(s))^2p(s)}{4\gamma k^{\gamma}\delta(\sigma(s))}\left(\frac{\sigma(s)}{\tau(s)}\right)^{\gamma}\left(\frac{2}{s}\right)^{\gamma-1}\right]\Delta s=+\infty,\tag{3.1.40}$$

则方程(3.1.1) 是振动的.

证明　假设方程(3.1.1) 有一个非振动解 $x(t)$.不失一般性,不妨设 $x(t)>0$,$x(\tau(t))>0,t\geqslant t_1\geqslant a$.由定理 3.1.9 的证明得知,式(3.1.35) ~ 式(3.1.39) 成立.由式(3.1.39),得

$$\int_{t_3}^{t}(t-s)^m\left[Lk^{\gamma}q(s)\delta(\sigma(s))\left(\frac{\tau(s)}{\sigma(s)}\right)^{\gamma}-\frac{(\delta^{\Delta}(s))^2}{4Q_1(s)}\right]\Delta s\leqslant-\int_{t_3}^{t}(t-s)^m\omega^{\Delta}(s)\Delta s.\tag{3.1.41}$$

由分部积分法,得

$$\int_{t_3}^{t}(t-s)^m\omega^{\Delta}(s)\Delta s=(t-s)^m\omega(s)\,\Big|_{t_3}^{t}-\int_{t_3}^{t}[(t-s)^m]^{\Delta_s}\omega(\sigma(s))\Delta s.$$

注意到$((t-s)^m)^{\Delta_s}\leqslant -m(t-\sigma(s))^{m-1}\leqslant 0,t\geqslant\sigma(s),m\geqslant 1$(见 Saker[142]).因此,由式(3.1.41) 得

$$\int_{t_3}^{t}(t-s)^m\left[Lk^{\gamma}q(s)\delta(\sigma(s))\left(\frac{\tau(s)}{\sigma(s)}\right)^{\gamma}-\frac{(\delta^{\Delta}(s))^2}{4Q_1(s)}\right]\Delta s\leqslant(t-t_3)^m\omega(t_3).$$

所以$\frac{1}{t^m}\int_{t_3}^{t}(t-s)^m\left[Lk^{\gamma}q(s)\delta(\sigma(s))\left(\frac{\tau(s)}{\sigma(s)}\right)^{\gamma}-\frac{(\delta^{\Delta}(s))^2}{4Q(s)}\right]\Delta s\leqslant\left(\frac{t-t_3}{t}\right)^m\omega(t_3)$,这与条件式(3.1.40) 矛盾.因此结论成立.

由定理 3.1.10 可知,通过选择不同的正的 Δ 可微函数 $\delta(t)$,可以得到不同的振动条

件. 例如,设 $\delta(t)=t, t\geqslant a$,则由定理 3.1.10 可以得到下面的结论.

推论 3.1.13 设式(3.1.7)成立. 令 $p\in C_{rd}^1([a,+\infty)_{\mathbb{T}},\mathbf{R})$, $p^{\Delta}(t)\geqslant 0$. 若对常数 $k\in(0,1)$, $m\geqslant 1$,使得

$$\limsup_{t\to+\infty}\frac{1}{t^m}\int_a^t(t-s)^m\left[Lk^{\gamma}q(s)\frac{(\tau(s))^{\gamma}}{(\sigma(s))^{\gamma-1}}-\frac{p(s)(\sigma(s))^{\gamma-1}}{4\gamma k^{\gamma}(\tau(s))^{\gamma}}\left(\frac{2}{s}\right)^{\gamma-1}\right]\Delta s=+\infty,$$

则方程(3.1.11)是振动的.

如果设 $\delta(t)=1, t\geqslant a$,则由定理 3.1.10 可以得到下面的二阶微分方程 Kamenev 型振动准则的推广.

推论 3.1.14 设式(3.1.7)成立. 令 $p\in C_{rd}^1([a,+\infty)_{\mathbb{T}},\mathbf{R})$, $p^{\Delta}(t)\geqslant 0$. 若对 $m\geqslant 1$,有

$$\limsup_{t\to+\infty}\frac{1}{t^m}\int_a^t(t-s)^m q(s)\left(\frac{\tau(s)}{\sigma(s)}\right)^{\gamma}\Delta s=+\infty,$$

则方程(3.1.1)是振动的.

当 $\gamma=1, p(t)\equiv 1, t\geqslant a$ 时,方程(3.1.1)就是方程(3.1.4). 定理 3.1.10 就是[138]中的定理 2,即下面推论.

推论 3.1.15 若存在正的 Δ 可微函数 $\delta(t)$,对常数 $k\in(0,1)$, $m\geqslant 1$,使得

$$\limsup_{t\to+\infty}\frac{1}{t^m}\int_a^t(t-s)^m\left[q(s)\delta(\sigma(s))\frac{\tau(s)}{\sigma(s)}-\frac{\sigma(s)}{4Lk^2\tau(s))}\frac{(\delta^{\Delta}(s))^2}{\delta(\sigma(s))}\right]\Delta s=+\infty,$$

则方程(3.1.4)是振动的.

由以上定理证明可以看出,条件式(3.1.7)是不可缺少的. 当条件式(3.1.7)不成立时,我们有下面的结果.

定理 3.1.11 设式(3.1.8)成立. 令 $p\in C_{rd}^1([a,+\infty)_{\mathbb{T}},\mathbf{R})$, $p^{\Delta}(t)\geqslant 0$. 若存在正的 Δ 可导函数 $\delta(t)$,对常数 $k\in(0,1)$,使得式(3.1.27)和式(3.1.34)成立,则方程(3.1.1)的每一个解或是振动或是收敛于 0.

证明 假设方程(3.1.1)有一个非振动解 $x(t)$. 不失一般性,不妨设 $x(t)>0$, $x(\tau(t))>0, t\geqslant t_1\geqslant a$. 由引理 3.1.2 的证明过程看出,$x^{\Delta}(t)$ 的符号只有正、负两种可能. 当 $x^{\Delta}(t)>0$ 时,类似定理 3.1.9 的证明,方程(3.1.1)的每一个解是振动的. 当 $x^{\Delta}(t)<0$ 时,$x(t)$ 是递减的,不妨设 $\lim_{t\to+\infty}x(t)=b\geqslant 0$.

下面证明 $b=0$. 由于 $f(x(\tau(t)))\geqslant L(x(\tau(t)))^{\gamma}$,假如 $b>0$,则存在 $t_2\geqslant t_1\geqslant a$,当 $t\geqslant t_2$ 时,有

$$x(\tau(t))>b>0, f(x(\tau(t)))\geqslant Lb^{\gamma}.$$

令 $y(t)=p(t)(x^{\Delta}(t))^{\gamma}$,则 $y(t)<0$. 由方程(3.1.1)得

$$y^{\Delta}(t)=-q(t)f(x(\tau(t)))\leqslant -Lb^{\gamma}q(t).$$

因此,

$$y(t)\leqslant y(t_2)-Lb^{\gamma}\int_{t_2}^t q(s)\Delta s\leqslant -Lb^{\gamma}\int_{t_2}^t q(s)\Delta s.$$

所以

$$x(t)-x(t_2)=\int_{t_2}^t x^{\Delta}(s)\Delta s\leqslant -L^{\frac{1}{\gamma}}b\int_{t_2}^t\left[\frac{1}{p(s)}\int_{t_3}^s q(\tau)\Delta\tau\right]^{\frac{1}{\gamma}}\Delta s.$$

由条件(3.1.39),得 $\lim_{t\to+\infty} x(t)=0$,矛盾.因此,结论成立.

当 $\gamma=1$ 时,定理 3.1.11 可以看作文献[140]中的定理 3.3 和文献[121]中的定理 5.2 在时滞动力方程中的推广,即下面推论.

推论 3.1.16　设式(3.1.8)成立.令 $p\in C_{\mathrm{rd}}^1([a,+\infty)_{\mathbb{T}},\mathbf{R})$,$p^\Delta(t)\geqslant 0$.若存在正的 Δ 可微函数 $\delta(t)$,对常数 $k\in(0,1)$,使得

$$\limsup_{t\to+\infty}\int_a^t\left[q(s)\delta(\sigma(s))\frac{\tau(s)}{\sigma(s)}-\frac{(\delta^\Delta(s))^2p(s)}{4Lk^2\delta(\sigma(s))}\frac{\sigma(s)}{\tau(s)}\right]\Delta s=+\infty,$$

$$\int_a^{+\infty}\frac{1}{p(t)}\int_a^t q(s)\Delta s\Delta t=+\infty$$

成立,则方程(3.1.1)的每一个解或者是振动的或者是收敛到零.

注 3.1.4　文献[114,131,138,146]的结果不能应用到方程(3.1.1).

由前面的定理证明可以看出,除定理 3.1.5、定理 3.1.6 和定理 3.1.7 之外,其条件中都含有一个所依赖的常数 $k\in(0,1)$,这说明这些结果不是"sharp"的.这就影响了定理使用的范围.能否将所依赖的常数 $k\in(0,1)$ 去掉呢?下面给出这方面的尝试.

引理 3.1.4　设式(3.1.7)成立.令 $p\in C_{\mathrm{rd}}^1([a,+\infty)_{\mathbb{T}},\mathbf{R})$,$p^\Delta(t)\geqslant 0$,且

$$\int_a^{+\infty}(\tau(t))^\gamma q(t)\Delta t=+\infty.\tag{3.1.42}$$

若方程(3.1.1)有一个最终正解 $x(t)$,则存在 $t_*\geqslant a$,当 $t\geqslant t_*$ 时,有

(1)$x^\Delta(t)>0,x(t)>tx^\Delta(t)$;

(2)x 是严格递增的,且 $\dfrac{x(t)}{t}$ 是严格递减的.

证明　因为 $x(t)$ 是方程(3.1.1)有一个最终正解,所以存在 $t_0\geqslant a$,当 $t\geqslant t_0>a$ 时,有 $x(t)>0,x(\tau(t))>0$.由方程(3.1.1),得

$$(p(t)(x^\Delta(t))^\gamma)^\Delta=-q(t)f(x(\tau(t)))\leqslant -Lq(t)(x(\tau(t)))^\gamma<0,t\geqslant t_0.$$

因此 $p(t)(x^\Delta(t))^\gamma$ 是最终递减的.下面首先证明 $p(t)(x^\Delta(t))^\gamma$ 是最终为正的.实际上,递减函数 $p(t)(x^\Delta(t))^\gamma$ 或者最终为正,或者最终为负.假设存在 $t_1\geqslant t_0$,使得 $p(t_1)(x^\Delta(t_1))^\gamma=c<0$,于是 $p(t)(x^\Delta(t))^\gamma\leqslant p(t_1)(x^\Delta(t_1))^\gamma,t\geqslant t_1$.记 $p(t_1)(x^\Delta(t_1))^\gamma=c$,得

$$x^\Delta(t)\leqslant c^{\frac{1}{\gamma}}\left(\frac{1}{p(t)}\right)^{\frac{1}{\gamma}}.$$

由条件式(3.1.7),得

$$x(t)\leqslant x(t_1)+c^{\frac{1}{\gamma}}\int_{t_1}^t\left(\frac{1}{p(s)}\right)^{\frac{1}{\gamma}}\Delta s\to-\infty,t\to+\infty,$$

这与 $x(t)>0,t\geqslant t_0$ 矛盾.所以 $p(t)(x^\Delta(t))^\gamma$ 最终为正.因此 $x^\Delta(t)$ 是最终为正的.于是 $x(t)$ 是最终递增的.由于

$$(p(t)(x^\Delta(t))^\gamma)^\Delta=p^\Delta(t)(x^\Delta(t))^\gamma+p(\sigma(t))((x^\Delta(t))^\gamma)^\Delta,$$

而 $p^\Delta(t)\geqslant 0$,容易得出 $((x^\Delta(t))^\gamma)^\Delta<0$.由公式得

$$((x^\Delta(t))^\gamma)^\Delta=\gamma\int_0^1[h(x^\Delta)^\sigma+(1-h)x^\Delta]^{\gamma-1}x^{\Delta\Delta}(t)\mathrm{d}h.$$

因为$\int_0^1 [h(x^\Delta)^\sigma + (1-h)x^\Delta]^{\gamma-1}\mathrm{d}h$,所以 $x^{\Delta\Delta}(t)$ 是最终为负的.

令 $X(t) = x(t) - tx^\Delta(t)$,因为

$$X^\Delta(t) = x^\Delta(t) - (x^\Delta(t) + \sigma(t)x^{\Delta\Delta}(t)) = -\sigma(t)x^{\Delta\Delta}(t)$$

最终为正,所以 $X(t)$ 是最终递增的. 因此 $X(t)$ 或者最终为正,或者最终为负.

如果 $X(t)$ 是最终为负,那么存在 $t_2 \geqslant t_1$,当 $t \geqslant t_2$ 时,有 $X(t) < 0$. 所以,

$$\left(\frac{x(t)}{t}\right)^\Delta = \frac{tx^\Delta(t) - x(t)}{t\sigma(t)} = -\frac{X(t)}{t\sigma(t)} > 0, t \geqslant t_2.$$

因此,当 $t \geqslant t_2$ 时,$\frac{x(t)}{t}$ 严格递增. 取 $t_3 \geqslant t_2$,有 $\tau(t) \geqslant \tau(t_1), t \geqslant t_3$. 于是

$$\frac{x(\tau(t))}{\tau(t)} \geqslant \frac{x(\tau(t_1))}{\tau(t_1)} > 0.$$

记$\frac{x(\tau(t_1))}{\tau(t_1)} = d$,有 $x(\tau(t)) \geqslant d\tau(t), t \geqslant t_3$. 所以

$$p(t)(x^\Delta(t))^\gamma - p(t_3)(x^\Delta(t_3))^\gamma \leqslant -L\int_{t_3}^t q(s)(x\tau(s)))^\gamma \Delta s,$$

即

$$p(t_3)(x^\Delta(t_3))^\gamma \geqslant p(t)(x^\Delta(t))^\gamma + L\int_{t_3}^t q(s)(x(\tau(s)))^\gamma \Delta s$$

$$\geqslant L\int_{t_3}^t q(s)(x(\tau(s)))^\gamma \Delta s \geqslant Ld^\gamma \int_{t_3}^t q(s)(\tau(s))^\gamma \Delta s,$$

这与条件(3.1.42)相矛盾. 因此存在 $t_* \geqslant t_1$,使得 $X(t) > 0, t \geqslant t_*$. 即 $x(t) > tx^\Delta(t)$, $t \geqslant t_*$. 于是,有

$$\left(\frac{x(t)}{t}\right)^\Delta = \frac{tx^\Delta(t) - x(t)}{t\sigma(t)} = -\frac{X(t)}{t\sigma(t)} < 0, t \geqslant t_*.$$

这说明,当 $t \geqslant t_*$ 时,$\frac{x(t)}{t}$ 是严格递减的. 证毕.

定理 3.1.12 设式(3.1.7)和式(3.1.42)成立. 令 $p \in C_{\mathrm{rd}}^1([a,+\infty)_{\mathbb{T}}, \mathbf{R})$, $p^\Delta(t) \geqslant 0$. 若存在正函数 $\delta \in C_{\mathrm{rd}}^1([a,+\infty)_{\mathbb{T}}, \mathbf{R})$,使得

$$\limsup_{t\to+\infty}\int_a^t \left(q(s)\delta(\sigma(s))\left(\frac{\tau(s)}{\sigma(s)}\right)^\gamma - \frac{p(s)(\delta^\Delta(s))^2}{4L\gamma\delta(\sigma(s))}\left(\frac{\sigma(s)}{s}\right)^\gamma\left(\frac{1}{s}\right)^{\gamma-1}\right)\Delta s = +\infty, \tag{3.1.43}$$

则方程(3.1.1)是振动的.

证明 假设方程(3.1.1)有非振动解 $x(t)$. 不失一般性,不妨设 $x(t) > 0, x(\tau(t)) > 0, t \geqslant t_1 > a$. 我们只考虑这种情况. 因为当 $x(t)$ 最终为负时,可以类似证明. 由方程(3.1.1)和引理 3.1.4,得

$$x^\Delta(t) > 0, x(t) > tx^\Delta(t), \quad (p(t)x^\Delta(t))^\Delta < 0, t \geqslant t_1. \tag{3.1.44}$$

定义函数 $\omega(t)$ 如下:

$$\omega(t) = \delta(t)\frac{p(t)(x^\Delta(t))^\gamma}{(x(t))^\gamma}, \quad t \geqslant t_1, \tag{3.1.45}$$

于是 $\omega(t) > 0$,且

$$\omega^{\Delta}(t)=\frac{\delta^{\Delta}(t)}{\delta(t)}\omega(t)+\delta(\sigma(t))\frac{(x(t))^{\gamma}(p(t)(x^{\Delta}(t))^{\gamma})^{\Delta}}{(x(t))^{\gamma}(x(\sigma(t)))^{\gamma}}$$
$$-\delta(\sigma(t))\frac{p(t)(x^{\Delta}(t))^{\gamma}((x(t))^{\gamma})^{\Delta}}{(x(t))^{\gamma}(x(\sigma(t)))^{\gamma}}.$$

注意到式(3.1.12),由上式得

$$\omega^{\Delta}(t)\leqslant\frac{\delta^{\Delta}(t)}{\delta(t)}\omega(t)-Lq(t)\delta(\sigma(t))\frac{(x(\tau(t)))^{\gamma}}{(x(\sigma(t)))^{\gamma}}-\frac{\delta(\sigma(t))p(t)(x^{\Delta}(t))^{\gamma}((x(t))^{\gamma})^{\Delta}}{(x(t))^{\gamma}(x(\sigma(t)))^{\gamma}}.$$

由公式(2.1.6),得

$$((x(t))^{\gamma})^{\Delta}\geqslant\gamma\int_{0}^{1}[hx+(1-h)x]^{\gamma-1}x^{\Delta}(t)\mathrm{d}h=\gamma(x(t))^{\gamma-1}x^{\Delta}(t).\quad(3.1.46)$$

考虑到式(3.1.44)、式(3.1.45)和式(3.1.46)及当 $t\geqslant t_1$ 时,x 是严格递增的,$\frac{x(t)}{t}$ 是严格递减的,可得

$$\omega^{\Delta}(t)\leqslant-Lq(t)\delta(\sigma(t))\left(\frac{\tau(t)}{\sigma(t)}\right)^{\gamma}+\frac{\delta^{\Delta}(t)}{\delta(t)}\omega(t)-\frac{\gamma\delta(\sigma(t))}{p(t)(\delta(t))^{2}}\left(\frac{t}{\sigma(t)}\right)^{\gamma}\left(\frac{x(t)}{x^{\Delta}(t)}\right)^{\gamma-1}\omega^{2}(t).$$

于是

$$\omega^{\Delta}(t)\leqslant-Lq(t)\delta(\sigma(t))\left(\frac{\tau(t)}{\sigma(t)}\right)^{\gamma}+\frac{\delta^{\Delta}(t)}{\delta(t)}\omega(t)-\frac{\gamma\delta(\sigma(t))}{p(t)(\delta(t))^{2}}\left(\frac{t}{\sigma(t)}\right)^{\gamma}t^{\gamma-1}\omega^{2}(t),$$

因此,

$$\omega^{\Delta}(t)\leqslant-Lq(t)\delta(\sigma(t))\left(\frac{\tau(t)}{\sigma(t)}\right)^{\gamma}+\frac{\delta^{\Delta}(t)}{\delta(t)}\omega(t)-\frac{Q_2(t)\omega^{2}(t)}{(\delta(t))^{2}},\quad(3.1.47)$$

这里,$Q_2(t)=\frac{\gamma\delta(\sigma(t))}{p(t)}\left(\frac{t}{\sigma(t)}\right)^{\gamma}t^{\gamma-1}$. 于是,由式(3.1.47)得

$$\omega^{\Delta}(t)\leqslant-Lq(t)\delta(\sigma(t))\left(\frac{\tau(t)}{\sigma(t)}\right)^{\gamma}+\frac{(\delta^{\Delta}(t))^{2}}{4Q_2(t)}-\left[\frac{\sqrt{Q_2(t)}}{\delta(t)}\omega(t)-\frac{\delta^{\Delta}(t)}{2\sqrt{Q_2(t)}}\right]^{2}.$$

所以,

$$\omega^{\Delta}(t)\leqslant-Lq(t)\delta(\sigma(t))\left(\frac{\tau(t)}{\sigma(t)}\right)^{\gamma}+\frac{(\delta^{\Delta}(t))^{2}}{4Q_2(t)}.$$

对上式从 t_1 到 t 积分,得

$$-\omega(t_1)\leqslant\omega(t)-\omega(t_1)\leqslant-L\int_{t_1}^{t}\left(q(s)\delta(\sigma(s))\left(\frac{\tau(s)}{\sigma(s)}\right)^{\gamma}-\frac{(\delta^{\Delta}(s))^{2}}{4LQ_2(s)}\right)\Delta s,$$

即

$$\int_{t_1}^{t}\left(q(s)\delta(\sigma(s))\left(\frac{\tau(s)}{\sigma(s)}\right)^{\gamma}-\frac{(\delta^{\Delta}(s))^{2}}{4LQ_2(s)}\right)\Delta s\leqslant\frac{1}{L}\omega(t_1)$$

对充分大的 t 都成立,这与条件(3.1.43)矛盾. 证毕.

注 3.1.5　定理 3.1.12 改进和推广了 Sahiner [138] 中定理 1 的有关结果.

由定理 3.1.12,通过选择不同的函数 $\delta(t)$,可以得到方程(3.1.1)不同的振动条件. 例如,令 $\delta(t)=t,t\geqslant a$. 由定理 3.1.12 可以得出下面的结果.

推论 3.1.17　设式(3.1.7)和式(3.1.42)成立. 令 $p\in C_{\mathrm{rd}}^{1}([a,+\infty),\mathbf{R})$,$p^{\Delta}\geqslant0$. 若

$$\limsup_{t\to+\infty}\int_{a}^{t}\left(q(s)\frac{(\tau(s))^{\gamma}}{(\sigma(s))^{\gamma-1}}-\frac{p(s)}{4L\gamma}\frac{(\sigma(s))^{\gamma-1}}{s^{2\gamma-1}}\right)\Delta s=+\infty,$$

则方程(3.1.1)是振动的.

推论 3.1.18 设式(3.1.42)成立,令 $\gamma=1,p(t)=1,t\geqslant a$.若

$$\limsup_{t\to+\infty}\int_a^t\left(q(s)\tau(s)-\frac{1}{4Ls}\right)\Delta s=+\infty,$$

则方程(3.1.1)是振动的.

定理 3.1.13 设式(3.1.7)和式(3.1.42)成立,令 $p\in C_{\mathrm{rd}}^1([a,+\infty),\mathbf{R}),p^\Delta\geqslant 0$.若存在正函数 $\delta\in C_{\mathrm{rd}}^1([a,+\infty),\mathbf{R})$,使得

$$\limsup_{t\to+\infty}\int_a^t\left(q(s)\delta(s)\left(\frac{\tau(s)}{s}\right)^\gamma-\frac{(\delta^\Delta(s))^2p(\sigma(s))}{4L\gamma\delta(s)}\left(\frac{1}{\sigma(s)}\right)^{\gamma-1}\right)\Delta s=+\infty,\quad(3.1.48)$$

则方程(3.1.1)是振动的.

证明 假设方程(3.1.1)有非振动解 $x(t)$.不失一般性,不妨设 $x(t)>0,x(\tau(t))>0,t\geqslant t_1>a$.由定理3.1.12的证明过程可以得到式(3.1.44).像式(3.1.45)那样定义函数 $\omega(t)$.由于

$$\omega^\Delta(t)=\frac{\delta(t)}{(x(t))^\gamma}(p(t)(x^\Delta(t))^\gamma)^\Delta+p(\sigma(t))(x^\Delta(\sigma(t)))^\gamma\frac{(x(t))^\gamma\delta^\Delta(t)-\delta(t)((x(t))^\gamma)^\Delta}{(x(t))^\gamma(x(\sigma(t)))^\gamma},$$

注意到式(3.1.12)、式(3.1.44)、式(3.1.45)和式(3.1.46)及当 $t\leqslant t_1$ 时,x 是严格递增的,$\frac{x(t)}{t}$ 是严格递减的,由上式得

$$\omega^\Delta(t)\leqslant-Lq(t)\delta(t)\left(\frac{\tau(t)}{t}\right)^\gamma+\frac{\delta^\Delta(t)}{\delta^\sigma}\omega^\sigma-\frac{\gamma\delta(t)(p(x^\Delta)^\gamma)^\sigma x^\Delta(t)}{x(t)(x(\sigma(t)))^\gamma}.\quad(3.1.49)$$

由于 $x^{\Delta\Delta}(t)$ 最终为负,所以 $x(t)\geqslant x^\Delta(\sigma(t))$.又 $x(\sigma(t))\geqslant x(t)$,因此,由式(3.1.49)得

$$\omega^\Delta(t)\leqslant-Lq(t)\delta(t)\left(\frac{\tau(t)}{t}\right)^\gamma+\frac{\delta^\Delta(t)}{\delta^\sigma}\omega^\sigma-\frac{\gamma\delta(t)}{(\delta^\sigma)^2p(\sigma(t))}(\sigma(t))^{\gamma-1}(\omega^\sigma)^2.$$

于是

$$\omega^\Delta(t)\leqslant-Lq(t)\delta(t)\left(\frac{\tau(t)}{t}\right)^\gamma+\frac{\delta^\Delta(t)}{\delta^\sigma}\omega^\sigma-\frac{Q_3(t)}{(\delta^\sigma)^2}(\omega^\sigma)^2,$$

这里,$Q_3(t)=\frac{\gamma\delta(t)}{p(\sigma(t))}(\sigma(t))^{\gamma-1}$.因此,

$$\omega^\Delta(t)\leqslant-Lq(t)\delta(t)\left(\frac{\tau(t)}{t}\right)^\gamma+\frac{(\delta^\Delta(t))^2}{4Q_3(t)}-\left[\frac{\sqrt{Q_3(t)}}{\delta^\sigma}\omega^\sigma-\frac{\delta^\Delta(t)}{2\sqrt{Q_3(t)}}\right]^2.$$

所以,

$$\omega^\Delta(t)\leqslant-Lq(t)\delta(t)\left(\frac{\tau(t)}{t}\right)^\gamma+\frac{(\delta^\Delta(t))^2}{4Q_3(t)}.$$

对上式从 t_1 到 t 积分,得

$$-\omega(t_1)\leqslant\omega(t)-\omega(t_1)\leqslant-L\int_{t_1}^t\left(q(s)\delta(s)\left(\frac{\tau(s)}{s}\right)^\gamma-\frac{(\delta^\Delta(s))^2}{4LQ_3(s)}\right)\Delta s,$$

即

$$\int_{t_1}^t\left(q(s)\delta(s)\left(\frac{\tau(s)}{s}\right)^\gamma-\frac{(\delta^\Delta(s))^2}{4LQ_3(s)}\right)\Delta s\leqslant\frac{1}{L}\omega(t_1)$$

对充分大的 t 都成立,这与条件(3.1.48)矛盾.证毕.

由定理 3.1.13,通过选择不同的函数 $\delta(t)$,可以得到方程(3.1.1)不同的振动条件.例如,令 $\delta(t)=t,t\geqslant a$.由定理 3.1.13 可以得出下面的结果.

推论 3.1.19　设式(3.1.7)和式(3.1.42)成立,令 $p\in C_{\mathrm{rd}}^{1}([a,+\infty),\mathbf{R}),p^{\Delta}\geqslant 0$.若

$$\limsup_{t\to+\infty}\int_a^t\left(q(s)\ \frac{(\tau(s))^{\gamma}}{s^{\gamma-1}}-\frac{p(\sigma(s))}{4L\gamma s}\left(\frac{1}{\sigma(s)}\right)^{\gamma-1}\right)\Delta s=+\infty,$$

则方程(3.1.1)是振动的.

推论 3.1.20　设式(3.1.7)和式(3.1.41)成立,令 $\gamma=1,p\in C_{\mathrm{rd}}^{1}([a,+\infty),\mathbf{R}),p^{\Delta}\geqslant 0$.若

$$\limsup_{t\to+\infty}\int_a^t\left(q(s)\tau(s)-\frac{p(\sigma(s))}{4Ls}\right)\Delta s=+\infty,$$

则方程(3.1.1)是振动的.

定理 3.1.14　设式(3.1.7)和式(3.1.41)成立,令 $p\in C_{\mathrm{rd}}^{1}([a,+\infty),\mathbf{R}),p^{\Delta}\geqslant 0$.若存在一个正值函数 $\delta\in C_{\mathrm{rd}}^{1}([a,+\infty)_{\mathbb{T}},\mathbf{R})$,使得

$$\limsup_{t\to+\infty}\int_a^t\left(q(s)\delta(s)\left(\frac{\tau(s)}{s}\right)^{\gamma}-\frac{p(s)(\delta^{\Delta}(s))_{+}^{\gamma+1}}{L(\gamma+1)^{\gamma+1}(\delta(s))^{\gamma}}\right)\Delta s=+\infty \tag{3.1.50}$$

成立,这里 $(\delta^{\Delta}(s))_{+}=\max\{0,\delta^{\Delta}(s)\}$,则方程(3.1.1)是振动的.

证明　假设方程(3.1.1)有非振动解 $x(t)$.不失一般性,不妨设 $x(t)>0,x(\tau(t))>0,t\geqslant t_1>a$.由定理 3.1.12 的证明过程可以得到式(3.1.44).像式(3.1.45)那样定义函数 $\omega(t)$.由于

$$\omega^{\Delta}(t)=\frac{\delta(t)}{(x(t))^{\gamma}}(p(t)(x^{\Delta}(t))^{\gamma})^{\Delta}+p(\sigma(t))(x^{\Delta}(\sigma(t)))^{\gamma}\ \frac{(x(t))^{\gamma}\delta^{\Delta}(t)-\delta(t)((x(t))^{\gamma})^{\Delta}}{(x(t))^{\gamma}(x(\sigma(t)))^{\gamma}},$$

注意到式(3.1.12)、式(3.1.44)、式(3.1.45)和式(3.1.46)及当 $t\geqslant t_1$ 时,x 是严格递增的,$\frac{x(t)}{t}$ 是严格递减的,由上式得

$$\omega^{\Delta}(t)\leqslant -Lq(t)\delta(t)\left(\frac{\tau(t)}{t}\right)^{\gamma}+\frac{\delta^{\Delta}(t)}{\delta^{\sigma}}\omega^{\sigma}-\frac{\gamma\delta(t)(p(x^{\Delta})^{\gamma})^{\sigma}x^{\Delta}(t)}{x(t)(x(\sigma(t)))^{\gamma}}.$$

下面的证明过程与定理 3.1.1 类似,故省略.证毕.

定理 3.1.15　设式(3.1.8)、式(3.1.27)、式(3.1.42)和式(3.1.43)成立.若 $p\in C_{\mathrm{rd}}^{1}([a,+\infty),\mathbf{R}),p^{\Delta}\geqslant 0$,则方程(3.1.1)的每一个解或者是振动的或者是收敛到零.

证明　假设方程(3.1.1)有非振动解 $x(t)$.不失一般性,不妨设 $x(t)>0,x(\tau(t))>0,t\geqslant t_1>a$.由引理 3.1.4 的证明过程可以看得到,$x^{\Delta}(t)$ 的符号只存在两种可能的情况.首先,当 $x^{\Delta}(t)$ 最终为正时,可类似于定理 3.1.12 的证明,这里省略.

其次,假设 $x^{\Delta}(t)<0,t\geqslant t_1>a$.于是 $x(t)$ 是递减的,令 $\lim\limits_{t\to+\infty}x(t)=b\geqslant 0$.下面我们将证明 $b=0$.否则,有

$$x(\tau(t))>x(t)>x(\sigma(t))>b>0,t\geqslant t_2>t_1.$$

因此,$(x(\tau(t))^{\gamma})>b^{\gamma}$.定义函数 $u(t)=p(t)(x^{\Delta}(t))^{\gamma}$,由方程(3.1.1)得

$$u^{\Delta}(t)=-q(t)f(x(\tau(t)))\leqslant -Lq(t)(x(\tau(t)))^{\gamma}\leqslant -Lb^{\gamma}q(t),t\geqslant t_2.$$

所以，当 $t \geqslant t_2$ 时，有

$$u(t) \leqslant u(t_2) - Lb^\gamma \int_{t_2}^{t} q(s)\Delta s \leqslant -Lb^\gamma \int_{t_2}^{t} q(s)\Delta s.$$

由于 $u(t) = p(t)(x^\Delta(t))^\gamma < 0$，我们可得

$$\int_{t_2}^{t} x^\Delta(s)\Delta s \leqslant -L^{\frac{1}{\gamma}} b \int_{t_2}^{t} \left(\frac{1}{p(s)}\int_{t_2}^{s} q(\tau)\Delta\tau\right)^{\frac{1}{\gamma}} \Delta s.$$

由条件(3.1.27)，得 $x(t) \to -\infty (t \to +\infty)$，这与 $x(t) > 0, t \geqslant t_1$. 矛盾. 所以 $b = 0$，即有 $x(t) \to 0 (t \to +\infty)$. 证毕.

类似地，有下面的结论.

定理 3.1.16 设式(3.1.8)、式(3.1.27)、式(3.1.42)和式(3.1.48)成立. 若 $p \in C_{\mathrm{rd}}^1([a, +\infty), \mathbf{R})$，$p^\Delta \geqslant 0$，则方程(3.1.1)的每一个解或者是振动的或者是收敛到零.

定理 3.1.17 设式(3.1.8)、式(3.1.27)、式(3.1.42)和式(3.1.50)成立. 若 $p \in C_{\mathrm{rd}}^1([a, +\infty), \mathbf{R})$，$p^\Delta \geqslant 0$，则方程(3.1.1)的每一个解或者是振动的或者是收敛到零.

由上述的定理证明可以看出，其条件中都要求 $p^\Delta \geqslant 0$. 能否将其去掉呢？下面给出这方面的尝试.

为了证明下面的主要结论，首先给出下面的引理.

引理 3.1.5 （链锁法则[28, 定理 1.93]）若 $\nu: \mathbb{T} \to \mathbf{R}$ 是严格递增的函数，$\overline{\mathbb{T}} := \nu(\mathbb{T})$ 是一个时间尺度，$\omega: \overline{\mathbb{T}} \to \mathbf{R}$，$\nu^\Delta(t)$、$\omega^{\overline{\Delta}}(\nu(t))$ 在 $t \in \mathbb{T}^\kappa$ 处存在，则 $(\omega \circ \nu)^\Delta = (\omega^{\overline{\Delta}} \circ \nu)\nu^\Delta$.

引理 3.1.6 设式(3.1.7)成立，$p \in C_{\mathrm{rd}}^1([a, +\infty), \mathbf{R})$. 若 $x(t)$ 是方程(3.1.1)的一个最终正解，则存在 $t_1 \geqslant a$，使得

$$x^\Delta(t) > 0, (p(t)(x^\Delta(t))^\gamma)^\Delta < 0, t \geqslant t_1. \tag{3.1.51}$$

证明 因为 $x(t)$ 是方程(3.1.1)的一个最终正解，所以存在 $t_0 \geqslant a$，有 $x(t) > 0$，$x(\tau(t)) > 0, t \geqslant t_0 \geqslant a$. 由方程(3.1.1)得

$$(p(t)(x^\Delta(t))^\gamma)^\Delta = -q(t)f(x(\tau(t))) \leqslant -Lq(t)(x(\tau(t)))^\gamma < 0, t \geqslant t_0. \tag{3.1.52}$$

因此，$p(t)(x^\Delta(t))^\gamma$ 是最终递减函数.

下面证明 $p(t)(x^\Delta(t))^\gamma$ 是最终为正的. 其实，递减函数 $p(t)(x^\Delta(t))^\gamma$ 或者最终为正，或者最终为负. 假设存在 $t_1 \geqslant t_0$，使得 $p(t_1)(x^\Delta(t_1))^\gamma = c < 0$，由式(3.1.52)，得

$$p(t)(x^\Delta(t))^\gamma \leqslant p(t_1)(x^\Delta(t_1))^\gamma = c < 0, t \geqslant t_1,$$

于是，$x^\Delta(t) \leqslant c^{\frac{1}{\gamma}}\left(\frac{1}{p(t)}\right)^{\frac{1}{\gamma}}$. 由条件(3.1.7)得

$$x(t) \leqslant x(t_1) + c^{\frac{1}{\gamma}} \int_{t_1}^{t} \left(\frac{1}{p(s)}\right)^{\frac{1}{\gamma}} \Delta s \to -\infty, t \to +\infty.$$

这与 $x(t) > 0, t \geqslant t_0$ 矛盾. 所以，$p(t)(x^\Delta(t))^\gamma$ 是最终为正的. 所以，$x^\Delta(t)$ 是最终为正的. 因此，存在 $t_1 \geqslant t_0$，使(3.1.51)成立.

定理 3.1.18 设式(3.1.7)成立，$p \in C_{\mathrm{rd}}^1([a, +\infty)_{\mathbb{T}}, \mathbf{R})$，且

(1) $\tau(t)$ 是定义在 $\mathbb{T}$ 到 $\mathbb{T}$ 上的严格递增的函数，且 $\tau(t) \leqslant t$，$\lim\limits_{t \to +\infty} \tau(t) = +\infty$；

(2) $\tau(t)$ 在 $\mathbb{T}$ 上是 Δ 可导函数，$\tau(\mathbb{T})$ 是一个时间尺度，且 $\tau(\mathbb{T})\subset\mathbb{T}$.

若存在正的 Δ 可导函数 $\delta(t)$，使得

$$\limsup_{t\to+\infty}\int_a^t\left[Lq(s)\delta(s)-\frac{1}{(\gamma+1)^{\gamma+1}}\frac{p(\tau(s))(\delta^{\Delta}(s))_+^{\gamma+1}}{(\delta(s)\tau^{\Delta}(s))^{\gamma}}\right]\Delta s=+\infty,\quad(3.1.53)$$

则方程(3.1.1) 在是振动的. 这里 $(\delta^{\Delta}(t))_+=\max\{0,\delta^{\Delta}(t)\}$.

证明　假设方程(3.1.1) 在 $[a,+\infty)_{\mathbb{T}}$ 上有一个非振动解 $x(t)$. 不失一般性，不妨设 $x(t)>0,x(\tau(t))>0,t\geqslant t_1\geqslant a$. 由引理 3.1.6，得(3.1.51) 成立. 定义函数 $\omega(t)$：

$$\omega(t)=\delta(t)\frac{p(t)(x^{\Delta}(t))^{\gamma}}{(x(\tau(t)))^{\gamma}},t\geqslant t_1,\quad(3.1.54)$$

于是，$\omega(t)>0$，且

$$\omega^{\Delta}(t)=\frac{\delta(t)}{(x(\tau(t)))^{\gamma}}(p(t)(x^{\Delta}(t))^{\gamma})^{\Delta}+$$
$$p(\sigma(t))(x^{\Delta}(\sigma(t)))^{\gamma}\frac{(x(\tau(t)))^{\gamma}\delta^{\Delta}(t)-\delta(t)((x(\tau(t)))^{\gamma})^{\Delta}}{(x(\tau(t)))^{\gamma}(x(\tau(\sigma(t))))^{\gamma}}.$$

由式(3.1.52) 和式(3.1.54)，得

$$\omega^{\Delta}(t)\leqslant-Lq(t)\delta(t)+\frac{\delta^{\Delta}(t)}{\delta(\sigma(t))}\omega(\sigma(t))-\frac{\delta(t)p(\sigma(t))(x^{\Delta}(\sigma(t)))^{\gamma}((x(\tau(t)))^{\gamma})^{\Delta}}{(x(\tau(t)))^{\gamma}(x(\tau(\sigma(t))))^{\gamma}}.\quad(3.1.55)$$

由于 $\sigma(t)\geqslant t,x(t),\tau(t)$ 是递增的，由式(2.1.6) 得

$$((x(\tau(t)))^{\gamma})^{\Delta}=\gamma\int_0^1[hx(\tau(\sigma(t)))+(1-h)x(\tau(t))]^{\gamma-1}(x(\tau(t)))^{\Delta}\mathrm{d}h$$
$$\geqslant\gamma\int_0^1[hx(\tau(t))+(1-h)x(\tau(t))]^{\gamma-1}(x(\tau(t)))^{\Delta}\mathrm{d}h$$
$$=\gamma(x(\tau(t)))^{\gamma-1}(x(\tau(t)))^{\Delta}.$$

又由引理 3.1.5 得，$(x(\tau(t)))^{\Delta}=x^{\Delta}(\tau(t))\tau^{\Delta}(t)$. 所以，由式(3.1.55)，得

$$\omega^{\Delta}(t)\leqslant-Lq(t)\delta(t)+\frac{\delta^{\Delta}(t)}{\delta(\sigma(t))}\omega(\sigma(t))-\gamma\delta(t)\frac{p(\sigma(t))(x^{\Delta}(\sigma(t)))^{\gamma}x^{\Delta}(\tau(t))\tau^{\Delta}(t)}{(x(\tau(\sigma(t))))^{\gamma+1}}.\quad(3.1.56)$$

由于 $p(t)(x^{\Delta}(t))^{\gamma}$ 是最终递减函数，而 $\tau(t)\leqslant t\leqslant\sigma(t)$，所以

$$p(\tau(t))(x^{\Delta}(\tau(t)))^{\gamma}\geqslant p(\sigma(t))(x^{\Delta}(\sigma(t)))^{\gamma},$$

因此

$$x^{\Delta}(\tau(t))>\frac{(p(\sigma(t)))^{\frac{1}{\gamma}}x^{\Delta}(\sigma(t))}{(p(\tau(t)))^{\frac{1}{\gamma}}},\quad(3.1.57)$$

所以，由式(3.1.56) 和式(3.1.57)，得

$$\omega^{\Delta}(t)\leqslant-Lq(t)\delta(t)+\frac{(\delta^{\Delta}(t))_+}{\delta(\sigma(t))}\omega(\sigma(t))-\gamma\delta(t)\tau^{\Delta}(t)\frac{(p(\sigma(t))(x^{\Delta}(\sigma(t)))^{\gamma})^{1+\frac{1}{\gamma}}}{(x(\tau(\sigma(t))))^{\gamma+1}(p(\tau(t)))^{\frac{1}{\gamma}}},$$

这里，$(\delta^{\Delta}(t))_+=\max\{0,\delta^{\Delta}(t)\}$. 再由式(3.1.54)，得

$$\omega^{\Delta}(t)\leqslant-Lq(t)\delta(t)+\frac{(\delta^{\Delta}(t))_+}{\delta(\sigma(t))}\omega(\sigma(t))-\frac{\gamma\delta(t)\tau^{\Delta}(t)}{(\delta(\sigma(t)))^{1+\frac{1}{\gamma}}(p(\tau(t)))^{\frac{1}{\gamma}}}(\omega(\sigma(t)))^{1+\frac{1}{\gamma}}.\quad(3.1.58)$$

令

$$\lambda = 1+\frac{1}{\gamma}, A=\left(\frac{\gamma\delta(t)\tau^{\Delta}(t)}{(\delta(\sigma(t)))^{\lambda}(p(\tau(t)))^{\lambda-1}}\right)^{\frac{1}{\lambda}}\omega(\sigma(t)),$$

$$B=\left(\frac{(\delta^{\Delta}(t))_{+}}{\lambda\delta(\sigma(t))}\left(\frac{\gamma\delta(t)\tau^{\Delta}(t)}{(\delta(\sigma(t)))^{\lambda}(p(\tau(t)))^{\lambda-1}}\right)^{-\frac{1}{\lambda}}\right)^{\frac{1}{\lambda-1}},$$

应用不等式 $\lambda AB^{\lambda-1}-A^{\lambda}\leqslant(\lambda-1)B^{\lambda}$，这里 A,B 是非负常数，$\lambda\geqslant 1$. 由式(3.1.58)得

$$\begin{aligned}\omega^{\Delta}(t) &\leqslant -Lq(t)\delta(t)+(\lambda-1)\lambda^{-\frac{\lambda}{\lambda-1}}\left(\frac{(\delta^{\Delta}(t))_{+}}{\delta(\sigma(t))}\right)^{\frac{\lambda}{\lambda-1}}\left(\frac{\gamma\delta(t)\tau^{\Delta}(t)}{(\delta(\sigma(t)))^{\lambda}(p(\tau(t)))^{\lambda-1}}\right)^{-\frac{1}{\lambda-1}}\\ &=-Lq(t)\delta(t)+\frac{1}{(\gamma+1)^{\gamma+1}}\frac{p(\tau(t))(\delta^{\Delta}(t))_{+}^{\gamma+1}}{(\delta(t)\tau^{\Delta}(t))^{\gamma}}.\end{aligned}$$

因此，$Lq(t)\delta(t)-\dfrac{1}{(\gamma+1)^{\gamma+1}}\dfrac{p(\tau(t))(\delta^{\Delta}(t))_{+}^{\gamma+1}}{(\delta(t)\tau^{\Delta}(t))^{\gamma}}\leqslant-\omega^{\Delta}(t)$. 所以，

$$\begin{aligned}&\int_{t_1}^{t}\left[Lq(s)\delta(s)-\frac{1}{(\gamma+1)^{\gamma+1}}\frac{p(\tau(s))(\delta^{\Delta}(s))_{+}^{\gamma+1}}{(\delta(s)\tau^{\Delta}(s))^{\gamma}}\right]\Delta s\\ &\leqslant-\int_{t_1}^{t}\omega^{\Delta}(s)\Delta s=\omega(t_1)-\omega(t)\leqslant\omega(t_1),\end{aligned}$$

这与式(3.1.53)矛盾. 因此结论成立.

由定理 3.1.18 可知，通过选择不同的正的 Δ 可微函数 $\delta(t)$，可以得到不同的振动条件. 例如，设 $\delta(t)=t, t\geqslant a$，则由定理 3.1.18 可以得到下面的结论.

推论 3.1.21 设式(3.1.7)成立，$p\in C_{\mathrm{rd}}^{1}([a,+\infty)_{\mathbb{T}},\mathbf{R})$，且

(1) $\tau(t)$ 是定义在 $\mathbb{T}$ 到 $\mathbb{T}$ 上的严格递增的函数，且 $\tau(t)\leqslant t$，$\lim\limits_{t\to+\infty}\tau(t)=+\infty$；

(2) $\tau(t)$ 在 $\mathbb{T}$ 上是 Δ 可导函数，$\tau(\mathbb{T})$ 是一个时间尺度，且 $\tau(\mathbb{T})\subset\mathbb{T}$. 若

$$\limsup_{t\to+\infty}\int_{a}^{t}\left[Lq(s)s-\frac{1}{(\gamma+1)^{\gamma+1}}\frac{p(\tau(s))}{(s\tau^{\Delta}(s))^{\gamma}}\right]\Delta s=+\infty,$$

则方程(3.1.1)是振动的.

如果设 $\delta(t)=1, t\geqslant a$，则可以得到下面著名的 Leighton-Wintner 定理.

推论 3.1.22(Leighton-Wintner 定理) 设式(3.1.7)成立，$p\in C_{\mathrm{rd}}^{1}([a,+\infty)_{\mathbb{T}},\mathbf{R})$，且

(1) $\tau(t)$ 是定义在 $\mathbb{T}$ 到 $\mathbb{T}$ 上的严格递增的函数，且 $\tau(\mathbb{T})\leqslant t$，$\lim\limits_{t\to+\infty}\tau(t)=+\infty$；

(2) $\tau(t)$ 在 $\mathbb{T}$ 上是 Δ 可导函数，$\tau(\mathbb{T})$ 是一个时间尺度，且 $\tau(\mathbb{T})\subset\mathbb{T}$.

若

$$\limsup_{t\to+\infty}\int_{a}^{t}q(s)\Delta s=+\infty,$$

则方程(3.1.1)是振动的.

当 $\gamma=1$ 时，可以得到下面的结论.

推论 3.1.23 设式(3.1.7)成立，$p\in C_{\mathrm{rd}}^{1}([a,+\infty)_{\mathbb{T}},\mathbf{R})$，且

(1) $\tau(t)$ 是定义在 $\mathbb{T}$ 到 $\mathbb{T}$ 上的严格递增的函数，且 $\tau(t)\leqslant t$，$\lim\limits_{t\to+\infty}\tau(t)=+\infty$；

(2) $\tau(t)$ 在 $\mathbb{T}$ 上是 Δ 可导函数，$\tau(\mathbb{T})$ 是一个时间尺度，且 $\tau(\mathbb{T})\subset\mathbb{T}$.

若

$$\limsup_{t\to+\infty}\int_a^t\left[Lq(s)s-\frac{p(\tau(s))}{4s\tau^\Delta(s)}\right]\Delta s=+\infty,$$

则方程(3.1.1)是振动的.这里$(\delta^\Delta(t))_+=\max\{0,\delta^\Delta(t)\}$

注 3.1.6　当 $f(x(\tau(t)))\equiv x^\gamma(\tau(t)),\tau(t)\equiv t$ 时,定理 3.1.18 就是文献[141]中的定理 3.1.因此,定理 3.1.18 推广和改进了文献[145]中的有关结果.另外,文献[138]中的结果不能应用到方程(3.1.1).因此,我们的结果是新的.

3.1.3　应用与问题说明

例 3.1.1　考虑时间尺度上二阶非线性时滞动力方程

$$(t^{\gamma-1}(x^\Delta(t))^\gamma)^\Delta+\frac{\beta}{t^2}\left(\frac{\sigma(t)}{\tau(t)}\right)^\gamma f(x(\tau(t)))=0,t\in[1,+\infty),\qquad(3.1.59)$$

这里,$p(t)=t^{\gamma-1},q(t)=\frac{\beta}{t^2}\left(\frac{\sigma(t)}{\tau(t)}\right)^\gamma,f(x)=x^\gamma,\gamma>1,\beta>1,k=\frac{1}{(\gamma+1)^{\frac{\gamma+1}{\gamma}}}$.

由于

$$\int_1^{+\infty}\left(\frac{1}{s}\right)^{\frac{\gamma-1}{\gamma}}\Delta s=+\infty,$$

$$\limsup_{t\to+\infty}\int_1^t\left(k^\gamma s\,\frac{\beta}{s^2}\left(\frac{\sigma(s)}{\tau(s)}\right)^\gamma\left(\frac{\tau(s)}{\sigma(s)}\right)^\gamma-\frac{s^{\gamma-1}}{(\gamma+1)^{\gamma+1}s^\gamma}\right)\Delta s=\limsup_{t\to+\infty}\int_1^t\frac{\beta-1}{(\gamma+1)^{\gamma+1}s}\Delta s=+\infty,$$

由推论 3.1.1,得方程(3.1.59)是振动的.

例 3.1.2　考虑时间尺度上二阶时滞动力方程

$$x^{\Delta\Delta}(t)+\frac{\beta}{t\tau(t)}x(\tau(t))=0,t\in[1,+\infty),\qquad(3.1.60)$$

这里,$p(t)=1,q(t)=\frac{\beta}{t\tau(t)},\tau(t)>0,\beta>0,\gamma=1,L=1$.

由于$\int_1^{+\infty}\tau(t)\frac{\beta}{t\tau(t)}\Delta t=+\infty$.当$\beta>\frac{1}{4}$时,有

$$\limsup_{t\to+\infty}\int_1^t\left(q(s)\tau(s)-\frac{1}{4s}\right)\Delta s=\limsup_{t\to+\infty}\int_1^t\frac{4\beta-1}{4s}\Delta s=+\infty,$$

所以,由推论 3.1.18,得方程(3.1.60)是振动的.

文献[138]中的推论 1 指出,若对常数 $k\in(0,1)$,有

$$\limsup_{t\to+\infty}\int_1^t\left(q(s)\tau(s)-\frac{1}{4Lk^2\tau(s)}\right)\Delta s=+\infty$$

成立,则方程(3.1.4)是振动的.

明显,由 Sahiner 的推论 1 却不能给出方程(3.1.60)是振动的.这说明我们的结果是新的,应用范围更广泛.

例 3.1.3　考虑时间尺度上二阶时滞动力方程

$$(tx^\Delta(t))^\Delta+\frac{\beta\sigma(t)}{t\tau(t)}x(\tau(t))=0,t\in[1,+\infty),\qquad(3.1.61)$$

这里,$p(t)=t,q(t)=\frac{\beta\sigma(t)}{t\tau(t)},\tau(t)>0,\beta>0,\gamma=1,L=1$.

由于$\int_1^{+\infty}\frac{1}{s}\Delta s=+\infty,\int_1^{+\infty}\tau(t)\frac{\beta\sigma(t)}{t\tau(t)}\Delta t=\int_1^{+\infty}\frac{\beta\sigma(t)}{t}\Delta t=+\infty$.当$\beta>\frac{1}{4}$时,有

$$\limsup_{t\to+\infty}\int_a^t\left(q(s)\tau(s)-\frac{p(\sigma(s))}{4Ls}\right)\Delta s=\limsup_{t\to+\infty}\int_a^t\left(\frac{\beta\sigma(s)}{s}-\frac{\sigma(s)}{4s}\right)\Delta s=+\infty,$$

所以,由推论 3.1.20,得方程(3.1.61) 是振动的.

例 3.1.4 考虑时间尺度上二阶时滞动力方程

$$(t^{\alpha}x^{\Delta}(t))^{\Delta}+\frac{\beta}{t^{\eta}\tau(t)}x(\tau(t))=0,t\in[1,+\infty),\tag{3.1.62}$$

这里,$p(t)=t^{\alpha},q(t)=\dfrac{\beta}{t^{\eta}\tau(t)},\tau(t)=\dfrac{t}{2},\beta>0,\gamma=1,L=1,0<\alpha<1,0\leqslant\eta<1,$ $\alpha+\eta<1.$

由于$\int_1^{+\infty}\dfrac{1}{s^{\alpha}}\Delta s=+\infty,\int_1^{+\infty}\tau(t)q(t)\Delta t=\int_1^{+\infty}\dfrac{\beta}{t^{\eta}}\Delta t=+\infty$. 当 $\beta>\dfrac{1}{2^{\alpha+2}}$ 时,有

$$\begin{aligned}\limsup_{t\to+\infty}\int_a^t\left[Lq(s)s-\frac{p(\tau(s))}{4s\tau^{\Delta}(s)}\right]\Delta s&=\limsup_{t\to+\infty}\int_a^t\left(\frac{2\beta}{s^{\eta}}-\frac{1}{2^{\alpha+1}s^{1-\alpha}}\right)\Delta s\\&\geqslant\limsup_{t\to+\infty}\int_a^t\left(\frac{2\beta}{s^{\eta}}-\frac{1}{2^{\alpha+1}s^{\eta}}\right)\Delta s=+\infty,\end{aligned}$$

所以,由推论 3.1.23,得方程(3.1.62) 是振动的.

3.1.4 小　结

本节研究了时间尺度上一类二阶非线性时滞动力方程的振动性,利用 Riccati 变换技巧、平均函数技术和不等式理论,建立了方程振动的几个准则. 我们的结论不仅推广了文献[114,131,138,141,146] 的结果,而且还统一和推广了二阶非线性时滞微分方程与二阶非线性时滞差分方程振动性的相关结果,我们的结论是新的. 本节的主要结果分别来自于文献[187,189,190,194,215].

3.2 时间尺度上一类二阶非线性时滞动态方程的振动性

3.2.1 研究背景

学术界对微分方程振动性理论的研究比较多,其成果也比较丰富. 近年来,人们也开始对时间尺度上动态方程解的振动性和非振动性进行了研究,如 Akin-Bohner[115~118], Bohner[119~121,123],Erbe[125~133],Saker[140,141,143] 和 Hassan[186]. 然而关于时间尺度上时滞动态方程解的振动性研究目前仅有几十篇文章,如文献[113,114,122,133,135,138,142,144~146,169,185,187].

本节研究了时间尺度上一类二阶非线性时滞动态方程

$$(r(t)(x^{\Delta}(t))^{\gamma})^{\Delta}+p(t)f(x(\tau(t)))=0,t\in\mathbb{T}\tag{3.2.1}$$

解的振动性. 这里我们假设 $\gamma>0$ 是两个正奇数的比值,r 和 p 是定义在时间尺度$\mathbb{T}$上的正的实数值 rd 连续函数. $\tau:\mathbb{T}\to\mathbf{R}$ 严格递增,$\tilde{\mathbb{T}}:=\tau(\mathbb{T})\subset\mathbb{T}$是一个时间尺度,$\tau(t)\leqslant t,$ $\lim\limits_{t\to+\infty}\tau(t)=+\infty$. $f\in C(\mathbf{R},\mathbf{R})$,对某正数 L,当 $x\neq0$ 时,满足$\dfrac{f(x)}{x^{\gamma}}\geqslant L.$

对于二阶时滞动力方程的振动性,Agarwal 等[114] 研究了时间尺度上二阶时滞动力方

程

$$x^{\Delta\Delta}(t)+p(t)x(\tau(t))=0, t\in\mathbb{T} \tag{3.2.2}$$

解的振动性.

Zhang 等[146] 研究了时间尺度上二阶非线性时滞动力方程

$$x^{\Delta\Delta}(t)+p(t)f(x(t-\tau))=0, t\in\mathbb{T} \tag{3.2.3}$$

和时间尺度上二阶非线性动力方程

$$x^{\Delta\Delta}(t)+p(t)f(x(\sigma(t)))=0, t\in\mathbb{T}. \tag{3.2.4}$$

其中，$\tau\in\mathbf{R}$ 且 $t-\tau\in\mathbb{T}$，$f:\mathbf{R}\to\mathbf{R}$ 连续且非减($f'(u)>k>0$)，当 $u\neq0$ 时，$uf(u)>0$. 证明了方程(3.2.3) 与(3.2.4) 振动性的等价性，并由此得到了(3.2.3) 的振动准则与比较条件. 但是，文献[146] 中的结果只有当假设 $\mu(t)$ 是有界的并且 $f'(u)>k>0$ 时才成立.

Sahiner[138] 研究了时间尺度上二阶非线性时滞动力方程

$$x^{\Delta\Delta}(t)+p(t)f(x(\tau(t)))=0, t\in\mathbb{T}. \tag{3.2.5}$$

其中，$f:\mathbf{R}\to\mathbf{R}$ 为连续的，当 $u\neq0$ 时，$uf(u)>0$ 且 $|f(u)|\geqslant L|u|$，$\tau:\mathbb{T}\to\mathbb{T}$，$\tau(t)\leqslant t$，$\lim\limits_{t\to+\infty}\tau(t)=+\infty$. 证明了如果存在 Δ 可微函数 $\delta(t)$ 使得

$$\limsup_{t\to+\infty}\int_{t_0}^{t}\left[p(s)\delta^{\sigma}(s)\frac{\tau(s)}{\sigma(s)}-\frac{\sigma(s)(\delta^{\Delta}(s))^2}{4Lk^2\delta^{\sigma}(s)\tau(s)}\right]\Delta s=+\infty, \tag{3.2.6}$$

则方程(3.2.5) 的每一个解都是振动的. 据我们观察条件(3.2.6) 的成立依赖条件常数 $k\in(0,1)$，由此可见所得结果不够精确(见文献[133]).

韩振来等[187] 研究了时间尺度上二阶 Emden-Fowler 时滞动力方程

$$x^{\Delta\Delta}(t)+p(t)x^{\gamma}(\tau(t))=0, t\in\mathbb{T} \tag{3.2.7}$$

的振动性，建立了方程(3.2.7) 振动的一些充分条件，推广了文献[114] 的一些结果.

Erbe 等[133] 研究了时间尺度上二阶非线性时滞动力方程

$$(p(t)x^{\Delta}(t))^{\Delta}+q(t)f(x(\tau(t)))=0, t\in\mathbb{T}, \tag{3.2.8}$$

其中，p 和 q 为正的，定义在$\mathbb{T}$上的实值 rd 连续函数，$\tau:\mathbb{T}\to\mathbb{T}$为 rd 连续的，$\tau(t)\leqslant t$ 且当 $t\to+\infty$ 时，$\tau(t)\to+\infty$，且 $f\in C(\mathbf{R},\mathbf{R})$，使得对于正常数 L，当 $x\neq0$ 时，满足 $|f(x)|\geqslant L|x|$，$xf(x)>0$，并且利用广义 Riccati 变换技术得到了方程(3.2.8) 的几个振动准则，这些结果改进了文献[146] 和[138] 的相应结果.

显然，式(3.2.2)、式(3.2.3)、式(3.2.5) 和式(3.2.8) 是方程(3.2.1) 的特殊情况. 本节考察时间尺度上二阶非线性时滞动态方程(3.2.1).

由于我们感兴趣的是方程解的振动性，所以假设时间尺度$\mathbb{T}$是无界的，即它是时间尺度上的无穷区间$[t_0,+\infty)_{\mathbb{T}}=[t_0,+\infty)\cap\mathbb{T}$.

我们考虑下面两种情况：

$$\int_{t_0}^{+\infty}\frac{1}{r^{1/\gamma}(t)}\Delta t=+\infty \tag{3.2.9}$$

和

$$\int_{t_0}^{+\infty}\frac{1}{r^{1/\gamma}(t)}\Delta t<+\infty. \tag{3.2.10}$$

本节结构如下：在 3.2.2 节中，利用 Riccati 变换技术、Keller 链锁法则的一个推论以及不等式技巧得到方程(3.2.1) 振动的几个充分条件. 在 3.2.3 节中，给出一个例子来说明我们的主要结果.

3.2.2 主要结果

我们将给出方程(3.2.1) 振动的准则. 为了证明主要结论，需要用到下面的公式：

$$(x^{\gamma}(t))^{\Delta}=\gamma\int_{0}^{1}[hx^{\sigma}(t)+(1-h)x(t)]^{\gamma-1}x^{\Delta}(t)\mathrm{d}h, \tag{3.2.11}$$

这里，函数 x 是 Δ 可导的且为最终为正的或是最终为负的. 公式(3.2.11) 是 Keller 链锁法则的一个简单推论(见 Bohner 与 Peterson[28]). 同样我们需要下面引理.

为方便起见，下面记：

$$d_{+}(t)=\max\{0,d(t)\},d_{-}(t)=\max\{0,-d(t)\},R(t)=r^{1/\gamma}(t)\int_{t_1}^{t}\frac{\Delta s}{r^{1/\gamma}(s)},$$

$$\alpha(t)=\frac{R(t)}{R(t)+\mu(t)},\beta(t)=\begin{cases}\alpha(t),0<\gamma\leqslant 1\\ \alpha^{\gamma}(t),\gamma>1\end{cases}.$$

引理 3.2.1 假设式(3.2.8) 成立，函数 x 是方程(3.2.1) 的一个最终正解，则存在 $t_1\in[t_0,+\infty)_{\mathbb{T}}$，使得

$$x^{\Delta}(t)>0,x(t)>R(t)x^{\Delta}(t),(r(t)(x^{\Delta}(t))^{\gamma})^{\Delta}<0,\frac{x(t)}{x^{\sigma}(t)}>\alpha(t),t\in[t_1,+\infty)_{\mathbb{T}}. \tag{3.2.12}$$

引理 3.2.1 的证明过程与文献[144] 中的引理 2.1 类似.

引理 3.2.2 假设 $\tau:\mathbb{T}\to\mathbf{R}$ 严格递增，$\tilde{\mathbb{T}}:=\tau(\mathbb{T})\subset\mathbb{T}$ 是一个时间尺度，$\tau\circ\sigma=\sigma\circ\tau$. $x:\tilde{\mathbb{T}}\to\mathbf{R}$，若 $\tau^{\Delta}(t)$，$x^{\Delta}(\tau(t))$ 在 $t\in\mathbb{T}^{k}$ 处存在，则 $(x(\tau(t)))^{\Delta}$ 存在，并且

$$(x(\tau(t)))^{\Delta}=x^{\Delta}(\tau(t))\tau^{\Delta}(t). \tag{3.2.13}$$

证明 令 $0<\varepsilon<1$，定义 $\varepsilon^{*}=\varepsilon[1+|\tau^{\Delta}(t)|+|x^{\Delta}(\tau(t))|]^{-1}$，则 $0<\varepsilon^{*}<1$. 根据假设，存在 t 的邻域 N_1 和 $\tau(t)$ 的邻域 N_2，使得

$$|\tau(\sigma(t))-\tau(s)-(\sigma(t)-s)\tau^{\Delta}(t)|\leqslant\varepsilon^{*}|\sigma(t)-s|,s\in N_1,$$

$$|x(\sigma(\tau(t)))-x(r)-(\sigma(\tau(t))-r)x^{\Delta}(\tau(t))|\leqslant\varepsilon^{*}|\sigma(\tau(t))-r|,r\in N_2,$$

记 $N=N_1\cap\tau^{-1}N_2$，设 $s\in N$，则 $s\in N_1,\tau(s)\in N_1$，且

$$\begin{aligned}
&|x(\tau(\sigma(t)))-x(\tau(s))-(\sigma(t)-s)x^{\Delta}(\tau(t))\tau^{\Delta}(t)|\\
=&|x(\tau(\sigma(t)))-x(\tau(s))-(\sigma(\tau(t))-\tau(s))x^{\Delta}(\tau(t))\\
&+[\sigma(\tau(t))-\tau(s)-(\sigma(t)-s)\tau^{\Delta}(t)]x^{\Delta}(\tau(t))|\\
=&|x(\sigma(\tau(t)))-x(\tau(s))-(\sigma(\tau(t))-\tau(s))x^{\Delta}(\tau(t))\\
&+[\tau(\sigma(t))-\tau(s)-(\sigma(t)-s)\tau^{\Delta}(t)]x^{\Delta}(\tau(t))|\\
\leqslant&\varepsilon^{*}|\sigma(\tau(t))-\tau(s)|+\varepsilon^{*}|\sigma(t)-s||x^{\Delta}(\tau(t))|\\
\leqslant&\varepsilon^{*}\{|\sigma(\tau(\tau(t))-\tau(s)-(\sigma(t)-s)\tau^{\Delta}(t)|+|\sigma(t)-s||\tau^{\Delta}(t)|+|\sigma(t)-s||x^{\Delta}(\tau(t))|\}\\
=&\varepsilon^{*}\{|\tau(\sigma(t))-\tau(s)-(\sigma(t)-s)\tau^{\Delta}(t)|+|\sigma(t)-s||\tau^{\Delta}(t)|+|\sigma(t)-s||x^{\Delta}(\tau(t))|\}\\
\leqslant&\varepsilon^{*}\{\varepsilon^{*}|\sigma(t)-s|+|\sigma(t)-s||\tau^{\Delta}(t)|+|\sigma(t)-s||x^{\Delta}(\tau(t))|\}
\end{aligned}$$

$= \varepsilon^* \mid \sigma(t) - s \mid \{\varepsilon^* + \mid \tau^\Delta(t) \mid + \mid x^\Delta(\tau(t)) \mid\}$

$\leqslant \varepsilon^* \mid \sigma(t) - s \mid \{1 + \mid \tau^\Delta(t) \mid + \mid x^\Delta(\tau(t)) \mid\}$

$= \varepsilon \mid \sigma(t) - s \mid .$

证毕.

定理 3.2.1　假设式(3.2.9)成立，$\tau \in C^1_{\mathrm{rd}}([t_0, +\infty)_{\mathbb{T}}, \mathbb{T})$，$\tau \circ \sigma = \sigma \circ \tau$. 若存在一个正值函数 $\delta \in C^1_{\mathrm{rd}}([t_0, +\infty)_{\mathbb{T}}, \mathbf{R})$，对所有充分大的 t_1，使得

$$\limsup_{t \to +\infty} \int_{t_1}^{t} \left[Lp(s)\alpha^\gamma(\tau(s))\delta^\sigma(s) - \frac{r(\tau(s))((\delta^\Delta(s))_+)^{\gamma+1}}{(\gamma+1)^{\gamma+1}(\delta^\sigma(s)\beta(\tau(s))\tau^\Delta(s))^\gamma} \right] \Delta s = +\infty \tag{3.2.14}$$

成立，则方程(3.2.1)是振动的.

证明　假设方程(3.2.1)有非振动解 x，不妨设最终为正，即存在 $t_1 \in [t_0, +\infty)_{\mathbb{T}}$，有 $x(t) > 0, x(\tau(t)) > 0, t \in [t_1, +\infty)_{\mathbb{T}}$.

我们只考虑这种情况，因为当 $x(t)$ 最终为负时可类似证明. 由引理 3.2.1 得(3.2.12)式. 定义函数 ω 为

$$\omega(t) = \delta(t) \frac{r(t)(x^\Delta(t))^\gamma}{x^\gamma(\tau(t))}, t \in [t_1, +\infty)_{\mathbb{T}}. \tag{3.2.15}$$

则 $\omega(t) > 0$. 由方程(3.2.1)和式(3.2.15)，得到

$$\omega^\Delta(t) \leqslant -Lp(t)\delta^\sigma(t) \frac{x^\gamma(\tau(t))}{x^\gamma(\tau^\sigma(t))} + \frac{\delta^\Delta(t)}{\delta(t)}\omega(t) - \frac{\delta^\sigma(t)r(t)(x^\Delta(t))^\gamma(x^\gamma(\tau(t)))^\Delta}{x^\gamma(\tau(t))x^\gamma(\tau^\sigma(t))}. \tag{3.2.16}$$

当 $0 < \gamma \leqslant 1$ 时，由式(3.2.11)和式(3.2.13)，我们有

$$\begin{aligned}(x^\gamma(\tau(t)))^\Delta &= \gamma \int_0^1 [hx(\tau^\sigma(t)) + (1-h)x(\tau(t))]^{\gamma-1}(x(\tau(t)))^\Delta \mathrm{d}h \\ &\geqslant \gamma \int_0^1 [hx(\tau^\sigma(t)) + (1-h)x(\tau^\sigma(t))]^{\gamma-1}(x(\tau(t)))^\Delta \mathrm{d}h \\ &= \gamma(x(\tau^\sigma(t)))^{\gamma-1}x^\Delta(\tau(t))\tau^\Delta(t).\end{aligned}$$

所以，由式(3.2.16)可得

$$\omega^\Delta(t) \leqslant -Lp(t)\delta^\sigma(t) \frac{x^\gamma(\tau(t))}{x^\gamma(\tau^\sigma(t))} + \frac{\delta^\Delta(t)}{\delta(t)}\omega(t) - \frac{\gamma\delta^\sigma(t)r(t)(x^\Delta(t))^\gamma x^\Delta(\tau(t))\tau^\Delta(t)}{x^\gamma(\tau(t))x(\tau^\sigma(t))}.$$

因此，

$$\omega^\Delta(t) \leqslant -Lp(t)\delta^\sigma(t) \frac{x^\gamma(\tau(t))}{x^\gamma(\tau^\sigma(t))} + \frac{\delta^\Delta(t)}{\delta(t)}\omega(t) - \frac{\gamma\delta^\sigma(t)r(t)(x^\Delta(t))^{\gamma+1}\tau^\Delta(t)}{x^{\gamma+1}(\tau(t))} \frac{x(\tau(t))}{x(\tau^\sigma(t))} \frac{x^\Delta(\tau(t))}{x^\Delta(t)}.$$

利用引理 3.2.1，由 $(r(t)(x^\Delta(t))^\gamma)^\Delta < 0$，我们得

$$x^\Delta(\tau(t))/x^\Delta(t) \geqslant (r(t)/r(\tau(t)))^{1/\gamma}.$$

由 $x(t)/x^\sigma(t) > \alpha(t)$，我们有 $x(\tau(t))/x(\tau^\sigma(t)) > \alpha(\tau(t))$，因此，

$$\begin{aligned}\omega^\Delta(t) &\leqslant -Lp(t)\delta^\sigma(t)\alpha^\gamma(\tau(t)) + \frac{\delta^\Delta(t)}{\delta(t)}\omega(t) - \gamma\delta^\sigma(t) \frac{x(\tau(t))}{x(\tau^\sigma(t))} \frac{\tau^\Delta(t)}{r^{1/\gamma}(\tau(t))\delta^{(\gamma+1)/\gamma}(t)}\omega^{(\gamma+1)/\gamma}(t) \\ &\leqslant -Lp(t)\delta^\sigma(t)\alpha^\gamma(\tau(t)) + \frac{\delta^\Delta(t)}{\delta(t)}\omega(t) - \gamma\delta^\sigma(t)\alpha(\tau(t)) \frac{\tau^\Delta(t)}{r^{1/\gamma}(\tau(t))\delta^{(\gamma+1)/\gamma}(t)}\omega^{(\gamma+1)/\gamma}(t).\end{aligned}$$

当 $\gamma > 1$ 时，由式(3.2.11)和式(3.2.13)，我们有

$$
\begin{aligned}
(x^{\gamma}(\gamma(t)))^{\Delta} &= \gamma\int_0^1 [hx(\tau^{\sigma}(t)) + (1-h)x(\tau(t))]^{\gamma-1}(x(\tau(t)))^{\Delta}\mathrm{d}h \\
&\geqslant \gamma\int_0^1 [hx(\tau(t)) + (1-h)x(\tau(t))^{\gamma-1}(x(\tau(t)))^{\Delta}\mathrm{d}h \\
&= \gamma x^{\gamma-1}(\tau(t))x^{\Delta}(\tau(t))\tau^{\Delta}(t).
\end{aligned}
$$

所以,

$$
\begin{aligned}
\omega^{\Delta}(t) &\leqslant -Lp(t)\delta^{\sigma}(t)\frac{(x(\tau(t)))^{\gamma}}{(x(\tau^{\sigma}(t)))^{\gamma}} + \frac{\delta^{\Delta}(t)}{\delta(t)}\omega(t) - r\delta^{\sigma}(t)\frac{r(t)(x^{\Delta}(t))^{\gamma+1}}{(x(\tau(t)))^{\gamma+1}}\frac{x^{\gamma}(\tau(t))}{x^{\gamma}(\tau^{\sigma}(t))}\frac{x^{\Delta}(\tau(t))}{x^{\Delta}(t)}\tau^{\Delta}(t) \\
&\leqslant -Lp(t)\delta^{\sigma}(t)\alpha^{\gamma}(\tau(t)) + \frac{\delta^{\Delta}(t)}{\delta(t)}\omega(t) - \gamma\delta^{\sigma}(t)\alpha^{\gamma}(\tau(t))\frac{\tau^{\Delta}(t)}{r^{\frac{1}{\gamma}}(\tau(t))(\delta(t))^{\frac{\gamma+1}{\gamma}}}(\omega(t))^{\frac{\gamma+1}{\gamma}}.
\end{aligned}
$$

由 β 的定义,我们得,

$$
\omega^{\Delta}(t) \leqslant -Lp(t)\delta^{\sigma}(t)\alpha^{\gamma}(\gamma(t)) + \frac{(\delta^{\Delta}(t))_{+}}{\delta(t)}\omega(t) - \gamma\delta^{\sigma}(t)\beta(\tau(t))\frac{\tau^{\Delta}(t)}{r^{\lambda-1}(\tau(t))\delta^{\lambda}(t)}\omega^{\lambda}(t), \tag{3.2.17}
$$

其中,$\lambda=(\gamma+1)/\gamma$. 定义 $A\geqslant 0$ 且 $B\geqslant 0$,

$$
A^{\lambda} = \frac{\gamma\delta^{\sigma}(t)\beta(\tau(t))\tau^{\Delta}(t)}{\delta^{\lambda}(t)r^{\lambda-1}(\tau(t))}\omega^{\lambda}(t), B^{\lambda-1} = \frac{r^{(\lambda-1)/\lambda}(\tau(t))(\delta^{\Delta}(t))_{+}}{\lambda(\gamma\delta^{\sigma}(t)\beta(\tau(t))\tau^{\Delta}(t))^{1/\lambda}}.
$$

由不等式

$$
\lambda AB^{\lambda-1} - A^{\lambda} \leqslant (\lambda-1)B^{\lambda}, \lambda\geqslant 1
$$

可得

$$
\frac{(\delta^{\Delta}(t))_{+}}{\delta(t)}\omega(t) - \gamma\delta^{\sigma}(t)\beta(\tau(t))\frac{\tau^{\Delta}(t)}{r^{\lambda-1}(\tau(t))\delta^{\lambda}(t)}\omega^{\lambda}(t) \leqslant \frac{r(\tau(t))((\delta^{\Delta}(t))_{+})^{\gamma+1}}{(\gamma+1)^{\gamma+1}(\delta^{\sigma}(t)\beta(\tau(t))\tau^{\Delta}(t))^{\gamma}}.
$$

利用式(3.2.17),得

$$
\omega^{\Delta}(t) \leqslant -Lp(t)\delta^{\sigma}(t)\alpha^{\gamma}(\tau(t)) + \frac{r(\tau(t))((\delta^{\Delta}(t))_{+})^{\gamma+1}}{(\gamma+1)^{\gamma+1}(\delta^{\sigma}(t)\beta(\tau(t))\tau^{\Delta}(t))^{\gamma}}. \tag{3.2.18}
$$

将式(3.2.18)两边从 t_1 到 t 积分,得

$$
\int_{t_1}^{t}\left[Lp(s)\delta^{\sigma}(s)\alpha^{\gamma}(\tau(s)) - \frac{r(\tau(s))((\delta^{\Delta}(s))_{+})^{\gamma+1}}{(\gamma+1)^{\gamma+1}(\delta^{\sigma}(s)\beta(\tau(s))\tau^{\Delta}(s))^{\gamma}}\right]\Delta s \leqslant \omega(t_1) - \omega(t)
$$

$\leqslant \omega(t_1)$,

这与式(3.2.14)矛盾. 证毕.

注 3.2.1 由定理 3.2.1,通过选择不同的函数 δ,可以得到方程(3.2.1)不同的振动条件.

定理 3.2.2 假设式(3.2.9)成立,$\tau\in C_{\mathrm{rd}}^{1}([t_0,+\infty)_{\mathbb{T}},\mathbb{T})$,$\tau\circ\sigma=\sigma\circ\tau$. 若存在函数 $H,h\in C_{\mathrm{rd}}(D,\mathbf{R})$,$D\equiv\{(t,s)\in\mathbb{T}^2: t\geqslant s\geqslant t_0\}$,$\delta\in C_{\mathrm{rd}}^{1}([t_0,+\infty)_{\mathbb{T}},\mathbf{R})$,使得

$$
H(t,t)=0, t\geqslant t_0; H(t,s)>0, t>s\geqslant t_0. \tag{3.2.19}
$$

且 H 关于第二变元 s 有非正连续的 Δ 偏导数 $H^{\Delta_s}(t,s)$,满足

$$
H^{\Delta_s}(\sigma(t),s) + H(\sigma(t),\sigma(s))\frac{\delta^{\Delta}(s)}{\delta(s)} = -\frac{h(t,s)}{\delta(s)}(H(\sigma(t),\sigma(s)))^{\gamma/(\gamma+1)}, \tag{3.2.20}
$$

并对所有充分大的 t_1,

$$
\limsup_{t\to+\infty}\frac{1}{H(\sigma(t),t_1)}\int_{t_1}^{\sigma(t)}K(t,s)\Delta s = +\infty, \tag{3.2.21}
$$

这里

$$K(t,s)=LH(\sigma(t),\sigma(s))\alpha^{\gamma}(\tau(s))\delta^{\sigma}(s)p(s)-\frac{r(\tau(s))(h_{-}(t,s))^{\gamma+1}}{(\gamma+1)^{\gamma+1}(\delta^{\sigma}(s)\beta(\tau(s))\tau^{\Delta}(s))^{\gamma}}.$$

则方程(3.2.1)是振动的.

证明　假设方程(3.2.1)在$[t_0,+\infty)_{\mathbb{T}}$上有非振动解$x(t)$,不失一般性,我们假设$x(t)>0$且$x(\tau(t))>0$对所有的$t\in[t_1,+\infty)_{\mathbb{T}}$,$t_1\in[t_0,+\infty)_{\mathbb{T}}$成立.

重复定理3.2.1的证明过程,有式(3.2.17)成立. 将式(3.2.17)中的$(\delta^{\Delta}(t))_{+}$用$\delta^{\Delta}(t)$替换,得

$$Lp(t)\delta^{\sigma}(t)\alpha^{\gamma}(\tau(t))\leqslant-\omega^{\Delta}(t)+\frac{\delta^{\Delta}(t)}{\delta(t)}\omega(t)-\gamma\delta^{\sigma}(t)\beta(\tau(t))\frac{\tau^{\Delta}(t)}{r^{\lambda-1}(\tau(t))\delta^{\lambda}(t)}\omega^{\lambda}(t).\tag{3.2.22}$$

上式两边s代替t,并同乘以$H(\sigma(t),\sigma(s))$,对s从t_1到$\sigma(t)$积分,得到

$$\begin{aligned}&\int_{t_1}^{\sigma(t)}H(\sigma(t),\sigma(s))Lp(s)\delta^{\sigma}(s)\alpha^{\gamma}(\tau(s))\Delta s\\&\leqslant-\int_{t_1}^{\sigma(t)}H(\sigma(t),\sigma(s))\omega^{\Delta}(s)\Delta s+\int_{t_1}^{\sigma(t)}H(\sigma(t),\sigma(s))\frac{\delta^{\Delta}(s)}{\delta(s)}\omega(s)\Delta s\\&\quad-\int_{t_1}^{\sigma(t)}H(\sigma(t),\sigma(s))\gamma\delta^{\sigma}(s)\beta(\tau(s))\frac{\tau^{\Delta}(s)}{r^{\lambda-1}(\tau(s))\delta^{\lambda}(s)}\omega^{\lambda}(s)\Delta s.\end{aligned}$$

由分部积分法,考虑式(3.2.19)和式(3.2.20),得到

$$\begin{aligned}&\int_{t_1}^{\sigma(t)}H(\sigma(t),\sigma(s))Lp(s)\delta^{\sigma}(s)\alpha^{\gamma}(\tau(s))\Delta s\\&\leqslant H(\sigma(t),t_1)\omega(t_1)+\int_{t_1}^{\sigma(t)}H^{\Delta_s}(\sigma(t),s)\omega(s)\Delta s+\int_{t_1}^{\sigma(t)}H(\sigma(t),\sigma(s))\frac{\delta^{\Delta}(s)}{\delta(s)}\omega(s)\Delta s\\&\quad-\int_{t_1}^{\sigma(t)}H(\sigma(t),\sigma(s))\gamma\delta^{\sigma}(s)\beta(\tau(s))\frac{\tau^{\Delta}(s)}{r^{\lambda-1}(\tau(s))\delta^{\lambda}(s)}\omega^{\lambda}(s)\Delta s\\&\leqslant H(\sigma(t),t_1)\omega(t_1)+\int_{t_1}^{\sigma(t)}\Big[-\frac{h(t,s)}{\delta(s)}(H(\sigma(t),\sigma(s)))^{1/\lambda}\omega(s)\\&\quad-H(\sigma(t),\sigma(s))\gamma\delta^{\sigma}(s)\beta(\tau(s))\frac{\tau^{\Delta}(s)}{r^{\lambda-1}(\tau(s))\delta^{\lambda}(s)}\omega^{\lambda}(s)\Big]\Delta s\\&\leqslant H(\sigma(t),t_1)\omega(t_1)+\int_{t_1}^{\sigma(t)}\Big[\frac{h_{-}(t,s)}{\delta(s)}(H(\sigma(t),\sigma(s)))^{1/\lambda}\omega(s)\\&\quad-H(\sigma(t),\sigma(s))\gamma\delta^{\sigma}(s)\beta(\tau(s))\frac{\tau^{\Delta}(s)}{r^{\lambda-1}(\tau(s))\delta^{\lambda}(s)}\omega^{\lambda}(s)\Big]\Delta s.\end{aligned}$$

令$\lambda:=\dfrac{\gamma+1}{\gamma}$,定义$A\geqslant0$且$B\geqslant0$,

$$A^{\lambda}=H(\sigma(t),\sigma(s))\frac{\gamma\delta^{\sigma}(s)\beta(\tau(s))\tau^{\Delta}(s)}{\delta^{\lambda}(s)r^{\lambda-1}(\tau(s))}\omega^{\lambda}(s),B^{\lambda-1}=\frac{\gamma^{(\lambda-1)/\lambda}(\tau(s))h_{-}(t,s)}{\lambda(\gamma\delta^{\sigma}(s)\beta(\tau(s))\tau^{\Delta}(s))^{1/\lambda}}.$$

由不等式$\lambda AB^{\lambda-1}-A^{\lambda}\leqslant(\lambda-1)B^{\lambda}$,$\lambda\geqslant1$,有

$$\begin{aligned}&\frac{h_{-}(t,s)}{\delta(s)}(H(\sigma(t),\sigma(s)))^{1/\lambda}\omega(s)-H(\sigma(t),\sigma(s))\gamma\delta^{\sigma}(s)\beta(\tau(s))\frac{\tau^{\Delta}(s)}{r^{\lambda-1}(\tau(s))\delta^{\lambda}(s)}\omega^{\lambda}(s)\\&\leqslant\frac{r(\tau(s))(h_{-}(t,s))^{\gamma+1}}{(\gamma+1)^{\gamma+1}(\delta^{\sigma}(s)\beta(\tau(s))\tau^{\Delta}(s))^{\gamma}}.\end{aligned}$$

因此，由 $K(t,s)$ 的定义，得$\int_{t_1}^{\sigma(t)} K(t,s)\Delta s \leqslant H(\sigma(t),t_1)\omega(t_1)$，即

$$\frac{1}{H(\sigma(t),t_1)}\int_{t_1}^{\sigma(t)} K(t,s)\Delta s \leqslant \omega(t_1),$$

这与式(3.2.21)矛盾.证毕.

现在，我们将给出(3.2.10)成立的充分条件，来保证方程(3.2.1)的解在$[t_0,+\infty)_{\mathbb{T}}$是振动的或者是收敛于零的.

定理 3.2.3 假设式(3.2.10)成立，$\tau \in C_{\mathrm{rd}}^1([t_0,+\infty)_{\mathbb{T}},\mathbb{T})$，$\tau \circ \sigma = \sigma \circ \tau$. 若存在一个正值函数$\delta \in C_{\mathrm{rd}}^1([t_0,+\infty)_{\mathbb{T}},\mathbf{R})$，对所有充分大的$t_1$，使得式(3.2.14)成立，或者式(3.2.19)、式(3.2.20)和式(3.2.21)成立.如果存在一个正值函数 $\eta \in C_{\mathrm{rd}}^1([t_0,+\infty)_{\mathbb{T}},\mathbf{R})$，$\eta^{\Delta}(t) \geqslant 0$，使得

$$\int_{t_0}^{+\infty}\left[\frac{1}{\eta(t)r(t)}\int_{t_0}^{t}\eta^{\sigma}(s)p(s)\Delta s\right]^{1/\gamma}\Delta t = +\infty \tag{3.2.23}$$

成立，则方程(3.2.1)的所有解在$[t_0,+\infty)_{\mathbb{T}}$或者是振动的或者是收敛于零的.

证明 重复定理3.2.1与定理3.2.2的证明过程，假设方程(3.2.1)在$[t_0,+\infty)_{\mathbb{T}}$上有非振动解 $x(t)$，不失一般性，我们假设 $x(t)>0$ 且 $x(\tau(t))>0$ 对所有的 $t\in[t_1,+\infty)_{\mathbb{T}}$，$t_1\in[t_0,+\infty)_{\mathbb{T}}$成立.由引理3.2.1可知，$x^{\Delta}(t)$的符号存在两种可能情况.

当 $x^{\Delta}(t)$ 最终为正时，由定理3.2.1和定理3.2.2可以证明，故省略.接下来，假设$x^{\Delta}(t)<0$，$t\in[t_1,+\infty)_{\mathbb{T}}$. 则 $x(t)$ 是递减的且 $\lim_{t\to+\infty}x(t)=b\geqslant 0$. 下面证明 $b=0$.

否则，$x(\tau(t))\geqslant x(t)\geqslant b>0$，$t\in[t_2,+\infty)_{\mathbb{T}}$. 由于 $f(x(\tau(t)))\geqslant L(x(\tau(t)))^{\gamma}$，存在 $t_2\in[t_1,+\infty)_{\mathbb{T}}$，使得

$$f(x(\tau(t)))\geqslant Lb^{\gamma},t\geqslant t_2;x(\tau(t))\geqslant x(t)\geqslant b>0,t\in[t_2,+\infty)_{\mathbb{T}},t\geqslant t_2.$$

定义函数 $u(t)=\eta(t)r(t)(x^{\Delta}(t))^{\gamma}$. 由方程(3.2.1)，得

$$\begin{aligned}u^{\Delta}(t)&=\eta^{\Delta}(t)r(t)(x^{\Delta}(t))^{\gamma}+\eta^{\sigma}(t)(r(t)(x^{\Delta}(t))^{\gamma})^{\Delta}\\&\leqslant-\eta^{\sigma}(t)p(t)f(x(\tau(t)))\leqslant-L\eta^{\sigma}(t)p(t)x^{\gamma}(\tau(t))\\&\leqslant-Lb^{\gamma}\eta^{\sigma}(t)p(t),t\in[t_2,+\infty)_{\mathbb{T}}.\end{aligned}$$

因此，对 $t\in[t_2,+\infty)_{\mathbb{T}}$，由于 $u(t_2)=\eta(t_2)r(t_2)(x^{\Delta}(t_2))^{\gamma}<0$，我们有

$$u(t)\leqslant u(t_2)-Lb^{\gamma}\int_{t_2}^{t}\eta^{\sigma}(s)p(s)\Delta s\leqslant-Lb^{\gamma}\int_{t_2}^{t}\eta^{\sigma}(s)p(s)\Delta s,$$

所以

$$x(t)-x(t_2)=\int_{t_2}^{t}x^{\Delta}(s)\Delta s\leqslant-L^{1/\gamma}b\int_{t_2}^{t}\left[\frac{1}{\eta(s)r(s)}\int_{t_2}^{s}\eta^{\sigma}(\tau)p(\tau)\Delta\tau\right]^{1/\gamma}\Delta s.$$

由式(3.2.23)，得 $\lim_{t\to+\infty}x(t)=-\infty$，这与 $t\geqslant t_1$ 时，$x(t)>0$ 矛盾，故 $\lim_{t\to+\infty}x(t)=0$. 证毕.

3.2.3 应用举例

Hassan[186] 考察了时间尺度上二阶半线性动态方程

$$(r(t)(x^{\Delta}(t))^{\gamma})^{\Delta}+p(t)x^{\gamma}(t)=0,t\in\mathbb{T}, \tag{3.2.24}$$

其中，$\gamma>0$ 为奇数的比，r 与 p 为定义在$\mathbb{T}$上的正的实值 rd 连续的函数，建立了(3.2.24)

的振动准则. 例如：

定理 A （Hassan[186] 定理 2.1）假设式(3.2.9) 成立，且存在一个正值函数 $\eta \in C_{rd}^{1}([t_0,+\infty)_{\mathbb{T}},\mathbf{R})$，使得

$$\limsup_{t\to+\infty}\int_{t_0}^{t}\Big(p(s)\alpha^{\gamma}(s)\delta^{\sigma}(s)-\frac{r(s)((\delta^{\Delta}(s))_{+})^{\gamma+1}}{(\gamma+1)^{\gamma+1}(\delta^{\sigma}(s)\beta(s))^{\gamma}}\Big)\Delta s=+\infty,\quad(3.2.25)$$

则方程(3.2.24) 在$[t_0,+\infty)_{\mathbb{T}}$上是振动的.

我们注意到，当 $f(x)\equiv x^{\gamma},\tau(t)\equiv t$ 时，方程(3.2.1) 变为式(3.2.24)，定理 3.2.1 变为定理 A. 因此，本节中的结果在本质上包含了 Hassan [186] 中定理 2.1 的结论.

类似地，本节定理 3.2.2 包含了 Hassan [186] 中定理 2.2 的结论，定理 3.2.3 包含了 Hassan [186] 中定理 2.4 的结论.

显然，Erbe 等[133] 所研究的非线性时滞动力方程(3.2.8) 为方程(3.2.1) 的特殊情形，且文献[133] 中的结论不能应用到方程(3.2.1) 中，所以我们的结果是新的.

例 3.2.1　考虑二阶时滞动力方程

$$((x^{\Delta}(t))^{\gamma})^{\Delta}+\frac{(\sigma(\tau(t)))^{\gamma}}{t\tau^{\gamma}(t)}x^{\gamma}(\tau(t))=0,t\in[t_0,+\infty)_{\mathbb{T}},\quad(3.2.26)$$

这里，$\gamma>0$ 为两正奇数的比，$\tau(t)\leqslant t,\tau(\mathbb{T})\subset\mathbb{T}$ 为一时间尺度，$\lim\limits_{t\to+\infty}\tau(t)=+\infty,\tau^{\Delta}(t)>0$，且 $\tau(\sigma(t))=\sigma(\tau(t))$. 令

$$r(t)=1,p(t)=\frac{(\sigma(\tau(t)))^{\gamma}}{t\tau^{\gamma}(t)},f(x)=x^{\gamma},L=1,t\in[t_0,+\infty)_{\mathbb{T}}.$$

则式(3.2.9) 成立，$R(t)=t-t_1$，我们可以找到 $0<k<1$，使得

$$\alpha(t)=\frac{R(t)}{R(t)+\mu(t)}=\frac{t-t_1}{\sigma(t)-t_1}\geqslant\frac{kt}{\sigma(t)},\alpha(\tau(t))\geqslant\frac{k\tau(t)}{\sigma(\tau(t))},t\geqslant t_k>t_1\geqslant t_0.$$

取 $\delta(t)=1$，我们有

$$\limsup_{t\to+\infty}\int_{t_1}^{t}\Big[Lp(s)\alpha^{\gamma}(\tau(s))\delta^{\sigma}(s)-\frac{r(\tau(s))((\delta^{\Delta}(s))_{+})^{\gamma+1}}{(\gamma+1)^{\gamma+1}(\delta^{\sigma}(s)\beta(\tau(s))\tau^{\Delta}(s))^{\gamma}}\Big]\Delta s$$

$$=\limsup_{t\to+\infty}\int_{t_1}^{t}p(s)\alpha^{\gamma}(\tau(s))\Delta s\geqslant k^{\gamma}\limsup_{t\to+\infty}\int_{t_k}^{t}\frac{(\sigma(\tau(s)))^{\gamma}}{s\tau^{\gamma}(s)}\frac{\tau^{\gamma}(s)}{(\sigma(\tau(s)))^{\gamma}}\Delta s$$

$$=k^{\gamma}\limsup_{t\to+\infty}\int_{t_k}^{t}\frac{1}{s}\Delta s=+\infty.$$

由定理 3.2.1，方程(3.2.26) 的所有解振动.

3.2.4　小　结

本节研究了时间尺度上一类二阶非线性时滞动态方程的振动性，利用 Riccati 变换及不等式技巧，克服了滞量所带来的困难，建立了方程振动的几个新结果. 我们的结论不仅推广和改进了已有文献的有关结果，而且还统一和推广了二阶非线性时滞微分方程与二阶非线性时滞差分方程振动性的有关结论，我们的结果是新的.

本节的主要结果来自于文献[193].

3.3 时间尺度上带强迫项的二阶非线性时滞动态方程的振动定理

3.3.1 研究背景

关于时间尺度上具强迫项动态方程的振动性研究已有一些成果，如文献[216～221]. 为进一步丰富二阶具强迫项的动态方程振动理论，本节研究下列形式的时间尺度上具强迫项的二阶非线性动力方程

$$x^{\Delta\Delta}(t)+a(t)f(x(q(t)))=e(t),t\in\mathbb{T} \tag{3.3.1}$$

解的振动性. 这里假设 a,q 和 e 是定义在时间尺度$\mathbb{T}$上的实数值 rd 连续函数. $q:\mathbb{T}\rightarrow\mathbb{T}$, $\lim\limits_{t\to+\infty}q(t)=+\infty$, $f\in C(\mathbf{R},\mathbf{R})$，当 $x\neq 0$ 时，满足 $xf(x)>0$.

对于具强迫项微分方程的振动性，Agarwal[222]、Ou[223]、Wong[224] 研究了 n 阶具强迫项微分方程

$$x^{(n)}(t)+a(t)f(x(q(t)))=e(t)$$

解的振动性.

Sun[225] 研究了 n 阶具强迫项差分方程

$$\Delta^m x(n)+q(n)f(x(n-\tau))=e(n)$$

的振动性，建立了该方程振动的一些充分条件.

Agarwal[216] 研究了时间尺度上二阶具强迫项动力方程

$$(r(t)\phi_\alpha(x^\Delta))^\Delta+f(t,x^\sigma)=e(t),t\in\mathbb{T},$$

这里，$f(t,x)=q(t)\phi_\alpha(x)+\sum\limits_{i=1}^{n}q_i(t)\phi_{\beta_i}(x)$，$\phi_*(u)=|u|^{*-1}u$.

Anderson[217] 研究了时间尺度上二阶具强迫项时滞动力方程

$$(rx^\Delta)^\Delta(t)+p(t)\mid x(\tau(t))\mid^{\alpha-1}x(\tau(t))+q(t)\mid x(\theta(t))\mid^{\beta-1}x(\theta(t))=f(t),t\in\mathbb{T}$$

的振动性.

Bohner[218] 研究了时间尺度上二阶具强迫项动力方程

$$(rx^\Delta)^\Delta(t)+p(t)x^\sigma(t)=e(t),t\in\mathbb{T}$$

的振动性与非振动性.

Huang[219] 研究了时间尺度上二阶具强迫项动力方程

$$x^{\Delta\Delta}(t)+p(t)f(x^\sigma(t))=e(t),t\in\mathbb{T}$$

的振动性，建立了该方程振动的一些区间准则.

Huang[220] 研究了时间尺度上二阶具强迫项动力方程

$$x^{\Delta\Delta}(t)+p(t)f(x(t))=e(t),t\in\mathbb{T}$$

的振动性.

Saker[221] 研究了时间尺度上二阶具强迫项动力方程

$$(ax^\Delta)^\Delta+p(t)f(x^\sigma(t))=r(t),t\in\mathbb{T}$$

的振动性.

Philos 型函数在动力方程振动理论中广泛应用，例如 Erbe[133]，Saker[205] 建立了时间

尺度上二阶时滞动力方程的 Philos 型振动准则. 因此,为了发展时间尺度上动力方程的定性理论,研究方程(3.3.1) 的振动性是有意义的.

由于我们感兴趣的是方程解的振动性,所以假设时间尺度 $\mathbb{T}$ 是无界的,即它是时间尺度上的无穷区间 $[t_0,+\infty)_{\mathbb{T}}=[t_0,+\infty)\cap\mathbb{T}$.

本节利用 Philos 型函数和不等式技巧,建立方程(3.3.1) 振动的几个新准则,我们的结果改进了 Saker[221] 的结果.

3.3.2　主要结果与证明

本节中,通过定义一类 Philos 型函数,我们建立了方程(3.3.1) 振动的一些新准则. 令 $D_0\equiv\{(t,s)\in\mathbb{T}^2:t>s\geqslant t_0\}$, $D\equiv\{(t,s)\in\mathbb{T}^2:t\geqslant s\geqslant t_0\}$. 定义函数空间 $\mathscr{R}$: $H\in\mathscr{R}$,如果 $H\in C_{\rm rd}(D,\mathbf{R})$,并且

(1) $H(t,t)=0$, $t\geqslant t_0$, $H(t,s)>0$ 在 D_0 上;

(2) H 关于第二变元 s 存在非正连续的 Δ 偏导数 $H^{\Delta_s}(t,s)$,存在非负连续的二阶 Δ 偏导数 $H^{\Delta_s^2}(t,s)$;

(3) $H^{\Delta_s}(\sigma(t),\sigma(t))=0$;

(4) $\lim\limits_{t\to+\infty}\dfrac{H^{\Delta_s}(\sigma(t),t_0)}{H(\sigma(t),t_0)}=O(1)$.

定理 3.3.1　假设 $a(t)\geqslant 0$. 若存在一个函数 $H\in\mathscr{R}$,使得

$$\limsup_{t\to+\infty}\frac{1}{H(\sigma(t),t_0)}\int_{t_0}^{\sigma(t)}H(\sigma(t),\sigma(s))e(s)\Delta s=+\infty \tag{3.3.2}$$

和

$$\liminf_{t\to+\infty}\frac{1}{H(\sigma(t),t_0)}\int_{t_0}^{\sigma(t)}H(\sigma(t),\sigma(s))e(s)\Delta s=-\infty \tag{3.3.3}$$

成立,则方程(3.3.1) 是振动的.

证明　假设方程(3.3.1) 有非振动解 x. 不失一般性,假设 $x(t)>0$, $x(q(t))>0$, $t\in[t_0,+\infty)_{\mathbb{T}}$. 方程(3.3.1) 两边同乘以 $H(\sigma(t),\sigma(s))$,并对 s 从 t_0 到 $\sigma(t)$ 积分,得

$$\int_{t_0}^{\sigma(t)}H(\sigma(t),\sigma(s))x^{\Delta\Delta}(s)\Delta s+\int_{t_0}^{\sigma(t)}H(\sigma(t),\sigma(s))a(s)f(x(q(s)))\Delta s$$
$$=\int_{t_0}^{\sigma(t)}H(\sigma(t),\sigma(s))e(s)\Delta s. \tag{3.3.4}$$

使用两次分部积分,得到

$$\int_{t_0}^{\sigma(t)}H(\sigma(t),\sigma(s))x^{\Delta\Delta}(s)\Delta s=-H(\sigma(t),t_0)x^{\Delta}(t_0)-\int_{t_0}^{\sigma(t)}H^{\Delta_s}(\sigma(t),s)x^{\Delta}(s)\Delta s$$
$$=-H(\sigma(t),t_0)x^{\Delta}(t_0)+H^{\Delta_s}(\sigma(t),t_0)x^{\Delta}(t_0)+\int_{t_0}^{\sigma(t)}H^{\Delta_s^2}(\sigma(t),s)x(\sigma(s))\Delta s. \tag{3.3.5}$$

将式(3.3.5) 代入式(3.3.4),我们得到

$$\frac{1}{H(\sigma(t),t_0)}\int_{t_0}^{\sigma(t)}H(\sigma(t),\sigma(s))e(s)\Delta s=-x^{\Delta}(t_0)+\frac{H^{\Delta_s}(\sigma(t),t_0)}{H(\sigma(t),t_0)}x(t_0)$$
$$+\frac{1}{H(\sigma(t),t_0)}\int_{t_0}^{\sigma(t)}[H^{\Delta_s^2}x^2(\sigma(t),s)x^{\sigma}(s)+H(\sigma(t),\sigma(s))a(s)f(x(q(s)))]\Delta s,$$

取下极限,与式(3.3.2) 矛盾. 证毕.

注 3.3.1 当 $q(t)=t, q(t)\leqslant t, q(t)\geqslant t$ 时，定理 3.3.1 成立.

当 $\mathbb{T}=\mathbf{R}$，令 $H(t,s)=(t-s)^{\beta},\beta>1$，则 $H\in\mathscr{R}$，由定理 3.3.1 得到下述推论.

推论 3.3.1 假设 $a(t)\geqslant 0, \mathbb{T}=\mathbf{R}$. 如果

$$\limsup_{t\to+\infty}\frac{1}{(t-t_0)^{\beta}}\int_{t_0}^{t}(t-s)^{\beta}e(s)\mathrm{d}s=+\infty$$

和

$$\liminf_{t\to+\infty}\frac{1}{(t-t_0)^{\beta}}\int_{t_0}^{t}(t-s)^{\beta}e(s)\mathrm{d}s=-\infty$$

成立，则方程(3.3.1)是振动的.

当 $\mathbb{T}=\mathbf{Z}$，令 $H(t,s)=(t-s)^{(k)}=(t-s)(t-s+1)\cdots(t-s+k-1), k\geqslant 2$. 则 $H\in\mathscr{R}$，由定理 3.3.1 得到下述推论.

推论 3.3.2 假设 $a(t)\geqslant 0, \mathbb{T}=\mathbf{Z}$. 如果

$$\limsup_{t\to+\infty}\frac{1}{(t+1-t_0)^{(k)}}\sum_{s=t_0}^{t}(t-s)^{(k)}e(s)=+\infty$$

和

$$\liminf_{t\to+\infty}\frac{1}{(t+1-t_0)^{k}}\sum_{s=t_0}^{t}(t-s)^{(k)}e(s)=-\infty$$

成立，则方程(3.3.1)是振动的.

定理 3.3.2 假设存在一个函数 $H\in\mathscr{R}$，

(1) $a(t)<0, q(t)=\sigma(t)$；

(2) 存在两个正实数 c,λ 使得

$$|f(x)|\geqslant c|x|^{\lambda},\lambda>1, \tag{3.3.6}$$

或者

$$|f(x)|\leqslant c|x|^{\lambda},0<\lambda<1; \tag{3.3.7}$$

(3) $$\limsup_{t\to+\infty}\frac{1}{H(\sigma(t),t_0)}\int_{t_0}^{\sigma(t)}[H(\sigma(t),\sigma(s))e(s)-G(t,s)]\Delta s=+\infty; \tag{3.3.8}$$

(4) $$\liminf_{t\to+\infty}\frac{1}{H(\sigma(t),t_0)}\int_{t_0}^{\sigma(t)}[H(\sigma(t),\sigma(s))e(s)-G(t,s)]\Delta s=-\infty, \tag{3.3.9}$$

这里

$$G(t,s)=(\lambda-1)\lambda^{\lambda/(1-\lambda)}(H^{\Delta_s^2}(\sigma(t),s))^{\lambda/(\lambda-1)}(-cH(\sigma(t),\sigma(s))a(s))^{1/(1-\lambda)},$$

则方程(3.3.1)是振动的.

证明 假设方程(3.3.1)有非振动解 x. 不失一般性，假设 $x(t)>0, t\in[t_0,+\infty)_{\mathbb{T}}$.

首先假设式(3.3.6)成立. 方程(3.3.1)两边同乘以 $H(\sigma(t),\sigma(s))$，并对 s 从 t_0 到 $\sigma(t)$ 积分，得

$$\int_{t_0}^{\sigma(t)}H(\sigma(t),\sigma(s))x^{\Delta\Delta}(s)\Delta s+\int_{t_0}^{\sigma(t)}H(\sigma(t),\sigma(s))a(s)f(x(\sigma(s)))\Delta s=\int_{t_0}^{\sigma(t)}H(\sigma(t),\sigma(s))e(s)\Delta s. \tag{3.3.10}$$

使用两次分部积分，得到式(3.3.5). 将式(3.3.5)和式(3.3.6)代入式(3.3.10)，由 $a(t)<0$，我们有

$$\frac{1}{H(\sigma(t),t_0)}\int_{t_0}^{\sigma(t)} H(\sigma(t),\sigma(s))e(s)\Delta s \leqslant - x^{\Delta}(t_0) + \frac{H^{\Delta_s}(\sigma(t),t_0)}{H(\sigma(t),t_0)}x(t_0)$$
$$+\frac{1}{H(\sigma(t),t_0)}\int_{t_0}^{\sigma(t)} [H^{\Delta_s^2}(\sigma(t),s)x^{\sigma}(s) + cH(\sigma(t),\sigma(s))a(s)x^{\lambda}(\sigma(s))]\Delta s. \tag{3.3.11}$$

令 $F(x) = ax - bx^{\lambda}, x > 0, a \geqslant 0, b > 0$. 若 $\lambda > 1$, 由文献[88], $F(x)$ 有最大值

$$F_{\max} = (\lambda - 1)\lambda^{\lambda/(1-\lambda)} a^{\lambda/(\lambda-1)} b^{1/(1-\lambda)},$$

所以由式(3.3.11),可得

$$\frac{1}{H(\sigma(t),t_0)}\int_{t_0}^{\sigma(t)} [H(\sigma(t),\sigma(s))e(s) - G(t,s)]\Delta s \leqslant - x^{\Delta}(t_0) + \frac{H^{\Delta_s}(\sigma(t),t_0)}{H(\sigma(t),t_0)}x(t_0).$$

取上极限,与式(3.3.8) 矛盾.

如果式(3.3.7) 成立. 将式(3.3.5) 和式(3.3.6) 代入式(3.3.10),由 $a(t) < 0$,我们有

$$\frac{1}{H(\sigma(t),t_0)}\int_{t_0}^{\sigma(t)} H(\sigma(t),\sigma(s))e(s)\Delta s \geqslant - x^{\Delta}(t_0) + \frac{H^{\Delta_s}(\sigma(t),t_0)}{H(\sigma(t),t_0)}x(t_0)$$
$$+\frac{1}{H(\sigma(t),t_0)}\int_{t_0}^{\sigma(t)} [H^{\Delta_s^2}(\sigma(t),s)x^{\sigma}(s) + cH(\sigma(t),\sigma(s))a(s)x^{\lambda}(\sigma(s))]\Delta s. \tag{3.3.12}$$

令 $F(x) = ax - bx^{\lambda}, x > 0, a \geqslant 0, b > 0$. 若 $0 < \lambda < 1$, 由文献[88], $F(x)$ 有最小值

$$F_{\min} = (\lambda - 1)\lambda^{\lambda/(1-\lambda)} a^{\lambda/(\lambda-1)} b^{1/(1-\lambda)},$$

所以由式(3.3.12),可得

$$\frac{1}{H(\sigma(t),t_0)}\int_{t_0}^{\sigma(t)} [H(\sigma(t),\sigma(s))e(s) - G(t,s)]\Delta s \geqslant - x^{\Delta}(t_0) + \frac{H^{\Delta_s}(\sigma(t),t_0)}{H(\sigma(t),t_0)}x(t_0).$$

取下极限,与式(3.3.9) 矛盾. 证毕.

定理 3.3.3　假设 $a(t) < 0, q(t) = \sigma(t)$. 若存在一个函数 $H \in \mathscr{R}$,使得式(3.3.2)、式(3.3.3)4 成立. 如果 $|f(x)| \geqslant |x|$ 时,

$$H^{\Delta_s^2}(\sigma(t),s) + H(\sigma(t),\sigma(s))a(s) \leqslant 0, \tag{3.3.13}$$

或者,若 $|f(x)| \leqslant |x|$ 时,

$$H^{\Delta_s^2}(\sigma(t),s) + H(\sigma(t),\sigma(s))a(s) \geqslant 0, \tag{3.3.14}$$

则方程(3.3.1) 是振动的.

证明　假设方程(3.3.1) 有非振动解 x. 不失一般性,假设 $x(t) > 0, t \in [t_0, +\infty)_{\mathbb{T}}$. 类似定理 3.3.1 与定理 3.3.2 的证明,有式(3.3.5) 和式(3.3.10) 成立.

若 $|f(x)| \geqslant |x|$,将式(3.3.5) 代入式(3.3.10),注意到 $a(t) < 0$,得到

$$\frac{1}{H(\sigma(t),t_0)}\int_{t_0}^{\sigma(t)} H(\sigma(t),\sigma(s))e(s)\Delta s \leqslant - x^{\Delta}(t_0) + \frac{H^{\Delta_s}(\sigma(t),t_0)}{H(\sigma(t),t_0)}x(t_0)$$
$$+\frac{1}{H(\sigma(t),t_0)}\int_{t_0}^{\sigma(t)} [H^{\Delta_s^2}(\sigma(t),s)x^{\sigma}(s) + H(\sigma(t),\sigma(s))a(s)x^{\sigma}(s)]\Delta s.$$

取上极限,利用式(3.3.13),可知与式(3.3.2) 矛盾.

若 $|f(x)| \leqslant |x|$,将式(3.3.5) 代入式(3.3.10),注意到 $a(t) < 0$,得到

$$\frac{1}{H(\sigma(t),t_0)}\int_{t_0}^{\sigma(t)} H(\sigma(t),\sigma(s))e(s)\Delta s \geqslant -x^{\Delta}(t_0)+\frac{H^{\Delta_s}(\sigma(t),t_0)}{H(\sigma(t),t_0)}x(t_0)$$
$$+\frac{1}{H(\sigma(t),t_0)}\int_{t_0}^{\sigma(t)}[H^{\Delta_s^2}(\sigma(t),s)x^{\sigma}(s)+H(\sigma(t),\sigma(s))a(s)x(\sigma(s))]\Delta s.$$

取下极限,利用式(3.3.14),可知与式(3.3.3)矛盾.证毕.

3.3.3 应用举例

例 3.3.1 考虑动力方程

$$x^{\Delta\Delta}(t)+a(t)f(x(q(t)))=t^{\alpha}\sin t,\quad t\in[t_0,+\infty), \tag{3.3.15}$$

这里,$a(t)\geqslant 0,\alpha>0$.

当$\mathbb{T}=\mathbf{R}$,由推论 3.3.1,若 $\alpha>1$,方程(3.3.15)的所有解振动;当$\mathbb{T}=\mathbf{Z}$,由推论 3.3.2,若 $\alpha>1$,方程(3.3.15)的所有解振动.

3.3.4 小 结

本节研究了时间尺度上一类二阶具有强迫项的动力方程的振动性,利用 Riccati 变换及不等式技巧,克服了强迫项所带来的困难,建立了方程振动的几个新结果,改进了 Saker[221] 的结果.本节的主要结果来自于文献[199].

3.4 时间尺度上具强迫项的二阶阻尼非线性动态方程的区间振动准则

3.4.1 研究背景

本节我们研究下列形式的时间尺度上具有阻尼项的二阶非线性时滞动态方程

$$(r(t)x^{\Delta}(t))^{\Delta}+p(t)x^{\Delta\sigma}(t)+q(t)(x^{\sigma}(t))^{\alpha}=f(t) \tag{3.4.1}$$

的区间振动准则,这里 $\alpha\geqslant 1$ 是正奇数的比.假设函数 r,p,q 和 $f\in C_{\mathrm{rd}}([t_0,+\infty)_{\mathbb{T}},\mathbf{R})$. $r(t)>0,p(t)\leqslant 0,p/r^{\sigma}\in\mathbf{R}_+$.

由于我们感兴趣的是方程解趋于无穷的振动性,所以假设时间尺度$\mathbb{T}$是无界的.为方便起见,假设 $t_0\in\mathbb{T}$并且 $t_0>0$.定义时间尺度上的无穷区间为$[t_0,+\infty)_{\mathbb{T}}=[t_0,+\infty)\cap\mathbb{T}$.

近年来,关于时间尺度上具有强迫项的动力方程解的振动性和非振动性研究已经有了一些结果,如文献[199,216,226 ~ 228,243].

通过建立时间尺度上的一类 Philos 型函数,李同兴等[199] 得到了时间尺度上具有强迫项的二阶非线性动力方程

$$x^{\Delta\Delta}(t)+a(t)f(x(q(t)))=e(t)$$

的振动准则,这里 a,q 和 e 是定义在时间尺度$\mathbb{T}$上的实值 rd 连续函数,$q:\mathbb{T}\to\mathbb{T}$,当 $t\to+\infty$ 时,有 $q(t)\to+\infty$. $f\to C(\mathbf{R},\mathbf{R})$,当 $x\neq 0$ 时,满足 $xf(x)>0$.得到的结果统一了带阻尼项的二阶微分方程和带阻尼项的二阶差分方程的振动性.

本节我们运用 Racatti 变换技术研究方程(3.4.1)的区间振动准则.我们的结果不需要函数 q 和 f 是固定的符号,而且只需考虑$[t_0,+\infty)_{\mathbb{T}}$的一系列子区间,而不是整个区间.

据我们所知,直到现在关于方程(3.4.1)的振动性研究结果尚少见.

3.4.2　主要结果与证明

为了证明主要结果,需要下述引理.

引理 3.4.1[28]　如果 $g\in \mathbf{R}_+$,即 $g:\mathbb{T}\to \mathbf{R}$ 是实值 rd 连续函数,并且对于任意的 $t\in[t_0,+\infty)_{\mathbb{T}}$,满足 $1+\mu(t)g(t)>0$. 则初值问题 $y^{\Delta}=g(t)y,y(t_0)=y_0\in\mathbf{R}$ 在区间 $[t_0,+\infty)_{\mathbb{T}}$ 上有唯一的正解 $e_g(t,t_0)y_0$. 这个"指数函数"$e_g(\cdot,t_0)$ 满足半群性质 $e_g(a,b)e_g(b,c)=e_g(a,c)$.

引理 3.4.2　如果 $\lambda>1$ 和 $\rho>1$ 是共轭的,即 $1/\lambda+1/\rho=1$,则对于任意的 $X,Y\in\mathbf{R}$,有

$$\frac{|X|^{\lambda}}{\lambda}+\frac{|Y|^{\rho}}{\rho}\geqslant |XY|.$$

如果函数 $u\in C_{\mathrm{rd}}^1[a,b]_{\mathbb{T}},u(a)=u(b)=0$ 且 $u(t)\neq 0$,则称 u 属于函数类 $\xi(a,b)$,记为 $u\in\xi(a,b)$.

定理 3.4.1　假设 $a>1$,对于任意的 $T\in[t_0,+\infty)_{\mathbb{T}}$,存在常数 $a_k,b_k\in[T,+\infty)_{\mathbb{T}}$,使得 $a_k<b_k,k=1,2$,并且

$$q(t)\geqslant 0,t\leqslant[a_1,b_1]_{\mathbb{T}}\cup(a_2,b_2)_{\mathbb{T}},$$
$$(-1)^k f(t)\geqslant 0,t\in[a_k,b_k]_{\mathbb{T}},k=1,2.$$

进一步,假设存在函数 $\eta\in C_{\mathrm{rd}}^1([t_0,+\infty)_{\mathbb{T}},\mathbf{R}_+)$,$\eta^{\Delta}(t)\geqslant 0$ 和 $u\in\xi(a_k,b_k)$,使得

$$\int_{a_k}^{b_k}(\eta(t)r(t)(u^{\Delta}(t))^2-P(t,a_k)(u^{\sigma}(t))^2)\Delta t\leqslant 0,k=1,2,\tag{3.4.2}$$

这里

$$P(t,a_k)=\delta_0(t)-\eta^{\Delta}(t)\delta_1(t,a_k)+\frac{\eta^{\sigma}(t)p(t)}{r^{\sigma}(t)}\delta_1(\sigma(t),a_k),$$

$$\delta_0(t)=\alpha^{\frac{1}{\alpha}}\left(\frac{\alpha}{\alpha-1}\right)^{\frac{\alpha-1}{\alpha}}\eta^{\sigma}(t)q^{\frac{1}{\alpha}}(t)\mid f(t)\mid^{\frac{\alpha-1}{\alpha}},$$

$$\delta_1(t,a_k)=\frac{1}{e_{p/r^{\sigma}}(t,a_k)}\left(\int_{a_k}^{t}\frac{1}{r(s)e_{p/r^{\sigma}}(s,a_k)}\Delta s\right)^{-1},$$

则方程(3.4.1)的所有解在$[t_0,+\infty)_{\mathbb{T}}$上是振动的.

证明　假设方程(3.4.1)在区间$[t_0,+\infty)_{\mathbb{T}}$上存在非振动解 x. 不失一般性,假设存在常数 $t_1\in[t_0,+\infty)_{\mathbb{T}}$,使得对于所有的 $t\in[t_1,+\infty)_{\mathbb{T}}$,$x(t)>0,x^{\sigma}(t)>0$. 根据假设,取 $b_1>a_1>t_1$,则在区间$[a_1,b_1]_{\mathbb{T}}$上,有 $q(t)\geqslant 0$ 和 $f(t)\leqslant 0$. 由方程(3.4.1),有 $(r(t)x^{\Delta}(t))^{\Delta}+p(t)x^{\Delta\sigma}(t)\leqslant 0$. 由引理 3.4.1 和上面的不等式,得到

$$(r(t)x^{\Delta}(t)e_{p/r^{\sigma}}(t,a_1))^{\Delta}\leqslant 0,$$

所以 $r(t)x^{\Delta}(t)e_{p/r^{\sigma}}(t,a_1)$ 在$[a_1,b_1]_{\mathbb{T}}$上是非增的. 因此对于 $t\in[a_1,b_1]_{\mathbb{T}}$,

$$\begin{aligned}x(t)>x(t)-x(a_1)&=\int_{a_1}^{t}\frac{r(s)x^{\Delta}(s)e_{p/r^{\sigma}}(s,a_1)}{r(s)e_{p/r^{\sigma}}(s,a_1)}\Delta s\\&\geqslant r(t)x^{\Delta}(t)e_{p/r^{\sigma}}(t,a_1)\int_{a_1}^{t}\frac{1}{r(s)e_{p/r^{\sigma}}(s,a_1)}\Delta s,\end{aligned}$$

所以有

$$\frac{r(t)x^{\Delta}(t)}{x(t)} < \frac{1}{e_{p/r^{\sigma}}(t,a_1)}\left(\int_{a_1}^{t}\frac{1}{r(s)e_{p/r^{\sigma}}(s,a_1)}\Delta s\right)^{-1} = \delta_1(t,a_1). \tag{3.4.3}$$

定义函数 ω 为

$$\omega(t) = \eta(t)\frac{r(t)x^{\Delta}(t)}{x(t)}, t \in [a_1, b_1]_{\mathbb{T}}. \tag{3.4.4}$$

对上式求导,得到

$$\omega^{\Delta}(t) = \eta^{\sigma}(t)\frac{(r(t)x^{\Delta}(t))^{\Delta}x(t) - r(t)(x^{\Delta}(t))^2}{x(t)x^{\sigma}(t)} + \eta^{\Delta}(t)\frac{r(t)x^{\Delta}(t)}{x(t)}. \tag{3.4.5}$$

由方程(3.4.1)、式(3.4.4) 和式(3.4.5),得到

$$\begin{aligned}\omega^{\Delta}(t) &= -\eta^{\sigma}(t)\frac{p(t)x^{\Delta\sigma}(t)}{x^{\sigma}(t)} - \eta^{\sigma}(t)q(t)(x^{\sigma}(t))^{\alpha-1} + \eta^{\sigma}(t)\frac{f(t)}{x^{\sigma}(t)}\\ &\quad - \eta^{\sigma}(t)\frac{r(t)(x^{\Delta}(t))^2}{x(t)x^{\sigma}(t)} + \eta^{\Delta}(t)\frac{r(t)x^{\Delta}(t)}{x(t)}\\ &= -\frac{\eta^{\sigma}(t)p(t)}{r^{\sigma}(t)}\frac{r^{\sigma}(t)x^{\Delta\sigma}(t)}{x^{\sigma}(t)} - \eta^{\sigma}(t)q(t)(x^{\sigma}(t))^{\alpha-1} - \eta^{\sigma}(t)\frac{|f(t)|}{x^{\sigma}(t)}\\ &\quad - \frac{\eta^{\sigma}(t)x(t)}{\eta^2(t)r(t)x^{\sigma}(t)}\omega^2(t) + \eta^{\Delta}(t)\frac{r(t)x^{\Delta}(t)}{x(t)}.\end{aligned} \tag{3.4.6}$$

由式(3.4.3) 和式(3.4.6),可得

$$\begin{aligned}\omega^{\Delta}(t) &\leqslant -\frac{\eta^{\sigma}(t)p(t)}{r^{\sigma}(t)}\delta_1(\sigma(t),a_1) - \eta^{\sigma}(t)q(t)(x^{\sigma}(t))^{\alpha-1} - \eta^{\sigma}(t)\frac{|f(t)|}{x^{\sigma}(t)}\\ &\quad - \frac{\eta^{\sigma}(t)x(t)}{\eta^2(t)r(t)x^{\sigma}(t)}\omega^2(t) + \eta^{\Delta}(t)\delta_1(t,a_1).\end{aligned} \tag{3.4.7}$$

令

$$F(x) = \eta^{\sigma}(t)q(t)x^{\alpha-1} + \eta^{\sigma}(t)\frac{|f(t)|}{x}, \lambda = \alpha, \rho = \frac{\alpha}{\alpha-1}.$$

由引理 3.4.2,容易得到

$$F(x^{\sigma}) \geqslant \alpha^{\frac{1}{\alpha}}\left(\frac{\alpha}{\alpha-1}\right)^{\frac{\alpha-1}{\alpha}}\eta^{\sigma}(t)q^{\frac{1}{\alpha}}(t)\,|f(t)|^{\frac{\alpha-1}{\alpha}} = \delta_0(t). \tag{3.4.8}$$

因为 $x(t) > 0$,得到

$$0 < \frac{x(t)}{r(t)x^{\sigma}(t)} = \frac{1}{r(t) + \mu(t)\frac{r(t)x^{\Delta}(t)}{x(t)}} = \frac{\eta(t)}{\eta(t)r(t) + \mu(t)\omega(t)}. \tag{3.4.9}$$

将式(3.4.7) ~ 式(3.4.9) 结合,并注意到 $\eta^{\Delta}(t) \geqslant 0$,可得

$$\omega^{\Delta}(t) \leqslant -P(t,a_1) - \frac{1}{\eta(t)r(t) + \mu(t)\omega(t)}\omega^2(t), \tag{3.4.10}$$

这里,P 是定理 3.4.1 中定义的. 将式(3.4.10) 两边同乘以 $(u^{\sigma}(t))^2$,并从 a_1 到 b_1 积分,得

$$\int_{a_1}^{b_1}(u^{\sigma}(t))^2\omega^{\Delta}(t)\Delta t \leqslant -\int_{a_1}^{b_1}P(t,a_1)(u^{\sigma}(t))^2\Delta t - \int_{a_1}^{b_1}\frac{(u^{\sigma}(t))^2\omega^2(t)}{\eta(t)r(t) + \mu(t)\omega(t)}\Delta t.$$

对第一项进行分部积分,得到

$$u^2(t)\omega(t)\,|_{a_1}^{b_1} - \int_{a_1}^{b_1}(u(t) + u^{\sigma}(t))u^{\Delta}(t)\omega(t)\Delta t$$

$$\leqslant -\int_{a_1}^{b_1} P(t,a_1)(u^\sigma(t))^2\Delta t - \int_{a_1}^{b_1} \frac{(u^\sigma(t))^2\omega^2(t)}{\eta(t)r(t)+\mu(t)\omega(t)}\Delta t.$$

根据 $u(a_1)=0=u(b_1)$，得

$$0 \geqslant \int_{a_1}^{b_1} \frac{(u^\sigma(t))^2\omega^2(t)}{\eta(t)r(t)+\mu(t)\omega(t)}\Delta t - \int_{a_1}^{b_1})(u(t)+u^\sigma(t))u^\Delta(t)\omega(t)\Delta t$$

$$+\int_{a_1}^{b_1} P(t,a_1)(u^\sigma(t))^2\Delta t$$

$$= \int_{a_1}^{b_1} \frac{(u^\sigma(t))^2\omega^2(t)}{\eta(t)r(t)+\mu(t)\omega(t)}\Delta t - \int_{a_1}^{b_1} (2u^\sigma(t)u^\Delta(t)\omega(t)$$

$$-\mu(t)(u^\Delta(t))^2\omega(t))\Delta t + \int_{a_1}^{b_1} P(t,a_1)(u^\sigma(t))^2\Delta t,$$

加上并减去项 $\int_{a_1}^{b_1} \eta(t)r(t)(u^\Delta(t))^2\Delta t$，由式(3.4.2)，得到

$$0 \geqslant \int_{a_1}^{b_1} \left[\frac{(u^\sigma(t))^2\omega^2(t)}{\eta(t)r(t)+\mu(t)\omega(t)} - 2u^\sigma(t)u^\Delta(t)\omega(t) + (\eta(t)r(t)+\mu(t)\omega(t))(u^\Delta(t))^2\right]\Delta t$$

$$-\int_{a_1}^{b_1} (\eta(t)r(t)u^\Delta(t))^2 - P(t,a_1)(u^\sigma(t))^2)\Delta t$$

$$\geqslant \int_{a_1}^{b_1} \left[\frac{u^\sigma(t)\omega(t)}{\sqrt{\eta(t)r(t)+\mu(t)\omega(t)}} - \sqrt{\eta(t)r(t)+\mu(t)\omega(t)}\,u^\Delta(t)\right]^2\Delta t.$$

所以

$$\int_{a_1}^{b_1} \left[\frac{u^\sigma(t)\omega(t)}{\sqrt{\eta(t)r(t)+\mu(t)\omega(t)}} - \sqrt{\eta(t)r(t)+\mu(t)\omega(t)}\,u^\Delta(t)\right]^2\Delta t = 0,$$

即

$$\frac{u^\sigma(t)\omega(t)}{\sqrt{\eta(t)r(t)+\mu(t)\omega(t)}} - \sqrt{\eta(t)r(t)+\mu(t)\omega(t)}\,u^\Delta(t) = 0, t\in[a_1,b_1]_{\mathbf{T}}.$$

通过求解 u^Δ，我们得到 u 是下列初值问题

$$u^\Delta(t) = \frac{\omega(t)}{\eta(t)r(t)+\mu(t)\omega(t)}u^\sigma(t), u(a_1)=0, t\in[a_1,b_1]_{\mathbf{T}}$$

的解.因为 $-\omega/(\eta r+\mu\omega)\in\mathscr{R}$，由文献[28]中的定理 2.71，得到在 $[a_1,b_1]_{\mathbf{T}}$ 上，$u(t)\equiv 0$，矛盾.当 x 是方程(3.4.1)的最终负解时，用区间 $[a_2,b_2]_{\mathbf{T}}$ 代替 $[a_1,b_1]_{\mathbf{T}}$，可类似证明.证毕.

注 3.4.1　当 $p(t)=0$ 时，上述定理即为文献[226]中的定理 3.2.

定理 3.4.2　假设 $\alpha=1$，对于任意的 $T\in[t_0,+\infty)_{\mathbf{T}}$，存在常数 $a_k,b_k\in[T,+\infty)_{\mathbf{T}}$，使得 $a_k<b_k$，$k=1,2$，并且

$$q(t)\geqslant 0, t\in[a_1,b_1]_{\mathbf{T}}\cup[a_2,b_2]_{\mathbf{T}},$$
$$(-1)^k f(t)\geqslant 0, t\in[a_k,b_k]_{\mathbf{T}}, k=1,2.$$

进一步，假设存在函数 $\eta\in C_{\mathrm{rd}}^1([t_0,+\infty)_{\mathbf{T}},\mathbf{R}_+)$，$\eta^\Delta(t)\geqslant 0$ 和 $u\in\xi(a_k,b_k)$，使得

$$\int_{a_k}^{b_k} (\eta(t)r(t)(u^\Delta(t))^2 - K(t,a_k)(u^\sigma(t))^2)\Delta t \leqslant 0, k=1,2, \tag{3.4.11}$$

这里

$$K(t,a_k)=\eta^{\sigma}(t)q(t)-\eta^{\Delta}(t)\delta_1(t,a_k)+\frac{\eta^{\sigma}(t)p(t)}{r^{\sigma}(t)}\delta_1(\sigma(t),a_k),$$

δ_1 是定理 3.4.1 中定义的. 则方程(3.4.1) 的所有解在$[t_0,+\infty)_{\mathbb{T}}$上是振动的.

证明　假设方程(3.4.1) 在区间$[t_0,+\infty)_{\mathbb{T}}$上存在非振动解 x. 不失一般性,假设存在常数 $t_1\in[t_0,+\infty)_{\mathbb{T}}$,使得对于所有的 $t\in[t_1,+\infty)_{\mathbb{T}}$,$x(t)>0$,$x^{\sigma}(t)>0$. 根据假设,取 $b_1>a_1>t_1$,则在区间$[a_1,b_1]_{\mathbb{T}}$上,有 $q(t)\geqslant 0$ 和 $f(t)\leqslant 0$. 函数 ω 为定理 3.4.1 中定义的. 根据定理 3.4.1 的证明,并由式(3.4.3) 和式(3.4.9),得到

$$\begin{aligned}\omega^{\Delta}(t)=&-\frac{\eta^{\sigma}(t)p(t)}{r^{\sigma}(t)}\frac{r^{\sigma}(t)x^{\Delta\sigma}(t)}{x^{\sigma}(t)}-\eta^{\sigma}(t)q(t)-\eta^{\sigma}(t)\frac{|f(t)|}{x^{\sigma}(t)}-\frac{\eta^{\sigma}(t)x(t)}{\eta^{2}(t)r(t)x^{\sigma}(t)}\omega^{2}(t)+\\&\eta^{\Delta}(t)\frac{r(t)x^{\Delta}(t)}{x(t)}\\\leqslant&-K(t,a_1)-\frac{1}{\eta(t)r(t)+\mu(t)\omega(t)}\omega^{2}(t),\end{aligned}\tag{3.4.12}$$

这里,K 是定理 3.4.2 中定义的. 将式(3.4.12) 两边同乘以$(u^{\sigma}(t))^2$,并从 a_1 到 b_1 积分,得到

$$\int_{a_1}^{b_1}(u^{\sigma}(t))^2\omega^{\Delta}(t)\Delta t\leqslant-\int_{a_1}^{b_1}K(t,a_1)(u^{\sigma}(t))^2\Delta t-\int_{a_1}^{b_1}\frac{(u^{\sigma}(t))^2\omega^2(t)}{\eta(t)r(t)+\mu(t)\omega(t)}\Delta t.$$

剩下的证明过程与定理 3.4.1 类似,可得到与式(3.4.11) 相矛盾的结果. 证毕.

注 3.4.2　当 $p(t)=0$ 时,上述定理即为文献[226] 中的定理 2.1.

下面引入函数类 Y,它将在下面的定理中用到.

令 $D_0=\{(t,s)\in\mathbb{T}^2:t>s\geqslant t_0\}$ 和 $D=\{(t,s)\in\mathbb{T}^2:t\geqslant s\geqslant t_0\}$. $H\in C_{\mathrm{rd}}(D,\mathbf{R})$,如果

(ⅰ)$H(t,t)=0,t\geqslant t_0$,在 D_0 上,有 $H(t,s)>0$;

(ⅱ)H 在 D 上有连续的 Δ 偏导数 $H^{\Delta_t}(t,s)$ 和 $H^{\Delta_s}(t,s)$,使得

$$H^{\Delta_t}(t,\sigma(s))=h_1(t,s)\sqrt{H(\sigma(t),\sigma(s))},H^{\Delta_s}(\sigma(t),s)=-h_2(t,s)\sqrt{H(\sigma(t),\sigma(s))},$$

这里,$h_1,h_2\in C_{\mathrm{rd}}(D,\mathbf{R})$,则称函数 H 属于函数类 Y.

定理 3.4.3　假设 $\alpha>1$,对于任意的 $T\in[t_0,+\infty)_{\mathbb{T}}$,存在常数 $a_k,b_k\in[T,+\infty)_{\mathbb{T}}$,使得 $a_k<b_k,k=1,2$,并且

$$q(t)\geqslant 0,t\in[a_1,b_1]_{\mathbb{T}}\cup[a_2,b_2]_{\mathbb{T}},$$

$$(-1)^kf(t)\geqslant 0,t\in[a_k,b_k]_{\mathbb{T}},k=1,2.$$

进一步,假设存在函数 $\eta\in C_{\mathrm{rd}}^1([t_0,+\infty)_{\mathbb{T}},\mathbf{R}_+)$,使得对于 $H\in Y$ 和 $c_k\in(a_k,b_k)_{\mathbb{T}}$,

$$\begin{aligned}&\frac{1}{H(\sigma(c_k),\sigma(a_k))}\int_{a_k}^{c_k}\left[H(\sigma(s),\sigma(a_k))Q(s,a_k)-\frac{\eta^2(s)r(s)}{4\eta^{\sigma}(s)\delta(s,a_k)}\phi_1^2(s,a_k)\right]\Delta s\\&+\frac{1}{H(\sigma(b_k),\sigma(c_k))}\int_{c_k}^{b_k}\left[H(\sigma(b_k),\sigma(s))Q(s,a_k)-\frac{\eta^2(s)r(s)}{4\eta^{\sigma}(s)\delta(s,a_k)}\phi_2^2(b_k,s)\right]\Delta s>0,k=1,2,\end{aligned}\tag{3.4.13}$$

这里

$$\phi_1(s,a_k)=h_1(s,a_k)+\sqrt{H(\sigma(s),\sigma(a_k))}\frac{\eta^{\Delta}(s)}{\eta(s)},$$

$$\phi_2(b_k,s)=h_2(b_k,s)-\sqrt{H(\sigma(b_k),\sigma(s))}\,\frac{\eta^{\Delta}(s)}{\eta(s)},$$

$$Q(t,a_k)=\delta_0(t)+\frac{\eta^{\sigma}(t)p(t)}{r^{\sigma}(t)}\delta_1(\sigma(t),a_k),$$

$$\delta(t,a_k)=\int_{a_k}^{t}\frac{\Delta s}{r(s)e_{p/r^{\sigma}}(s,a_k)}\left(\int_{a_k}^{\sigma(t)}\frac{\Delta s}{r(s)e_{p/r^{\sigma}}(s,a_k)}\right)^{-1},$$

δ_0 和 δ_1 是定理 3.4.1 中定义的. 则方程(3.4.1) 的所有解在$[t_0,+\infty)_{\mathbb{T}}$ 上是振动的.

证明　假设方程(3.4.1) 在区间$[t_0,+\infty)_{\mathbb{T}}$ 上存在非振动解 x. 不失一般性，假设存在常数 $t_1\in[t_0,+\infty)_{\mathbb{T}}$，使得对于所有的 $t\in[t_1,+\infty)_{\mathbb{T}}$，$x(t)>0$，$x^{\sigma}(t)>0$. 根据假设，取 $b_1>a_1>t_1$，则在区间$[a_1,b_1]_{\mathbb{T}}$ 上，有 $q(t)\geqslant 0$ 和 $f(t)\leqslant 0$. 函数 ω 为定理 3.4.1 中定义的. 根据定理 3.4.1 的证明，并由式(3.4.3) 和式(3.4.8)，得到

$$\omega^{\Delta}(t)\leqslant -Q(t,a_1)+\frac{\eta^{\Delta}(t)}{\eta(t)}\omega(t)-\frac{\eta^{\sigma}(t)x(t)}{\eta^2(t)r(t)x^{\sigma}(t)}\omega^2(t),\tag{3.4.14}$$

这里，Q 是定理 3.4.3 中定义的. 因为在区间$[a_1,b_1]_{\mathbb{T}}$ 上，$r(t)x^{\Delta}(t)e_{p/r^{\sigma}}(t,a_1)$ 是非增的，得

$$x^{\sigma}(t)-x(t)=\int_t^{\sigma(t)}\frac{r(s)x^{\Delta}(s)e_{p/r^{\sigma}}(s,a_1)}{r(s)e_{p/r^{\sigma}}(s,a_1)}\Delta s\leqslant r(t)x^{\Delta}(t)e_{p/r^{\sigma}}(t,a_1)\int_t^{\sigma(t)}\frac{\Delta s}{r(s)e_{p/r^{\sigma}}(s,a_1)}.$$

因此

$$\frac{x^{\sigma}(t)}{x(t)}\leqslant 1+\frac{r(t)x^{\Delta}(t)e_{p/r^{\sigma}}(t,a_1)}{x(t)}\int_t^{\sigma(t)}\frac{\Delta s}{r(s)e_{p/r^{\sigma}}(s,a_1)}.\tag{3.4.15}$$

由式(3.4.3)，得到

$$\frac{r(t)x^{\Delta}(t)e_{p/r^{\sigma}}(t,a_1)}{x(t)}<\left(\int_{a_1}^{t}\frac{\Delta s}{r(s)e_{p/r^{\sigma}}(s,a_1)}\right)^{-1},\tag{3.4.16}$$

所以，由式(3.4.15) 和式(3.4.16)，得

$$\frac{x^{\sigma}(t)}{x(t)}<\int_{a_1}^{\sigma(t)}\frac{\Delta s}{r(s)e_{p/r^{\sigma}}(s,a_1)}\left(\int_{a_1}^{t}\frac{\Delta s}{r(s)e_{p/r^{\sigma}}(s,a_1)}\right)^{-1}=\frac{1}{\delta(t,a_1)}.\tag{3.4.17}$$

将式(3.4.14) 和式(3.4.17) 结合，得到

$$\omega^{\Delta}(t)\leqslant -Q(t,a_1)+\frac{\eta^{\Delta}(t)}{\eta(t)}\omega(t)-\frac{\eta^{\sigma}(t)\delta(t,a_1)}{\eta^2(t)r(t)}\omega^2(t),\ t\in[a_1,b_1]_{\mathbb{T}}.\tag{3.4.18}$$

将式(3.4.18) 两边同乘以 $H(\sigma(s),\sigma(t))$，并对 s 从 t 到 c_1 积分，这里 $t\in(a_1,c_1]_{\mathbb{T}}$，可得

$$\begin{aligned}\int_t^{c_1}H(\sigma(s),\sigma(t))Q(s,a_1)\Delta s\leqslant&-\int_t^{c_1}H(\sigma(s),\sigma(t))\omega^{\Delta}(s)\Delta s+\int_t^{c_1}H(\sigma(s),\sigma(t))\frac{\eta^{\Delta}(s)}{\eta(s)}\omega(s)\Delta s\\&-\int_t^{c_1}H(\sigma(s),\sigma(t))\frac{\eta^{\sigma}(s)\delta(s,a_1)}{\eta^2(s)r(s)}\omega^2(s)\Delta s.\end{aligned}\tag{3.4.19}$$

由性质(ⅰ) 和(ⅱ)，得到

$$\int_t^{c_1}H(\sigma(s),\sigma(t))\omega^{\Delta}(s)\Delta s=H(\sigma(c_1),\sigma(t))\omega(c_1)-\int_t^{c_1}h_1(s,t)\sqrt{H(\sigma(s),\sigma(t))}\omega(s)\Delta s.\tag{3.4.20}$$

将式(3.4.20) 代入式(3.4.19) 中，得

$$\int_t^{c_1} H(\sigma(s),\sigma(t))Q(s,a_1)\Delta s \leqslant -\int_t^{c_1} H(\sigma(s),\sigma(t))\frac{\eta^\sigma(s)\delta(s,a_1)}{\eta^2(s)r(s)}\omega^2(s)\Delta s$$

$$-H(\sigma(c_1),\sigma(t))\omega(c_1)+\int_t^{c_1}\left(h_1(s,t)\sqrt{H(\sigma(s),\sigma(t))}+H(\sigma(s),\sigma(t))\frac{\eta^\Delta(s)}{\eta(s)}\right)\omega(s)\Delta s$$

$$=-H(\sigma(c_1),\sigma(t))\omega(c_1)+\int_t^{c_1}\frac{\eta^2(s)r(s)}{4\eta^\sigma(s)\delta(s,a_1)}\phi_1^2(s,t)\Delta s$$

$$-\int_t^{c_1}\left(\sqrt{H(\sigma(s),\sigma(t))\frac{\eta^\sigma(s)\delta(s,a_1)}{r(s)}}\frac{\omega(c_1)}{\eta(s)}-\frac{\eta(s)\sqrt{r(s)}}{2\sqrt{\eta^\sigma(s)\delta(s,a_1)}}\phi_1(s,t)\right)^2\Delta s$$

$$\leqslant -H(\sigma(c_1),\sigma(t))\omega(c_1)+\int_t^{c_1}\frac{\eta^2(s)r(s)}{4\eta^\sigma(s)\delta(s,a_1)}\phi_1^2(s,t)\Delta s.$$

在上述不等式中,令 $t\to a_1^+$,得到

$$\frac{1}{H(\sigma(c_1),\sigma(a_1))}\int_{a_1}^{c_1}\left[H(\sigma(s),\sigma(a_1))Q(s,a_1)-\frac{\eta^2(s)r(s)}{4\eta^\sigma(s)\delta(s,a_1)}\phi_1^2(s,a_1)\right]\Delta s\leqslant -\omega(c_1). \tag{3.4.21}$$

下面,将式(3.4.18)两边同乘以 $H(\sigma(t),\sigma(s))$,并对 s 从 c_1 到 t 积分,这里 $t\in[c_1,b_1)_{\mathbb{T}}$,类似前一种情况的证明,可得

$$\int_{c_1}^{t} H(\sigma(t),\sigma(s))Q(s,a_1)\Delta s\leqslant H(\sigma(t),\sigma(c_1))\omega(c_1)+\int_{c_1}^{t}\frac{\eta^2(s)r(s)}{4\eta^\sigma(s)\delta(s,a_1)}\phi_2^2(t,s)\Delta s.$$

在上述不等式中,令 $t\to b_1^-$,可得

$$\frac{1}{H(\sigma(b_1),\sigma(c_1))}\int_{c_1}^{b_1}\left[H(\sigma(b_1),\sigma(s))Q(s,a_1)-\frac{\eta^2(s)r(s)}{4\eta^\sigma(s)\delta(s,a_1)}\phi_2^2(b_1,s)\right]\Delta s\leqslant \omega(c_1). \tag{3.4.22}$$

将式(3.4.21)和式(3.4.22)相加,可得到与式(3.4.13)相矛盾的结果.证毕.

3.4.3 小　结

本节研究了时间尺度上具强迫项的二阶阻尼非线性动态方程的区间振动准则.利用时间尺度上的有关理论、Riccati 变换技术和不等式技巧,给出方程解区间振动准则.

本节主要结果来自于文献[309]

3.5 时间尺度上二阶具阻尼项的非线性动态方程的振动性

3.5.1 引　言

近年来,关于时间尺度上动态方程解的振动性和非振动性研究已经有了一些结果,然而带阻尼项情况尚不多见[123,143,191,300].

Bohner 等[123] 研究了下列形式的时间尺度上二阶非线性动态方程

$$x^{\Delta\Delta}(t)+q(t)x^{\Delta\sigma}(t)+p(t)(f\circ x^\sigma)=0$$

的振动性,建立了一些振动准则.

Saker 等[143] 研究了下列形式的时间尺度上二阶非线性动态方程

$$(r(t)x^\Delta(t))^\Delta+p(t)x^{\Delta\sigma}(t)+q(t)f(x(\sigma(t)))=0,t\in\mathbb{T}$$

的振动性，建立了一些新振动准则.

Erbe 等[191] 研究了下列形式的时间尺度上二阶非线性动态方程

$$(r(t)(x^{\Delta}(t))^{\gamma})^{\Delta}+p(t)(x^{\Delta\sigma}(t))^{\gamma}+q(t)f(x(\tau(t)))=0,t\in\mathbb{T}$$

的振动性，建立了一些振动的充分条件.

Zafer[300] 研究了下列形式的时间尺度上二阶非线性动态方程

$$y^{\Delta\Delta}+p(t)y^{\Delta}+q(t)y^{\sigma}=0,t\in\mathbb{T}$$

的振动性，给出了一些振动和非振动的充分条件.

本节将研究下列形式的时间尺度上二阶非线性时滞动态方程

$$((x^{\Delta}(t))^{\gamma})^{\Delta}+p(t)(x^{\Delta}(t))^{\gamma}+q(t)f(x^{\sigma}(t))=0 \tag{3.5.1}$$

解的振动性，这里$\mathbb{T}$是时间尺度，p 和 q 是定义在$\mathbb{T}$上的正的实值 rd 连续函数，γ 是正奇数的商，$f(x)/x^{\gamma}\geqslant L>0,x\neq 0,\sup\mathbb{T}=+\infty$，定义$[t_0,+\infty)_{\mathbb{T}}:=[t_0,+\infty)\cap\mathbb{T}$.

3.5.2　基本引理

首先给出下列记号：

$$d_{+}(t):=\max\{0,d(t)\},d_{-}(t):=\max\{0,-d(t)\},\beta(t):=\begin{cases}\alpha(t),0<\gamma\leqslant 1,\\ \alpha^{\gamma}(t),\gamma>1,\end{cases}$$

$$\alpha(t):=\frac{t-t_{*}}{t-t_{*}+\mu(t)},R(t):=e_{\frac{p}{1-p\mu}}(t,t_{*}).$$

引理 3.5.1　假设 x 是方程(3.5.1)的一个最终正解，$1-p(t)\mu(t)>0$，且

$$\int_{t_0}^{+\infty}\frac{\Delta t}{R^{\frac{1}{\gamma}}(t)}=+\infty, \tag{3.5.2}$$

那么存在 $t_{*}>t_0$，当 $t>t_{*}$ 时，有

$$((x^{\Delta}(t))^{\gamma})^{\Delta}<0,x^{\Delta}(t)>0,x^{\Delta\Delta}(t)<0,x(t)>(t-t_{*})x^{\Delta}(t),\frac{x(t)}{x^{\sigma}(t)}>\alpha(t). \tag{3.5.3}$$

证明　取 $t_1\in[t_0,+\infty)_{\mathbb{T}}$，使得 $x^{\sigma}(t)>0,t\in[t_1,+\infty)_{\mathbb{T}}$. 由方程(3.5.1)，得

$$((x^{\Delta}(t))^{\gamma})^{\Delta}+p(t)(x^{\Delta}(t))^{\gamma}<0,t\in[t_1,+\infty)_{\mathbb{T}}.$$

于是

$$\frac{1}{1-\mu(t)p(t)}((x^{\Delta}(t))^{\gamma})^{\Delta}+\frac{p(t)}{1-\mu(t)p(t)}(x^{\Delta}(t))^{\gamma}<0,t\in[t_1,+\infty)_{\mathbb{T}}.$$

所以

$$[R(t)(x^{\Delta}(t))^{\gamma}]^{\Delta}<0,t\in[t_1,+\infty)_{\mathbb{T}}. \tag{3.5.4}$$

我们将证明 $x^{\Delta}(t)>0$. 否则，存在 $t_1\geqslant t_0$ 和常数 $C<0$，使得

$$R(t)(x^{\Delta}(t))^{\gamma}\leqslant C<0,$$

因此

$$x^{\Delta}(t)\leqslant\left(\frac{C}{R(t)}\right)^{\frac{1}{\gamma}}.$$

对上述不等式从 t_1 到 t 积分，得

$$x(t)\leqslant x(t_1)+C^{\frac{1}{\gamma}}\int_{t_1}^{t}\frac{1}{R^{\frac{1}{\gamma}}(s)}\Delta s\to-\infty,t\to+\infty.$$

这与 x 是方程(3.5.1) 的一个最终正解矛盾,所以

$$x^{\Delta}(t) > 0. \tag{3.5.5}$$

结合式(3.5.4) 和式(3.5.5),可得

$$((x^{\Delta}(t))^{\gamma})^{\Delta} < 0. \tag{3.5.6}$$

结合式(3.5.5) 和式(3.5.6),可得

$$x^{\Delta\Delta}(t) < 0. \tag{3.5.7}$$

由式(3.5.7),可得

$$x(t) > x(t) - x(t_*) = \int_{t_*}^{t} x^{\Delta}(s)\Delta s \geqslant x^{\Delta}(t)(t - t_*). \tag{3.5.8}$$

由式(3.5.8) 和 $x^{\sigma}(t) = x(t) + \mu(t)x^{\Delta}(t)$,容易得到

$$\frac{x(t)}{x^{\sigma}(t)} > \alpha(t).$$

证毕.

3.5.3 主要结果

定理 3.5.1 假设式(3.5.2) 成立,$1 - p(t)\mu(t) > 0$,存在正的 Δ 可微函数 δ,对充分大的 t_*,有

$$\limsup_{t\to+\infty}\int_{t_*}^{t}\Big[Lq(s)\delta^{\sigma}(s) - \frac{\gamma^{\gamma}}{(\gamma+1)^{\gamma+1}}\frac{B^{\gamma+1}}{A^{\gamma}(s)}\Big]\Delta s = +\infty, \tag{3.5.9}$$

这里,$A(t) = \gamma\delta^{\sigma}(t)\beta(t)/(\delta(t))^{\frac{\gamma+1}{\gamma}}$,$B(t) = (\delta^{\sigma}(t) - p(t)\delta^{\sigma}(t)\alpha^{\gamma}(t))/\delta(t)$. 那么方程(3.5.1) 是振动的.

证明 假设 $x(t)$ 是方程(3.5.1) 的一个非振动解. 不失一般性,可设 $x(t)$ 是最终正解,$x(t) > 0, t \geqslant t_* \geqslant t_0$. 考虑 Riccati 变换

$$\omega(t) = \delta(t)\frac{(x^{\Delta}(t))^{\gamma}}{x^{\gamma}(t)}, t \geqslant t_* \geqslant t_0, \tag{3.5.10}$$

于是 $\omega(t) > 0$,且

$$\begin{aligned}\omega^{\Delta}(t) &= \delta^{\Delta}(t)\frac{(x^{\Delta}(t))^{\gamma}}{x^{\gamma}(t)} + \delta^{\sigma}(t)\left(\frac{(x^{\Delta}(t))^{\gamma}}{x^{\gamma}(t)}\right)^{\Delta}\\ &= \delta^{\Delta}(t)\frac{(x^{\Delta}(t))^{\gamma}}{x^{\gamma}(t)} + \delta^{\sigma}(t)\frac{((x^{\Delta}(t))^{\gamma})^{\Delta}}{(x^{\sigma}(t))^{\gamma}} - \delta^{\sigma}(t)\frac{(x^{\Delta}(t))^{\gamma}((x(t))^{\gamma})^{\Delta}}{(x(t))^{\gamma}(x^{\sigma}(t))^{\gamma}}.\end{aligned}$$

由方程(3.5.1) 和式(3.5.10),得

$$\omega^{\Delta}(t) \leqslant \omega(t)\frac{\delta^{\Delta}(t)}{\delta(t)} - p(t)\delta^{\sigma}(t)\left(\frac{x^{\Delta}(t)}{x(t)}\right)^{\gamma}\left(\frac{x(t)}{x^{\sigma}(t)}\right)^{\gamma} - Lq(t)\delta^{\sigma}(t) - \delta^{\sigma}(t)\frac{(x^{\Delta}(t))^{\gamma}((x(t))^{\gamma})^{\Delta}}{(x(t))^{\gamma}(x^{\sigma}(t))^{\gamma}}.$$

如果 $0 < \gamma \leqslant 1$,由 Keller 链锁法则:

$$((x(t))^{\gamma})^{\Delta} = \gamma\int_0^1[hx^{\sigma}(t) + (1-h)x(t)]^{\gamma-1}x^{\Delta}(t)\mathrm{d}h,$$

得

$$((x(t))^{\gamma})^{\Delta} \geqslant \gamma(x^{\sigma}(t))^{\gamma-1}x^{\Delta}(t),$$

因此

$$\omega^{\Delta}(t) \leqslant \omega(t)\frac{\delta^{\Delta}(t)}{\delta(t)} - p(t)\delta^{\sigma}(t)\left(\frac{x^{\Delta}(t)}{x(t)}\right)^{\gamma}\left(\frac{x(t)}{x^{\sigma}(t)}\right)^{\gamma} - Lq(t)\delta^{\sigma}(t) - \gamma\delta^{\sigma}(t)\left(\frac{x^{\Delta}(t)}{x(t)}\right)^{\gamma+1}\frac{x(t)}{x^{\sigma}(t)}.$$

由引理 3.5.1 和式(3.5.10),得

$$\omega^{\Delta}(t)\leqslant -Lq(t)\delta^{\sigma}(t)+\left(\frac{\delta^{\Delta}(t)}{\delta(t)}-p(t)\frac{\delta^{\sigma}(t)}{\delta(t)}\alpha^{\gamma}(t)\right)\omega(t)-\frac{\gamma\delta^{\sigma}(t)\alpha(t)}{(\delta(t))^{\frac{\gamma+1}{\gamma}}}(\omega(t))^{\frac{\gamma+1}{\gamma}}.$$

如果 $\gamma>1$,由引理 3.5.1,得 $((x(t))^{\gamma})^{\Delta}\geqslant\gamma(x(t))^{\gamma-1}x^{\Delta}(t)$,所以

$$\omega^{\Delta}(t)\leqslant\omega(t)\frac{\delta^{\Delta}(t)}{\delta(t)}-p(t)\delta^{\sigma}(t)\left(\frac{x^{\Delta}(t)}{x(t)}\right)^{\gamma}\left(\frac{x(t)}{x^{\sigma}(t)}\right)^{\gamma}-Lq(t)\delta^{\sigma}(t)-\gamma\delta^{\sigma}(t)\left(\frac{x^{\Delta}(t)}{x(t)}\right)^{\gamma+1}\left(\frac{x(t)}{x^{\sigma}(t)}\right)^{\gamma}.$$

再由引理 3.5.1,得

$$\omega^{\Delta}(t)\leqslant -Lq(t)\delta^{\sigma}(t)+\left(\frac{\delta^{\Delta}(t)}{\delta(t)}-p(t)\frac{\delta^{\sigma}(t)}{\delta(t)}\alpha^{\gamma}(t)\right)\omega(t)-\frac{\gamma\delta^{\sigma}(t)\alpha^{\gamma}(t)}{(\delta(t))^{\frac{\gamma+1}{\gamma}}}(\omega(t))^{\frac{\gamma+1}{\gamma}}.$$

因此

$$\omega^{\Delta}(t)\leqslant -Lq(t)\delta^{\sigma}(t)+\left(\frac{\delta^{\Delta}(t)}{\delta(t)}-p(t)\frac{\delta^{\sigma}(t)}{\delta(t)}\alpha^{\gamma}(t)\right)\omega(t)-\frac{\gamma\delta^{\sigma}(t)\beta(t)}{(\delta(t))^{\frac{\gamma+1}{\gamma}}}(\omega(t))^{\frac{\gamma+1}{\gamma}}.\tag{3.5.11}$$

由引理 3.5.1,得

$$\omega^{\Delta}(t)\leqslant -Lq(t)\delta^{\sigma}(t)+\frac{\gamma^{\gamma}}{(\gamma+1)^{\gamma+1}}\frac{B^{\gamma+1}(t)}{A^{\gamma}(t)}.$$

对上述不等式从 t_* 到 t 积分,得

$$\int_{t_*}^{t}\left[Lq(s)\delta^{\sigma}(s)-\frac{\gamma^{\gamma}}{(\gamma+1)^{\gamma+1}}\frac{B^{\gamma+1}(s)}{A^{\gamma}(s)}\right]\Delta s\leqslant\omega(t_*).$$

这与条件式(3.5.9)矛盾.证毕.

注 3.5.1　由定理 3.5.1,通过选择不同的 δ,可得到方程(3.5.1)振动的不同条件.

定理 3.5.2　假设式(3.5.2)成立,$1-p(t)\mu(t)>0$,存在正的 Δ 可微函数 δ 和 r,对充分大的 t_*,有

$$\limsup_{t\to+\infty}\int_{t_*}^{t}\left[Lq(s)\delta(s)r(s)-\frac{\gamma^{\gamma}}{(\gamma+1)^{\gamma+1}}\frac{B^{\gamma+1}(s)}{A^{\gamma}(s)}\right]\Delta s=+\infty,\tag{3.5.12}$$

这里,$A(t)=\gamma r(t)\delta(t)/(\delta^{\sigma}(t))^{\frac{\gamma+1}{\gamma}}$,$B(t)=r(t)(\delta^{\Delta}(t)-p(t)\delta(t))/\delta^{\sigma}(t)+r^{\Delta}(t)$.那么方程(3.5.1)是振动的.

证明　假设 $x(t)$ 是方程(3.5.1)的一个非振动解.不失一般性,可设 $x(t)$ 是最终正解,$x(t)>0,t\geqslant t_*\geqslant t_0$.考虑 Riccati 变换式(3.5.10),于是 $\omega(t)>0$,且

$$\begin{aligned}\omega^{\Delta}(t)&=\delta^{\Delta}(t)\left(\frac{(x^{\Delta}(t))^{\gamma}}{x^{\gamma}(t)}\right)^{\sigma}+\delta(t)\left(\frac{(x^{\Delta}(t))^{\gamma}}{x^{\gamma}(t)}\right)^{\Delta}\\&=\delta^{\Delta}(t)\left(\frac{(x^{\Delta}(t))^{\gamma}}{x^{\gamma}(t)}\right)^{\sigma}+\delta(t)\frac{((x^{\Delta}(t))^{\gamma})^{\Delta}}{(x^{\sigma}(t))^{\gamma}}-\delta(t)\frac{(x^{\Delta}(t))^{\gamma}((x(t))^{\gamma})^{\Delta}}{(x(t))^{\gamma}(x^{\sigma}(t))^{\gamma}}.\end{aligned}$$

由方程(3.5.1)和式(3.5.10),得

$$\omega^{\Delta}(t)\leqslant\omega^{\sigma}(t)\frac{\delta^{\Delta}(t)}{\delta^{\sigma}(t)}-p(t)\delta(t)\left(\frac{x^{\Delta\sigma}(t)}{x^{\sigma}(t)}\right)^{\gamma}\left(\frac{x^{\Delta}(t)}{x^{\Delta\sigma}(t)}\right)^{\gamma}-Lq(t)\delta(t)-\delta(t)\frac{(x^{\Delta}(t))^{\gamma}((x(t))^{\gamma})^{\Delta}}{(x(t))^{\gamma}(x^{\sigma}(t))^{\gamma}}.$$

如果 $0<\gamma\leqslant 1$,由引理 3.5.1,得

$$((x(t))^{\gamma})^{\Delta}\geqslant\gamma(x^{\sigma}(t))^{\gamma-1}x^{\Delta}(t),$$

因此

$$\omega^{\Delta}(t) \leqslant \omega^{\sigma}(t)\frac{\delta^{\Delta}(t)}{\delta^{\sigma}(t)} - p(t)\delta(t)\left(\frac{x^{\Delta\sigma}(t)}{x^{\sigma}(t)}\right)^{\gamma}\left(\frac{x^{\Delta}(t)}{x^{\Delta\sigma}(t)}\right)^{\gamma}$$
$$- Lq(t)\delta(t) - \gamma\delta(t)\left(\frac{x^{\Delta\sigma}(t)}{x^{\sigma}(t)}\right)^{\gamma+1}\left(\frac{x^{\sigma}(t)}{x(t)}\right)^{\gamma}\left(\frac{x^{\Delta}(t)}{x^{\Delta\sigma}(t)}\right)^{\gamma+1}.$$

由引理 3.5.1,得

$$\omega^{\Delta}(t) \leqslant - Lq(t)\delta(t) + \left(\frac{\delta^{\Delta}(t)}{\delta^{\sigma}(t)} - p(t)\frac{\delta(t)}{\delta^{\sigma}(t)}\right)\omega^{\sigma}(t) - \frac{\gamma\delta(t)}{(\delta^{\sigma}(t))^{\frac{\gamma+1}{\gamma}}}(\omega^{\sigma}(t))^{\frac{\gamma+1}{\gamma}}.$$

如果 $\gamma > 1$,由引理 3.5.1,得 $((x(t))^{\gamma})^{\Delta} \geqslant \gamma(x(t))^{\gamma-1}x^{\Delta}(t)$. 所以

$$\omega^{\Delta}(t) \leqslant \omega^{\sigma}(t)\frac{\delta^{\Delta}(t)}{\delta^{\sigma}(t)} - p(t)\delta(t)\left(\frac{x^{\Delta\sigma}(t)}{x^{\sigma}(t)}\right)^{\gamma}\left(\frac{x^{\Delta}(t)}{x^{\Delta\sigma}(t)}\right)^{\gamma}$$
$$- Lq(t)\delta(t) - \gamma\delta(t)\left(\frac{x^{\Delta\sigma}(t)}{x^{\sigma}(t)}\right)^{\gamma+1}\frac{x^{\sigma}(t)}{x(t)}\left(\frac{x^{\Delta}(t)}{x^{\Delta\sigma}(t)}\right)^{\gamma+1}.$$

由引理 3.5.1,得

$$\omega^{\Delta}(t) \leqslant - Lq(t)\delta(t) + \left(\frac{\delta^{\Delta}(t)}{\delta^{\sigma}(t)} - p(t)\frac{\delta(t)}{\delta^{\sigma}(t)}\right)\omega^{\sigma}(t) - \frac{\gamma\delta(t)}{(\delta^{\sigma}(t))^{\frac{\gamma+1}{\gamma}}}(\omega^{\sigma}(t))^{\frac{\gamma+1}{\gamma}}.$$

因此

$$\omega^{\Delta}(t) \leqslant - Lq(t)\delta(t) + \left(\frac{\delta^{\Delta}(t)}{\delta^{\sigma}(t)} - p(t)\frac{\delta(t)}{\delta^{\sigma}(t)}\right)\omega^{\sigma}(t) - \frac{\gamma\delta(t)}{(\delta^{\sigma}(t))^{\frac{\gamma+1}{\gamma}}}(\omega^{\sigma}(t))^{\frac{\gamma+1}{\gamma}}.$$

由不等式 $\frac{\gamma^{\gamma}}{(\gamma+1)^{\gamma+1}}\frac{B^{\gamma+1}}{A^{\gamma}} \geqslant - Ax^{\frac{\gamma+1}{\gamma}} + Bx, A > 0$,得

$$\omega^{\Delta}(t) \leqslant - Lq(t)\delta^{\sigma}(t) + \frac{\gamma^{\gamma}}{(\gamma+1)^{\gamma+1}}\frac{B^{\gamma+1}(t)}{A^{\gamma}(t)} \tag{3.5.13}$$

对上述不等式从 t_* 到 t 积分,得

$$\int_{t_*}^{t}\left[Lq(s)\delta(s)r(s) - \frac{\gamma^{\gamma}}{(\gamma+1)^{\gamma+1}}\frac{B^{\gamma+1}(s)}{A^{\gamma}(s)}\right]\Delta s \leqslant \gamma(t_*)\omega(t_*).$$

这与条件式(3.5.12)矛盾. 证毕.

注 3.5.2 由定理 3.5.2,通过选择不同的 δ 和 r,可得到方程(3.5.1)振动的不同条件.

定理 3.5.3 假设式(3.5.2)成立,$1 - p(t)\mu(t) > 0$,存在正的 Δ 可微函数 δ 和 r,$m > 1$,对充分大的 t_*,有

$$\limsup_{t\to+\infty}\frac{1}{t^{m}}\int_{t_*}^{t}(t-s)^{m}\left[Lq(s)\delta^{\sigma}(s) - \frac{\gamma^{\gamma}}{(\gamma+1)^{\gamma+1}}\frac{B^{\gamma+1}(s)}{A^{\gamma}(s)}\right]\Delta s = +\infty, \tag{3.5.14}$$

这里,$A(t) = \gamma\delta^{\sigma}(t)\beta(t)/(\delta(t))^{\frac{\gamma+1}{\gamma}}$,$B(t) = (\delta^{\Delta}(t) - p(t)\delta^{\sigma}(t)\alpha^{\gamma}(t))/\delta(t)$. 那么方程(3.5.1)是振动的.

证明 假设 $x(t)$ 是方程(3.5.1)的一个非振动解. 不失一般性,可设 $x(t)$ 是最终正解,$x(t) > 0, t \geqslant t_* \geqslant t_0$. 考虑 Riccati 变换式(3.5.10),于是 $\omega(t) > 0$,且式(3.5.13)成立. 于是

$$Lq(t)\delta^{\sigma}(t) - \frac{\gamma^{\gamma}}{(\gamma+1)^{\gamma+1}}\frac{B^{\gamma+1}(t)}{A^{\gamma}(t)} \leqslant - \omega^{\Delta}(t).$$

所以

$$\int_{t_*}^{t}(t-s)^m[Lq(s)\delta^\sigma(s)-\frac{\gamma^\gamma}{(\gamma+1)^{\gamma+1}}\frac{B^{\gamma+1}(s)}{A^\gamma(s)}]\Delta s\leqslant-\int_{t_*}^{t}(t-s)^m\omega^\Delta(s)\Delta s. \tag{3.5.15}$$

由于

$$-\int_{t_*}^{t}(t-s)^m\omega^\Delta(s)\Delta s=(t-s)^m\omega(t)\mid_{t_*}^{t}-\int_{t_*}^{t}((t-s)^m)^{\Delta_s}\omega(\sigma(t))\Delta s.$$

注意到$((t-s)^m)^{\Delta_s}\leqslant-m(t-\sigma(s))^{m-1}\leqslant 0,t\geqslant\sigma(s),m\geqslant 1$,可得

$$\int_{t_*}^{t}(t-s)^m[Lq(s)\delta^\sigma(s)-\frac{\gamma^\gamma}{(\gamma+1)^{\gamma+1}}\frac{B^{\gamma+1}(s)}{A^\gamma(s)}]\Delta s\leqslant(t-t_*)^m\omega(t_*).$$

因此

$$\frac{1}{t^m}\int_{t_*}^{t}(t-s)^m[Lq(s)\delta^\sigma(s)-\frac{\gamma^\gamma}{(\gamma+1)^{\gamma+1}}\frac{B^{\gamma+1}(s)}{A^\gamma(s)}]\Delta s\leqslant\frac{(t-t_*)^m}{t^m}\omega(t_*).$$

所以

$$\limsup_{t\to+\infty}\frac{1}{t^m}\int_{t_*}^{t}(t-s)^m[Lq(s)\delta^\sigma(s)-\frac{\gamma^\gamma}{(\gamma+1)^{\gamma+1}}\frac{B^{\gamma+1}(s)}{A^\gamma(s)}]\Delta s<+\infty.$$

这与条件式(3.5.14)矛盾.证毕.

定理 3.5.4　假设式(3.5.2)成立,$1-p(t)\mu(t)<0$,存在正的Δ可微函数δ,$m>1$,对充分大的t_*,有

$$\limsup_{t\to+\infty}\frac{1}{t^m}\int_{t_*}^{t}(t-s)^m[Lq(s)\delta(s)-\frac{\gamma^\gamma}{(\gamma+1)^{\gamma+1}}\frac{B^{\gamma+1}(s)}{A^\gamma(s)}]\Delta s=+\infty, \tag{3.5.16}$$

这里,$A(t)=\gamma\delta(t)/(\delta^\sigma(t))^{\frac{\gamma+1}{\gamma}}$,$B(t)=(\delta^\Delta(t)-p(t)\delta(t))/\delta^\sigma(t)$.那么方程(3.5.1)是振动的.

证明　该定理的证明与定理 3.5.2 的证明类似,故略.

定理 3.5.5　假设式(3.5.2)成立,$1-p(t)\mu(t)>0$,存在正的Δ可微函数δ和H,$h\in C_{rd}(D,\mathbf{R})$,这里$D=\{(t,s):t\geqslant s\geqslant t_0\}$,有

$$H(t,t)=0,t\geqslant t_0,H(t,s)>0,t>s\geqslant t_0. \tag{3.5.17}$$

H有连续的非正偏导数$H^{\Delta_s}(t,s)$,满足

$$H^{\Delta_s}(\sigma(t),s)+H(\sigma(t),\sigma(s))\left(\frac{\delta^\Delta(s)-p(s)\delta^\sigma(s)\alpha^\gamma(s)}{\delta(s)}\right)=-\frac{h(t,s)}{\delta(s)}(H(\sigma(t),\sigma(s)))^{\frac{\gamma}{\gamma+1}}. \tag{3.5.18}$$

对充分大的t_*,有

$$\limsup_{t\to+\infty}\frac{1}{H(\sigma(t),t_*)}\int_{t_*}^{\sigma(t)}K(t,s)\Delta s=+\infty, \tag{3.5.19}$$

这里,$K(t,s)=LH(\sigma(t),\sigma(s))\delta^\sigma(s)q(s)-\frac{(h_-(t,s))^{\gamma+1}}{(\gamma+1)^{\gamma+1}(\delta^\sigma(s)\beta(s))^\gamma}$.那么方程(3.5.1)是振动的.

证明　假设$x(t)$是方程(3.5.1)的一个非振动解.不失一般性,可设$x(t)$是最终正解,$x(t)>0,t\geqslant t_*\geqslant t_0$.考虑 Riccati 变换式(3.5.10),于是$\omega(t)>0$,且式(3.5.11)成立.于是

$$Lq(t)\delta^{\sigma}(t) \leqslant -\omega^{\Delta}(t) + \left(\frac{\delta^{\Delta}(t)}{\delta(t)} - p(t)\frac{\delta^{\sigma}(t)}{\delta(t)}\alpha^{\gamma}(t)\right)\omega(t) - \frac{\gamma\delta^{\sigma}(t)\beta(t)}{(\delta(t))^{\frac{\gamma+1}{\gamma}}}(\omega(t))^{\frac{\gamma+1}{\gamma}}.$$

所以

$$\begin{aligned} L\int_{t_*}^{\sigma(t)} H(\sigma(t),\sigma(s))q(s)\delta^{\sigma}(s)\Delta s \leqslant & -\int_{t_*}^{\sigma(t)} H(\sigma(t),\sigma(s))\omega^{\Delta}(s)\Delta s \\ & + \int_{t_*}^{\sigma(t)} H(\sigma(t),\sigma(s))\left(\frac{\delta^{\Delta}(s)}{\delta(s)} - p(s)\frac{\delta^{\sigma}(s)}{\delta(s)}\alpha^{\gamma}(s)\right)\omega(s)\Delta s \\ & - \int_{t_*}^{\sigma(t)} H(\sigma(t),\sigma(s))\frac{\gamma\delta^{\sigma}(s)\beta(s)}{(\delta(s))^{\frac{\gamma+1}{\gamma}}}(\omega(s))^{\frac{\gamma+1}{\gamma}}\Delta s. \end{aligned}$$

分部积分得

$$-\int_{t_*}^{\sigma(t)} H(\sigma(t),\sigma(s))\omega^{\Delta}(s)\Delta s \leqslant H(\sigma(t),t^*)\omega(t^*) + \int_{t_*}^{\sigma(t)} H^{\Delta_s}(\sigma(t),s)\omega(s)\Delta s.$$

结合式(3.5.17)和式(3.5.18),得

$$\begin{aligned} & L\int_{t_*}^{\sigma(t)} H(\sigma(t),\sigma(s))q(s)\delta^{\sigma}(s)\Delta s \\ \leqslant & \int_{t_*}^{\sigma(t)}\left[\frac{h_-(t,s)}{\delta(s)(H(\sigma(t),\sigma(s)))^{\frac{\gamma}{\gamma+1}}}\omega(s) - H(\sigma(t),\sigma(s))\frac{\gamma\delta^{\sigma}(s)\beta(s)}{(\delta(s))^{\frac{\gamma+1}{\gamma}}}(\omega(s))^{\frac{\gamma+1}{\gamma}}\right]\Delta s \\ & + H(\sigma(t),t^*)\omega(t^*). \end{aligned}$$

定义

$$\lambda = \frac{\gamma+1}{\gamma}, A^{\lambda} = H(\sigma(t),\sigma(s))\frac{\gamma\delta^{\sigma}(s)\beta(s)}{\delta^{\lambda}(s)}, B^{\lambda-1} = \frac{h_-(t,s)}{\lambda(\gamma\delta^{\sigma}(s)\beta(s))^{\frac{1}{\lambda}}}.$$

应用不等式

$$\lambda AB^{\lambda-1} - A^{\lambda} \leqslant (\lambda-1)B^{\lambda}, \lambda \geqslant 1,$$

可得

$$\frac{h_-(t,s)}{\delta(s)(H(\sigma(t),\sigma(s)))^{\frac{\gamma}{\gamma+1}}}\omega(s) - H(\sigma(t),\sigma(s))\frac{\gamma\delta^{\sigma}(s)\beta(s)}{(\delta(s))^{\frac{\gamma+1}{\gamma}}}(\omega(s))^{\frac{\gamma+1}{\gamma}} \leqslant \frac{(h_-(t,s))^{\gamma+1}}{(\gamma+1)^{\gamma+1}(\delta^{\sigma}(s)\beta(s))^{\lambda}}.$$

所以$\dfrac{1}{H(\sigma(t),t^*)}\displaystyle\int_{t_*}^{\sigma(t)} K(t,s)\Delta s \leqslant \omega(t^*)$,这与条件式(3.5.19)矛盾.证毕.

定理 3.5.6 假设式(3.5.2)成立,$1-p(t)\mu(t)>0$,存在正的 Δ 可微函数 δ 和 H,$h\in C_{\mathrm{rd}}(D,\mathbf{R})$,这里 $D=\{(t,s):t\geqslant s\geqslant t_0\}$,使得式(3.5.17)成立.$H$ 有连续的非正偏导数 $H^{\Delta_s}(t,s)$,满足

$$H^{\Delta_s}(t,s) + H(t,s)\left(\frac{\delta^{\Delta}(s)}{\delta(s)} - p(s)\frac{\delta^{\sigma}(s)}{\delta(s)}\right) = -\frac{h(t,s)}{\delta^{\sigma}(s)}(H(t,s))^{\frac{\gamma}{\gamma+1}}.$$

对充分大的 t_*,有

$$\limsup_{t\to+\infty}\frac{1}{H(t,t_*)}\int_{t_*}^{t} K(t,s)\Delta s = +\infty,$$

这里 $K(t,s) = LH(t,s)\delta(s)q(s) - \dfrac{(h_-(t,s))^{\gamma+1}}{(\gamma+1)^{\gamma+1}(\delta^{\sigma}(s))^{\gamma}}$.那么方程(3.5.1)是振动的.

证明 该定理的证明与定理 3.5.2 的证明类似,故略.

定理 3.5.7 假设式(3.5.2)成立,$1-p(t)\mu(t)>0$,对充分大的 t_*,有

$$\limsup_{t\to+\infty}(t-t_*)^\gamma\int_t^{+\infty}q(s)\Delta s>\frac{1}{L},\tag{3.5.20}$$

那么方程(3.5.1)是振动的.

证明　假设 $x(t)$ 是方程(3.5.1)的一个非振动解.不失一般性,可设 $x(t)$ 是最终正解,$x(t)>0,t\geqslant t_*\geqslant t_0$.由引理 3.5.1 和式(3.5.1),当 $T\geqslant t\geqslant t_*$ 时,得

$$L\int_{t_*}^t q(s)x^\gamma(s)\Delta s<L\int_{t_*}^t q(s)x^{\gamma\sigma}(s)\Delta s<(x^\Delta(t_*))^\gamma-(x^\Delta(t))^\gamma<(x^\Delta(t_*))^\gamma.$$

令 $t\to+\infty$,得

$$L\int_{t_*}^{+\infty}q(s)x^\gamma(s)\Delta s<(x^\Delta(t_*))^\gamma.$$

再由引理 3.5.1,得

$$L\int_t^{+\infty}q(s)\Delta s<\left(\frac{x^\Delta(t)}{x(t)}\right)^\gamma<\left(\frac{1}{t-t_*}\right)^\gamma.$$

所以

$$\limsup_{t\to+\infty}(t-t_*)^\gamma\int_t^{+\infty}q(s)\Delta s\leqslant\frac{1}{L}.$$

这与条件式(3.5.20)矛盾.证毕.

3.5.4　例子说明

例 3.5.1　考虑下面时间尺度上二阶非线性时滞动态方程

$$((x^\Delta(t))^\gamma)^\Delta+\frac{1}{t}(x^\Delta(t))^\gamma+t(x^\sigma(t))^\gamma=0,$$

这里

$$\mu(t)<t,p(t)=1/t,q(t)=t,\delta(t)=1,L=1,f(x)=x^\gamma.$$

明显 $f(x)/x^\gamma=1\geqslant L=1$.容易验证式(3.5.2)成立.当 $0<\gamma\leqslant1$ 时,有

$$\begin{aligned}&\limsup_{t\to+\infty}\int_{t^*}^t\left[s-\frac{\gamma^\gamma}{(\gamma+1)^{\gamma+1}}\frac{\left(\frac{1}{s}\alpha^\gamma(s)\right)^{\gamma+1}}{(\gamma\alpha^\gamma(s))^\gamma}\right]\Delta s\\&=\limsup_{t\to+\infty}\int_{t^*}^t\left[s-\frac{1}{(\gamma+1)^{\gamma+1}}\frac{1}{s^{\gamma+1}}\alpha^{\gamma^2}(s)\right]\Delta s=+\infty.\end{aligned}$$

当 $\gamma>1$ 时,有

$$\begin{aligned}&\limsup_{t\to+\infty}\int_{t^*}^t\left[s-\frac{\gamma^\gamma}{(\gamma+1)^{\gamma+1}}\frac{\left(\frac{1}{s}\alpha^\gamma(s)\right)^{\gamma+1}}{(\gamma\alpha(s))^\gamma}\right]\Delta s\\&=\limsup_{t\to+\infty}\int_{t^*}^t\left[s-\frac{1}{(\gamma+1)^{\gamma+1}}\frac{1}{s^{\gamma+1}}\alpha^\gamma(s)\right]\Delta s=+\infty.\end{aligned}$$

因此,由定理 3.5.1,该方程是振动的.

3.5.5　小　　结

本节研究了一类时间尺度上二阶具阻尼项的非线性动态方程的振动性质.利用时间尺度上的有关理论、Riccati 变换技术和不等式技巧,给出了方程解振动的一些充分条件.

本节主要结果来自于文献[243].

第4章　时间尺度上二阶非线性中立型时滞动态方程振动理论

4.1　时间尺度上二阶非线性中立型时滞动态方程的振动准则

4.1.1　引　言

二阶中立型微分方程的振动性有许多理论与实际应用.关于这方面的研究经常出现在物体振荡、弹性力学与变分问题中.中立型方程与非中立型方程解的动力学行为不同,见文献[38].

众所周知,时间尺度演算理论由 Hilger[22] 在1988年提出,目的是为了统一连续与离散分析,时间尺度动态方程理论可以统一微分方程与差分方程相关理论,也可以统一到 q-差分方程.当然,也存在许多其他有趣的时间尺度,并且具有广泛的应用[28].在过去十几年里,时间尺度上动态方程解的振动性与非振动性引起国内外学者的广泛关注[188~199,205,206].

Agarwal 等[114] 研究了时间尺度上二阶时滞动态方程

$$x^{\Delta\Delta}(t)+p(t)x(\tau(t))=0,t\in\mathbb{T}.$$

Sahiner[138],Erbe 等[133] 考虑了时间尺度上二阶非线性时滞动态方程

$$(r(t)x^{\Delta}(t))^{\Delta}+p(t)f(x(\tau(t)))=0,t\in\mathbb{T}.$$

Agarwal 等[113] 和 Saker[142] 研究了时间尺度上二阶中立型时滞动态方程

$$(r(t)((y(t)+p(t)y(t-\tau))^{\Delta})^{\gamma})^{\Delta}+f(t,y(t-\delta))=0,t\in\mathbb{T}$$

的解的振动性.

Sahiner[139],Wu 等[144] 和 Saker 等[205] 研究了时间尺度上二阶中立型时滞动态方程

$$(r(t)((y(t)+p(t)y(\tau(t))^{\Delta})^{\gamma})^{\Delta}+f(t,y(\delta(t)))=0,t\in\mathbb{T}.$$

Saker[206] 考虑了时间尺度上二阶 Emden-Fowler 中立型时滞动力方程

$$[r(t)(y(t)+p(t)y(\tau(t))^{\Delta})]^{\Delta}+q(t)y^{\gamma}(\delta(t))=0,t\in\mathbb{T}.$$

Tripathy[188] 研究了时间尺度上二阶中立型动态方程

$$[r(t)((y(t)+p(t)y(t-\tau))^{\Delta})^{\gamma}]^{\Delta}+q(t)\mid y(t-\delta)\mid^{\gamma}\operatorname{sgn}y(t-\delta)=0,t\in\mathbb{T}.$$

基于这种研究趋势,在本节中,我们考虑了时间尺度上二阶非线性中立型时滞动态方程

$$(r(t)z^{\Delta}(t))^{\Delta}+q(t)f(x(\delta(t)))=0,t\in\mathbb{T},\tag{4.1.1}$$

其中 $z(t)=x(t)+p(t)x(\tau(t))$，函数 $r(t),p(t)$ 和 $q(t)$ 是定义在时间尺度 $[t_0,+\infty)_{\mathbb{T}}=[t_0,+\infty)\cap\mathbb{T}$ 上的正实值右稠连续函数，$\tau(t):\mathbb{T}\to\mathbf{R}$ 是右稠连续的，$\tau(t)\leqslant t$，$\lim\limits_{t\to+\infty}\tau(t)=+\infty$，$\delta(t):\mathbb{T}\to\mathbf{R}$ 右稠连续，$\delta(t)\leqslant t$，$\lim\limits_{t\to+\infty}\delta(t)=+\infty$，$\tau(\delta(t))=\delta(\tau(t))$，并且满足下列条件：

假设 $\int_t^{+\infty}\dfrac{1}{r(t)}\Delta t=+\infty$，$0\leqslant p(t)\leqslant p_0<+\infty$，$f:\mathbf{R}\to\mathbf{R}$ 是连续的且 $uf(u)>0$，$\dfrac{f(u)}{u}\geqslant k>0$，$u\neq 0$，其中 k 是实数.

由于我们感兴趣的是方程解的振动性，所以假设时间尺度 $\mathbb{T}$ 是无界的，即它是时间尺度上的无穷区间 $[t_0,+\infty)_{\mathbb{T}}$.

本节安排如下，在 4.1.2 节，利用 Riccati 技术，建立了方程(4.1.1) 振动的几个准则. 在 4.1.3 节，给出了几个例子来阐明主要结果.

4.1.2　主要结论

在本小节，给出方程(4.1.1) 振动的一些新的准则. 为了证明主要定理，首先给出下面的引理.

引理 4.1.1　(Han[193] 引理 2.2) 假设 $\tau:\mathbb{T}\to\mathbf{R}$ 是严格递增的，$\hat{\mathbb{T}}:=\tau(\mathbb{T})$：$\mathbb{T}$ 是一个时间尺度，$\tau(\sigma(t))=\sigma(\tau(t))$. 令 $x:\hat{\mathbb{T}}\to\mathbf{R}$. 若对某一个 $t\in\mathbb{T}^{\kappa}$，$\tau^{\Delta}(t)$ 和 $x^{\Delta}(\tau(t))$ 存在，则 $(x(\tau(t)))^{\Delta}$ 存在，并且

$$(x(\tau(t)))^{\Delta}=x^{\Delta}(\tau(t))\tau^{\Delta}(t).\tag{4.1.2}$$

定理 4.1.1　假设 $\tau:\mathbb{T}\to\mathbf{R}$ 是严格递增的，$\hat{\mathbb{T}}:=\tau(\mathbb{T})\subset\mathbb{T}$ 是一个时间尺度，$\tau(\sigma(t))=\sigma(\tau(t))$. 如果 $\tau^{\Delta}(t)=\tau_0>0$，$\delta(t)\geqslant\tau(t)$，并且存在一个正函数 $\eta(t)\in C_{\mathrm{rd}}^{1}([t_0,+\infty)_{\mathbb{T}},\mathbf{R})$，使得

$$\limsup_{t\to+\infty}\int_{t_0}^{t}\left[k\eta(s)Q(s)-\left(1+\frac{p_0}{\tau_0}\right)\frac{r(\tau(s))(\eta^{\Delta}(s))^2}{4\eta(s)\tau_0}\right]\Delta s=+\infty,\tag{4.1.3}$$

其中 $Q(t):=\min\{q(t),q(\tau(t))\}$，则方程(4.1.1) 在 $[t_0,+\infty)_{\mathbb{T}}$ 上是振动的.

证明　假设方程(4.1.1) 有一个非振动解 $x(t)$. 不失一般性，不妨设 $x(t)>0$，$x(\tau(t))>0$，$x(\delta(t))>0$，$t\in[t_1,+\infty)_{\mathbb{T}}$，$t_1\in[t_0,+\infty)_{\mathbb{T}}$. 由式(4.1.1)，有

$$(r(t)z^{\Delta}(t))^{\Delta}\leqslant -kq(t)x(\delta(t))<0,\ t\geqslant t_1.\tag{4.1.4}$$

因此 $r(t)z^{\Delta}(t)$ 最终定号. 假设存在 $t_2\geqslant t_1$，$c<0$ 使得 $r(t_2)z^{\Delta}(t_2)=c<0$. 则由式(4.1.4) 可得，

$$r(t)z^{\Delta}(t)\leqslant c,\ t\geqslant t_2.$$

因此 $z^{\Delta}(t)\leqslant\dfrac{c}{r(t)}$，所以当 $t\to+\infty$ 时，有 $z(t)\leqslant z(t_2)+c\int_{t_2}^{t}\dfrac{\Delta s}{r(s)}\to-\infty$，这与 $z(t)>0$ 矛盾.

应用式(4.1.1)，对于充分大的 t，可得

$$(r(t)z^{\Delta}(t))^{\Delta}+kq(t)x(\delta(t))+kp_0q(\tau(t))x(\delta(\tau(t)))+kp_0\frac{(r(\tau(t))z^{\Delta}(\tau(t)))^{\Delta}}{\tau^{\Delta}(t)}\leqslant 0.$$

因此由 $z(t)$ 的定义,可得

$$(r(t)z^{\Delta}(t))^{\Delta}+kQ(t)z(\delta(t))+kp_0\frac{(r(\tau(t))z^{\Delta}(\tau(t)))^{\Delta}}{\tau^{\Delta}(t)}\leqslant 0. \tag{4.1.5}$$

定义函数 $\omega(t)$ 如下:

$$\omega(t)=\eta(t)\frac{r(t)z^{\Delta}(t)}{z(\tau(t))},t\geqslant t_1. \tag{4.1.6}$$

则 $\omega(t)>0$. 由式(4.1.6) 和(4.1.2),可得

$$\omega^{\Delta}(t)\leqslant\eta(t)\frac{(r(t)z^{\Delta}(t))^{\Delta}}{z(\tau(t))}+\frac{\eta^{\Delta}(t)}{\eta^{\sigma}(t)}\omega^{\sigma}(t)-\eta(t)\frac{(r(t)z^{\Delta}(t))^{\sigma}z^{\Delta}(\tau(t))\tau^{\Delta}(t)}{z(\tau(t))z(\tau^{\sigma}(t))}.$$

又由式(4.1.4),得到 $\dfrac{z^{\Delta}(\tau(t))}{z^{\Delta\sigma}(t)}\leqslant\dfrac{r^{\sigma}(t)}{r(\tau(t))}$,因此有

$$\omega^{\Delta}(t)\leqslant\eta(t)\frac{(r(t)z^{\Delta}(t))^{\Delta}}{z(\tau(t))}+\frac{\eta^{\Delta}(t)}{\eta^{\sigma}(t)}\omega^{\sigma}(t)-\frac{\eta(t)\tau^{\Delta}(t)}{r(\tau(t))(\eta^{\sigma}(t))^2}(\omega^{\sigma}(t))^2. \tag{4.1.7}$$

接下来,定义函数 $\nu(t)$ 如下,

$$\nu(t)=\eta(t)\frac{r(\tau(t))z^{\Delta}(\tau(t))}{z(\tau(t))},t\geqslant t_1. \tag{4.1.8}$$

则 $\nu(t)>0$. 由式(4.1.8) 和(4.1.2) 可得

$$\nu^{\Delta}(t)\leqslant\eta(t)\frac{(r(\tau(t))z^{\Delta}(\tau(t)))^{\Delta}}{z(\tau(t))}+\frac{\eta^{\Delta}(t)}{\eta^{\sigma}(t)}\nu^{\sigma}(t)$$
$$-\eta(t)\frac{(r(\tau(t))z^{\Delta}(\tau(t)))^{\sigma}z^{\Delta}(\tau(t))\tau^{\Delta}(t)}{z(\tau(t))z(\tau^{\sigma}(t))}.$$

又由式(4.1.4),得到 $\dfrac{z^{\Delta}(\tau(t))}{z^{\Delta}(\tau^{\sigma}(t))}\geqslant\dfrac{r(\tau^{\sigma}(t))}{r(\tau(t))}$,因此有

$$\nu^{\Delta}(t)\leqslant\eta(t)\frac{(r(\tau(t))z^{\Delta}(\tau(t)))^{\Delta}}{z(\tau(t))}+\frac{\eta^{\Delta}(t)}{\eta^{\sigma}(t)}\nu^{\sigma}(t)-\frac{\eta(t)\tau^{\Delta}(t)}{r(\tau(t))(\eta^{\sigma}(t))^2}(\nu^{\sigma}(t))^2. \tag{4.1.9}$$

综合式(4.1.7) 和式(4.1.9),得到

$$\omega^{\Delta}(t)+kp_0\frac{\nu^{\Delta}(t)}{\tau^{\Delta}(t)}\leqslant\eta(t)\frac{(r(t)z^{\Delta}(t))^{\Delta}}{z(\tau(t))}+kp_0\frac{\eta(t)}{\tau^{\Delta}(t)}\frac{(r(\tau(t))z^{\Delta}(\tau(t)))^{\Delta}}{z(\tau(t))}+\frac{\eta^{\Delta}(t)}{\eta^{\sigma}(t)}\omega^{\sigma}(t)$$
$$-\frac{\eta(t)\tau^{\Delta}(t)}{r(\tau(t))(\eta^{\sigma}(t))^2}(\omega^{\sigma}(t))^2+\frac{kp_0}{\tau^{\Delta}(t)}\frac{\eta^{\Delta}(t)}{\eta^{\sigma}(t)}\nu^{\sigma}(t)$$
$$-\frac{kp_0}{\tau^{\Delta}(t)}\frac{\eta(t)\tau^{\Delta}(t)}{r(\tau(t))(\eta^{\sigma}(t))^2}(\nu^{\sigma}(t))^2. \tag{4.1.10}$$

由式(4.1.5) 和式(4.1.10) 以及 $\tau^{\Delta}(t)=\tau_0>0,\delta(t)\geqslant\tau(t)$,可得

$$\omega^{\Delta}(t)+kp_0\frac{\nu^{\Delta}(t)}{\tau_0}\leqslant-k\eta(t)Q(t)+(1+\frac{kp_0}{\tau_0})\frac{r(\tau(t))(\eta^{\Delta}(t))^2}{4\eta(t)\tau_0}.$$

对上述不等式从 t_1 到 t 积分得到

$$0<\omega(t)+\frac{kp_0}{\tau_0}\nu(t)\leqslant\omega(t_1)+\frac{kp_0}{\tau_0}\nu(t_1)-\int_{t_1}^{t}[k\eta(s)Q(s)-(1+\frac{kp_0}{\tau_0})\frac{r(\tau(s))(\eta^{\Delta}(s))^2}{4\eta(s)\tau_0}]\Delta s,$$

这与式(4.1.3) 矛盾,证毕.

定理 4.1.2 假设 $\tau:\mathbb{T}\to\mathbf{R}$ 是严格递增的,$\hat{\mathbb{T}}:=\tau(\mathbb{T})\subset\mathbb{T}$ 是一个时间尺度,$\tau(\sigma(t))=\sigma(\tau(t))$. 如果 $\tau^{\Delta}(t)=\tau_0>0,\delta(t)\geqslant\tau(t)$,并且存在函数 $H,h\in C_{\mathrm{rd}}(D,\mathbf{R})$,其中

$D\equiv\{(t,s):t\geqslant s\geqslant t_0\}$，满足

$$H(t,t)=0,t\geqslant t_0;H(t,s)>0,t>s\geqslant t_0,\tag{4.1.11}$$

H 关于第二个变元存在一个非正连续Δ 偏导数 $H^{\Delta_s}(t,s)$，并且满足

$$H^{\Delta_s}(t,s)+H(t,s)\frac{\eta(s)}{\eta^\sigma(s)}=-\frac{h(t,s)}{\eta^\sigma(s)}\sqrt{H(t,s)},\tag{4.1.12}$$

和

$$\limsup_{t\to+\infty}\frac{1}{H(t,t_1)}\int_{t_1}^t\left[H(t,s)k\eta(s)Q(s)-\left(1+\frac{kp_0}{\tau_0}\right)\frac{r(\tau(s))(h_-(t,s))^2}{4\eta(s)\tau_0}\right]\Delta s=+\infty,\tag{4.1.13}$$

其中 $\eta(t)$ 是正的 Δ 可微函数，$Q(t)$ 定义如定理 4.1.1，$h_-(t,s)=\max\{0,-h(t,s)\}$. 则方程(4.1.1) 的每一个解在$[t_0,+\infty)_{\mathbb{T}}$ 上是振动的.

证明　假设方程(4.1.1) 有一个非振动解 $x(t)$. 不失一般性，不妨假设 $x(t)>0$，$x(\tau(t))>0,x(\delta(t))>0,t\in[t_1,+\infty)_{\mathbb{T}},t_1\in[t_0,+\infty)_{\mathbb{T}}$. 如定理 4.1.1 定义 $\omega(t)$，由式(4.1.5) 和式(4.1.10)，以及 $\delta(t)\geqslant\tau(t)$，得到

$$\begin{aligned}k\eta(t)Q(t)&\leqslant-\eta(t)\frac{(r(t)z^\Delta(t))^\Delta}{z(\tau(t))}-\frac{kp_0\eta(t)}{\tau_0}\frac{(r(\tau(t))z^\Delta(\tau(t)))^\Delta}{z(\tau(t))}\\&\leqslant-\omega^\Delta(t)-kp_0\frac{\nu^\Delta(t)}{\tau_0}+\frac{\eta^\Delta(t)}{\eta^\sigma(t)}\omega^\sigma(t)-\frac{\eta(t)\tau_0}{r(\tau(t))(\eta^\sigma(t))^2}(\omega^\sigma(t))^2+\\&\quad\frac{kp_0}{\tau_0}\frac{\eta^\Delta(t)}{\eta^\sigma(t)}\nu^\sigma(t)-\frac{kp_0}{\tau_0}\frac{\eta(t)\tau_0}{r(\tau(t))(\eta^\sigma(t))^2}(\nu^\sigma(t))^2.\end{aligned}\tag{4.1.14}$$

对上式中的 t 用 s 代替，两边同乘以 $H(t,s)$，并对 s 从 t_1 到 t 积分，可得

$$\begin{aligned}\int_{t_1}^t H(t,s)k\eta(s)Q(s)\Delta s&\leqslant-\int_{t_1}^t H(t,s)\omega^\Delta(s)\Delta s-\int_{t_1}^t H(t,s)kp_0\frac{\nu^\Delta(s)}{\tau_0}\Delta s\\&\quad+\int_{t_1}^t H(t,s)\frac{\eta^\Delta(s)}{\eta^\sigma(s)}\omega^\sigma(s)\Delta s-\int_{t_1}^t H(t,s)\frac{\eta(s)\tau_0}{r(\tau(s))(\eta^\sigma(s))^2}(\omega^\sigma(s))^2\Delta s\\&\quad+\int_{t_1}^t H(t,s)\frac{kp_0}{\tau_0}\frac{\eta^\Delta(s)}{\eta^\sigma(s)}\nu^\sigma(s)\Delta s-\int_{t_1}^t H(t,s)\frac{kp_0}{\tau_0}\frac{\eta(s)\tau_0}{r(\tau(s))(\eta^\sigma(s))^2}(\nu^\sigma(s))^2\Delta s.\end{aligned}$$

应用分部积分法及式(4.1.11) 和式(4.1.12)，可得

$$\begin{aligned}&\int_{t_1}^t H(t,s)k\eta(s)Q(s)\Delta s\leqslant H(t,t_1)\omega(t_1)+\frac{kp_0}{\tau_0}H(t,t_1)\nu(t_1)+\int_{t_1}^t H^{\Delta_s}(t,s)\omega^\sigma(s)\Delta s\\&\quad+\int_{t_1}^t H^{\Delta_s}(t,s)\frac{kp_0}{\tau_0}\nu^\sigma(s)\Delta s+\int_{t_1}^t H(t,s)\frac{\eta^\Delta(s)}{\eta^\sigma(s)}\omega^\sigma(s)\Delta s-\int_{t_1}^t H(t,s)\frac{\eta(s)\tau_0}{r(\tau(s))(\eta^\sigma(s))^2}(\omega^\sigma(s))^2\Delta s\\&\quad+\int_{t_1}^t H(t,s)\frac{kp_0}{\tau_0}\frac{\eta^\Delta(s)}{\eta^\sigma(s)}\nu^\sigma(s)\Delta s-\int_{t_1}^t H(t,s)\frac{kp_0}{\tau_0}\frac{\eta(s)\tau_0}{r(\tau(s))(\eta^\sigma(s))^2}(\nu^\sigma(s))^2\Delta s\\&\leqslant H(t,t_1)\omega(t_1)+\frac{kp_0}{\tau_0}H(t,t_1)\nu(t_1)+\int_{t_1}^t\left[-\frac{h(t,s)}{\eta^\sigma(s)}\sqrt{H(t,s)}\omega^\sigma(s)-H(t,s)\frac{\eta(s)\tau_0}{r(\tau(s))(\eta^\sigma(s))^2}(\omega^\sigma(s))^2\right]\Delta s\\&\quad+\int_{t_1}^t\left[-\frac{kp_0}{\tau_0}\frac{h(t,s)}{\eta^\sigma(s)}\sqrt{H(t,s)}\nu^\sigma(s)-H(t,s)\frac{kp_0}{\tau_0}\frac{\eta(s)\tau_0}{r(\tau(s))(\eta^\sigma(s))^2}(\nu^\sigma(s))^2\right]\Delta s\\&\leqslant H(t,t_1)\omega(t_1)+\frac{kp_0}{\tau_0}H(t,t_1)\nu(t_1)+\int_{t_1}^t\left[\frac{h_-(t,s)}{\eta^\sigma(s)}\sqrt{H(t,s)}\omega^\sigma(s)-H(t,s)\frac{\eta(s)\tau_0}{r(\tau(s))(\eta^\sigma(s))^2}(\omega^\sigma(s))^2\right]\Delta s\end{aligned}$$

$$+\int_{t_1}^{t}\Big[\frac{kp_0}{\tau_0}\frac{h_-(t,s)}{\eta^\sigma(s)}\sqrt{H(t,s)}\nu^\sigma(s)-H(t,s)\frac{kp_0}{\tau_0}\frac{\eta(s)\tau_0}{r(\tau(s))(\eta^\sigma(s))^2}(\nu^\sigma(s))^2\Big]\Delta s$$

$$\leqslant H(t,t_1)\omega(t_1)+\frac{kp_0}{\tau_0}H(t,t_1)\nu(t_1)+\int_{t_1}^{t}(1+\frac{kp_0}{\tau_0})\frac{r(\tau(s))(h_-(t,s))^2}{4\eta(s)\tau_0}\Delta s.$$

由最后一个不等式可得

$$\int_{t_1}^{t}[H(t,s)k\eta(s)Q(s)-(1+\frac{kp_0}{\tau_0})\frac{r(\tau(s))(h_-(t,s))^2}{4\eta(s)\tau_0}]\Delta s$$

$$\leqslant H(t,t_1)\omega(t_1)+\frac{kp_0}{\tau_0}H(t,t_1)\nu(t_1),$$

因此

$$\frac{1}{H(t,t_1)}\int_{t_1}^{t}[H(t,s)k\eta(s)Q(s)-(1+\frac{kp_0}{\tau_0})\frac{r(\tau(s))(h_-(t,s))^2}{4\eta(s)\tau_0}]\Delta s$$

$$\leqslant \omega(t_1)+\frac{kp_0}{\tau_0}\nu(t_1),$$

这与假设(4.1.13)矛盾.证毕.

定理 4.1.3 假设 $\delta:\mathbb{T}\to\mathbf{R}$ 是严格递增的 $\hat{\mathbb{T}}:=\delta(\mathbb{T})\subset\mathbb{T}$ 为时间尺度, $\delta(\sigma(t))=\sigma(\delta(t))$. 如果假设 $\tau^\Delta(t)=\tau_0>0,\delta^\Delta(t)>0,\delta(t)\leqslant\tau^\sigma(t)$, 并且存在一个正函数 $\eta(t)\in C_{\mathrm{rd}}^1([t_0,+\infty)_{\mathbb{T}},\mathbf{R})$ 满足

$$\limsup_{t\to+\infty}\int_{t_0}^{t}[k\eta(s)Q(s)-(1+\frac{kp_0}{\tau_0})\frac{r(\tau(s))(\eta^\Delta(s))^2}{4\eta(s)\delta^\Delta(s)}]\Delta s=+\infty,\quad(4.1.15)$$

其中, $Q(t)$ 定义如定理 4.1.1 则方程(4.1.1)在 $[t_0,+\infty)_{\mathbb{T}}$ 上是振动的.

证明 假设 $x(t)$ 是方程(4.1.1)的一个非振动解.不失一般性,不妨假设 $x(t)>0$, $x(\tau(t))>0,x(\delta(t))>0,t\in[t_1,+\infty)_{\mathbb{T}},t_1\in[t_0,+\infty)_{\mathbb{T}}$. 按照定理 4.1.1 的证明,可以得到式(4.1.5).定义函数 $\omega(t)$ 如下:

$$\omega(t)=\eta(t)\frac{r(t)z^\Delta(t)}{z(\delta(t))},t\geqslant t_1.\quad(4.1.16)$$

则 $\omega(t)>0$. 由式(4.1.16)和(4.1.2),得到

$$\omega^\Delta(t)\leqslant\eta(t)\frac{(r(t)z^\Delta(t))^\Delta}{z(\delta(t))}+\frac{\eta^\Delta(t)}{\eta^\sigma(t)}\omega^\sigma(t)-\eta(t)\frac{(r(t)z^\Delta(t))^\sigma z^\Delta(\delta(t))\delta^\Delta(t)}{z(\delta(t))z(\delta^\sigma(t))}.$$

又由式(4.1.4),得到 $\dfrac{z^\Delta(\delta(t))}{z^{\Delta\sigma}(t)}\geqslant\dfrac{r^\sigma(t)}{r(\delta(t))}$,因此可得

$$\omega^\Delta(t)\leqslant\eta(t)\frac{(r(t)z^\Delta(t))^\Delta}{z(\delta(t))}+\frac{\eta^\Delta(t)}{\eta^\sigma(t)}\omega^\sigma(t)-\frac{\eta(t)\delta^\Delta(t)}{r(\delta(t))(\eta^\sigma(t))^2}(\omega^\sigma(t))^2.\quad(4.1.17)$$

下面定义函数 $\nu(t)$ 为

$$\nu(t)=\eta(t)\frac{r(\tau(t))z^\Delta(\tau(t))}{z(\delta(t))},t\geqslant t_1.\quad(4.1.18)$$

则有 $\nu(t)>0$. 由式(4.1.18)和(4.1.2)可得

$$\nu^\Delta(t)\leqslant\eta(t)\frac{(r(\tau(t))z^\Delta(\tau(t)))^\Delta}{z(\delta(t))}+\frac{\eta^\Delta(t)}{\eta^\sigma(t)}\nu^\sigma(t)-\eta(t)\frac{(r(\tau(t))z^\Delta(\tau(t)))^\sigma z^\Delta(\delta(t))\delta^\Delta(t)}{z(\delta(t))z(\delta^\sigma(t))}.$$

由式(4.1.4)以及 $\delta(t)\leqslant\tau^\sigma(t)$,我们可得 $\dfrac{z^\Delta(\delta(t))}{z^\Delta(\tau^\sigma(t))}\geqslant\dfrac{r(\tau^\sigma(t))}{r(\delta(t))}$,因此得到

$$\nu^{\Delta}(t) \leqslant \eta(t)\,\frac{(r(\tau(t))z^{\Delta}(\tau(t)))^{\Delta}}{z(\delta(t))} + \frac{\eta^{\Delta}(t)}{\eta^{\sigma}(t)}\nu^{\sigma}(t) - \frac{\eta(t)\delta^{\Delta}(t)}{r(\delta(t))(\eta^{\sigma}(t))^{2}}(\nu^{\sigma}(t))^{2}. \tag{4.1.19}$$

根据式(4.1.17) 和式(4.1.19)，得到

$$\begin{aligned}\omega^{\Delta}(t) + kp_0\,\frac{\nu^{\Delta}(t)}{\tau^{\Delta}(t)} \leqslant{}& \eta(t)\,\frac{(r(t)z^{\Delta}(t))^{\Delta}}{z(\delta(t))} + kp_0\,\frac{\eta(t)}{\tau^{\Delta}(t)}\,\frac{(r(\tau(t))z^{\Delta}(\tau(t)))^{\Delta}}{z(\delta(t))}\\ &+ \frac{\eta^{\Delta}(t)}{\eta^{\sigma}(t)}\omega^{\sigma}(t) - \frac{\eta(t)\delta^{\Delta}(t)}{r(\delta(t))(\eta^{\sigma}(t))^{2}}(\omega^{\sigma}(t))^{2} + \frac{kp_0}{\tau^{\Delta}(t)}\,\frac{\eta^{\Delta}(t)}{\eta^{\sigma}(t)}\nu^{\sigma}(t)\\ &- \frac{kp_0}{\tau^{\Delta}(t)}\,\frac{\eta(t)\delta^{\Delta}(t)}{r(\delta(t))(\eta^{\sigma}(t))^{2}}(\nu^{\sigma}(t))^{2}.\end{aligned} \tag{4.1.20}$$

由式(4.1.5) 和式(4.1.20) 以及 $\tau^{\Delta}(t) = \tau_0 > 0$，得到

$$\omega^{\Delta}(t) + kp_0\,\frac{\nu^{\Delta}(t)}{\tau_0} \leqslant -k\eta(t)Q(t) + \left(1 + \frac{kp_0}{\tau_0}\right)\frac{r(\delta(t))(\eta^{\Delta}(t))^{2}}{4\eta(t)\delta^{\Delta}(t)}.$$

对上面不等式从 t_1 到 t 积分得到

$$0 < \omega(t) + \frac{kp_0}{\tau_0}\nu(t) \leqslant \omega(t_1) + \frac{kp_0}{\tau_0}\nu(t_1) - \int_{t_1}^{t}\left[k\eta(s)Q(s) - \left(1 + \frac{kp_0}{\tau_0}\right)\frac{r(\delta(s))(\eta^{\Delta}(s))^{2}}{4\eta(s)\delta^{\Delta}(s)}\right]\Delta s,$$

这与式(4.1.15) 矛盾，证毕.

根据定理 4.1.3，类比定理 4.1.2 的证明过程，我们得到下面的结果.

定理 4.1.4　假设 $\delta:\mathbb{T}\to\mathbf{R}$ 是严格递增的，$\hat{\mathbb{T}}:=\delta(\mathbb{T})\subset\mathbb{T}$ 为时间尺度，如果假设 $\tau^{\Delta}(t) = \tau_0 > 0$，$\delta^{\Delta}(t) \geqslant 0$，$\delta(t) \leqslant \tau^{\sigma}(t)$，并且存在函数 $H,h \in C_{\mathrm{rd}}(D,\mathbf{R})$，其中 $D \equiv \{(t,s): t \geqslant s \geqslant t_0\}$，使得式(4.1.11) 和(4.1.12) 成立，并且满足

$$\limsup_{t\to+\infty}\frac{1}{H(t,t_1)}\int_{t_1}^{t}\left[H(t,s)k\eta(s)Q(s) - \left(1 + \frac{kp_0}{\tau_0}\right)\frac{r(\delta(s))(h_-(t,s))^{2}}{4\eta(s)\delta^{\Delta}(s)}\right]\Delta s = +\infty, \tag{4.1.21}$$

这里，$\eta(t)$ 是 Δ 可微函数，$Q(t)$ 定义如定理 4.1.1. 则方程(4.1.1) 在 $[t_0,+\infty)_{\mathbb{T}}$ 上是振动的.

4.1.3　例子说明

在本小节中，我们将举出几个例子来说明主要结果.

例 4.1.1　考虑二阶中立型时滞微分方程

$$[x(t) + 2x(t-3\pi)]'' + x(t-\pi) = 0,\ t \geqslant t_0. \tag{4.1.22}$$

令 $r(t) = 1$，$p(t) = 2$，$q(t) = 1$，$f(x) = x$，$\tau(t) = t - 3\pi$，$\delta(t) = t - \pi$. 由定理4.1.1，取 $k = 1$，$\eta(t) = 1$，则方程(4.1.22) 的每一个解 $x(t)$ 都是振动的，例如 $x(t) = \sin t$ 是方程(4.1.22) 的一个振动解.

例 4.1.2　考虑时间尺度 $\mathbb{T} = q^{N_0} := \{t: t = q^k, k\in N_0, q > 1\}$ 上二阶中立型时滞动力方程

$$\left[x(t) + p_0 x\left(\frac{t}{q}\right)\right]'' + \frac{\beta}{t^2}x\left(\frac{t}{q}\right) = 0,\ t \in [t_0,+\infty)_{\mathbb{T}}, \tag{4.1.23}$$

其中，$\beta > 0$ 是常数.

令 $r(t) = 1$，$p(t) = p_0 > 0$，$q(t) = \dfrac{\beta}{t^2}$，$f(x) = x$，$\tau(t) = \delta(t) = \dfrac{t}{q}$. 则 $k = 1$，$Q(t) = \dfrac{\beta}{t^2}$，$\tau^{\Delta}(t) = \dfrac{1}{q}$. 由定理 4.1.1，取 $\eta(t) = t$，如果 $\beta > \dfrac{q + q^2 p_0}{4}$，则有

$$\limsup_{t\to+\infty}\int_{t_0}^{t}\left[k\eta(s)Q(s)-\left(1+\frac{p_0}{\tau_0}\right)\frac{r(\tau(s))(\eta^{\Delta}(s))^2}{4\eta(s)\tau_0}\right]\Delta s$$
$$=\left(\beta-\frac{q+q^2p_0}{4}\right)\limsup_{t\to+\infty}\int_{t_0}^{t}\frac{\Delta s}{s}=+\infty,$$

因此,如果 $\beta>\dfrac{q+q^2p_0}{4}$,则方程(4.1.23)的每一个解 $x(t)$ 都是振动的.

例 4.1.3 考虑时间尺度上二阶中立型时滞动力方程

$$[r(t)(x(t)+p_0x(\tau(t)))^{\Delta}]^{\Delta}+\frac{\beta}{t}x(\delta(t))=0,t\in[t_0,+\infty)_{\mathbb{T}},\quad(4.1.24)$$

其中 $\beta>0$ 是一个常数,$\delta:\mathbb{T}\to\mathbf{R}$ 是严格递增的,并且 $\hat{\mathbb{T}}:=\delta(\mathbb{T})\subset\mathbb{T}$ 是时间尺度,$\delta(\sigma(t))=\sigma(\delta(t)),\tau(\delta(t))=\delta(\tau(t))$. 假设 $\tau^{\Delta}(t)=\tau_0>0,\delta^{\Delta}(t)>0,\delta(t)\leqslant\tau^{\sigma}(t)$.

令 $k=1,Q(t)=\dfrac{\beta}{t}$. 由定理 4.1.3,取 $\eta(t)=1$,如果 $\beta>0$,则有

$$\limsup_{t\to+\infty}\int_{t_0}^{t}\left[k\eta(s)Q(s)-\left(1+\frac{p_0}{\tau_0}\right)\frac{r(\delta(s))(\eta^{\Delta}(s))^2}{4\eta(s)\delta^{\Delta}(s)}\right]\Delta s=\beta\limsup_{t\to+\infty}\int_{t_0}^{t}\frac{\Delta s}{s}=+\infty,$$

因此,如果 $\beta>0$,则方程(4.1.24)的每一个解 $x(t)$ 都是振动的.

注 4.1.1 已有文献的一些结果是不能应用到方程(4.1.1)上的. 因此,我们所得到的结果是新的.

4.1.4 小 结

本节研究了时间尺度上一类二阶非线性中立型时滞动态方程的振动性,利用 Riccati 变换技巧、平均函数技术和不等式理论,克服了滞量和中立项所带来的困难,建立了方程振动的几个准则. 我们的结论不仅推广了已有文献的某些结果,而且还统一和推广了二阶非线性中立型时滞微分方程与二阶非线性中立型时滞差分方程振动性的相关结果,我们的结论是新的.

本节的主要结果来自于文献[230].

4.2 时间尺度上二阶拟线性中立型时滞动态方程的振动性判据

4.2.1 引 言

本节研究时间尺度上一类二阶拟线性中立型时滞动态方程

$$[r(t)(z^{\Delta}(t))^{\gamma}]^{\Delta}+q_1(t)x^{\alpha}(\tau_1(t))+q_2(t)x^{\beta}(\tau_2(t))=0,t\in\mathbb{T}\quad(4.2.1)$$

的振动性,这里 $z(t)=x(t)+p(t)x(\tau_0(t))$,$\gamma,\alpha$ 和 β 是正奇数的比,使得 $0<\alpha<\gamma<\beta$;r,p,q_1 和 q_2 是定义在时间尺度 $\mathbb{T}$ 上的 rd 连续函数,并且 r,q_1 和 q_2 是正的,$-1<-p_0\leqslant p(t)<1,p_0>0$;时滞函数 $\tau_i:\mathbb{T}\to\mathbb{T}$ 满足对于 $t\in\mathbb{T},\tau_i(t)\leqslant t$,当 $t\to+\infty$ 时,$\tau_i(t)\to+\infty,i=0,1,2$,并且存在函数 $\tau:\mathbb{T}\to\mathbb{T}$ 使得 $\tau(t)\leqslant\tau_1(t),\tau(t)\leqslant\tau_2(t)$,当 $t\to+\infty$ 时,$\tau(t)\to+\infty$.

由于我们感兴趣的是方程解趋于无穷的振动性和渐近性,所以假设 $\sup\mathbb{T}=+\infty$,即定义时间尺度上的无穷区间 $[t_0,+\infty)_{\mathbb{T}}$ 为 $[t_0,+\infty)_{\mathbb{T}}:=[t_0,+\infty)\cap\mathbb{T}$.

考虑下面两种情况：

$$\int_{t_0}^{+\infty} \frac{\Delta t}{r^{\frac{1}{\gamma}}(t)} = +\infty, \tag{4.2.2}$$

和

$$\int_{t_0}^{+\infty} \frac{\Delta t}{r^{\frac{1}{\gamma}}(t)} < +\infty. \tag{4.2.3}$$

近年来，关于时间尺度上时滞动态方程的研究已经有了很多结果. Agarwal 等[113]，Sahiner[139]，Saker[142]，Wu 等[144]，Saker 等[205] 研究了时间尺度上二阶非线性中立型时滞动态方程

$$(r(t)((y(t)+p(t)y(\tau(t)))^{\Delta})^{\gamma})^{\Delta}+f(t,y(\delta(t)))=0, t\in\mathbb{T}, \tag{4.2.4}$$

这里 $0\leqslant p(t)<1$，并且式(4.2.2) 成立. 利用 Riccati 变换技术，得到了方程(4.2.4) 振动的几个充分条件.

孙书荣等[197] 研究了方程(4.2.1)，这里 $r^{\Delta}(t)\geqslant 0$，$-1<-p_0\leqslant p(t)\leqslant 0$，并且式(4.2.2) 成立. 得到了方程(4.2.1) 振动的几个充分条件. 据我们所知，在式(4.2.3) 成立的条件下，方程(4.2.1) 的解振动的结果还没有发现.

注意到如果 $\mathbb{T}=\mathbf{R}$，方程(4.2.1) 变成二阶 Emden-Fowler 中立型时滞微分方程

$$[r(t)(z'(t))^{\gamma}]'+q_1(t)x^{\alpha}(\tau_1(t))+q_2(t)x^{\beta}(\tau_2(t))=0, t\geqslant t_0. \tag{4.2.5}$$

Xu 等[180]，Chen 等[231] 研究了方程(4.2.5)，并且在条件 $r(t)=1$ 下，建立了方程(4.2.5) 振动的几个准则. Qin 等[232] 发现在条件 $-1<p_0\leqslant p(t)\leqslant 0$ 下，文献[180,231] 中的一些结果是不正确的.

在第 4.2.2 节中，通过运用 Riccati 变换技术，建立了方程(4.2.1) 所有解振动的几个充分条件. 在第 4.2.3 节中，给出了几个例子来说明我们的主要结果.

4.2.2　主要结果

在这一部分，通过运用 Riccati 变换技术，建立了(4.2.1) 振动的几个新判据. 为了证明主要结果，需要下面的方程：

$$(x^{\gamma}(t))^{\Delta}=\gamma\int_0^1[hx^{\sigma}(t)+(1-h)x(t)]^{\gamma-1}x^{\Delta}(t)\mathrm{d}h, \tag{4.2.6}$$

这是 Keller 链锁法则(文献[28]，定理 1.90) 的一个简单推论. 而且需要以下引理.

为方便起见，引入下列记号：

$$d_+(t):=\max\{0,d(t)\}, \theta(a,b;u):=\frac{\int_u^a \frac{\Delta s}{r^{\frac{1}{\gamma}}(s)}}{\int_u^b \frac{\Delta s}{r^{\frac{1}{\gamma}}(s)}},$$

$$\alpha(t,u):=\theta(\tau(t),\sigma(t);u), \beta(t,u):=\theta(t,\sigma(t);u), \upsilon:=\min\left\{\frac{\beta-\alpha}{\beta-\gamma},\frac{\beta-\alpha}{\gamma-\alpha}\right\},$$

$$Q_1(t):=\upsilon(q_1(t)(1-p(\tau_1(t)))^{\alpha})^{\frac{\beta-\gamma}{\beta-\alpha}}(q_2(t)(1-p(\tau_2(t)))^{\beta})^{\frac{\gamma-\alpha}{\beta-\alpha}}(\alpha(t,T))^{\gamma},$$

$$Q_2(t):=\upsilon(q_1(t))^{\frac{\beta-\gamma}{\beta-\alpha}}(q_2(t))^{\frac{\gamma-\alpha}{\beta-\alpha}}(\alpha(t,T))^{\gamma},$$

$$Q_{1*}(t)=Q_1(t)-\eta^{\Delta}(t), Q_{2*}(t)=Q_2(t)-\eta^{\Delta}(t).$$

引理 4.2.1[191] 假设存在充分大的 $T \geqslant t_0$，使得

$$x(t) > 0, x^{\Delta}(t) > 0, (r(t)(x^{\Delta}(t))^{\gamma})^{\Delta} < 0, t \geqslant T.$$

则

$$x(\tau(t)) \geqslant \alpha(t,T)x^{\sigma}(t), x(t) \geqslant \beta(t,T)x^{\sigma}(t), t \geqslant T_1 \geqslant T.$$

引理 4.2.2 假设式(4.2.2)成立，$0 \leqslant p(t) < 1$. 进一步，x 是方程(4.2.1)的一个最终正解. 则存在 $t_1 \geqslant t_0$，使得

$$z(t) > 0, z^{\Delta}(t) > 0, (r(t)(z^{\Delta}(t))^{\gamma})^{\Delta} < 0, t \geqslant t_1. \tag{4.2.7}$$

证明 令 x 是方程(4.2.1)的一个最终正解. 则存在 $t_1 \geqslant t_0$，使得 $x(t) > 0, x(\tau_i(t)) > 0, t \geqslant t_1, i = 0,1,2$. 由方程(4.2.1)，得到

$$[r(t)(z^{\Delta}(t))^{\gamma}]^{\Delta} = -q_1(t)x^{\alpha}(\tau_1(t)) - q_2(t)x^{\beta}(\tau_2(t)) < 0 \tag{4.2.8}$$

对于所有的 $t \geqslant t_1$ 成立，所以 $r(t)(z^{\Delta}(t))^{\gamma}$ 是严格单调递减的.

首先证明 $r(t)(z^{\Delta}(t))^{\gamma}$ 是最终为正的. 否则，存在 $t_2 \geqslant t_1$，使得 $r(t_2)(z^{\Delta}(t_2))^{\gamma} = c < 0$，则由式(4.2.8)得到 $r(t)(z^{\Delta}(t))^{\gamma} \leqslant r(t_2)(z^{\Delta}(t_2))^{\gamma} = c, t \geqslant t_2$，所以

$$z^{\Delta}(t) \leqslant c^{\frac{1}{\gamma}}\left(\frac{1}{r(t)}\right)^{\frac{1}{\gamma}},$$

由式(4.2.2)可得

$$z(t) \leqslant z(t_2) + c^{\frac{1}{\gamma}}\int_{t_2}^{t}\left(\frac{1}{r(s)}\right)^{\frac{1}{\gamma}}\Delta s \to -\infty, t \to +\infty,$$

这与对于所有的 $t \geqslant t_1, z(t) \geqslant x(t) > 0$ 矛盾. 因此，得到式(4.2.7)成立. 证毕.

引理 4.2.3 假设式(4.2.2)成立，$-1 < -p_0 \leqslant p(t) \leqslant 0, \lim\limits_{t\to+\infty} p(t) = p > -1$. 进一步，假设存在 $\{c_k\}_{k\geqslant 0}$ 使得 $\lim\limits_{k\to+\infty} c_k = +\infty$ 和 $\tau_0(c_{k+1}) = c_k$. 则方程(4.2.1)的最终正解 x 满足式(4.2.7)最终成立或者 $\lim\limits_{t\to+\infty} x(t) = 0$.

证明 假设 x 是方程(4.2.1)的一个最终正解. 则存在 $t_1 \geqslant t_0$ 使得 $x(t) > 0$ 和 $x(\tau_i(t)) > 0, t \geqslant t_1, i = 0,1,2$. 由方程(4.2.1)可得式(4.2.8)对于所有的 $t \geqslant t_1$ 成立，所以 $r(t)(z^{\Delta}(t))^{\gamma}$ 是严格单调递减的.

首先证明 $r(t)(z^{\Delta}(t))^{\gamma}$ 是最终为正的. 否则，存在 $t_2 \geqslant t_1$，使得 $r(t_2)(z^{\Delta}(t_2))^{\gamma} = c < 0$，则由式(4.2.8)得到 $r(t)(z^{\Delta}(t))^{\gamma} \leqslant r(t_2)(z^{\Delta}(t_2))^{\gamma} = c, t \geqslant t_2$，所以

$$z^{\Delta}(t) \leqslant c^{\frac{1}{\gamma}}\left(\frac{1}{r(t)}\right)^{\frac{1}{\gamma}},$$

由式(4.2.2)可得

$$z(t) \leqslant z(t_2) + c^{\frac{1}{\gamma}}\int_{t_2}^{t}\left(\frac{1}{r(s)}\right)^{\frac{1}{\gamma}}\Delta s \to -\infty, t \to +\infty,$$

因此，存在 $d > 0$ 和 $t_3 \geqslant t_2$ 使得

$$x(t) \leqslant -d - p(t)x(\tau_0(t)) \leqslant -d + p_0 x(\tau_0(t)), t \geqslant t_3.$$

所以，可以取某正整数 k_0 使得 $c_k \geqslant t_3, k \geqslant k_0$，并且

$$\begin{aligned} x(c_k) &\leqslant -d + p_0 x(\tau_0(c_k)) = -d + p_0 x(c_{k-1}) \\ &\leqslant -d - p_0 d + p_0^2 x(\tau_0(c_{k-1})) = -d - p_0 d + p_0^2 x(c_{k-2}) \end{aligned}$$

$$\leqslant \cdots \leqslant -d - p_0 d - \cdots - p_0^{k-k_0-1} d + p_0^{k-k_0} x(\tau_0(c_{k_0+1}))$$
$$= -d - p_0 d - \cdots - p_0^{k-k_0-1} d + p_0^{k-k_0} x(c_{k_0}).$$

上述不等式表明对于充分大的 $k, x(c_k) < 0$，这与 $x(t)$ 是最终为正的矛盾. 所以 $z^\Delta(t)$ 是最终为正的. 因此，存在两种可能的情况：

（ⅰ）$z(t)$ 是最终为正的；

或者

（ⅱ）$z(t)$ 是最终为负的.

如果存在 $t_4 \geqslant t_1$ 使得情况（ⅱ）成立，则 $\lim\limits_{t\to+\infty} z(t)$ 存在，并且 $\lim\limits_{t\to+\infty} z(t) = l \leqslant 0$，可以证明 $\lim\limits_{t\to+\infty} z(t) = 0$. 否则，$\lim\limits_{t\to+\infty} z(t) < 0$. 可以取某正整数 k_0，使得 $c_k \geqslant t_4, k \geqslant k_0$，并得到

$$x(c_k) \leqslant p_0 x(\tau_0(c_k)) = p_0 x(c_{k-1}) \leqslant p_0^2 x(\tau_0(c_{k-1}))$$
$$= p_0^2 x(c_{k-2}) \leqslant \cdots \leqslant p_0^{k-k_0} x(\tau_0(c_{k_0+1})) = p_0^{k-k_0} x(c_{k_0})$$

推出 $\lim\limits_{k\to+\infty} x(c_k) = 0$，所以 $\lim\limits_{k\to+\infty} z(c_k) = 0$，这与 $\lim\limits_{t\to+\infty} z(t) = l < 0$ 矛盾.

现在，证明 $x(t)$ 是有界的. 若不然，存在 $\{t_k\}, t_k \to +\infty, k \to +\infty$ 使得

$$x(t_k) = \max_{t_0 \leqslant s \leqslant t_k} x(s), \ \lim_{k\to+\infty} x(t_k) = +\infty.$$

由 $\tau_0(t) \leqslant t$，得到

$$z(t_k) = x(t_k) + p(t_k) x(\tau_0(t_k)) \geqslant (1 - p_0) x(t_k),$$

有 $\lim\limits_{k\to+\infty} z(t_k) = +\infty$，这与 $\lim\limits_{t\to+\infty} z(t) = 0$ 矛盾. 因此，可以假设

$$\limsup_{t\to+\infty} x(t) = x_1, \quad \liminf_{t\to+\infty} x(t) = x_2,$$

由 $-1 < p \leqslant 0$，可得

$$x_1 + p x_1 \leqslant 0 \leqslant x_2 + p x_2,$$

可推得 $x_1 \leqslant x_2$，所以 $x_1 = x_2$. 因此，$\lim\limits_{t\to+\infty} x(t) = 0$. 证毕.

定理 4.2.1　假设式(4.2.2) 成立，$0 \leqslant p(t) < 1$ 且 $\gamma \geqslant 1$. 进一步，假设存在正的 rd 连续的 Δ 可微的函数 δ 和 η，使得对于所有充分大的 $T, T_1 > T$，有

$$\limsup_{t\to+\infty} \int_{T_1}^{t} \left[\delta^\sigma(s) Q_{1*}(s) - \delta^\Delta(s)\eta(s) - \frac{r(s)}{(\gamma+1)^{\gamma+1}} \frac{((\delta^\Delta(s))_+)^{\gamma+1}}{(\delta^\sigma(s))^{\gamma^2}} (\beta(s,T))^{-\gamma^2}\right] \Delta s = +\infty. \tag{4.2.9}$$

则方程(4.2.1) 的所有解是振动的.

证明　假设方程(4.2.1) 有非振动解 x. 不失一般性，假设 $x(\tau_i(t)) > 0, i = 0,1,2$，对于所有的 $t \geqslant t_0$ 成立. 由引理 4.2.2，存在 $T \geqslant t_0$ 使得式(4.2.7) 成立. 定义函数 ω 为

$$\omega(t) = \delta(t)\left[\frac{r(t)(z^\Delta(t))^\gamma}{z^\gamma(t)} + \eta(t)\right], t \geqslant T. \tag{4.2.10}$$

则 $\omega(t) > 0$. 由乘积和商的求导法则，可得

$$\omega^\Delta(t) = \frac{\delta^\Delta(t)}{\delta(t)} \omega(t) + \delta^\sigma(t)\left[\frac{(r(t)(z^\Delta(t))^\gamma)^\Delta}{(z^\sigma(t))^\gamma} - \frac{r(t)(z^\Delta(t))^\gamma (z^\gamma(t))^\Delta}{z^\gamma(t)(z^\sigma(t))^\gamma} + \eta^\Delta(t)\right]. \tag{4.2.11}$$

由式(4.2.1) 和式(4.2.7)，得到

$$(r(t)(z^\Delta(t))^\gamma)^\Delta \leqslant q_1(t)((1 - p(\tau_1(t)))z(\tau_1(t)))^\alpha - q_2(t)((1 - p(\tau_2(t)))z(\tau_2(t)))^\beta < 0.$$

由于 $\gamma \geqslant 1$,根据式(4.2.6),可得 $(z^{\gamma}(t))^{\Delta} \geqslant \gamma(z(t))^{\gamma-1} z^{\Delta}(t)$. 由式(4.2.11),推出

$$\omega^{\Delta}(t)=\frac{\delta^{\Delta}(t)}{\delta(t)}\omega(t)-\delta^{\sigma}(t)q_1(t)(1-p(\tau_1(t)))^{\alpha}\frac{(z(\tau_1(t)))^{\alpha}}{(z^{\sigma}(t))^{\gamma}}$$
$$-\delta^{\sigma}(t)q_2(t)(1-p(\tau_2(t)))^{\beta}\frac{(z(\tau_2(t)))^{\beta}}{(z^{\sigma}(t))^{\gamma}}-\gamma\delta^{\sigma}(t)\frac{r(t)(z^{\Delta}(t))^{\gamma+1}}{z(t)(z^{\sigma}(t))^{\gamma}}+\delta^{\sigma}(t)\eta^{\Delta}(t). \tag{4.2.12}$$

根据 Young 不等式

$$|ab| \leqslant \frac{1}{p}|a|^{p}+\frac{1}{q}|b|^{q}, a, b \in \mathbf{R}, p>1, q>1, \frac{1}{p}+\frac{1}{q}=1, \tag{4.2.13}$$

得到

$$\frac{\beta-\gamma}{\beta-\alpha}q_1(t)(1-p(\tau_1(t)))^{\alpha}\frac{(z(\tau_1(t)))^{\alpha}}{(z^{\sigma}(t))^{\gamma}}+\frac{\gamma-\alpha}{\beta-\alpha}q_2(t)(1-p(\tau_2(t)))^{\beta}\frac{(z(\tau_2(t)))^{\beta}}{(z^{\sigma}(t))^{\gamma}}$$
$$\geqslant\left[q_1(t)(1-p(\tau_1(t)))^{\alpha}\frac{(z(\tau_1(t)))^{\alpha}}{(z^{\sigma}(t))^{\gamma}}\right]^{\frac{\beta-\gamma}{\beta-\alpha}}\left[q_2(t)(1-p(\tau_2(t)))^{\beta}\frac{(z(\tau_2(t)))^{\beta}}{(z^{\sigma}(t))^{\gamma}}\right]^{\frac{\gamma-\alpha}{\beta-\alpha}}$$
$$=(q_1(t)(1-p(\tau_1(t)))^{\alpha})^{\frac{\beta-\gamma}{\beta-\alpha}}(q_2(t)(1-p(\tau_2(t)))^{\beta})^{\frac{\gamma-\alpha}{\beta-\alpha}}\left(\frac{(z(\tau_1(t)))^{\alpha}}{(z^{\sigma}(t))^{\gamma}}\right)^{\frac{\beta-\gamma}{\beta-\alpha}}\left(\frac{(z(\tau_2(t)))^{\beta}}{(z^{\sigma}(t))^{\gamma}}\right)^{\frac{\gamma-\alpha}{\beta-\alpha}}$$
$$\geqslant(q_1(t)(1-p(\tau_1(t)))^{\alpha})^{\frac{\beta-\gamma}{\beta-\alpha}}(q_2(t)(1-p(\tau_2(t)))^{\beta})^{\frac{\gamma-\alpha}{\beta-\alpha}}\left(\frac{z(\tau(t))}{z^{\sigma}(t)}\right)^{\gamma}.$$

由引理 4.2.1,可得

$$\frac{z(\tau(t))}{z^{\sigma}(t)} \geqslant \alpha(t,T), \frac{z(t)}{z^{\sigma}(t)} \geqslant \beta(t,T).$$

因此,由式(4.2.10) 和式(4.2.12),得到

$$\omega^{\Delta}(t)=\frac{\delta^{\Delta}(t)}{\delta(t)}\omega(t)-\omega\delta^{\sigma}(t)(q_1(t)(1-p(\tau_1(t)))^{\alpha})^{\frac{\beta-\gamma}{\beta-\alpha}}(q_2(t)(1-p(\tau_2(t)))^{\beta})^{\frac{\gamma-\alpha}{\beta-\alpha}}(\alpha(t,T))^{\gamma}-$$
$$\gamma\delta^{\sigma}(t)\frac{1}{(r(t))^{\frac{1}{\gamma}}}(\beta(t,T))^{\gamma}\left(\frac{\omega(t)}{\delta(t)}-\eta(t)\right)^{\frac{\gamma+1}{\gamma}}+\delta^{\sigma}(t)\eta^{\Delta}(t).$$

所以

$$\omega^{\Delta}(t) \leqslant -\delta^{\sigma}(t)(Q_1(t)-\eta^{\Delta}(t))+\delta^{\Delta}(t)\eta(t)+(\delta^{\Delta}(t))_{+}\left|\frac{\omega(t)}{\delta(t)}-\eta(t)\right|-$$
$$\gamma\delta^{\sigma}(t)\frac{1}{(r(t))^{\frac{1}{\gamma}}}(\beta(t,T))^{\gamma}\left(\frac{\omega(t)}{\delta(t)}-\eta(t)\right)^{\frac{\gamma+1}{\gamma}}.$$

令 $\lambda=\dfrac{\gamma+1}{\gamma}, A=\gamma^{\frac{1}{\lambda}}(\delta^{\sigma}(t))^{\frac{1}{\lambda}}\dfrac{1}{(r(t))^{\frac{1}{\gamma+1}}}(\beta(t,T))^{\frac{\gamma^2}{\gamma+1}}\left|\dfrac{\omega(t)}{\delta(t)}-\eta(t)\right|, B=$

$$((\delta^{\Delta}(t))_{+})^{\gamma}\left(\frac{\gamma}{\gamma+1}\right)^{\gamma}\frac{(r(t))^{\frac{\gamma}{\gamma+1}}}{\gamma^{\frac{\gamma^2}{\gamma+1}}(\delta^{\sigma}(t))^{\frac{\gamma^2}{\gamma+1}}}\left(\frac{1}{\beta(t,T)}\right)^{\frac{\gamma^3}{\gamma+1}}.$$

由不等式

$$\lambda AB^{\lambda-1}-A^{\lambda} \leqslant (\lambda-1)B^{\lambda}, \lambda \geqslant 1, A \geqslant 0, B \geqslant 0, \tag{4.2.14}$$

得到

$$\omega^{\Delta}(t) \leqslant -\delta^{\sigma}(t)[Q_1(t)-\eta^{\Delta}(t)]+\delta^{\Delta}(t)\eta(t)+\frac{r(t)}{(\gamma+1)^{\gamma+1}}\frac{((\delta^{\Delta}(t))_{+})^{\gamma+1}}{(\delta^{\sigma}(t))^{\gamma}}(\beta(t,T))^{-\gamma^2}.$$

对上述不等式从 $T_1 > T$ 到 $t > T_1$ 积分,可得

$$-\omega(T_1) < \omega(t) - \omega(T_1) \leqslant$$

$$-\int_{T_1}^{t} \left[\delta^{\sigma}(s)(Q_1(s) - \eta^{\Delta}(s)) - \delta^{\Delta}(s)\eta(s) - \frac{r(s)}{(\gamma+1)^{\gamma+1}} \frac{[(\delta^{\Delta}(s))_+)^{\gamma+1}}{(\delta^{\sigma}(s))^{\gamma}}(\beta(s,T))^{-\gamma^2}\right]\Delta s,$$

即

$$\int_{T_1}^{t} \left[\delta^{\sigma}(s)(Q_1(s) - \eta^{\Delta}(s)) - \delta^{\Delta}(s)\eta(s) - \frac{r(s)}{(\gamma+1)^{\gamma+1}} \frac{((\delta^{\Delta}(s))_+)^{\gamma+1}}{(\delta^{\sigma}(s))^{\gamma}}(\beta(s,T))^{-\gamma^2}\right]\Delta s$$

$\leqslant \omega(T_1)$,

这与式(4.2.9)矛盾.证毕.

定理 4.2.2　假设式(4.2.2)成立,$0 \leqslant p(t) < 1$ 且 $\gamma \leqslant 1$.进一步,假设存在正的 rd 连续的 Δ 可微的函数 δ 和 η,使得对于所有充分大的 $T, T_1 > T$,有

$$\limsup_{t\to+\infty}\int_{T_1}^{t}\left[\delta^{\sigma}(s)Q_{1*}(s) - \delta^{\Delta}(s)\eta(s) - \frac{r(s)}{(\gamma+1)^{\gamma+1}}\frac{((\delta^{\Delta}(s))_+)^{\gamma+1}}{(\delta^{\sigma}(s))^{\gamma}}(\beta(s,T))^{-\gamma}\right]\Delta s = +\infty. \tag{4.2.15}$$

则方程(4.2.1)的所有解是振动的.

证明　假设方程(4.2.1)有非振动解 x.不失一般性,假设 $x(\tau_i(t)) > 0, i = 0,1,2$,对于所有的 $t \geqslant t_0$ 成立.

由引理 4.2.2,存在 $T \geqslant t_0$ 使得式(4.2.7)成立.定义函数 ω 如式(4.2.10),由定理 4.2.1 的证明得到式(4.2.11).由于 $\gamma \leqslant 1$,根据式(4.2.6)可得 $(z^{\gamma}(t))^{\Delta} \geqslant \gamma(z^{\sigma}(t))^{\gamma-1}z^{\Delta}(t)$.由式(4.2.11),得到

$$\omega^{\Delta}(t) \leqslant \frac{\delta^{\Delta}(t)}{\delta(t)}\omega(t) - \delta^{\sigma}(t)q_1(t)(1-p(\tau_1(t)))^{\alpha}\frac{(z(\tau_1(t)))^{\alpha}}{(z^{\sigma}(t))^{\gamma}}$$

$$-\delta^{\sigma}(t)q_2(t)(1-p(\tau_2(t)))^{\beta}\frac{(z(\tau_2(t)))^{\beta}}{(z^{\sigma}(t))^{\gamma}} - \gamma\delta^{\sigma}(t)\frac{r(t)(z^{\Delta}(t))^{\gamma+1}}{z^{\gamma}(t)z^{\sigma}(t)} + \delta^{\sigma}(t)\eta^{\Delta}(t).$$

剩下的证明过程与定理 4.2.1 相似,故省略.

定理 4.2.3　假设式(4.2.3)成立,$0 \leqslant p(t) < 1$,$\lim\limits_{t\to+\infty} p(t) = p_1 < 1$ 且 $\gamma \geqslant 1$.进一步,假设存在正的 rd 连续的 Δ 可微的函数 δ,η 和 φ 使得 $\varphi^{\Delta}(t) \geqslant 0$,对于所有充分大的 T,$T_1 > T$,有式(4.2.9)成立,且有

$$\int_{t_0}^{+\infty}\left(\frac{1}{\varphi(s)r(s)}\int_{t_0}^{s}\varphi^{\sigma}(\tau)(q_1(\tau)+q_2(\tau))\Delta\tau\right)^{\frac{1}{\gamma}}\Delta s = +\infty. \tag{4.2.16}$$

则方程(4.2.1)的所有解或者是振动的,或者收敛于 0.

证明　由定理 4.2.1 的证明,假设 $x(\tau_i(t)) > 0, i = 0,1,2$,对于所有的 $t \geqslant t_0$ 成立.由引理 4.2.2 的证明,注意到 $z^{\Delta}(t)$ 的符号存在两种可能的情况.

如果 $z^{\Delta}(t)$ 是最终为正的,则证明过程与定理 4.2.1 相同,得到与式(4.2.9)矛盾.

如果 $z^{\Delta}(t) < 0, t \geqslant t_1 \geqslant t_0$,则存在常数 $c > 0, a > 0$ 使得 $z(t) \leqslant c, x(t) \leqslant z(t) \leqslant c, t \geqslant t_1$,且 $\lim\limits_{t\to+\infty} z(t) = a \geqslant 0$.因为 x 是有界的,令 $\limsup\limits_{t\to+\infty} x(t) = x_1$,$\liminf\limits_{t\to+\infty} x(t) = x_2$.由 $z(t)$ 的定义,注意到 $0 \leqslant p_1 < 1$,有 $x_1 + p_1x_2 \leqslant a \leqslant x_2 + p_1x_1$,因此得到 $x_1 \leqslant x_2$.

另一方面,$x_1 \geqslant x_2$,所以 $\lim\limits_{t\to+\infty} x(t) = a/(1+p_1)$.假设 $a > 0$.则存在常数 $b > 0$ 和 t_2

$\geqslant t_1$ 使得 $x^\alpha(\tau_1(t))\geqslant b, x^\beta(\tau_2(t))\geqslant b, t\geqslant t_2$. 定义函数

$$u(t)=\varphi(t)r(t)(z^\Delta(t))^\gamma,$$

则 $u(t)<0, t\geqslant t_2$. 由方程(4.2.1)可得

$$u^\Delta(t)=\varphi^\Delta(t)r(t)(z^\Delta(t))^\gamma+\varphi^\sigma(t)(r(t)(z^\Delta(t))^\gamma)^\Delta\leqslant\varphi^\sigma(t)(r(t)(z^\Delta(t))^\gamma)^\Delta$$
$$=-\varphi^\sigma(t)[q_1(t)x^\alpha(\tau_1(t))+q_2(t)x^\beta(\tau_2(t))]\leqslant-b\varphi^\sigma(t)(q_1(t)+q_2(t)).$$

对上述不等式从 t_2 到 t 积分，有

$$u(t)\leqslant u(t_2)-b\int_{t_2}^t\varphi^\sigma(s)(q_1(s)+q_2(s))\Delta s\leqslant-b\int_{t_2}^t\varphi^\sigma(s)(q_1(s)+q_2(s))\Delta s,$$

即
$$z^\Delta(t)\leqslant-b^{\frac{1}{\gamma}}\left(\frac{1}{\varphi(t)r(t)}\int_{t_2}^t\varphi^\sigma(s)(q_1(s)+q_2(s))\Delta s\right)^{\frac{1}{\gamma}}.$$

对上述不等式从 t_2 到 t 积分，得到

$$z(t)\leqslant z(t_2)-b^{\frac{1}{\gamma}}\int_{t_2}^t\left(\frac{1}{\varphi(s)r(s)}\int_{t_2}^s\varphi^\sigma(\tau)(q_1(\tau)+q_2(\tau))\Delta\tau\right)^{\frac{1}{\gamma}}\Delta s.$$

这与式(4.2.16)矛盾. 所以，$\lim\limits_{t\to+\infty}x(t)=0$. 证毕.

由定理 4.2.3，得到下列结果.

定理 4.2.4 假设式(4.2.3)成立，$0\leqslant p(t)<1$，$\lim\limits_{t\to+\infty}p(t)=p_1<1$ 且 $\gamma\leqslant 1$. 进一步，假设存在正的 rd 连续的 Δ 可微的函数 δ,η 和 φ 使得 $\varphi^\Delta(t)\geqslant 0$，对于所有充分大的 T，$T_1>T$，有式(4.2.15)和式(4.2.16)成立. 则方程(4.2.1)的所有解或者是振动的，或者收敛于 0.

该定理的证明与定理 4.2.3 相似，故省略.

下面给出当 $p(t)<0$ 时方程(4.2.1)振动的几个新判据.

定理 4.2.5 假设式(4.2.2)成立，$-1<-p_0\leqslant p(t)\leqslant 0$，$\lim\limits_{t\to+\infty}p(t)=p_2>-1$，且 $\gamma\geqslant 1$. 进一步，存在 $\{c_k\}_{k\geqslant 0}$ 使得 $\lim\limits_{k\to+\infty}c_k=+\infty$ 且 $\tau_0(c_{k+1})=c_k$. 如果存在正的 rd 连续的 Δ 可微的函数 δ 和 η 使得，对于所有充分大的 $T,T_1>T$，

$$\limsup_{t\to+\infty}\int_{T_1}^t\left[\delta^\sigma(s)Q_{2*}(s)-\delta^\sigma(s)\eta(s)-\frac{r(s)}{(\gamma+1)^{\gamma+1}}\frac{((\delta^\Delta(s))_+)^{\gamma+1}}{(\delta^\sigma(s))^\gamma}(\beta(s,T))^{-\gamma^2}\right]\Delta s=+\infty,\tag{4.2.17}$$

则方程(4.2.1)的所有解或者是振动的，或者收敛于 0.

证明 假设方程(4.2.1)有非振动解 x. 不失一般性，假设 $x(\tau_i(t))>0, i=0,1,2$，对于所有的 $t\geqslant t_0$ 成立. 由引理 4.2.3，存在 $T\geqslant t_0$ 使得式(4.2.7)成立，或者 $\lim\limits_{t\to+\infty}x(t)=0$. 假设式(4.2.7)成立. 定义函数 ω 为式(4.2.10)，并得到式(4.2.11). 由方程(4.2.1)，有

$$(r(t)(z^\Delta(t))^\gamma)^\Delta\leqslant-q_1(t)(z(\tau_1(t)))^\alpha-q_2(t)(z(\tau_2(t)))^\beta<0.$$

由于 $\gamma\geqslant 1$，根据式(4.2.6)，可得 $(z^\gamma(t))^\Delta\geqslant\gamma(z(t))^{\gamma-1}z^\Delta(t)$. 由式(4.2.11)，有

$$\omega^\Delta(t)\leqslant\frac{\delta^\Delta(t)}{\delta(t)}\omega(t)-\delta^\sigma(t)q_1(t)\frac{(z(\tau_1(t)))^\alpha}{(z^\sigma(t))^\gamma}-\delta^\sigma(t)q_2(t)\frac{(z(\tau_2(t)))^\beta}{(z^\sigma(t))^\gamma}$$
$$-\gamma\delta^\sigma(t)\frac{r(t)(z^\Delta(t))^{\gamma+1}}{z(t)(z^\sigma(t))^\gamma}+\delta^\sigma(t)\eta^\Delta(t).\tag{4.2.18}$$

根据 Young 不等式(4.2.13),得到

$$\frac{\beta-\gamma}{\beta-\alpha}q_1(t)\frac{(z(\tau_1(t)))^\alpha}{(z^\sigma(t))^\gamma}+\frac{\gamma-\alpha}{\beta-\alpha}q_2(t)\frac{(z(\tau_2(t)))^\beta}{(z^\sigma(t))^\gamma}$$

$$\geqslant\left[q_1(t)\frac{(z(\tau_1(t)))^\alpha}{(z^\sigma(t))^\gamma}\right]^{\frac{\beta-\gamma}{\beta-\alpha}}\left[q_2(t)\frac{(z(\tau_2(t)))^\beta}{(z^\sigma(t))^\gamma}\right]^{\frac{\gamma-\alpha}{\beta-\alpha}}$$

$$=(q_1(t))^{\frac{\beta-\gamma}{\beta-\alpha}}(q_2(t))^{\frac{\gamma-\alpha}{\beta-\alpha}}\left(\frac{(z(\tau_1(t)))^\alpha}{(z^\sigma(t))^\gamma}\right)^{\frac{\beta-\gamma}{\beta-\alpha}}\left(\frac{z(\tau_2(t)))^\beta}{(z^\sigma(t))^\gamma}\right)^{\frac{\gamma-\alpha}{\beta-\alpha}}$$

$$\geqslant(q_1(t))^{\frac{\beta-\gamma}{\beta-\alpha}}(q_2(t))^{\frac{\gamma-\alpha}{\beta-\alpha}}\left(\frac{z(\tau(t))}{z^\sigma(t)}\right)^\gamma.$$

由引理 4.2.1,可得

$$\frac{z(\tau(t))}{z^\sigma(t)}\geqslant\alpha(t,T),\frac{z(t)}{z^\sigma(t)}\geqslant\beta(t,T).$$

因此,由式(4.2.10) 和式(4.2.12),得到

$$\omega^\Delta(t)\leqslant\frac{\delta^\Delta(t)}{\delta(t)}\omega(t)-\upsilon\delta^\sigma(t)(q_1(t))^{\frac{\beta-\gamma}{\beta-\alpha}}(q_2(t))^{\frac{\gamma-\alpha}{\beta-\alpha}}(\alpha(t,T))^\gamma$$

$$-\gamma\delta^\sigma(t)\frac{1}{(r(t))^{\frac{1}{\gamma}}}(\beta(t,T))^\gamma\left(\frac{\omega(t)}{\delta(t)}-\eta(t)\right)^{\frac{\gamma+1}{\gamma}}+\delta^\sigma(t)\eta^\Delta(t).$$

所以

$$\omega^\Delta(t)\leqslant-\delta^\sigma(t)[Q_2(t)-\eta^\Delta(t)]+\delta^\Delta(t)\eta(t)+(\delta^\Delta(t))_+\left|\frac{\omega(t)}{\delta(t)}-\eta(t)\right|$$

$$-\gamma\delta^\sigma(t)\frac{1}{(r(t))^{\frac{1}{\gamma}}}(\beta(t,T))^\gamma\left(\frac{\omega(t)}{\delta(t)}-\eta(t)\right)^{\frac{\gamma+1}{\gamma}}.$$

令 $\lambda=\frac{\gamma+1}{\gamma},A=\gamma^{\frac{1}{\lambda}}(\delta^\sigma(t))^{\frac{1}{\lambda}}\frac{1}{(r(t))^{\frac{1}{\gamma+1}}}(\beta(t,T))^{\frac{\gamma^2}{\gamma+1}}\left|\frac{\omega(t)}{\delta(t)}-\eta(t)\right|,B=$ $((\delta^\Delta(t))_+)^\gamma(\frac{\gamma}{\gamma+1})^\gamma\frac{(r(t))^{\frac{\gamma}{\gamma+1}}}{\gamma^{\frac{\gamma^2}{\gamma+1}}(\delta^\sigma(t))^{\frac{\gamma^2}{\gamma+1}}}(\frac{1}{\beta(t,T)})^{\frac{\gamma^3}{\gamma+1}}$.

由不等式(4.2.14),得到

$$\omega^\Delta(t)\leqslant-\delta^\sigma(t)[Q_2(t)-\eta^\Delta(t)]+\delta^\Delta(t)\eta(t)+\frac{r(t)}{(\gamma+1)^{\gamma+1}}\frac{((\delta^\Delta(t))_+)^{\gamma+1}}{(\delta^\sigma(t))^\gamma}(\beta(t,T))^{-\gamma^2}.$$

对上述不等式从 $T_1>T$ 到 $t>T_1$ 积分,有

$$-\omega(T_1)<\omega(t)-\omega(T_1)\leqslant$$

$$-\int_{T_1}^t[\delta^\sigma(s)(Q_2(s)-\eta^\Delta(s))+\delta^\Delta(s)\eta(s)-\frac{r(s)}{(\gamma+1)^{\gamma+1}}\frac{((\delta^\Delta(s))_+)^{\gamma+1}}{(\delta^\sigma(s))^\gamma}(\beta(s,T))^{-\gamma^2}]\Delta s,$$

即

$$\int_{T_1}^t[\delta^\sigma(s)(Q_2(s)-\eta^\Delta(s))-\delta^\Delta(s)\eta(s)-\frac{r(s)}{(\gamma+1)^{\gamma+1}}\frac{((\delta^\Delta(s))_+)^{\gamma+1}}{(\delta^\sigma(s))^\gamma}(\beta(s,T))^{-\gamma^2}]\Delta s$$

$\leqslant\omega(T_1)$,

这与式(4.2.17) 矛盾.证毕.

定理 4.2.6　假设式(4.2.2) 成立,$-1<-p_0\leqslant p(t)\leqslant 0,\lim\limits_{t\to+\infty}p(t)=p_2>-1$,且

$\gamma \leqslant 1$. 进一步，存在$\{c_k\}_{k \geqslant 0}$使得$\lim\limits_{k\to+\infty} c_k = +\infty$且$\tau_0(c_{k+1}) = c_k$. 如果存在正的rd连续的$\Delta$可微的函数$\delta$和$\eta$，使得对于所有充分大的$T, T_1 > T$，有

$$\limsup_{t\to+\infty}\int_{T_1}^{t}\left[\delta^{\sigma}(s)Q_{2*}(s) - \delta^{\Delta}(s)\eta(s) - \frac{r(s)}{(\gamma+1)^{\gamma+1}}\frac{((\delta^{\Delta}(s))_+)^{\gamma+1}}{(\delta^{\sigma}(s))^{\gamma}}(\beta(s,T))^{-\gamma}\right]\Delta s = +\infty, \tag{4.2.19}$$

则方程(4.2.1)的所有解或者是振动的，或者收敛于0.

证明 假设方程(4.2.1)有非振动解x. 不失一般性，假设$x(\tau_i(t)) > 0, i = 0,1,2$，对于所有的$t \geqslant t_0$成立. 由引理4.2.3，存在$T \geqslant t_0$使得式(4.2.7)成立，或者$\lim\limits_{t\to+\infty} x(t) = 0$.

假设式(4.2.7)成立. 定义函数ω为式(4.2.10)，并得到式(4.2.11). 由于$\gamma \leqslant 1$，根据式(4.2.6)，可得$(z^{\gamma}(t))^{\Delta} \geqslant \gamma(z^{\sigma}(t))^{\gamma-1}z^{\Delta}(t)$. 由式(4.2.11)，有

$$\begin{aligned}\omega^{\Delta}(t) = {} & \frac{\delta^{\Delta}(t)}{\delta(t)}\omega(t) - \delta^{\sigma}(t)q_1(t)\frac{(z(\tau_1(t)))^{\alpha}}{(z^{\sigma}(t))^{\gamma}} - \delta^{\sigma}(t)q_2(t)\frac{(z(\tau_2(t)))^{\beta}}{(z^{\sigma}(t))^{\gamma}} \\ & - \gamma\delta^{\sigma}(t)\frac{r(t)(z^{\Delta}(t))^{\gamma+1}}{z^{\gamma}(t)z^{\sigma}(t)} + \delta^{\sigma}(t)\eta^{\Delta}(t).\end{aligned}$$

剩下的证明过程与定理4.2.5相似，故省略.

注4.2.1 容易看到文献[113,139,142,144,205]中的结果不能用于方程(4.2.1)，所以我们的结果是新的.

4.2.3 例子说明

这一部分将给出几个例子来说明我们主要结果的适应性.

例4.2.1 考虑时间尺度上二阶拟线性中立型时滞动态方程

$$\left(t\sigma(t)\left(x(t) + \frac{1}{2}x(\tau_0(t))\right)^{\Delta}\right)^{\Delta} + \frac{\sigma(t)}{\tau(t)}x^{\frac{1}{3}}(\tau(t)) + \frac{\sigma(t)}{\tau(t)}x^{\frac{5}{3}}(\tau(t)) = 0, \tag{4.2.20}$$

这里，$t \in [t_0, +\infty)_{\mathbb{T}}$，并且假设$\int_{t_0}^{+\infty}\frac{\Delta t}{t\sigma(t)} = +\infty$.

令$r(t) = t\sigma(t), p(t) = 1/2, q_1(t) = q_2(t) = \sigma(t)/\tau(t), \gamma = 1, \alpha = 1/3, \beta = 5/3, \tau_1(t) = \tau_2(t) = \tau(t)$. 取$\delta(t) = \eta(t) = \varphi(t) = 1$. 容易证明式(4.2.9)和式(4.2.16)成立. 因此，由定理4.2.3，方程(4.2.20)的所有解或者是振动的，或者收敛于0.

例4.2.2 考虑时间尺度上二阶拟线性中立型时滞动态方程

$$\left(\left(x(t) - \frac{1}{2}x(\tau_0(t))\right)^{\Delta}\right)^{\Delta} + \frac{\sigma(t)}{t\tau(t)}x^{\frac{1}{3}}(\tau(t)) + \frac{\sigma(t)}{t\tau(t)}x^{\frac{5}{3}}(\tau(t)) = 0, \tag{4.2.21}$$

这里，$t \in [t_0, +\infty)_{\mathbb{T}}$，并且假设存在$\{c_k\}_{k\geqslant 0}$使得$\lim\limits_{k\to+\infty} c_k = +\infty$和$\tau_0(c_{k+1}) = c_k$.

令$r(t) = 1, p(t) = -1/2, q_1(t) = q_2(t) = \sigma(t)/(t\tau(t)), \gamma = 1, \alpha = 1/3, \beta = 5/3, \tau_1(t) = \tau_2(t) = \tau(t)$. 取$\delta(t) = \eta(t) = 1$. 容易证明式(4.2.17)成立. 因此，由定理4.2.5，方程(4.2.21)的所有解或者是振动的，或者收敛于0.

4.2.4 小　结

本节结合广义的Riccati变换技巧、平均函数技术及不等式理论，研究了时间尺度上一类二阶拟线性中立型时滞动态方程(4.2.1)的振动性，克服了滞量和中立项所带来的

困难,建立了方程振动的若干新的充分条件.我们的结果不仅推广和改进了已有文献[113,139,142,144,205]的相关结论,而且还统一了二阶拟线性中立型时滞微分方程与二阶拟线性中立型时滞差分方程振动性的相关结果.

本节的主要结果来自于文献[229].

4.3　时间尺度上二阶具强迫项的中立型时滞动态方程的非振动性

4.3.1　研究背景

目前,许多学者对时间尺度上中立型时滞动力方程的振动性进行研究,例如 Agarwal[113],Saker[142,205,206],Wu[144],Tripathy[188].但是,关于时间尺度上中立型动力方程非振动解的存在性研究成果较少,见文献[195].为此,本节我们研究下列形式的时间尺度上二阶具强迫项的中立型时滞动态方程

$$[x(t)+p(t)x(\tau_0(t))]^{\Delta\Delta}+q_1(t)x(\tau_1(t))-q_2(t)x(\tau_2(t))=e(t),t\in[t_0,+\infty)_{\mathbb{T}} \tag{4.3.1}$$

非振动解的存在性.这里 $\tau_i\in C_{\rm rd}(\mathbb{T},\mathbb{T})$,$\tau_i(t)\leqslant t$,$\lim\limits_{t\to+\infty}\tau_i(t)=+\infty$,$i=0,1,2$.函数 p,$q_j\in C_{\rm rd}(\mathbb{T},\mathbf{R})$,$\int_{t_0}^{+\infty}\sigma(t)q_j(t)\Delta t<+\infty$,$j=1,2$.存在 $E(t)\in C_{\rm rd}^2(\mathbb{T},\mathbf{R})$,使得

$$E^{\Delta\Delta}(t)=e(t),\ \lim_{t\to+\infty}E(t)=e_0\in\mathbf{R}.$$

文献[89]研究了中立型时滞微分方程

$$[x(t)+p(t)x(t-\tau)]''+q_1(t)x(t-\sigma_1)-q_2(t)x(t-\sigma_2)=e(t) \tag{4.3.2}$$

正解的存在性,得到该方程存在正解的几个充分条件.

很明显,方程(4.3.2)是方程(4.3.1)的特殊情况.本节利用 Kranoselskii's 不动点定理,建立方程(4.3.1)存在正解的几个充分条件.

4.3.2　引　理

对 $T_0,T_1\in\mathbb{T}$,定义 $[T_0,+\infty)_{\mathbb{T}}=\{t\in\mathbb{T}:t\geqslant T_0\}$,$[T_0,T_1]_{\mathbb{T}}=\{t\in\mathbb{T}:T_0\leqslant t\leqslant T_1\}$.函数空间 $C([T_0,+\infty)_{\mathbb{T}},\mathbf{R})$ 表示从 $[T_0,+\infty)_{\mathbb{T}}$ 映射到 $\mathbf{R}$ 的连续函数全体,且

$$BC[T_0,+\infty)_{\mathbb{T}}=\{x:x\in C([T_0,+\infty)_{\mathbb{T}},\mathbf{R}),\ \sup_{t\in[T,+\infty)_{\mathbb{T}}}|x(t)|<+\infty\}. \tag{4.3.3}$$

在空间 $BC[T_0,+\infty)_{\mathbb{T}}$ 上定义范数 $\|x\|=\sup\limits_{t\in[T,+\infty)_{\mathbb{T}}}|x(t)|$,则 $(BC[T_0,+\infty)_{\mathbb{T}},\|\cdot\|)$ 是 Banach 空间.

设 $X\subseteq BC[T_0,+\infty)_{\mathbb{T}}$,称 X 是一致柯西的,如果对任意的 $\varepsilon>0$,存在 $t_1\in[T_0,+\infty)_{\mathbb{T}}$,使得对任意的 $x\in X$,对所有的 $t_1,t_2\in[T_0,+\infty)_{\mathbb{T}}$,有 $|x(t_1)-x(t_2)|<\varepsilon$.

称 X 在 $[a,b]_{\mathbb{T}}$ 是等度连续的,如果对任意的 $\varepsilon>0$,存在 $\delta>0$,使得对任意的 $x\in X$,$t_1,t_2\in[a,b]_{\mathbb{T}}$,$|t_1-t_2|<\delta$,有 $|x(t_1)-x(t_2)|<\varepsilon$.

为了证明主要结论,需要下面两个基本引理.

引理 4.3.1[195,引理4]　假设 $X\subseteq BC[T_0,+\infty)_{\mathbb{T}}$ 是有界的,而且是一致柯西的.若对任

意的 $T_1 \in [T_0, +\infty)_{\mathbb{T}}$，$X$ 在 $[T_0, T_1]_{\mathbb{T}}$ 上等度连续，则 X 是相对紧集.

引理 4.3.2(Kranoselskii's 不动点定理) 假设 Ω 是 Banach 空间，X 是 Ω 的一个有界凸闭子集. 若存在两个算子 $U, S: X \to \Omega$，使得

(a) $Ux + Sy \in X, \forall x, y \in X$；

(b) U 是一个压缩映射；

(c) S 全连续，

则 $U + S$ 在 X 上存在不动点.

4.3.3 主要结果与证明

定理 4.3.1 假设 $|p(t)| \leqslant p < 1/3$，则方程(4.3.1)存在最终正解.

证明 由假设，存在充分大的 $T_0, T_0 \in \mathbb{T}$，正实数 M_1, M_2，满足

$$1 < M_2 < \frac{1 - p - 2M_1}{2p},$$

$$\int_{T_0}^{+\infty} \sigma(s) q_1(s) \Delta s \leqslant \frac{(1-p)(M_2-1)}{M_2}, \tag{4.3.4}$$

$$\int_{T_0}^{+\infty} \sigma(s) q_2(s) \Delta s \leqslant \frac{1 - p(1 + 2M_2) - 2M_1}{2M_2}, \tag{4.3.5}$$

$$\int_{T_0}^{+\infty} \sigma(s) [q_1(s) + q_2(s)] \Delta s \leqslant \frac{3(1-p)}{4}, \tag{4.3.6}$$

$$|E(t) - e_0| \leqslant \frac{1-p}{4}, t \geqslant T_0. \tag{4.3.7}$$

并且，存在 $T_1 \in \mathbb{T}, T_1 > T_0$ 使得 $\tau_i(t) \geqslant T_0, i = 0, 1, 2, t \in [T_1, +\infty)_{\mathbb{T}}$.

定义 Banach 空间 $BC[T_0, +\infty)_{\mathbb{T}}$ 如式(4.3.3). 令

$$X = \{x \in BC[T_0, +\infty)_{\mathbb{T}} : M_1 \leqslant x(t) \leqslant M_2\}.$$

易证 X 是 $BC[T_0, +\infty)_{\mathbb{T}}$ 的一个有界凸闭子集. 下面定义两个算子 $U, S: X \to BC[T_0, +\infty)_{\mathbb{T}}$ 为：

$$(Ux)(t) = \frac{1-p}{4} - p(t) x(\tau_0(T_1)) + E(T_1) - e_0, t \in [T_0, T_1]_{\mathbb{T}},$$

$$(Ux)(t) = \frac{1-p}{4} - p(t) x(\tau_0(t)) + E(t) - e_0, t \in [T_1, +\infty)_{\mathbb{T}},$$

$$(Sx)(t) = \frac{1-p}{2} + T_1 \int_{T_1}^{+\infty} [q_1(s) x(\tau_1(s)) - q_2(s) x(\tau_2(s))] \Delta s, t \in [T_0, T_1]_{\mathbb{T}},$$

$$(Sx)(t) = \frac{1-p}{2} + t \int_t^{+\infty} [q_1(s) x(\tau_1(s)) - q_2(s) x(\tau_2(s))] \Delta s$$

$$+ \int_{T_1}^{t} \sigma(s) [q_1(s) x(\tau_1(s)) - q_2(s) x(\tau_2(s))] \Delta s, t \in [T_1, +\infty)_{\mathbb{T}}.$$

下面证明 U 和 S 满足引理 4.3.2 的条件.

(1) 首先证明对 $\forall x, y \in X, Ux + Sy \in X$. 因为 $M_1 \leqslant x \leqslant M_2, M_1 \leqslant y \leqslant M_2$. 对任意的 $x, y \in X, t \in [T_1, +\infty)_{\mathbb{T}}$，利用式(4.3.4)、式(4.3.5)和式(4.3.7)，得到

$$(Ux)(t) + (Sy)(t) \geqslant \frac{3(1-p)}{4} - \frac{1-p}{4} - pM_2 - t \int_t^{+\infty} q_2(s) x(\tau_2(s)) \Delta s$$

$$
\begin{aligned}
&-\int_{T_1}^{t}\sigma(s)q_2(s)x(\tau_2(s))\Delta s\\
&\geqslant \frac{1-p}{2}-pM_2-M_2\int_{T_1}^{+\infty}\sigma(s)q_2(s)\Delta s\geqslant M_1,\\
(Ux)(t)+(Sy)(t)&\leqslant \frac{3(1-p)}{4}+\frac{1-p}{4}+pM_2-t\int_{t}^{+\infty}q_1(s)x(\tau_1(s))\Delta s\\
&+\int_{T_1}^{t}\sigma(s)q_1(s)x(\tau_1(s))\Delta s\\
&\leqslant 1-p+pM_2+M_2\int_{T_1}^{+\infty}\sigma(s)q_1(s)\Delta s\leqslant M_2.
\end{aligned}
$$

类似地，我们可以证明对任意的 $x,y\in X,t\in[T_0,T_1]_{\mathbb{T}},M_1\leqslant(Ux)(t)+(Sy)(t)\leqslant M_2$.

(2) 下面证明 U 是一个压缩映射. 事实上，对 $x,y\in X$，有

$$
\begin{aligned}
|(Ux)(t)-(Uy)(t)|&=|p(t)[x(\tau_0(T_1))-y(\tau_0(T_1))]|\\
&\leqslant p\sup_{t\in[T_0,+\infty)_{\mathbb{T}}}|x(t)-y(t)|,t\in[T_0,T_1]_{\mathbb{T}};\\
|(Ux)(t)-(Uy)(t)|&=|p(t)[x(\tau_0(t))-y(\tau_0(t))]|\\
&\leqslant p\sup_{t\in[T_0,+\infty)_{\mathbb{T}}}|x(t)-y(t)|,t\in[T_1,+\infty)_{\mathbb{T}}.
\end{aligned}
$$

所以 $\|Ux-Uy\|\leqslant p\|x-y\|,\forall x,y\in X$. 因此，$U$ 是一个压缩映射.

(3) 下面证明 S 全连续. 由(1)知 S 映 X 到 X. 令 $x_n\in X,\|x_n-x\|\to 0,n\to+\infty$，则 $x\in X$，当 $n\to+\infty$，对 $\forall t\in[T_0,+\infty)_{\mathbb{T}},|x_n(t)-x(t)|\to 0$. 因此，由式(4.3.6)，得到对 $t\in[T_0,+\infty)_{\mathbb{T}}$，有

$$
\begin{aligned}
&|(Sx_n)(t)-(Sx)(t)|\leqslant t\Big[\int_{t}^{+\infty}q_1(s)|x_n(\tau_1(s))-x(\tau_1(s))|\Delta s\\
&+\int_{t}^{+\infty}q_2(s)|x_n(\tau_2(s))-x(\tau_2(s))|\Delta s\Big]+\int_{T_1}^{t}\sigma(s)q_1(s)|x_n(\tau_1(s))-x(\tau_1(s))|\Delta s\\
&+\int_{T_1}^{t}\sigma(s)q_2(s)|x_n(\tau_2(s))-x(\tau_2(s))|\Delta s\\
&\leqslant\|x_n-x\|\Big[\int_{t}^{+\infty}\sigma(s)(q_1(s)+q_2(s))\Delta s+\int_{T_1}^{t}\sigma(s)(q_1(s)+q_2(s))\Delta s\Big]\\
&=\|x_n-x\|\int_{T_1}^{+\infty}\sigma(s)(q_1(s)+q_2(s))\Delta s\leqslant\frac{3(1-p)}{4}\|x_n-x\|,
\end{aligned}
$$

因此，我们得到 $\|Sx_n-Sx\|\leqslant\frac{3(1-p)}{4}\|x_n-x\|\to 0,n\to+\infty$，推出 S 在 X 上连续.

最后证明 SX 是相对紧集. 由 X 的定义，SX 有界. 对任意的 $\varepsilon>0$，取 $T_2\in[T_1,+\infty)_{\mathbb{T}}$，使得 $\int_{T_2}^{+\infty}\sigma(s)(q_1(s)+q_2(s))\Delta s<\varepsilon$. 对任意的 $x\in X,t_1,t_2\in[T_2,+\infty)_{\mathbb{T}}$，我们有

$$
\begin{aligned}
&|(Sx)(t_1)-(Sx)(t_2)|\leqslant\Big|t_1\Big[\int_{t_1}^{+\infty}(q_1(s)x(\tau_1(s))-q_2(s)x(\tau_2(s)))\Delta s\\
&-t_2\int_{t_2}^{+\infty}[q_1(s)x(\tau_1(s))-q_2(s)x(\tau_2(s))]\Delta s\Big|+\Big|\int_{T_1}^{t_1}\sigma(s)[q_1(s)x(\tau_1(s))-q_2(s)x(\tau_2(s))]\Delta s\\
&-\int_{T_1}^{t_2}\sigma(s)[q_1(s)x(\tau_1(s))-q_2(s)x(\tau_2(s))]\Delta s\Big|
\end{aligned}
$$

$$\leqslant M_2\int_{t_1}^{+\infty}\sigma(s)(q_1(s)+q_2(s))\Delta s+M_2\int_{t_2}^{+\infty}\sigma(s)(q_1(s)+q_2(s))\Delta s+M_2\left|\int_{t_1}^{t_2}\sigma(s)(q_1(s)+q_2(s))\Delta s\right|$$
$$<3M_2\varepsilon.$$

因此,SX 是一致柯西的.

对任意的 $T_2\in[T_0,+\infty)_{\mathbb{T}}$,不失一般性,令 $T_1<T_2$.对任意的 $x\in X,t_1,t_2\in[T_0,T_1]_{\mathbb{T}}$,有 $|(Sx)(t_1)-(Sx)(t_2)|\equiv 0$,并且

$$\begin{aligned}|(Sx)(t_1)-(Sx)(t_2)|\leqslant&\left|t_1\int_{t_1}^{+\infty}[q_1(s)x(\tau_1(s))-q_2(s)x(\tau_2(s))]\Delta s\right.\\&\left.-t_2\int_{t_2}^{+\infty}[q_1(s)x(\tau_1(s))-q_2(s)x(\tau_2(s))]\Delta s\right|\\&+\left|\int_{T_1}^{t_1}\sigma(s)[q_1(s)x(\tau_1(s))-q_2(s)x(\tau_2(s))]\Delta s\right.\\&\left.-\int_{T_1}^{t_2}\sigma(s)[q_1(s)x(\tau_1(s))-q_2(s)x(\tau_2(s))]\Delta s\right|\\\leqslant&M_2\left|\int_{t_1}^{t_2}\sigma(s)(q_1(s)+q_2(s))\Delta s\right|\\&+\left|(t_1-t_2)\int_{t_1}^{+\infty}[q_1(s)x(\tau_1(s))-q_2(s)x(\tau_2(s))]\Delta s\right|\\&+\left|t_2\int_{t_1}^{+\infty}[q_1(s)x(\tau_1(s))-q_2(s)x(\tau_2(s))]\Delta s\right.\\&\left.-t_2\int_{t_2}^{+\infty}[q_1(s)x(\tau_1(s))-q_2(s)x(\tau_2(s))]\Delta s\right|\\\leqslant&(M_2t_2+M_2)\left|\int_{t_1}^{t_2}\sigma(s)[q_1(s)+q_2(s)]\Delta s\right|\\&+M_2|t_1-t_2|\int_{t_1}^{+\infty}\sigma(s)[q_1(s)+q_2(s)]\Delta s,t_1,t_2\in[T_1,T_2]_{\mathbb{T}}.\end{aligned}$$

我们得到,对任意的 $\varepsilon>0$,存在 $\delta>0$,当 $t_1,t_2\in[T_1,T_2)_{\mathbb{T}}$,$|t_1-t_2|<\delta$ 时,对任意的 $x\in X$,

$$|(Sx)(t_1)-(Sx)(t_2)|<\varepsilon.$$

这说明对任意的 $T_2\in[T_0,+\infty)_{\mathbb{T}}$,$SX$ 在$[T_0,T_2]_{\mathbb{T}}$上等度连续.

由引理 4.3.1,SX 是相对紧集.这就证明了 S 是全连续的.

由引理 4.3.2,存在 $x\in X$,使得$(U+S)x=x$.故

$$\begin{aligned}x(t)=&\frac{3(1-p)}{4}-p(t)x(\tau_0(t))+t\int_t^{+\infty}[q_1(s)x(\tau_1(s))-q_2(s)x(\tau_2(s))]\Delta s\\&+\int_{T_1}^t\sigma(s)[q_1(s)x(\tau_1(s))-q_2(s)x(\tau_2(s))]\Delta s+E(t)-e_0,t\in[T_1,+\infty)_{\mathbb{T}},\end{aligned}$$

推出 x 是方程(4.3.1)的最终正解.证毕.

定理 4.3.2 假设 $0\leqslant p(t)\leqslant p_1<1$,则方程(4.3.1)存在最终正解.

证明 由假设,存在充分大的 T_0,$T_0\in\mathbb{T}$,正实数 M_3,M_4,满足

$$1-M_4<p_1<\frac{1-2M_3}{1+2M_4},\int_{T_0}^{+\infty}\sigma(s)q_1(s)\Delta s\leqslant\frac{p_1+M_4-1}{M_4},$$
$$\int_{T_0}^{+\infty}\sigma(s)q_2(s)\Delta s\leqslant\frac{1-p(1+2M_4)-2M_3}{2M_4},$$

$$\int_{T_0}^{+\infty}\sigma(s)(q_1(s)+q_2(s))\Delta s\leqslant\frac{3(1-p_1)}{4},$$

$$|E(t)-e_0|\leqslant\frac{1-p_1}{4},t\geqslant T_0.$$

并且,存在 $T_1\in\mathbb{T},T_1>T_0$,使得 $\tau_i(t)\geqslant T_0,i=0,1,2,t\in[T_1,+\infty)_{\mathbb{T}}$.

定义 Banach 空间 $BC[T_0,+\infty)_{\mathbb{T}}$ 如式(4.3.2),令 $X=\{x\in BC[T_0,+\infty)_{\mathbb{T}}:M_3\leqslant x(t)\leqslant M_4\}$. 易证 X 是 $BC[T_0,+\infty)_{\mathbb{T}}$ 的一个有界凸闭子集. 下面定义两个算子 U,S 如定理 4.3.1,将 p 用 p_1 代替,余下的证明类似定理 4.3.1. 证毕.

定理 4.3.3　假设 $-1<-p_2\leqslant p(t)\leqslant 0$,则方程(4.3.1)存在最终正解.

证明　由假设,存在充分大的 $T_0,T_0\in\mathbb{T}$,正实数 M_5,M_6,满足

$$2M_5+p_2<1<M_6,\int_{T_0}^{+\infty}\sigma(s)q_1(s)\Delta s\leqslant\frac{(1-p_2)(M_6-1)}{M_6},$$

$$\int_{T_0}^{+\infty}\sigma(s)q_2(s)\Delta s\leqslant\frac{1-p_2-2M_5}{2M_6},\int_{T_0}^{+\infty}\sigma(s)[q_1(s)+q_2(s)]\Delta s\leqslant\frac{3(1-p_2)}{4},$$

$$|E(t)-e_0|\leqslant\frac{1-p_2}{4},t\geqslant T_0.$$

并且,存在 $T_1\in\mathbb{T},T_1>T_0$,使得 $\tau_i(t)\geqslant T_0,i=0,1,2,t\in[T_1,+\infty)_{\mathbb{T}}$.

定义 Banach 空间 $BC[T_0,+\infty)_{\mathbb{T}}$ 如式(4.3.2),令 $X=\{x\in BC[T_0,+\infty)_{\mathbb{T}}:M_5\leqslant x(t)\leqslant M_6\}$. 易证 X 是 $BC[T_0,+\infty)_{\mathbb{T}}$ 的一个有界凸闭子集. 下面定义两个算子 U,S 如定理 4.3.1,将 p 用 p_2 代替,余下的证明类似定理 4.3.1. 证毕.

4.3.4　应用举例

例 4.3.1　考虑时间尺度上二阶中立型时滞动力方程

$$[x(t)+p(t)x(\tau_0(t))]^{\Delta\Delta}+\frac{1}{t^{\alpha}\sigma(t)}x(\tau_1(t))-\frac{1}{t^{\beta}\sigma(t)}x(\tau_2(t))$$
$$=\frac{-(t+\sigma(t))}{t^2\sigma^2(t)},t\in[t_0,+\infty)_{\mathbb{T}},\tag{4.3.8}$$

这里 $t_0>0,\alpha>1,\beta>1,|p(t)|\leqslant p<1/3$.

令 $q_1(t)=\dfrac{1}{t^{\alpha}\sigma(t)},q_2(t)=\dfrac{1}{t^{\beta}\sigma(t)},e(t)=\dfrac{-(t+\sigma(t))}{t^2\sigma^2(t)}$. 取 $E(t)=\displaystyle\int_{t_0}^{t}\frac{\Delta s}{s^2}$,由定理 4.3.1,方程(4.3.8)存在正解.

4.3.5　小　结

本节利用 Kranoselskii's 不动点定理,研究了时间尺度上一类二阶具有强迫项的中立型时滞动态方程非振动解的存在性. 本节主要结果来自于文献[198].

4.4　时间尺度上一类二阶非线性中立型时滞动态方程的振动准则

4.4.1　引　言

众所周知,时间尺度演算理论由 Hilger[22] 在 1988 年提出,时间尺度动态方程理论可以统一微分方程与差分方程相关理论,也可以统一到 q-差分方程. 在过去十几年里,时间

尺度上动态方程解的振动性与非振动性引起国内外学者的广泛关注.

Agarwal 等[114] 研究了时间尺度上二阶时滞动态方程

$$x^{\Delta\Delta}t + p(t)x(\tau(t)) = 0, t \in \mathbb{T}$$

解的振动性. Sahiner[138], Erbe 等[133] 考虑了时间尺度上二阶非线性时滞动态方程

$$(r(t)x^{\Delta}(t))^{\Delta} + p(t)f(x(\tau(t))) = 0, t \in \mathbb{T}$$

解的振动性. Agarwal 等[113] 和 Saker[142] 研究了时间尺度上二阶中立型时滞动态方程

$$[r(t)((y(t) + p(t)y(t-\tau))^{\Delta})^{\gamma}]^{\Delta} + f(t, y(t-\delta)) = 0, t \in \mathbb{T}$$

解的振动性. Mathsen 等[204] 研究了时间尺度上一阶中立型时滞动态方程

$$[y(t) - r(t)y(\tau(t))]^{\Delta} + p(t)y(\delta(t)) = 0, t \in \mathbb{T}$$

解的振动性. Sahiner[139], Wu 等[144] 和 Saker 等[205] 研究了时间尺度上二阶中立型时滞动态方程

$$[r(t)((y(t) + p(t)y(\tau(t))^{\Delta})^{\gamma}]^{\Delta} + f(t, y(\delta(t))) = 0, t \in \mathbb{T}.$$

Saker[206] 考虑了时间尺度上二阶 Emden-Fowler 中立型时滞动力方程

$$[a(t)(y(t) + r(t)y(\tau(t)))^{\Delta}]^{\Delta} + p(t) \mid y(\delta(t)) \mid^{\gamma} \mathrm{sign}\, y(\delta(t)) = 0, t \in \mathbb{T} \quad (4.4.1)$$

解的振动性. 给出下面结果:

定理 A[206,定理3.1] 假设下列条件成立:

$(A_1)\gamma > 1$;

(A_2) 滞量函数 τ 和 δ 满足

$\tau: \mathbb{T} \to \mathbb{T}, \delta: \mathbb{T} \to \mathbb{T}, \tau(t) \leqslant t, \delta(t) \leqslant t, t \in \mathbb{T}, \lim\limits_{t \to +\infty} \tau(t) = \lim\limits_{t \to +\infty} \delta(t) = +\infty$;

$(A_3)a, r$ 和 p 是定义在$\mathbb{T}$上正的 rd 连续函数,满足 $a^{\Delta}(t) \geqslant 0, \int_{t_0}^{+\infty} \frac{\Delta t}{a(t)} = +\infty$,且 $0 \leqslant r(t) < 1$.

如果

$$\int_{t_0}^{+\infty} p(t)(1 - r(\delta(t)))^{\gamma} \delta^{\gamma}(t) \Delta t = +\infty, \quad (4.4.2)$$

存在 Δ 可微函数 η,使得对任意常数 $M > 0$,有

$$\limsup_{t \to +\infty} \int_{t_0}^{t} \left[\eta(s) p(s)(1 - r(\delta(s)))^{\gamma} \left(\frac{\delta(s)}{s} \right)^{\gamma} - \frac{a(s)(\eta^{\Delta}(s))^2}{4\gamma M^{\gamma-1} \eta(s)} \right] \Delta s = +\infty.$$

则方程(4.4.1) 是振动的.

我们注意到在文献[206] 中,作者提出了一个公开问题:当 $\gamma < 1$ 时,方程(4.4.1) 是否振动?

Agwo[236] 考虑了时间尺度上二阶 Emden-Fowler 中立型时滞动力方程

$$(x(t) - rx(\tau(t)))^{\Delta\Delta} + H(t, x(h_1(t))) = 0, t \in \mathbb{T} \quad (4.4.3)$$

解的振动性. 给出下面结果:

定理 B[236,定理3.4] 假设下列条件成立:

$(H_1)\tau, h_1 \in C_{rd}(\mathbb{T}, \mathbb{T}), \tau(t) < t, \tau(t) \to +\infty (t \to +\infty), h_1(t) < t, h_1(t) \to +\infty (t \to +\infty), 0 \leqslant r < 1$;

$(H_2)H \in C(\mathbb{T} \times \mathbf{R}, \mathbf{R}), t \in \mathbb{T}, H(t, u)$ 关于 u 是非递减的,当 $u > 0$ 时,$H(t, u) > 0$;

(H_3) $|H(t,u)| \geqslant \alpha(t)|u|^{\lambda}$，这里 $\alpha(t) \geqslant 0, 0 \leqslant \lambda = p/q < 1, p, q$ 是奇数.

如果对充分大的 $t_1 \geqslant t_0$，有

$$\int_{t_1}^{+\infty} \alpha(s)(\tau(h_1(s)))^{\lambda} \Delta s = +\infty,$$

则方程(4.4.3)是振动的.

我们发现文献[236]中的这个结果是错误的，可以给出反例说明.

例子：考虑下面方程

$$\left(x(t) - \frac{1}{3}x\left(\frac{t}{3}\right)\right)'' + \left(\frac{1}{27}e^{-\frac{1}{3}} - e^{-\frac{1}{3}}e^{-\frac{2t}{3}}\right)x^{\frac{1}{3}}(t-1) = 0, t \geqslant t_0. \tag{4.4.4}$$

令 $\alpha(t) = e^{-\frac{1}{3}}/27 - e^{-\frac{1}{3}}e^{-\frac{2t}{3}}, r(t) = 1/3, \tau(t) = t/3, h_1(t) = t-1, \lambda = 1/3$. 对充分大的 $t_1 \geqslant t_0$，有

$$\int_{t_1}^{+\infty} \alpha(s)(\tau(h_1(s)))^{\lambda} \Delta s = \int_{t_1}^{+\infty} \alpha(s)(\tau(h_1(s)))^{\lambda} ds = \int_{t_1}^{+\infty} \left(\frac{1}{27}e^{-\frac{1}{3}} - e^{-\frac{1}{3}}e^{-\frac{2s}{3}}\right)\left(\frac{s-1}{3}\right)^{\frac{1}{3}} ds.$$

容易得到

$$\int_{t_1}^{+\infty} \frac{1}{27}e^{-\frac{1}{3}}\left(\frac{s-1}{3}\right)^{\frac{1}{3}} ds = +\infty, \int_{t_1}^{+\infty} e^{-\frac{2s}{3}}\left(\frac{s-1}{3}\right)^{\frac{1}{3}} ds \leqslant \int_{t_1}^{+\infty} e^{-\frac{2s}{3}} s^{\frac{1}{3}} ds,$$

于是

$$\int_{t_1}^{+\infty} e^{-\frac{2s}{3}} s^{\frac{1}{3}} ds = -t_1^{\frac{1}{3}}\left(\frac{3}{2}e^{-\frac{2t_1}{3}}\right) + \frac{1}{2}\int_{t_1}^{+\infty} e^{-\frac{2s}{3}} s^{-\frac{2}{3}} ds < +\infty,$$

因此

$$\int_{t_1}^{+\infty} \alpha(s)(\tau(h_1(s)))^{\lambda} ds = +\infty,$$

由定理 B 可得，方程(4.4.4)是振动的. 然而，可以验证 $x(t) = e^{-t}$ 是方程(4.4.3)的一个正解. 究其错误的原因，我们发现是在证明过程中用到下面的论断：

论断 A　若 $x(t)$ 是方程(4.4.2)一个最终正解，则 $z(t) = x(t) - r(t)x(\tau(t))$ 最终为正.

Abdallah[170] 研究了二阶超线性中立型时滞微分方程

$$[a(t)(y(t) + r(t)y(\tau(t)))']' + p(t)|y(\delta(t))|^{\gamma} \operatorname{sign} y(\delta(t)) = 0, t \in [t_0, +\infty) \tag{4.4.5}$$

的振动性. 证明了在条件 $\int_{t_0}^{+\infty} \frac{dt}{a(t)} = \int_{t_0}^{+\infty} p(t) dt = +\infty$ 下，方程(4.4.5)是振动的. 但是，这个结果当 $p(t) = t^{-\alpha}, \alpha > 1$ 时是不能使用的.

Lin[237] 研究了二阶非线性中立型时滞微分方程

$$[x(t) - p(t)x(t-\tau)]'' + q(t)f(x(t-\sigma)) = 0, t \geqslant 0$$

的振动性. 这里 $0 \leqslant p(t) \leqslant 1, q(t) \geqslant 0, \tau, \sigma > 0$.

Wong[183,238] 研究了二阶非线性中立型时滞微分方程

$$[y(t) - py(t-\tau)]'' + q(t)f(y(t-\sigma)) = 0, t \geqslant 0 \tag{4.4.6}$$

的振动性. 这里 $q \in C[0, +\infty), q(t) \geqslant 0, f \in C^1(-\infty, +\infty), yf(y) > 0 (y \neq 0), f'(y) \geqslant 0, 0 < p < 1, \tau > 0, \sigma > 0$. 得到下面结果：

定理 C[238,定理1] 设 f 是超线性的，则方程(4.4.6) 的解是振动的或者是趋向于零的充分必要条件是$\int_{t_0}^{+\infty} tq(t)\mathrm{d}t = +\infty$.

定理 D[238,定理2] 设 f 是次线性的，且 $f(uv) \geqslant f(u)f(v), uv \geqslant 0$. 则方程(4.4.6) 的解是振动的或者是趋向于零的充分必要条件是$\int_{t_0}^{+\infty} f(t)q(t)\mathrm{d}t = +\infty$.

Li 和 Saker[239] 研究了二阶次线性中立型时滞差分方程

$$\Delta(a_n\Delta(x_n + p_n x_{n-\tau})) + q_n x_{n-\sigma}^{\gamma} = 0 \tag{4.4.7}$$

的振动性. 这里 $0 < \gamma < 1$ 是两个正奇数的商，$a_n > 0, \Delta a_n \geqslant 0, \sum\limits_{n=0}^{+\infty}\dfrac{1}{a_n} = +\infty, 0 \leqslant p_n < 1, q_n \geqslant 0$. 得到下面结果：

定理 E[239,定理2.1] 设存在正数列$\{\rho_n\}$，对任意的 $\alpha \geqslant 1$，有

$$\limsup_{n\to+\infty}\sum_{l=0}^{n}\left[\rho_l Q_l - \frac{a_{l-\sigma}(\alpha(l+1-\sigma))^{1-\gamma}(\Delta\rho_l)^2}{4\gamma\rho_l}\right] = +\infty,$$

这里，$Q_n = q_n(1-p_{n-\sigma})^{\gamma}$. 则方程(4.4.7) 的解是振动的.

Yildiz 和 Öcalan[240,定理2.1] 研究了高阶次线性中立型时滞差分方程

$$\Delta^m(y_n + p_n y_{n-l}) + q_n y_{n-k}^{\alpha} = 0, n \in \mathbf{N} \tag{4.4.8}$$

的振动性. 这里，$0 < \alpha < 1$ 是两个正奇数的商. 当 $m = 2$ 时，得到下面结果：

定理 F[240,定理2.1] 设 $0 \leqslant p_n < 1, \sum\limits_{n=0}^{+\infty} q_n[(1-p_{n-k})n]^{\alpha} = +\infty$. 则方程(4.4.8) 是振动的.

定理 G[240,定理2.2] 设 $-1 < -p_2 \leqslant p_n \leqslant 0, p_2 > 0$ 是常数，$\sum\limits_{n=0}^{+\infty} q_n n^{\alpha} = +\infty$. 则方程(4.4.8) 的解是振动的或者是趋向于零的($n \to +\infty$).

Cheng[241] 研究了二阶非线性中立型时滞差分方程

$$\Delta(p_n(\Delta(x_n + c_n x_{n-\tau}))^{\gamma}) + q_n x_{n-\sigma}^{\beta} = 0$$

的振动性，建立了方程振动的若干准则.

本节将研究时间尺度上二阶非线性中立型时滞动态方程

$$[a(t)(x(t) + r(t)x(\tau(t)))^{\Delta}]^{\Delta} + p(t)x^{\gamma}(\delta(t)) = 0, t \in \mathbb{T} \tag{4.4.9}$$

的振动性.

由于我们感兴趣的是方程解趋于无穷的振动性和渐近性，所以假设 $\sup\mathbb{T} = +\infty$.

我们假设 $\gamma > 0$ 是两个正奇数的商，滞量函数 τ 和 δ 满足条件 $\tau: \mathbb{T} \to \mathbb{T}, \delta: \mathbb{T} \to \mathbb{T}, \tau(t) \leqslant t, \delta(t) \leqslant t, t \in \mathbb{T}, \lim\limits_{t\to+\infty}\tau(t) = \lim\limits_{t\to+\infty}\delta(t) = +\infty$；$a, r$ 和 p 是定义在$\mathbb{T}$上的实值 rd 连续函数，$a(t) > 0, p(t) > 0, \int_{t_0}^{+\infty}\dfrac{\Delta t}{a(t)} = +\infty$.

如果令$\mathbb{T} = \mathbf{R}$，那么 $\sigma(t) = t, \mu(t) = 0, x^{\Delta}(t) = x'(t)$，方程(4.4.9) 变为二阶非线性中立型时滞微分方程

$$[a(t)(x(t) + r(t)x(\tau(t)))']' + p(t)x^{\gamma}(\delta(t)) = 0, t \in \mathbf{R}. \tag{4.4.10}$$

如果令$\mathbb{T} = \mathbf{Z}$，那么 $\sigma(t) = t+1, \mu(t) = 1, x^{\Delta}(t) = \Delta x(t) = x(t+1) - x(t)$，方程(4.

4.9) 变为二阶非线性中立型时滞差分方程

$$\Delta[a(t)\Delta(x(t)+r(t)x(\tau(t)))]+p(t)x^{\gamma}(\delta(t))=0, t\in \mathbf{Z}. \tag{4.4.11}$$

4.4.2　基本引理

在本小节，给出方程(4.4.8) 振动的一些新的准则. 为了证明主要结果，需要下列公式：

$$(x^{\gamma}(t))^{\Delta}=\gamma\int_{0}^{1}[hx^{\sigma}(t)+(1-h)x(t)]^{\gamma-1}x^{\Delta}(t)\mathrm{d}h, \tag{4.4.12}$$

这是 Keller 链锁法则[28，定理 1.90] 的一个简单推论. 而且需要以下引理.

为方便起见，引入下列记号：

$$z(t)=x(t)+r(t)x(\tau(t)), R(t,t_*)=a(t)\int_{t_*}^{t}\frac{\Delta s}{a(s)}, \alpha(t,t_*)=\frac{\int_{t_*}^{\delta(t)}\frac{\Delta s}{a(s)}}{\int_{t_*}^{t}\frac{\Delta s}{a(s)}}, t_*\geqslant t_0. \tag{4.4.13}$$

引理 4.4.1　假设式(4.4.2) 成立，$a^{\Delta}(t)\geqslant 0, 0\leqslant r(t)<1$. 那么方程(4.4.9) 的最终正解 x 满足

$$z(t)\geqslant tz^{\Delta}(t)>0, z^{\Delta\Delta}(t)<0, (a(t)z^{\Delta}(t))^{\Delta}<0, \frac{z(t)}{t}\text{ 非增}.$$

引理 4.4.1 的证明过程与文献[205] 的引理 2.1 类似，故略.

引理 4.4.2　假设

$$\int_{t_0}^{+\infty}p(t)\delta^{\gamma}(t)\Delta t=+\infty, \tag{4.4.14}$$

$a^{\Delta}(t)\geqslant 0, -1<-r_0\leqslant r(t)\leqslant 0, \lim\limits_{t\to+\infty}r(t)=r_1>-1$. 进一步，假设存在 $\{c_k\}_{k\geqslant 0}$ 使得 $\lim\limits_{k\to+\infty}c_k=+\infty$ 和 $\tau(c_{k+1})=c_k$. 那么方程(4.4.9) 的最终正解 x 满足

$$z(t)\geqslant tz^{\Delta}(t)>0, z^{\Delta\Delta}(t)<0, (a(t)z^{\Delta}(t))^{\Delta}<0, \frac{z(t)}{t}\text{ 非增}. \tag{4.4.15}$$

或者有 $\lim\limits_{t\to+\infty}x(t)=0$.

引理 4.4.2 的证明过程与引理 2.2.2 或文献[190] 的引理 2.3 类似，故略.

引理 4.4.3　假设 $0\leqslant r(t)<1$. x 是方程(4.4.9) 的最终正解. 那么存在 $t_*\geqslant t_0$，当 $t\geqslant t_*$ 时，有

$$z^{\Delta}(t)>0, (a(t)z^{\Delta}(t))^{\Delta}<0, z(t)\geqslant R(t,t_*)z^{\Delta}(t), z(\delta(t))\geqslant \alpha(t,t_*)z(t). \tag{4.4.16}$$

证明　因为 x 是方程(4.4.9) 的最终正解. 那么存在 $t_1\geqslant t_0$，当 $t\geqslant t_1$ 时，有 $x(t)>0, x(\tau(t))>0, x(\delta(t))>0$. 由方程(4.4.9)，得 $(a(t)z^{\Delta}(t))^{\Delta}=-p(t)x^{\gamma}(\delta(t))<0$，$t\geqslant t_1$，这说明 $a(t)z^{\Delta}(t)$ 是最终递减的. 下面将证明最终有 $z^{\Delta}(t)>0$. 否则，存在 $t_2\geqslant t_1$，有 $z^{\Delta}(t_2)<0$. 于是

$$a(t)z^{\Delta}(t)\leqslant a(t_2)z^{\Delta}(t_2)=b<0, t\geqslant t_2,$$

有 $z^{\Delta}(t)\leqslant b\dfrac{1}{a(t)}$. 从 t_2 到 t 积分，得到 $\lim\limits_{t\to+\infty}z(t)=-\infty$，这与 $z(t)>0$ 矛盾. 因此，$z^{\Delta}(t)$

>0. 所以

$$z(t) > z(t) - z(t_2) = \int_{t_2}^{t} \frac{a(s)z^{\Delta}(s)}{a(s)} \Delta s \geqslant (a(t)z^{\Delta}(t)) \int_{t_2}^{t} \frac{\Delta s}{a(s)},$$

$$z(t) \geqslant \left(a(t)\int_{t_2}^{t} \frac{\Delta s}{a(s)}\right) z^{\Delta}(t).$$

因为 $a(t)z^{\Delta}(t)$ 是最终递减的,所以

$$z(t) - z(\delta(t)) = \int_{\delta(t)}^{t} \frac{a(s)z^{\Delta}(s)}{a(s)} \Delta s \leqslant a(\delta(t))z^{\Delta}(\delta(t)) \int_{\delta(t)}^{t} \frac{\Delta s}{a(s)},$$

$$\frac{z(t)}{z(\delta(t))} \leqslant 1 + \frac{a(\delta(t))z^{\Delta}(\delta(t))}{z(\delta(t))} \int_{\delta(t)}^{t} \frac{\Delta s}{a(s)}, \tag{4.4.17}$$

$$z(\delta(t)) \geqslant z(\delta(t)) - z(t_2) = \int_{t_2}^{\delta(t)} \frac{a(s)z^{\Delta}(s)}{a(s)} \Delta s \geqslant a(\delta(t))z^{\Delta}(\delta(t)) \int_{t_2}^{\delta(t)} \frac{\Delta s}{a(s)},$$

$$\frac{a(\delta(t))z^{\Delta}(\delta(t))}{z(\delta(t))} \leqslant \left(\int_{t_2}^{\delta(t)} \frac{\Delta s}{a(s)}\right)^{-1}.$$

再由式(4.4.17)得 $z(\delta(t)) \geqslant \alpha(t,t_2)z(t)$. 证毕.

引理 4.4.4 假设 $-1 < -r_0 \leqslant r(t) \leqslant 0$, $\lim\limits_{t\to+\infty} r(t) = r_1 > -1$. 进一步,假设存在 $\{c_k\}_{k\geqslant 0}$ 使得 $\lim\limits_{k\to+\infty} c_k = +\infty$ 和 $\tau(c_{k+1}) = c_k$. x 是方程(4.4.9)的最终正解. 那么存在 $t_* \geqslant t_0$,当 $t \geqslant t_*$ 时,有

$$z^{\Delta}(t) > 0, (a(t)z^{\Delta}(t))^{\Delta} < 0, z(t) \geqslant R(t,t_*)z^{\Delta}(t), z(\delta(t)) \geqslant \alpha(t,t_*)z(t), t \geqslant t_*, \tag{4.4.18}$$

或者有 $\lim\limits_{t\to+\infty} x(t) = 0$.

引理 4.4.4 的证明与由引理 4.4.2 和引理 4.4.3 类似,故略.

4.4.3 主要结论

定理 4.4.1 假设式(4.4.2)成立, $a^{\Delta}(t) \geqslant 0$, $0 \leqslant r(t) < 1$. 如果下列不等式

$$y^{\Delta}(t) + A(t)y^{\gamma}(\delta(t)) \leqslant 0, \tag{4.4.19}$$

没有最终正解,这里, $A(t) = p(t)(1-r(\delta(t)))^{\gamma} \dfrac{(\delta(t))^{\gamma}}{(a(\delta(t)))^{\gamma}}$,那么方程(4.4.9)是振动的.

证明 假设方程(4.4.9)有最终正解 x. 即存在 $t_1 \geqslant t_0$,当 $t \geqslant t_1$ 时,有 $x(t) > 0$, $x(\tau(t)) > 0$, $x(\delta(t)) > 0$. 由引理 4.4.1 得,存在 $t_2 \geqslant t_1$,使得

$$x(t) = z(t) - r(t)x(\tau(t)) \geqslant z(t) - r(t)z(\tau(t)) \geqslant (1 - r(t))z(t), t \geqslant t_2.$$

由方程(4.4.9),存在 $t_3 \geqslant t_2$,使得

$$(a(t)z^{\Delta}(t))^{\Delta} + p(t)(1 - r(\delta(t)))^{\gamma}(z(\delta(t)))^{\gamma} \leqslant 0, t \geqslant t_3. \tag{4.4.20}$$

再由引理 4.4.1 得,存在 $t_4 \geqslant t_3$,使得 $z(\delta(t)) \geqslant \delta(t)z^{\Delta}(\delta(t))$. 于是当 $t \geqslant t_4$ 时,有

$$(a(t)z^{\Delta}(t))^{\Delta} + p(t)(1 - r(\delta(t)))^{\gamma}(\delta(t))^{\gamma}(z^{\Delta}(\delta(t)))^{\gamma} \leqslant 0.$$

令 $y(t) = a(t)z^{\Delta}(t)$. 由上式可得 y 是不等式(4.4.19)的正解,矛盾. 所以方程(4.4.9)是振动的. 证毕.

由文献[240]的引理 1.1 和定理 4.4.1 可得到下面推论.

推论 4.4.1 如果 $\mathbb{T} = \mathbf{Z}$, $a(t) = 1$, $\delta(t) = t - l$, l 是正整数, $0 \leqslant r(t) < 1$,

$$\sum_{t=n_0}^{+\infty} t^{\gamma} p(t)(1-r(\delta(t)))^{\gamma}=+\infty.$$

那么方程(4.4.9)是振动的.

定理4.4.2　设式(4.4.14)成立，$a^{\Delta}(t)\geqslant 0,-1<-r_0\leqslant r(t)\leqslant 0,\lim\limits_{t\to+\infty} r(t)=r_1>-1$. 进一步，假设存在$\{c_k\}_{k\geqslant 0}$使得$\lim\limits_{k\to+\infty} c_k=+\infty$和$\tau(c_{k+1})=c_k$，如果下列不等式没有最终正解，

$$y^{\Delta}(t)+B(t)y^{\gamma}(\delta(t))\leqslant 0, \tag{4.4.21}$$

这里，$B(t)=p(t)\dfrac{(\delta(t))^{\gamma}}{(a(\delta(t)))^{\gamma}}$，那么方程(4.4.9)的解$x$是振动的，或者$\lim\limits_{t\to+\infty} x(t)=0$.

证明　假设方程(4.4.9)有最终正解x. 即存在$t_1\geqslant t_0$，当$t\geqslant t_1$时，有$x(t)>0$，$x(\tau(t))>0,x(\delta(t))>0$. 由引理4.4.2得，$\lim\limits_{t\to+\infty} x(t)=0$，或者存在$t_2\geqslant t_1$，使得

$$x(t)=z(t)-r(t)x(\tau(t))\geqslant z(t)>0,t\geqslant t_2.$$

由方程(4.4.9)，存在$t_3\geqslant t_2$，使得

$$(a(t)z^{\Delta}(t))^{\Delta}+p(t)(z(\delta(t)))^{\gamma}\leqslant 0,t\geqslant t_3. \tag{4.4.22}$$

再由引理4.4.2得，存在$t_4\geqslant t_3$，当$t\geqslant t_4$时，有$z(\delta(t))\geqslant\delta(t)z^{\Delta}(\delta(t))$. 于是

$$(a(t)z^{\Delta}(t))^{\Delta}+p(t)(\delta(t))^{\gamma}(z^{\Delta}(\delta(t)))^{\gamma}\leqslant 0. \tag{4.4.23}$$

令$y(t)=a(t)z^{\Delta}(t)$. 由式(4.4.23)可得y是不等式(4.4.21)的最终正解，矛盾. 证毕.

由文献[241]的引理1.1和定理4.4.2可得到下面推论.

推论4.4.2　如果$\mathbb{T}=\mathbf{Z},a(t)=1,\delta(t)=t-l$，$l$是正整数，$-1<-r_0\leqslant r(t)\leqslant 0$，$\lim\limits_{t\to+\infty} r(t)=r>-1$. 进一步，假设存在$\{c_k\}_{k\geqslant 0}$使得$\lim\limits_{t\to+\infty} c_k=+\infty$和$\tau(c_{k+1})=c_k$. $\sum\limits_{t=n_0}^{+\infty} t^{\gamma}p(t)=+\infty$. 那么方程(4.4.9)的解$x$是振动的，或者$\lim\limits_{t\to+\infty} x(t)=0$.

定理4.4.3　设式(4.4.2)成立，$\gamma<1,a^{\Delta}(t)\geqslant 0,0\leqslant r(t)<1$. 如果

$$\int_{t_0}^{+\infty}\frac{p(s)}{(a(\delta(s)))^{\gamma}}(1-r(\delta(s)))^{\gamma}(\delta(s))^{\gamma}\Delta s=+\infty, \tag{4.4.24}$$

那么方程(4.4.9)是振动的.

证明　假设方程(4.4.9)有最终正解x. 即存在$t_1\geqslant t_0$，当$t\geqslant t_1$时，有$x(t)>0$，$x(\tau(t))>0,x(\delta(t))>0$. 由定理4.4.1的证明，可得式(4.4.20)成立. 注意到引理4.4.1，有$(a(t)z^{\Delta}(t))^{\Delta}<0$，应用Keller链锁法则，得

$$\begin{aligned}((a(t)z^{\Delta}(t))^{1-\gamma})^{\Delta}&=(1-\gamma)\int_0^1\left[h(a(t)z^{\Delta}(t))^{\sigma}+(1-h)a(t)z^{\Delta}(t)\right]^{-\gamma}(a(t)z^{\Delta}(t))^{\Delta}\mathrm{d}h\\&\leqslant(1-\gamma)\int_0^1\left[ha(t)z^{\Delta}(t)+(1-h)a(t)z^{\Delta}(t)\right]^{-\gamma}(a(t)z^{\Delta}(t))^{\Delta}\mathrm{d}h\\&=(1-\gamma)(a(t)z^{\Delta}(t))^{-\gamma}(a(t)z^{\Delta}(t))^{\Delta}<0,\end{aligned}$$

于是$a(t)z^{\Delta}(t))^{-\gamma}(a(t)z^{\Delta}(t))^{\Delta}\geqslant\dfrac{((a(t)z^{\Delta}(t))^{1-\gamma})^{\Delta}}{1-\gamma}$. 应用式(4.4.20)，得

$$0\geqslant\frac{(a(t)z^{\Delta}(t))^{\Delta}+p(t)(1-r(\delta(t)))^{\gamma}(z(\delta(t)))^{\gamma}}{(a(t)z^{\Delta}(t))^{\gamma}}$$

$$= (a(t)z^{\Delta}(t))^{-\gamma}(a(t)z^{\Delta}(t))^{\Delta} + p(t)(1-r(\delta(t)))^{\gamma}\left(\frac{z(\delta(t))}{a(t)z^{\Delta}(t)}\right)^{\gamma}$$

$$\geqslant \frac{((a(t)z^{\Delta}(t))^{1-\gamma})^{\Delta}}{1-\gamma} + \frac{p(t)}{(a(\delta(t)))^{\gamma}}(1-r(\delta(t)))^{\gamma}(\delta(t))^{\gamma}.$$

因此,

$$\frac{p(t)}{(a(\delta(t)))^{\gamma}}(1-r(\delta(t)))^{\gamma}(\delta(t))^{\gamma} \leqslant \frac{((a(t)z^{\Delta}(t))^{1-\gamma})^{\Delta}}{\gamma-1}.$$

于是

$$\int_{t_1}^{t} \frac{p(s)}{(a(\delta(s)))^{\gamma}}(1-r(\delta(s)))^{\gamma}(\delta(s))^{\gamma}\Delta s \leqslant \int_{t_1}^{t} \frac{((a(s)z^{\Delta}(s))^{1-\gamma})^{\Delta}}{1-\gamma}\Delta s \leqslant \frac{(a(t_1)z^{\Delta}(t_1))^{1-\gamma}}{1-\gamma}.$$

这与条件式(4.4.24)矛盾,证毕.

定理 4.4.4 设式(4.4.14)成立,$\gamma<1$,$a^{\Delta}(t)\geqslant 0$,$-1<-r_0\leqslant r(t)\leqslant 0$,$\lim\limits_{t\to+\infty} r(t) = r_1 > -1$. 进一步,假设存在 $\{c_k\}_{k\geqslant 0}$ 使得 $\lim\limits_{k\to+\infty} c_k = +\infty$ 和 $\tau(c_{k+1}) = c_k$. $\int_{t_0}^{+\infty} \frac{p(s)}{(a(\delta(s)))^{\gamma}}(\delta(s))^{\gamma}\Delta s = +\infty$. 那么方程(4.4.9)的解 x 是振动的,或者 $\lim\limits_{t\to+\infty} x(t) = 0$.

证明 应用引理 4.4.2,类似定理 4.4.3 的证明,略.

定理 4.4.5 设 $\gamma<1$,$0\leqslant r(t)<1$. 如果 $\int_{t_0}^{+\infty} \frac{p(s)}{(a(\delta(s)))^{\gamma}}(1-r(\delta(s)))^{\gamma}(R(\delta(s),t_*))^{\gamma}\Delta s = +\infty$,那么方程(4.4.9)是振动的.

证明 应用引理 4.4.3,类似定理 4.4.3 的证明,略.

定理 4.4.6 设 $\gamma<1$,$-1<-r_0\leqslant r(t)\leqslant 0$,$\lim\limits_{t\to+\infty} r(t) = r_1 > -1$. 进一步,假设存在 $\{c_k\}_{k\geqslant 0}$ 使得 $\lim\limits_{k\to+\infty} c_k = +\infty$ 和 $\tau(c_{k+1}) = c_k$. $\int_{t_0}^{+\infty} \frac{p(s)}{(a(\delta(s)))^{\gamma}}(R(\delta(s),t_*))^{\gamma}\Delta s = +\infty$. 那么方程(4.4.9)的解 x 是振动的,或者 $\lim\limits_{t\to+\infty} x(t) = 0$.

证明 应用引理 4.4.4 和式(4.4.22),类似定理 4.4.3 的证明,略.

定理 4.4.7 设式(4.4.2)成立,$\gamma\geqslant 1$,$a^{\Delta}(t)\geqslant 0$,$0\leqslant r(t)<1$. 且

$$\limsup_{t\to+\infty}\left\{\frac{t}{a(t)}\int_{t}^{+\infty} p(s)(1-r(\delta(s)))^{\gamma}\left(\frac{\delta(s)}{s}\right)^{\gamma}\Delta s\right\} = +\infty. \tag{4.4.25}$$

那么方程(4.4.9)是振动的.

证明 假设方程(4.4.9)有最终正解 x. 即存在 $t_1\geqslant t_0$,当 $t\geqslant t_1$ 时,有 $x(t)>0$,$x(\tau(t))>0$,$x(\delta(t))>0$. 由定理 4.4.1 的证明,可得式(4.4.20)成立. 注意到引理 4.4.1,得

$$\int_{t}^{T} p(s)(1-r(\delta(s)))^{\gamma}(z(\delta(s)))^{\gamma}\Delta s \leqslant -\int_{t}^{T}(a(s)z^{\Delta}(s))^{\Delta}\Delta s = a(t)z^{\Delta}(t) - a(T)z^{\Delta}(T),$$

$$\int_{t}^{T} p(s)(1-r(\delta(s)))^{\gamma}(z(\delta(s)))^{\gamma}\Delta s \leqslant a(t)z^{\Delta}(t).$$

于是

$$z(t)\geqslant tz^{\Delta}(t)\geqslant \frac{t}{a(t)}\int_{t}^{+\infty} p(s)(1-r(\delta(s)))^{\gamma}(z(\delta(s)))^{\gamma}\Delta s$$

$$\geqslant \frac{t}{a(t)}\int_t^{+\infty} p(s)(1-r(\delta(s)))^\gamma \left(\frac{\delta(s)}{s}\right)^\gamma z^\gamma(s)\Delta s$$

$$\geqslant z^\gamma(t)\left[\frac{t}{a(t)}\int_t^{+\infty} p(s)(1-r(\delta(s)))^\gamma \left(\frac{\delta(s)}{s}\right)^\gamma \Delta s\right].$$

所以

$$\frac{t}{a(t)}\int_t^{+\infty} p(s)(1-r(\delta(s)))^\gamma \left(\frac{\delta(s)}{s}\right)^\gamma \Delta s \leqslant \left(\frac{1}{z(t)}\right)^{\gamma-1}.$$

注意到 $\gamma \geqslant 1$ 和 $z^\Delta(t) > 0$，得

$$\frac{t}{a(t)}\int_t^{+\infty} p(s)(1-r(\delta(s)))^\gamma \left(\frac{\delta(s)}{s}\right)^\gamma \Delta s \leqslant \left(\frac{1}{z(t_1)}\right)^{\gamma-1}.$$

这与条件(4.4.25)矛盾，证毕.

定理 4.4.8　设式(4.4.14)成立，$\gamma \geqslant 1, a^\Delta(t) \geqslant 0, -1 < -r_0 \leqslant r(t) \leqslant 0, \lim_{t\to+\infty} r(t) = r_1 > -1$. 进一步，假设存在 $\{c_k\}_{k\geqslant 0}$ 使得 $\lim_{k\to+\infty} c_k = +\infty$ 和 $\tau(c_{k+1}) = c_k$. 且

$$\limsup_{t\to+\infty}\left\{\frac{t}{a(t)}\int_t^{+\infty} p(s)\left(\frac{\delta(s)}{s}\right)^\gamma \Delta s\right\} = +\infty.$$

那么方程(4.4.9)的解 x 是振动的，或者 $\lim_{t\to+\infty} x(t) = 0$.

证明　应用引理 4.4.2 和式(4.4.22)，类似定理 4.4.7 的证明，略.

定理 4.4.9　设 $\gamma \geqslant 1, 0 \leqslant r(t) < 1$. 且对充分大的 t_*，有

$$\limsup_{t\to+\infty}\left\{\frac{R(t,t_*)}{a(t)}\int_t^{+\infty} p(s)(1-r(\delta(s)))^\gamma (\alpha(s,t_*))^\gamma \Delta s\right\} = +\infty, \quad (4.4.26)$$

那么方程(4.4.9)是振动的.

证明　假设方程(4.4.9)有最终正解 x. 即存在 $t_1 \geqslant t_0$，当 $t \geqslant t_1$ 时，有 $x(t) > 0$, $x(\tau(t)) > 0, x(\delta(t)) > 0$. 由定理 4.4.1 的证明，可得式(4.4.20)成立. 注意到引理 4.4.3，当 $T \geqslant t \geqslant t_1$ 时，有

$$\int_t^T p(s)(1-r(\delta(s)))^\gamma (z(\delta(s)))^\gamma \Delta s \leqslant -\int_t^T (a(s)z^\Delta(s))^\Delta \Delta s = a(t)z^\Delta(t) - a(T)z^\Delta(T),$$

所以

$$\int_t^T p(s)(1-r(\delta(s)))^\gamma (z(\delta(s)))^\gamma \Delta s \leqslant a(t)z^\Delta(t).$$

再由引理 4.4.3，对充分大的 t，有

$$z(t) \geqslant R(t,t_*)z^\Delta(t) \geqslant \frac{R(t,t_*)}{a(t)}\int_t^{+\infty} p(s)(1-r(\delta(s)))^\gamma (z(\delta(s)))^\gamma \Delta s$$

$$\geqslant \frac{R(t,t_*)}{a(t)}\int_t^{+\infty} p(s)(1-r(\delta(s)))^\gamma (\alpha(s,t_*))^\gamma z^\gamma(s)\Delta s$$

$$\geqslant z^\gamma(t)\left[\frac{R(t,t_*)}{a(t)}\int_t^{+\infty} p(s)(1-r(\delta(s)))^\gamma (\alpha(s,t_*))^\gamma \Delta s\right].$$

所以

$$\frac{R(t,t_*)}{a(t)}\int_t^{+\infty} p(s)(1-r(\delta(s)))^\gamma (\alpha(s,t_*))^\gamma \Delta s \leqslant \left(\frac{1}{z(t)}\right)^{\gamma-1}.$$

注意到 $\gamma \geqslant 1$ 和 $z^\Delta(t) > 0$，得

$$\frac{R(t,t_*)}{a(t)}\int_t^{+\infty} p(s)(1-r(\delta(s)))^{\gamma}(\alpha(s,t_*))^{\gamma}\Delta s \leqslant \left(\frac{1}{z(t_1)}\right)^{\gamma-1}.$$

这与条件(4.4.26)矛盾,证毕.

定理 4.4.10 设式(4.4.14)成立,$\gamma\geqslant 1,a^{\Delta}(t)\geqslant 0,-1<-r_0\leqslant r(t)\leqslant 0,\lim\limits_{t\to+\infty} r(t)=r_1>-1$.进一步,假设存在$\{c_k\}_{k\geqslant 0}$使得$\lim\limits_{k\to+\infty} c_k=+\infty$和$\tau(c_{k+1})=c_k$.且对充分大的$t_*$,有

$$\limsup_{t\to+\infty}\left\{\frac{R(t,t_*)}{a(t)}\int_t^{+\infty} p(s)(\alpha(s,t_*))^{\gamma}\Delta s\right\}=+\infty,$$

那么方程(4.4.9)的解 x 是振动的,或者 $\lim\limits_{t\to+\infty} x(t)=0$.

证明 应用引理 4.4.4 和式(4.4.22),类似定理 4.4.9 的证明,略.

定理 4.4.11 设式(4.4.2)成立,$\gamma>1,a^{\Delta}(t)\geqslant 0,0\leqslant r(t)<1$.且

$$\int_{t_0}^{+\infty}\sigma(s)\,\frac{p(s)}{a(s)}(1-r(\delta(s)))^{\gamma}\left(\frac{\delta(s)}{\sigma(s)}\right)^{\gamma}\Delta s=+\infty. \tag{4.4.27}$$

那么方程(4.4.9)是振动的.

证明 假设方程(4.4.9)有最终正解 x.即存在 $t_1\geqslant t_0$,当 $t\geqslant t_1$ 时,有 $x(t)>0$,$x(\tau(t))>0,x(\delta(t))>0$.由定理 4.4.1 的证明,可得式(4.4.20)成立.定义

$$\omega(t)=\frac{ta(t)z^{\Delta}(t)}{z^{\gamma}(t)},\quad t\geqslant t_1.$$

由引理 4.4.1,得 $\omega(t)>0$.于是

$$\omega^{\Delta}(t)=[a(t)z^{\Delta}(t)+\sigma(t)(a(t)z^{\Delta}(t))^{\Delta}](z^{-\gamma}(t))^{\sigma}+ta(t)z^{\Delta}(t)(z^{-\gamma}(t))^{\Delta},$$

由式(4.4.20),可得

$$\begin{aligned}\omega^{\Delta}(t)\leqslant{}& a(t)z^{\Delta}(t)(z^{-\gamma}(t))^{\sigma}-\sigma(t)p(t)(1-r(\delta(t)))^{\gamma}\left(\frac{z(\delta(t))}{z(\sigma(t))}\right)^{\gamma}\\&+ta(t)z^{\Delta}(t)(z^{-\gamma}(t))^{\Delta},\end{aligned}$$

再由引理 4.4.1,得

$$\omega^{\Delta}(t)\leqslant a(t)z^{\Delta}(t)(z^{-\gamma}(t))^{\sigma}-\sigma(t)p(t)(1-r(\delta(t)))^{\gamma}\left(\frac{\delta(t)}{\sigma(t)}\right)^{\gamma}.$$

因为$(z^{-\gamma}(t))^{\Delta}\leqslant 0$,应用 Keller 链锁法则,得

$$\begin{aligned}((z(t))^{1-\gamma})^{\Delta}&=(1-\gamma)\int_0^1[hz^{\sigma}(t)+(1-h)z(t)]^{-\gamma}z^{\Delta}(t)\mathrm{d}h\\&\leqslant(1-\gamma)\int_0^1[hz^{\sigma}(t)+(1-h)z^{\sigma}(t)]^{-\gamma}z^{\Delta}(t)\mathrm{d}h\\&=(1-\gamma)(z^{\sigma}(t))^{-\gamma}z^{\Delta}(t).\end{aligned}$$

所以

$$\omega^{\Delta}(t)\leqslant a(t)\,\frac{((z(t))^{1-\gamma})^{\Delta}}{1-\gamma}-\sigma(t)p(t)(1-r(\delta(t)))^{\gamma}\left(\frac{\delta(t)}{\sigma(t)}\right)^{\gamma}.$$

$$\begin{aligned}&\int_{t_1}^t\sigma(s)\,\frac{p(s)}{a(s)}(1-r(\delta(s)))^{\gamma}\left(\frac{\delta(s)}{\sigma(s)}\right)^{\gamma}\Delta s\\&\leqslant\int_{t_1}^t\left[\frac{((z(s))^{1-\gamma})^{\Delta}}{1-\gamma}-\frac{\omega^{\Delta}(s)}{a(s)}\right]\Delta s\end{aligned}$$

$$= \frac{(z(t))^{1-\gamma}}{1-\gamma} - \frac{(z(t_1))^{1-\gamma}}{1-\gamma} - \int_{t_1}^{t} \frac{\omega^\Delta(s)}{a(s)} \Delta s$$

$$= \frac{(z(t))^{1-\gamma}}{1-\gamma} - \frac{(z(t_1))^{1-\gamma}}{1-\gamma} - \frac{\omega(t)}{a(t)} + \frac{\omega(t_1)}{a(t_1)} + \int_{t_1}^{t} \omega^\sigma(s) \left(\frac{1}{a(s)}\right)^\Delta \Delta s,$$

注意到 $\left(\frac{1}{a(t)}\right)^\Delta \leqslant 0$，得

$$\int_{t_1}^{t} \sigma(s) \frac{p(s)}{a(s)} (1 - r(\delta(s)))^\gamma \left(\frac{\delta(s)}{\sigma(s)}\right)^\gamma \Delta s \leqslant \frac{(z(t_1))^{1-\gamma}}{\gamma - 1} + \frac{\omega(t_1)}{a(t_1)}.$$

这与条件(4.4.27)矛盾，证毕.

定理 4.4.12　设式(4.4.14)成立，$\gamma > 1$，$a^\Delta(t) \geqslant 0$，$-1 < -r_0 \leqslant r(t) \leqslant 0$，$\lim\limits_{t\to+\infty} r(t) - r_1 > -1$. 进一步，假设存在 $\{c_k\}_{k\geqslant 0}$ 使得 $\lim\limits_{k\to+\infty} c_k = +\infty$ 和 $\tau(c_{k+1}) = c_k$. 且 $\int_{t_0}^{+\infty} \sigma(s) p(s) \left(\frac{\delta(s)}{\sigma(s)}\right)^\gamma \Delta s = +\infty$. 那么方程(4.4.9)的解 x 是振动的，或者 $\lim\limits_{t\to+\infty} x(t) = 0$.

证明　应用引理 4.4.2，类似定理 4.4.11 的证明，略.

定理 4.4.13　设 $\gamma \geqslant 1$，$0 \leqslant r(t) < 1$. 且存在正的 Δ 可微函数 η，对充分大的 t_*，任意常数 $M > 0$，当 $t_1 \geqslant t_*$ 时，有

$$\limsup_{t\to+\infty} \int_{t_1}^{t} \left[\eta(s) p(s) (1 - r(\delta(s)))^\gamma (\alpha(s, t_*))^\gamma - \frac{a(s)(\eta^\Delta(s))^2}{4\gamma M^{\gamma-1} \eta(s)}\right] \Delta s = +\infty. \tag{4.4.28}$$

那么方程(4.4.9)是振动的.

证明　假设方程(4.4.9)有最终正解 x. 即存在 $t_1 \geqslant t_0$，当 $t \geqslant t_1$ 时，有 $x(t) > 0$，$x(\tau(t)) > 0$，$x(\delta(t)) > 0$. 由定理 4.4.1 的证明，可得式(4.4.20)成立. 定义

$$\omega(t) = \eta(t) \frac{a(t) z^\Delta(t)}{z^\gamma(t)}, t \geqslant t_1. \tag{4.4.29}$$

显然 $\omega(t) > 0$. 于是

$$\omega^\Delta(t) = (a(t) z^\Delta(t))^\sigma \left(\frac{\eta(t)}{z^\gamma(t)}\right)^\Delta + \frac{\eta(t)}{z^\gamma(t)} (a(t) z^\Delta(t))^\Delta$$

$$= \frac{\eta(t)}{z^\gamma(t)} (a(t) z^\Delta(t))^\Delta + (a(t) z^\Delta(t))^\sigma \frac{z^\gamma(t) \eta^\Delta(t) - \eta(t)(z^\gamma(t))^\Delta}{z^\gamma(t)(z^\sigma(t))^\gamma}.$$

由式(4.4.20)和式(4.4.29)，得

$$\omega^\Delta(t) \leqslant -\eta(t) p(t) (1 - r(\delta(t)))^\gamma \left(\frac{z(\delta(t))}{z(t)}\right)^\gamma + \frac{\eta^\Delta(t)}{\eta^\sigma(t)} \omega^\sigma(t) - \frac{\eta(t)(a(t) z^\Delta(t))^\sigma (z^\gamma(t))^\Delta}{z^\gamma(t)(z^\sigma(t))^\gamma}.$$

再由 Keller 链锁法则，注意到 $\gamma \geqslant 1$，可得

$$(z^\gamma(t))^\Delta \geqslant \gamma z^{\gamma-1}(t) z^\Delta(t) \geqslant \gamma M^{\gamma-1} z^\Delta(t),$$

这里，$M = z(t_1) > 0$. 由于 $(a(t) z^\Delta(t))^\Delta < 0$，所以 $a(t) z^\Delta(t) \geqslant (a(t) z^\Delta(t))^\sigma$，由引理 4.4.3，可得

$$\omega^\Delta(t) \leqslant -\eta(t) p(t) (1 - r(\delta(t)))^\gamma (\alpha(t, t_*))^\gamma + \frac{\eta^\Delta(t)}{\eta^\sigma(t)} \omega^\sigma(t) - \frac{\gamma M^{\gamma-1} \eta(t)}{a(t)(\eta^\sigma(t))^2} (\omega^\sigma(t))^2. \tag{4.4.30}$$

对式(4.4.30)两边从 t_1 到 t 积分，得

$$\int_{t_1}^{t}\eta(s)p(s)(1-r(\delta(s)))^{\gamma}(\alpha(s,t_*))^{\gamma}\Delta s\leqslant-\int_{t_1}^{t}\omega^{\Delta}(s)\Delta s$$
$$+\int_{t_1}^{t}\frac{\eta^{\Delta}(s)}{\eta^{\sigma}(s)}\omega^{\sigma}(s)\Delta s-\int_{t_1}^{t}\frac{\gamma M^{\gamma-1}\eta(s)}{a(s)(\eta^{\sigma}(s))^2}(\omega^{\sigma}(s))^2\Delta s.$$

因此

$$\int_{t_1}^{t}\left[\eta(s)p(s)(1-r(\delta(s)))^{\gamma}(\alpha(s,t_*))^{\gamma}-\frac{a(s)(\eta^{\Delta}(s))^2}{4\gamma M^{\gamma-1}\eta(s)}\right]\Delta s\leqslant\omega(t_1),$$

这与条件(4.4.28)矛盾,证毕.

定理 4.4.14 设 $\gamma\geqslant1,-1<-r_0\leqslant r(t)\leqslant0,\lim\limits_{t\to+\infty}r(t)=r_1>-1$. 进一步,假设存在 $\{c_k\}_{k\geqslant0}$ 使得 $\lim\limits_{k\to+\infty}c_k=+\infty$ 和 $\tau(c_{k+1})=c_k$. 且存在正的 Δ 可微函数 η,对充分大的 t_*,任意常数 $M>0$,当 $t_1\geqslant t_*$ 时,有

$$\limsup_{t\to+\infty}\int_{t_1}^{t}\left[\eta(s)p(s)(\alpha(s,t_*))^{\gamma}-\frac{a(s)(\eta^{\Delta}(s))^2}{4\gamma M^{\gamma-1}\eta(s)}\right]\Delta s=+\infty,$$

那么方程(4.4.9)的解 x 是振动的,或者 $\lim\limits_{t\to+\infty}x(t)=0$.

证明 应用引理 4.4.4 和式(4.4.22),类似定理 4.4.13 的证明,略.

定理 4.4.15 设式(4.4.2)成立,$\gamma\leqslant1,a^{\Delta}(t)\geqslant0,0\leqslant r(t)<1$. 且存在正的 Δ 可微函数 η,对充分大的 t_*,任意常数 $M>0$,当 $t_1\geqslant t_*$ 时,有

$$\limsup_{t\to+\infty}\int_{t_1}^{t}\left[\eta(s)p(s)(1-r(\delta(s)))^{\gamma}\left(\frac{\delta(s)}{s}\right)^{\gamma}-\frac{a(s)(\eta^{\Delta}(s))^2}{4\gamma M^{\gamma-1}(\sigma(s))^{\gamma-1}\eta(s)}\right]\Delta s=+\infty,\tag{4.4.31}$$

那么方程(4.4.9)是振动的.

证明 假设方程(4.4.9)有最终正解 x. 即存在 $t_1\geqslant t_0$,当 $t\geqslant t_1$ 时,有 $x(t)>0$,$x(\tau(t))>0,x(\delta(t))>0$. 由定理 4.4.1 的证明,可得式(4.4.20)成立. 如式(4.4.29)那样定义函数 ω,于是 $\omega(t)>0$. 所以

$$\omega^{\Delta}(t)=(a(t)z^{\Delta}(t))^{\sigma}\left(\frac{\eta(t)}{z^{\gamma}(t)}\right)^{\Delta}+\frac{\eta(t)}{z^{\gamma}(t)}(a(t)z^{\Delta}(t))^{\Delta}$$
$$=\frac{\eta(t)}{z^{\gamma}(t)}(a(t)z^{\Delta}(t))^{\Delta}+(a(t)z^{\Delta}(t))^{\sigma}\frac{z^{\gamma}(t)\eta^{\Delta}(t)-\eta(t)(z^{\gamma}(t))^{\Delta}}{z^{\gamma}(t)(z^{\sigma}(t))^{\gamma}}.$$

由式(4.4.20)和式(4.4.29),得

$$\omega^{\Delta}(t)\leqslant-\eta(t)p(t)(1-r(\delta(t)))^{\gamma}\left(\frac{z(\delta(t))}{z(t)}\right)^{\gamma}+\frac{\eta^{\Delta}(t)}{\eta^{\sigma}(t)}\omega^{\sigma}(t)-\frac{\eta(t)(a(t)z^{\Delta}(t))^{\sigma}(z^{\gamma}(t))^{\Delta}}{z^{\gamma}(t)(z^{\sigma}(t))^{\gamma}}.$$

由 Keller 链锁法则,注意到 $\gamma\leqslant1$,可得 $(z^{\gamma}(t))^{\Delta}\geqslant\gamma z^{\gamma-1}(\sigma(t))z^{\Delta}(t)$. 注意到 $z(t)/t$ 是非增的,存在常数 $M>0$,有 $z(t)\leqslant Mt$,所以

$$(z^{\gamma}(t))^{\Delta}\geqslant\gamma z^{\gamma-1}(\sigma(t))z^{\Delta}(t)\geqslant\gamma M^{\gamma-1}(\sigma(t))^{\gamma-1}z^{\Delta}(t).$$

由于 $(a(t)z^{\Delta}(t))^{\Delta}<0$,得 $a(t)z^{\Delta}(t)\geqslant(a(t)z^{\Delta}(t))^{\sigma}$,再由引理 4.4.1,得

$$\omega^{\Delta}(t)\leqslant-\eta(t)p(t)(1-r(\delta(t)))^{\gamma}\left(\frac{\delta(t)}{t}\right)^{\gamma}+\frac{\eta^{\Delta}(t)}{\eta^{\sigma}(t)}\omega^{\sigma}(t)$$
$$-\frac{\gamma M^{\gamma-1}(\sigma(t))^{\gamma-1}\eta(t)}{a(t)(\eta^{\sigma}(t))^2}(\omega^{\sigma}(t))^2.\tag{4.4.32}$$

对式(4.4.32)两边从 t_1 到 t 积分,得

$$\int_{t_1}^{t}\eta(s)p(s)(1-r(\delta(s)))^{\gamma}\left(\frac{\delta(s)}{s}\right)^{\gamma}\Delta s\leqslant-\int_{t_1}^{t}\omega^{\Delta}(s)\Delta s$$
$$+\int_{t_1}^{t}\frac{\eta^{\Delta}(s)}{\eta^{\sigma}(s)}\omega^{\sigma}(s)\Delta s-\int_{t_1}^{t}\frac{\gamma M^{\gamma-1}(\sigma(s))^{\gamma-1}\eta(s)}{a(s)(\eta^{\sigma}(s))^{2}}(\omega^{\sigma}(s))^{2}\Delta s.$$

所以

$$\int_{t_1}^{t}\left[\eta(s)p(s)(1-\gamma(\delta(s)))^{\gamma}\left(\frac{\delta(s)}{s}\right)^{\gamma}-\frac{a(s)(\eta^{\Delta}(s))^{2}}{4\gamma M^{\gamma-1}(\sigma(s))^{\gamma-1}\eta(s)}\right]\Delta s\leqslant\omega(t_1),$$

这与条件(4.4.31)矛盾,证毕.

定理 4.4.16　设式(4.4.14)成立,$\gamma\leqslant1,a^{\Delta}(t)\geqslant0,-1<-r_0\leqslant r(t)\leqslant0,\lim\limits_{t\to+\infty}r(t)=r_1>-1$. 进一步,假设存在 $\{c_k\}_{k\geqslant0}$ 使得 $\lim\limits_{k\to+\infty}c_k=+\infty$ 和 $\tau(c_{k+1})=c_k$. 且存在正的 Δ 可微函数 η,对充分大的 t_*,任意常数 $M>0$,当 $t_1\geqslant t_*$ 时,有

$$\limsup_{t\to+\infty}\int_{t_1}^{t}\left[\eta(s)p(s)\left(\frac{\delta(s)}{s}\right)^{\gamma}-\frac{a(s)(\eta^{\Delta}(s))^{2}}{4\gamma M^{\gamma-1}(\sigma(s))^{\gamma-1}\eta(s)}\right]\Delta s=+\infty,$$

那么方程(4.4.9)的解 x 是振动的,或者 $\lim\limits_{t\to+\infty}x(t)=0$.

证明　应用引理 4.4.2 和式(4.4.22),类似定理 4.4.15 的证明,略.

定理 4.4.17　设 $\gamma\leqslant1,a^{\Delta}(t)\leqslant0,0\leqslant r(t)<1$. 且存在正的 Δ 可微函数 η,对充分大的 t_*,任意常数 $M>0$,当 $t_1\geqslant t_*$ 时,有

$$\limsup_{t\to+\infty}\int_{t_1}^{t}\left[\eta(s)p(s)(1-r(\delta(s)))^{\gamma}(\alpha(s,t_*))^{\gamma}-\frac{a(s)(\sigma(s))^{1-\gamma}(\eta^{\Delta}(s))^{2}}{4\gamma M^{\gamma-1}(a(\sigma(s)))^{1-\gamma}\eta(s)}\right]\Delta s=+\infty,\tag{4.4.33}$$

那么方程(4.4.9)是振动的.

证明　假设方程(4.4.9)有最终正解 x. 即存在 $t_1\geqslant t_0$,当 $t\geqslant t_1$ 时,有 $x(t)>0$, $x(\tau(t))>0,x(\delta(t))>0$. 由定理 4.4.1 的证明,可得式(4.4.20)成立. 如式(4.4.29)那样定义函数 ω,于是 $\omega(t)>0$. 所以

$$\omega^{\Delta}(t)=(a(t)z^{\Delta}(t))^{\sigma}\left(\frac{\eta(t)}{z^{\gamma}(t)}\right)^{\Delta}+\frac{\eta(t)}{z^{\gamma}(t)}(a(t)z^{\Delta}(t))^{\Delta}$$
$$=\frac{\eta(t)}{z^{\gamma}(t)}(a(t)z^{\Delta}(t))^{\Delta}+(a(t)z^{\Delta}(t))^{\sigma}\frac{z^{\gamma}(t)\eta^{\Delta}(t)-\eta(t)(z^{\gamma}(t))^{\Delta}}{z^{\gamma}(t)(z^{\sigma}(t))^{\gamma}}.$$

由式(4.4.20)和式(4.4.29),得

$$\omega^{\Delta}(t)\leqslant-\eta(t)p(t)(1-r(\delta(t)))^{\gamma}\left(\frac{z(\delta(t))}{z(t)}\right)^{\gamma}+\frac{\eta^{\Delta}(t)}{\eta^{\sigma}(t)}\omega^{\sigma}(t)$$
$$-\frac{\eta(t)(a(t)z^{\Delta}(t))^{\sigma}(z^{\gamma}(t))^{\Delta}}{z^{\gamma}(t)(z^{\sigma}(t))^{\gamma}}.$$

由 Keller 链锁法则,注意到 $\gamma\leqslant1$,可得 $(z^{\gamma}(t))^{\Delta}\geqslant\gamma z^{\gamma-1}(\sigma(t))z^{\Delta}(t)$. 注意到 $(a(t)z^{\Delta}(t))^{\Delta}<0$,存在常数 $L>0$,使得 $a(t)z^{\Delta}(t)\leqslant L$,所以

$$z(t)=z(t_1)+\int_{t_1}^{t}z^{\Delta}(s)\Delta s\leqslant z(t_1)+\int_{t_1}^{t}\frac{L}{a(s)}\Delta s.$$

由于 $a^{\Delta}(t)\leqslant0$,存在正常数 M,有

$$z(t)\leqslant z(t_1)+\frac{L}{a(t)}(t-t_1)=\frac{z(t_1)a(t)+L(t-t_1)}{a(t)}\leqslant\frac{Mt}{a(t)},$$

所以

$$(z^{\gamma}(t))^{\Delta}\geqslant\gamma z^{\gamma-1}(\sigma(t))z^{\Delta}(t)\geqslant\gamma M^{\gamma-1}\left(\frac{\sigma(t)}{a(\sigma(t))}\right)^{\gamma-1}z^{\Delta}(t).$$

由于$(a(t)z^{\Delta}(t))^{\Delta}<0$,得 $a(t)z^{\Delta}(t)\geqslant(a(t)z^{\Delta}(t))^{\sigma}$,根据引理 4.4.3,得

$$\omega^{\Delta}(t)\leqslant-\eta(t)p(t)(1-r(\delta(t)))^{\gamma}(\alpha(t,t_*))^{\gamma}+\frac{\eta^{\Delta}(t)}{\eta_{\sigma}(t)}\omega^{\sigma}(t)$$
$$-\frac{\gamma M^{\gamma-1}\eta(t)}{a(t)(\eta^{\sigma}(t))^2}\left(\frac{\sigma(t)}{a(\sigma(t))}\right)^{\gamma-1}(\omega^{\sigma}(t))^2.$$

对上式,从 t_1 到 t 积分,得

$$\int_{t_1}^{t}\eta(s)p(s)(1-r(\delta(s)))^{\gamma}(\alpha(s,t_*))^{\gamma}\Delta s\leqslant-\int_{t_1}^{t}\omega^{\Delta}(s)\Delta s$$
$$+\int_{t_1}^{t}\frac{\eta^{\Delta}(s)}{\eta^{\sigma}(s)}\omega^{\sigma}(s)\Delta s-\int_{t_1}^{t}\frac{\gamma M^{\gamma-1}\eta(s)}{a(s)(\eta^{\sigma}(s))^2}\left(\frac{\sigma(s)}{a(\sigma(s))}\right)^{\gamma-1}(\omega^{\sigma}(s))^2\Delta s.$$

所以

$$\int_{t_1}^{t}\left[\eta(s)p(s)(1-r(\delta(s)))^{\gamma}(\alpha(s,t_*))^{\gamma}-\frac{a(s)(\sigma(s))^{1-\gamma}(\eta^{\Delta}(s))^2}{4\gamma M^{\gamma-1}(a(\sigma(s)))^{1-\gamma}\eta(s)}\right]\Delta s\leqslant\omega(t_1),$$

这与条件(4.4.33) 矛盾. 证毕.

定理 4.4.18 设 $\gamma\leqslant1,a^{\Delta}(t)\leqslant0,-1<-r_0\leqslant r(t)\leqslant0,\lim\limits_{t\to+\infty}r(t)=r>1$. 进一步,假设存在$\{c_k\}_{k\geqslant0}$ 使得$\lim\limits_{k\to+\infty}c_k=+\infty$ 和 $\tau(c_{k+1})=c_k$. 且存在正的 Δ 可微函数 η,对充分大的 t_*,任意常数 $M>0$,当 $t_1\geqslant t_*$ 时,有

$$\limsup_{t\to+\infty}\int_{t_1}^{t}\left[\eta(s)p(s)(\alpha(s,t_*))^{\gamma}-\frac{a(s)(\sigma(s))^{1-\gamma}(\eta^{\Delta}(s))^2}{4\gamma M^{\gamma-1}(a(\sigma(s)))^{1-\gamma}\eta(s)}\right]\Delta s=+\infty,$$

那么方程(4.4.9) 的解 x 是振动的,或者 $\lim\limits_{t\to+\infty}x(t)=0$.

证明 应用引理 4.4.4 和式(4.4.22),类似定理 4.4.17 的证明,略.

4.4.4 小 结

本节研究了时间尺度上二阶非线性中立型时滞动态方程的振动性,所得结果改进和推广了已有文献的结论. 例如,定理 4.4.1、定理 4.4.3、定理 4.4.5 和定理 4.4.15 回答了文献[206] 提出的问题. 因为我们所得结果当$\gamma<1$时是可以应用到方程(4.4.9) 的. 定理 4.4.2、定理 4.4.4、定理 4.4.6、定理 4.4.8、定理 4.4.10、定理 4.4.12、定理 4.4.14、定理 4.4.16 和定理 4.4.18 纠正了文献[236] 中的某些错误. 定理 4.4.7 包含了文献[114] 和[170] 中的某些结果. 定理 4.4.3 包含了文献[241] 中的某些结果. 定理 4.4.5 不需要条件 $a^{\Delta}(t)\geqslant0$,因此改进了文献[240] 的结果. 定理 4.4.9 和定理 4.4.13 不需要条件 $a^{\Delta}(t)\leqslant0$,因此改进了文献[206] 的结果.

另外,本节的主要结果需要条件$\int_{t_0}^{+\infty}\frac{\Delta t}{a(t)}=+\infty$,因此,当$\int_{t_0}^{+\infty}\frac{\Delta t}{a(t)}<+\infty$时,研究方程的振动性将是非常有意义的.

本节主要结果来自于文献[242].

4.5 时间尺度上一类二阶具阻尼项的半线性中立型时滞动态方程的振动性

4.5.1 引 言

近年来，对于时间尺度上动力方程振动性的研究成果丰富，时间尺度上二阶具阻尼项的动力方程振动性研究也已有一些结果. 但关于时间尺度上二阶具阻尼项的中立型时滞动力方程振动性结果还不多见.

Erbe 等[191] 研究了时间尺度上具阻尼项的非线性动力方程

$$(r(t)(x^{\Delta}(t))^{\gamma})^{\Delta}+p(t)(x^{\Delta\sigma}(t))^{\gamma}+q(t)f(x(\tau(t)))=0, t\in\mathbb{T}$$

的振动性，推广并改进了已有的某些结果.

Saker 等[143] 研究了时间尺度上具阻尼项的二阶动力方程

$$(r(t)x^{\Delta}(t))^{\Delta}+p(t)x^{\Delta\sigma}(t)+q(t)f(x(\sigma(t)))=0, t\in\mathbb{T}$$

的振动性，运用 Riccati 变换技术，得到方程振动的几个充分条件.

Chen 等[243] 研究了一类时间尺度上具阻尼项的二阶动力方程

$$((x^{\Delta}(t))^{\gamma})^{\Delta}+p(t)(x^{\Delta}(t))^{\gamma}+q(t)f(x^{\sigma}(t))=0, t\in\mathbb{T},$$

这里 γ 是正奇数的比，给出了方程振动的几个充分条件.

张全信等[211] 利用 Riccati 变换技术和不等式技巧，研究了时间尺度上一类具阻尼项的二阶半线性时滞动力方程

$$(a(t)\mid x^{\Delta}(t)\mid^{\gamma-2}x^{\Delta}(t))^{\Delta}+p(t)\mid x^{\Delta}(t)\mid^{\gamma-2}x^{\Delta}(t)+q(t)\mid x(\tau(t))\mid^{\gamma-2}x(\tau(t))=0,$$
$$t\in\mathbb{T} \tag{A}$$

的振动性，给出了一些结果，这里 $\gamma>1$.

我们注意到，这些结果是在条件 $\tau(\mathbb{T})=\mathbb{T}$ 成立的情况下得到的. 该条件限制性较强，不容易满足.

如取 $\mathbb{T}=\{1,3,5,\cdots\}$，$\tau(t)=t-1$，则 τ 是严格递增函数，并且满足 $\tau(t)\leqslant t$，$\lim\limits_{t\to+\infty}\tau(t)=+\infty$，但是 $\tau(\mathbb{T})=\{0,2,4,\cdots\}\neq\mathbb{T}$. 所以[211] 中的条件 $\tau(\mathbb{T})=\mathbb{T}$ 不成立. 此时，文献[211] 的结果就不一定成立. 因此，研究在条件 $\tau(\mathbb{T})=\mathbb{T}$ 不成立的情况下方程(A) 的振动性问题是有趣的.

本节将研究时间尺度上一类二阶具阻尼项的半线性中立型时滞动力方程

$$(a(t)\mid z^{\Delta}(t)\mid^{\gamma-2}z^{\Delta}(t))^{\Delta}+p(t)\mid z^{\Delta}(t)\mid^{\gamma-2}z^{\Delta}(t)+q(t)\mid x(\tau(t))\mid^{\gamma-2}x(\tau(t))=0,$$
$$t\in\mathbb{T} \tag{4.5.1}$$

的振动性，这里 $z(t)=x(t)+r(t)x(\tau(t))$，$\gamma>1$. 假设下列条件成立：

(C_1) $a,r,p,q:\mathbb{T}\to\mathbf{R}$ 是正的实值 rd 连续函数，满足 $0\leqslant r(t)<1$，$-p/a\in\mathbf{R}_+$；

(C_2) $\tau:\mathbb{T}\to\mathbb{T}$ 是严格递增的可微函数，满足 $\tau(t)\leqslant t$，$\lim\limits_{t\to+\infty}\tau(t)=+\infty$ 并且 $\tilde{\mathbb{T}}:=\tau(\mathbb{T})\subset\mathbb{T}$ 是一个时间尺度.

方程(4.5.1) 更具有一般性. 注意到，当 $r(t)\equiv 0$ 时，方程(4.5.1) 就变为方程(A). 因此，研究方程(4.5.1) 是非常有意义的.

由于我们感兴趣的是方程解的振动性，所以假设时间尺度 $\mathbb{T}$ 是无上界的，且 $\mathbb{T}$ 是实数

域 $\mathbf{R}$ 上的非空闭子集. 为了证明的方便,假设 $t_0 \in \mathbb{T}$ 且 $t_0 > 0$,定义时间尺度区间$[t_0, +\infty)_{\mathbb{T}} = [t_0, +\infty) \cap \mathbb{T}$. 时间尺度$\mathbb{T}$具有由 $\mathbf{R}$ 诱导的拓扑及序关系.

方程(4.5.1)的解是指定义在时间尺度$\mathbb{T}$上的一个非平凡实值函数 x,满足方程(4.5.1). 方程(4.5.1)的一个解 x 称为最终正解,如果存在 $t_0 \in \mathbb{T}$,使得 x 在$[t_0, +\infty)_{\mathbb{T}}$上是正的. 方程(4.5.1)的解 x 称为振动的,如果 x 既不最终为正,也不最终为负. 否则,称为非振动的. 方程(4.5.1)称为振动的,如果它的所有解都是振动的.

4.5.2 基本引理

为了证明主要结论,需要用到下面的公式:

$$(x^{\gamma}(t))^{\Delta} = \gamma\int_0^1 [hx^{\sigma}(t) + (1-h)x(t)]^{\gamma-1} x^{\Delta}(t)\mathrm{d}h, \tag{4.5.2}$$

这里,x 是 Δ 可微的,并且最终为正或最终为负. 公式(4.5.2)是 Keller 链锁法则[28,定理1.90]的一个简单推论.

为了方便起见,记:$d_+(t) := \max\{0, d(t)\}, d_-(t) := \max\{0, -d(t)\}$.

以下给出的几个引理对于主要结论的证明将起到重要的作用. 引理 4.5.1 出自文献[28]的第二章;引理 4.5.2 是文献[193]的引理 2.2.

引理 4.5.1 如果 $g \in \mathbf{R}_+$,即 $g: \mathbb{T} \to \mathbf{R}$ 是实值 rd 连续函数,并且对于任意的 $t \in [t_0, +\infty)_{\mathbb{T}}$ 满足 $1 + \mu(t)g(t) > 0$. 则初值问题 $y^{\Delta} = g(t)y, y(t_0) = y_0 \in \mathbf{R}$ 在$[t_0, +\infty)_{\mathbb{T}}$上有唯一的正解 $e_g(t, t_0)y_0$. 这个"指数函数"$e_g(\cdot, t_0)$满足半群性质 $e_g(a,b)e_g(b,c) = e_t(a, c)$.

引理 4.5.2 假设 $\tau: \mathbb{T} \to \mathbb{T}$ 是严格递增的,$\tilde{\mathbb{T}} := \tau(\mathbb{T}) \subset \mathbb{T}$ 是一个时间尺度,$\tau \circ \sigma = \sigma \circ \tau$, $z: \tilde{\mathbb{T}} \to \mathbf{R}$. 如果 $\tau^{\Delta}(t)$ 和 $z^{\Delta}(\tau(t))$ 在 $t \in \mathbb{T}^{\kappa}$ 处存在,则$(z(\tau(t)))^{\Delta}$存在,并且

$$(z(\tau(t)))^{\Delta} = z^{\Delta}(\tau(t))\tau^{\Delta}(t). \tag{4.5.3}$$

引理 4.5.3 假设条件(C_1)和(C_2)成立,x 是方程(4.5.1)的一个最终正解. 如果

$$\int_{t_0}^{+\infty} \left[\frac{1}{a(t)} e_{-p/a}(t, t_0)\right]^{\frac{1}{\gamma-1}} \Delta t = +\infty \tag{4.5.4}$$

成立,则存在 $t_1 \in [t_0, +\infty)_{\mathbb{T}}$,使得当 $t \in [t_1, +\infty)_{\mathbb{T}}$ 时,

$$z^{\Delta}(t) > 0, (a(t) \mid z^{\Delta}(t) \mid^{\gamma-2} z^{\Delta}(t))^{\Delta} < 0. \tag{4.5.5}$$

证明 假设 x 是方程(4.5.1)的一个最终正解,则存在 $t_1 \in [t_0, +\infty)_{\mathbb{T}}$,使得 $x(t) > 0, x(\tau(t)) > 0, t \in [t, +\infty)_{\mathbb{T}}$. 由方程(4.5.1),可得

$$(a(t) \mid z^{\Delta}(t) \mid^{\gamma-2} z^{\Delta}(t))^{\Delta} + p(t) \mid z^{\Delta}(t) \mid^{\gamma-2} z^{\Delta}(t) < 0, t \in [t_1, +\infty)_{\mathbb{T}}. \tag{4.5.6}$$

由 z 的定义,得到 $z(t) > 0, t \in [t_1, +\infty)_{\mathbb{T}}$. 由引理 4.5.1 和式(4.5.6),得到

$$\left(\frac{a(t) \mid z^{\Delta}(t) \mid^{\gamma-2} z^{\Delta}(t)}{e_{-p/a}(t, t_0)}\right)^{\Delta} = \frac{(a(t) \mid z^{\Delta}(t) \mid^{\gamma-2} z^{\Delta}(t))^{\Delta} + p(t) \mid z^{\Delta}(t) \mid^{\gamma-2} z^{\Delta}(t)}{e^{\sigma}_{-p/a}(t, t_0)} < 0.$$

所以 $a(t) \mid z^{\Delta}(t) \mid^{\gamma-2} z^{\Delta}(t)/e_{-p/a}(t, t_0)$ 在$[t_1, +\infty)_{\mathbb{T}}$上是严格递减的. 再由引理 4.5.1 可知,$z^{\Delta}(t)$ 是最终为正或最终为负的.

下面证明 $z^{\Delta}(t)$ 是最终为正的. 若不然,则存在 $t_2 \in [t_1, +\infty)_{\mathbb{T}}$,使得 $z^{\Delta}(t) < 0, t \in [t_2, +\infty)_{\mathbb{T}}$. 由 $a(t) \mid z^{\Delta}(t) \mid^{\gamma-2} z^{\Delta}(t)/e_{-p/a}(t, t_0)$ 是递减的和引理 4.5.1,得

$$\frac{a(t)\mid z^{\Delta}(t)\mid^{\gamma-2}z^{\Delta}(t)}{e_{-p/a}(t,t_0)}\leqslant\frac{a(t_2)\mid z^{\Delta}(t_2)\mid^{\gamma-2}z^{\Delta}(t_2)}{e_{-p/a}(t_2,t_0)}=-\frac{M^{\gamma-1}}{e_{-p/a}(t_2,t_0)},\quad(4.5.7)$$

这里,$M=(a(t_2))^{\frac{1}{\gamma-1}}\mid z^{\Delta}(t_2)\mid>0$. 由式(4.5.7)和引理 4.5.1,有

$$(-z^{\Delta}(t))^{\gamma-1}\geqslant\frac{M^{\gamma-1}}{a(t)}e_{-p/a}(t,t_2),t\in[t_2,+\infty)_{\mathbb{T}},$$

即

$$z^{\Delta}(t)\leqslant-M\left[\frac{1}{a(t)}e_{-p/a}(t,t_2)\right]^{\frac{1}{\gamma-1}},t\in[t_2,+\infty)_{\mathbb{T}}.\quad(4.5.8)$$

将式(4.5.8)两端从 t_2 到 t 积分,可得

$$z(t)\leqslant z(t_2)-M\int_{t_2}^{t}\left[\frac{1}{a(s)}e_{-p/a}(s,t_2)\right]^{\frac{1}{\gamma-1}}\Delta s.\quad(4.5.9)$$

令 $t\to+\infty$,将式(4.5.9)两端取极限,并由条件(4.5.4)得 $\lim\limits_{t\to+\infty}z(t)=-\infty$,这与 $z(t)>0$ 矛盾. 证毕.

引理 4.5.4　设 X 和 Y 是非负实数,则对于任意的 $\lambda>1$,

$$X^{\lambda}-\lambda XY^{\lambda-1}+(\lambda-1)Y^{\lambda}\geqslant 0,\quad(4.5.10)$$

当且仅当 $X=Y$ 时等号成立.

4.5.3　主要结果

定理 4.5.1　假设条件(C_1),(C_2)和式(4.5.4)成立,$\tau\circ\sigma=\sigma\circ\tau$. 如果存在一个正值函数 $\delta\in C_{\mathrm{rd}}^{1}([t_0,+\infty)_{\mathbb{T}},\mathbf{R})$,对所有充分大的 t_1,使得

$$\limsup_{t\to+\infty}\int_{t_1}^{t}\left[q(s)(1-r(\tau(s)))^{\gamma-1}-\frac{a(\tau(s))\left|\frac{\delta^{\Delta}(s)}{\delta(s)}-\frac{p(s)}{a(s)}\right|^{\gamma}}{\gamma^{\gamma}(\tau^{\Delta}(s))^{\gamma-1}}\right]\delta(s)\Delta s=+\infty\quad(4.5.11)$$

成立,则方程(4.5.1)是振动的.

证明　假设方程(4.5.1)在$[t_0,+\infty)_{\mathbb{T}}$上存在非振动解 x,不妨设 x 最终为正,即存在 $t_1\in[t_0,+\infty)_{\mathbb{T}}$,使得 $x(t)>0,x(\tau(t))>0,t\in[t_1,+\infty)_{\mathbb{T}}$. 我们只考虑这种情况,当 x 最终为负时可类似证明. 由 z 的定义,得到

$$x(t)=z(t)-r(t)x(\tau(t))\geqslant z(t)-r(t)z(\tau(t))\geqslant(1-r(t))z(t),t\in[t_1,+\infty)_{\mathbb{T}}.$$

由于 $\lim\limits_{t\to+\infty}\tau(t)=+\infty$,则存在 $t_2\in[t_1,+\infty)_{\mathbb{T}}$ 使得 $\tau(t)\geqslant t_2,t\in[t_2,+\infty)_{\mathbb{T}}$,所以

$$x(\tau(t))\geqslant(1-r(\tau(t)))z(\tau(t)).\quad(4.5.12)$$

定义函数 ω 为

$$\omega(t)=\delta(t)\frac{a(t)(z^{\Delta}(t))^{\gamma-1}}{(z(\tau(t)))^{\gamma-1}},t\in[t_2,+\infty)_{\mathbb{T}}.\quad(4.5.13)$$

则 $\omega(t)>0,t\in[t_2,+\infty)_{\mathbb{T}}$. 由求导法则

$$\omega^{\Delta}(t)=\frac{\delta(t)}{(z(\tau(t)))^{\gamma-1}}(a(t)(z^{\Delta}(t))^{\gamma-1})^{\Delta}$$
$$+a^{\sigma}(t)(z^{\Delta\sigma}(t))^{\gamma-1}\frac{(z(\tau(t)))^{\gamma-1}\delta^{\Delta}(t)-\delta(t)((z(\tau(t)))^{\gamma-1})^{\Delta}}{(z(\tau(t)))^{\gamma-1}(z(\tau^{\sigma}(t)))^{\gamma-1}},$$

这里$(z^{\Delta}(t))^{\sigma}$简记为 $z^{\Delta\sigma}(t)$. 由方程(4.5.1)、式(4.5.12)和式(4.5.13),有

$$\omega^{\Delta}(t) = -q(t)\delta(t)\frac{(x(\tau(t)))^{\gamma-1}}{(z(\tau(t)))^{\gamma-1}} - \frac{p(t)}{a(t)}\omega(t) + \frac{\delta^{\Delta}(t)}{\delta^{\sigma}(t)}\omega^{\sigma}(t)$$
$$-\frac{\delta(t)a^{\sigma}(t)(z^{\Delta}(t))^{\gamma-1}((z(\tau(t)))^{\gamma-1})^{\Delta}}{(z(\tau(t)))^{\gamma-1}(z(\tau^{\sigma}(t)))^{\gamma-1}}$$
$$\leqslant -q(t)\delta(t)(1-r(\tau(t)))^{\gamma-1} - \frac{p(t)}{a(t)}\omega(t) + \frac{\delta^{\Delta}(t)}{\delta^{\sigma}(t)}\omega^{\sigma}(t)$$
$$-\frac{\delta(t)a^{\sigma}(t)(z^{\Delta\sigma}(t))^{\gamma-1}((z(\tau(t)))^{\gamma-1})^{\Delta}}{(z(\tau(t)))^{\gamma-1}(z(\tau^{\sigma}(t)))^{\gamma-1}} \tag{4.5.14}$$

成立.由引理 4.5.3 和条件(C_2),容易得到

$$\frac{1}{z(\tau(t))} \geqslant \frac{1}{z(\tau^{\sigma}(t))}, a(t)(z^{\Delta}(t))^{\gamma-1} \geqslant a^{\sigma}(t)(z^{\Delta\sigma}(t))^{\gamma-1} \tag{4.5.15}$$

和

$$z^{\Delta}(\tau(t)) \geqslant \frac{(a^{\sigma}(t))^{\frac{1}{\gamma-1}}}{(a(\tau(t)))^{\frac{1}{\gamma-1}}} z^{\Delta\sigma}(t), t \in [t_2, +\infty)_{\mathbb{T}}. \tag{4.5.16}$$

当 $\gamma > 2$ 时,应用引理 4.5.2、引理 4.5.3 和公式(4.5.2),可得

$$((z(\tau(t)))^{\gamma-1})^{\Delta} = (\gamma-1)\int_0^1 [hz(\tau^{\sigma}(t)) + (1-h)z(\tau(t))]^{\gamma-2}(z(\tau(t)))^{\Delta}\mathrm{d}h$$
$$\geqslant (\gamma-1)(z(\tau(t)))^{\gamma-2}z^{\Delta}(\tau(t))\tau^{\Delta}(t).$$

由上述不等式和式(4.5.15)的第一个不等式,有

$$\frac{((z(\tau(t)))^{\gamma-1})^{\Delta}}{(z(\tau(t)))^{\gamma-1}} \geqslant \frac{(\gamma-1)z^{\Delta}(\tau(t))\tau^{\Delta}(t)}{z(\tau^{\sigma}(t))}, t \in [t_2, +\infty)_{\mathbb{T}} \tag{4.5.17}$$

成立.由式(4.5.41)、式(4.5.15)、式(4.5.16)和式(4.5.17),可得

$$\omega^{\Delta}(t) \leqslant -q(t)\delta(t)(1-r(\tau(t)))^{\gamma-1} - \frac{p(t)\delta(t)}{a(t)\delta^{\sigma}(t)}\omega^{\sigma}(t) + \frac{\delta^{\Delta}(t)}{\delta^{\sigma}(t)}\omega^{\sigma}(t)$$
$$-\frac{\delta(t)a^{\sigma}(t)(z^{\Delta\sigma}(t))^{\gamma-1}((z(\tau(t)))^{\gamma-1})^{\Delta}}{(z(\tau(t)))^{\gamma-1}(z(\tau^{\sigma}(t)))^{\gamma-1}}$$
$$\leqslant -q(t)\delta(t)(1-r(\tau(t)))^{\gamma-1} + \frac{|a(t)\delta^{\Delta}(t) - p(t)\delta(t)|}{a(t)\delta^{\sigma}(t)}\omega^{\sigma}(t)$$
$$-\frac{\delta(t)a^{\sigma}(t)(z^{\Delta\sigma}(t))^{\gamma-1}((z(\tau(t)))^{\gamma-1})^{\Delta}}{(z(\tau(t)))^{\gamma-1}(z(\tau^{\sigma}(t)))^{\gamma-1}}$$
$$\leqslant -q(t)\delta(t)(1-r(\tau(t)))^{\gamma-1} + \frac{|a(t)\delta^{\Delta}(t) - p(t)\delta(t)|}{a(t)\delta^{\sigma}(t)}\omega^{\sigma}(t)$$
$$-\frac{(\gamma-1)\delta(t)a^{\sigma}(t)(z^{\Delta\sigma}(t))^{\gamma-1}z^{\Delta}(\tau(t))\tau^{\Delta}(t)}{(z(\tau^{\sigma}(t)))^{\gamma}}$$
$$\leqslant -q(t)\delta(t)(1-r(\tau(t)))^{\gamma-1} + \frac{|a(t)\delta^{\Delta}(t) - p(t)\delta(t)|}{a(t)\delta^{\sigma}(t)}\omega^{\sigma}(t)$$
$$-\frac{(\gamma-1)\delta(t)(a^{\sigma}(t))^{\frac{\gamma}{\gamma-1}}(z^{\Delta\sigma}(t))^{\gamma}\tau^{\Delta}(t)}{(a(\tau(t)))^{\frac{1}{\gamma-1}}(z(\tau^{\sigma}(t)))^{\gamma}}$$
$$\leqslant -q(t)\delta(t)(1-r(\tau(t)))^{\gamma-1} + \frac{|a(t)\delta^{\Delta}(t) - p(t)\delta(t)|}{a(t)\delta^{\sigma}(t)}\omega^{\sigma}(t)$$
$$-\frac{(\gamma-1)\delta(t)\tau^{\Delta}(t)}{(a(\tau(t)))^{\frac{1}{\gamma-1}}(\delta^{\sigma}(t))^{\frac{\gamma}{\gamma-1}}}(\omega^{\sigma}(t))^{\frac{\gamma}{\gamma-1}}. \tag{4.5.18}$$

当 $\gamma \leqslant 2$ 时,应用引理 4.5.2、引理 4.5.3 和公式(4.5.2),可得

$$((z(\tau(t)))^{\gamma-1})^{\Delta} = (\gamma-1)\int_0^1 [hz(\tau^{\sigma}(t)) + (1-h)z(\tau(t))]^{\gamma-2}(z(\tau(t)))^{\Delta}\mathrm{d}h$$
$$\geqslant (\gamma-1)(z(\tau^{\sigma}(t)))^{\gamma-2}z^{\Delta}(\tau(t))\tau^{\Delta}(t).$$

类似前一种情况的证明,仍可得到式(4.5.18).因此,当 $\gamma > 1$ 时,有

$$\omega^{\Delta}(t) \leqslant -q(t)\delta(t)(1-r(\tau(t)))^{\gamma-1} + \frac{|a(t)\delta^{\Delta}(t) - p(t)\delta(t)|}{a(t)\delta^{\sigma}(t)}\omega^{\sigma}(t)$$
$$-\frac{(\gamma-1)\delta(t)\tau^{\Delta}(t)}{(a(\tau(t)))^{\lambda-1}(\delta^{\sigma}(t))^{\lambda}}(\omega^{\sigma}(t))^{\lambda} \tag{4.5.19}$$

成立,这里 $\lambda = \gamma/(\gamma-1)$.定义 X 和 Y 分别为

$$X = \left(\frac{(\gamma-1)\delta(t)\tau^{\Delta}(t)}{(a(\tau(t)))^{\lambda-1}(\delta^{\sigma}(t))^{\lambda}}\right)^{\frac{1}{\lambda}}\omega^{\sigma}(t),$$

$$Y = \left(\frac{|a(t)\delta^{\Delta}(t) - p(t)\delta(t)|}{\lambda a(t)\delta^{\sigma}(t)}\left(\frac{(\gamma-1)\delta(t)\tau^{\Delta}(t)}{(a(\tau(t)))^{\lambda-1}(\delta^{\sigma}(t))^{\lambda}}\right)^{-\frac{1}{\lambda}}\right)^{\frac{1}{\lambda-1}}.$$

由式(4.5.10),得

$$\frac{|a(t)\delta^{\Delta}(t) - p(t)\delta(t)|}{a(t)\delta^{\sigma}(t)}\omega^{\sigma}(t) - \frac{(\gamma-1)\delta(t)\tau^{\Delta}(t)}{(a(\tau(t)))^{\lambda-1}(\delta^{\sigma}(t))^{\lambda}}(\omega^{\sigma}(t))^{\lambda}$$
$$\leqslant \frac{1}{\gamma^{\gamma}}\left|\frac{a(t)\delta^{\Delta}(t) - p(t)\delta(t)}{a(t)\delta^{\sigma}(t)}\right|^{\frac{\lambda}{\lambda-1}}\left(\frac{\delta(t)\tau^{\Delta}(t)}{(a(\tau(t)))^{\lambda-1}(\delta^{\sigma}(t))^{\lambda}}\right)^{-\frac{1}{\lambda-1}}$$
$$= \frac{a(\tau(t))}{\gamma^{\gamma}(\delta(t)\tau^{\Delta}(t))^{\gamma-1}}\left|\delta^{\Delta}(t) - \delta(t)\frac{p(t)}{a(t)}\right|^{\gamma}. \tag{4.5.20}$$

由式(4.5.19) 和式(4.5.20),有

$$\omega^{\Delta}(t) \leqslant -q(t)\delta(t)(1-r(\tau(t)))^{\gamma-1} + \frac{a(\tau(t))}{\gamma^{\gamma}(\delta(t)\tau^{\Delta}(t))^{\gamma-1}}\left|\delta^{\Delta}(t) - \delta(t)\frac{p(t)}{a(t)}\right|^{\gamma} \tag{4.5.21}$$

成立.将式(4.5.21) 两端从 t_2 到 t 积分,得到

$$\int_{t_2}^{t}\left[q(s)(1-r(\tau(s)))^{\gamma-1} - \frac{a(\tau(s))\left|\frac{\delta^{\Delta}(s)}{\delta(s)} - \frac{p(s)}{a(s)}\right|^{\gamma}}{\gamma^{\gamma}(\tau^{\Delta}(s))^{\gamma-1}}\right]\delta(s)\Delta s \leqslant \omega(t_2) - \omega(t) \leqslant \omega(t_2).$$

这与式(4.5.11) 矛盾.证毕.

注 4.5.1　当 $r(t) \equiv 0$ 时,条件(4.5.11) 即为文献[211] 中定理 4.1 的条件(4.1),所以文献[211] 的定理 4.1 是我们结果的特例.

注 4.5.2　由定理 4.5.1,通过选取不同的函数 δ,可以得到方程(4.5.1) 不同的振动准则.

在定理 4.5.1 中分别取 $\delta(t) = 1$ 和 $\delta(t) = t$,得到下列推论.

推论 4.5.1　假设条件(C_1)、(C_2) 和式(4.5.4) 成立,$\tau \circ \sigma = \sigma \circ \tau$.如果对所有充分大的 t_1,使得

$$\limsup_{t\to+\infty}\int_{t_1}^{t}\left(q(s)(1-r(\tau(s)))^{\gamma-1} - \frac{a(\tau(s))p^{\gamma}(s)}{(\gamma a(s))^{\gamma}(\tau^{\Delta}(s))^{\gamma-1}}\right)\Delta s = +\infty$$

成立,则方程(4.5.1) 是振动的.

推论 4.5.2 假设条件(C_1)、(C_2)和式(4.5.4)成立,$\tau\circ\sigma=\sigma\circ\tau$. 如果对所有充分大的 t_1,使得

$$\limsup_{t\to+\infty}\int_{t_1}^{t}s\Big((q(s)(1-r(\tau(s))))^{\gamma-1}-\frac{a(\tau(s))\left|\dfrac{1}{s}-\dfrac{p(s)}{a(s)}\right|^{\gamma}}{\gamma^{\gamma}(\tau^{\Delta}(s))^{\gamma-1}}\Big)\Delta s=+\infty$$

成立,则方程(4.5.1)是振动的.

下面的定理是关于方程(4.5.1)的 Kamenev 型振动准则.

定理 4.5.2 假设条件(C_1)、(C_2)和式(4.5.4)成立,$\tau\circ\sigma=\sigma\circ\tau$. 如果存在常数 $m\geqslant 1$ 和正值函数 $\delta\in C_{\mathrm{rd}}^{1}([t_0,+\infty)_{\mathbb{T}},\mathbf{R})$,对所有充分大的 t_1,使得

$$\limsup_{t\to+\infty}\frac{1}{t^m}\int_{t_1}^{t}(t-s)^m(q(s)(1-r(\tau(s))))^{\gamma-1}-\frac{a(\tau(s))\left|\dfrac{\delta^{\Delta}(s)}{\delta(s)}-\dfrac{p(s)}{a(s)}\right|^{\gamma}}{\gamma^{\gamma}(\tau^{\Delta}(s))^{\gamma-1}})\delta(s)\Delta s=+\infty \tag{4.5.22}$$

成立,则方程(4.5.1)是振动的.

证明 假设方程(4.5.1)在$[t_0,+\infty)_{\mathbb{T}}$上存在非振动解 x,不妨设 x 最终为正,即存在 $t_1\in[t_0,+\infty)_{\mathbb{T}}$,使得

$$x(t)>0,x(\tau(t))>0,t\in[t_1,+\infty)_{\mathbb{T}}.$$

我们只考虑这种情况,当 x 最终为负时可类似证明. 由定理 4.5.1 的证明,得到(4.5.21)式. 将式(4.5.21)两端用 s 代替 t,同乘以 $(t-s)^m$,并对 s 从 t_1 到 t 积分,可得

$$\int_{t_1}^{t}(t-s)^m(q(s)(1-r(\tau(s))))^{\gamma-1}-\frac{a(\tau(s))\left|\dfrac{\delta^{\Delta}(s)}{\delta(s)}-\dfrac{p(s)}{a(s)}\right|^{\gamma}}{\gamma^{\gamma}(\tau^{\Delta}(s))^{\gamma-1}})\delta(s)\Delta s\leqslant-\int_{t_1}^{t}(t-s)^m\omega^{\Delta}(s)\Delta s. \tag{4.5.23}$$

利用分部积分,得

$$\int_{t_1}^{t}(t-s)^m\omega^{\Delta}(s)\Delta s=(t-s)^m\omega(s)\Big|_{t_1}^{t}-\int_{t_1}^{t}((t-s)^m)^{\Delta_s}\omega^{\sigma}(s)\Delta s. \tag{4.5.24}$$

根据文献[209]中定理 2.9 的证明,有

$$((t-s)^m)^{\Delta_s}\leqslant-m(t-\sigma(s))^{m-1} \tag{4.5.25}$$

成立,这里 $t\geqslant\sigma(s)$,$m\geqslant 1$. 将式(4.5.24)和式(4.5.25)代入式(4.5.23),得到

$$\int_{t_1}^{t}(t-s)^m(q(s)(1-r(\tau(s))))^{\gamma-1}-\frac{a(\tau(s))\left|\dfrac{\delta^{\Delta}(s)}{\delta(s)}-\dfrac{p(s)}{a(s)}\right|^{\gamma}}{\gamma^{\gamma}(\tau^{\Delta}(s))^{\gamma-1}})\delta(s)\Delta s$$
$$\leqslant(t-t_1)^m\omega(t_1)-m\int_{t_1}^{t}(t-\sigma(s))^{m-1}\omega^{\sigma}(s)\Delta s(t-t_1)^m\omega(t_1),$$

即

$$\frac{1}{t^m}\int_{t_1}^{t}(t-s)^m(q(s)(1-r(\tau(s))))^{\gamma-1}-\frac{a(\tau(s))\left|\dfrac{\delta^{\Delta}(s)}{\delta(s)}-\dfrac{p(s)}{a(s)}\right|^{\gamma}}{\gamma^{\gamma}(\tau^{\Delta}(s))^{\gamma-1}})\delta(s)\Delta s\leqslant\Big(\frac{t-t_1}{t}\Big)^m\omega(t_1).$$

这与式(4.5.22)矛盾. 证毕.

注 4.5.3 当 $r(t)\equiv 0$ 时,条件(4.5.22)即为献[211]中定理 4.2 的条件(4.8),所以文献[211]的定理 4.2 是我们结果的特例.

定理 4.5.3　假设条件(C_1)、(C_2)和式(4.5.4)成立，$\tau\circ\sigma=\sigma\circ\tau$. 如果存在常数$m\geqslant 1$和正值函数$\delta\in C_{rd}^1([t_0,+\infty)_{\mathbb{T}},\mathbf{R})$对所有充分大的$t_1$，使得

$$\limsup_{t\to+\infty}\frac{1}{t^m}\int_{t_1}^t\left[(t-s)^m q(s)\delta(s)(1-r(\tau(s)))^{\gamma-1}-\left(\frac{P(t,s)\delta^\sigma(s)}{\gamma}\right)^\gamma\frac{a(\tau(s))}{((t-s)^m\delta(s)\tau^\Delta(s))^{\gamma-1}}\right]\Delta s=+\infty \tag{4.5.26}$$

成立，这里$P(t,s)=(t-s)^m\dfrac{|a(s)\delta^\Delta(s)-p(s)\delta(s)|}{a(s)\delta^\sigma(s)}-m(t-\sigma(s))^{m-1}$，则方程(4.5.1)是振动的.

证明　假设方程(4.5.1)在$[t_0,+\infty)_{\mathbb{T}}$上存在非振动解$x$，不妨设$x$最终为正，即存在$t_1\in[t_0,+\infty)_{\mathbb{T}}$，使得

$$x(t)>0,x(\tau(t))>0,t\in[t_1,+\infty)_{\mathbb{T}}.$$

我们只考虑这种情况，当x最终为负时可类似证明. 由定理 4.5.1 的证明，得到(4.5.19)式. 将式(4.5.19)两端用s代替t，同乘以$(t-s)^m$，并对s从t_1到t积分，可得

$$\int_{t_1}^t(t-s)^m\omega^\Delta(s)\Delta s\leqslant-\int_{t_1}^t(t-s)^m q(s)\delta(s)(1-r(\tau(s)))^{\gamma-1}\Delta s$$
$$+\int_{t_1}^t(t-s)^m\frac{|a(s)\delta^\Delta(s)-p(s)\delta(s)|}{a(s)\delta^\sigma(s)}\omega^\sigma(s)\Delta s-\int_{t_1}^t(t-s)^m\frac{(\gamma-1)\delta(s)\tau^\Delta(s)}{(a(\tau(s)))^{\lambda-1}(\delta^\sigma(s))^\lambda}(\omega^\sigma(s))^\lambda\Delta s.$$

将式(4.5.24)和式(4.5.25)代入上式，得到

$$\begin{aligned}&\int_{t_1}^t(t-s)^m q(s)\delta(s)(1-r(\tau(s)))^{\gamma-1}\Delta s\\&\leqslant(t-t_1)^m\omega(t_1)+\int_{t_1}^t(t-s)^m\frac{|a(s)\delta^\Delta(s)-p(s)\delta(s)|}{a(s)\delta^\sigma(s)}\omega^\sigma(s)\Delta s\\&\quad-m\int_{t_1}^t(t-\sigma(s))^{m-1}\omega^\sigma(s)\Delta s-\int_{t_1}^t(t-s)^m\frac{(\gamma-1)\delta(s)\tau^\Delta(s)}{(a(\tau(s)))^{\lambda-1}(\delta^\sigma(s))^\lambda}(\omega^\sigma(s))^\lambda\Delta s.\end{aligned} \tag{4.5.27}$$

定义X和Y分别为

$$X=\left((t-s)^m\frac{(\gamma-1)\delta(s)\tau^\Delta(s)}{(a(\tau(s)))^{\lambda-1}(\delta^\sigma(s))^\lambda}\right)^{-\frac{1}{\lambda}}\omega^\sigma(s),$$

$$Y=\left(\frac{P(t,s)}{\lambda}\left((t-s)^m\frac{(\gamma-1)\delta(s)\tau^\Delta(s)}{(a(\tau(s)))^{\lambda-1}(\delta^\sigma(s))^\lambda}\right)^{-\frac{1}{\lambda}}\right)^{\frac{1}{\lambda-1}}.$$

由式(4.5.10)，得

$$\begin{aligned}&P(t,s)\omega^\sigma(s)-(t-s)^m\frac{(\gamma-1)\delta(s)\tau^\Delta(s)}{(a(\tau(s)))^{\lambda-1}(\delta^\sigma(s))^\lambda}(\omega^\sigma(s))^\lambda\\&\leqslant\left(\frac{P(t,s)\delta^\sigma(s)}{\gamma}\right)^\gamma\frac{a(\tau(s))}{((t-s)^m\delta(s)\tau^\Delta(s))^{\gamma-1}}.\end{aligned} \tag{4.5.28}$$

由式(4.5.27)和式(4.5.28)，有

$$\int_{t_1}^t(t-s)^m q(s)\delta(s)(1-r(\tau(s)))^{\gamma-1}\Delta s-\int_{t_1}^t\left(\frac{P(t,s)\delta^\sigma(s)}{\gamma}\right)^\gamma\frac{a(\tau(s))}{((t-s)^m\delta(s)\tau^\Delta(s))^{\gamma-1}}\Delta s$$
$$\leqslant(t-t_1)^m\omega(t_1)$$

成立，即

$$\frac{1}{t^m}\int_{t_1}^{t}\left[(t-s)^m q(s)\delta(s)(1-r(\tau(s)))^{\gamma-1}-\left(\frac{P(t,s)\delta^\sigma(s)}{\gamma}\right)^\gamma\frac{a(\tau(s))}{((t-s)^m\delta(s)\tau^\Delta(s))^{\gamma-1}}\right]\Delta s$$
$$\leqslant\left(\frac{t-t_1}{t}\right)^m\omega(t_1).$$

这与式(4.5.26)矛盾. 证毕.

下面的定理是关于方程(4.5.1)的 Philos 型振动准则.

定理 4.5.4　假设条件(C_1)、(C_2)和式(4.5.4)成立，$\tau\circ\sigma=\sigma\circ\tau$. 如果存在函数 H, $h\in C_{rd}(D,\mathbf{R})$, $D\equiv\{(t,s):t\geqslant s\geqslant t_0\}$，使得

$$H(t,t)=0,t\geqslant t_0,H(t,s)>0,t>s\geqslant t_0,\tag{4.5.29}$$

且 H 关于第二变元 s 存在非正连续的 Δ 偏导数 $H^{\Delta_s}(t,s)$，满足

$$H^{\Delta_s}(t,s)+H(t,s)\frac{|a(s)\delta^\Delta(s)-p(s)\delta(s)|}{a(s)\delta^\sigma(s)}=-\frac{h(t,s)}{\delta^\sigma(s)}(H(t,s))^{\frac{\gamma-1}{\gamma}},\tag{4.5.30}$$

对所有充分大的 t_1，使得

$$\limsup_{t\to+\infty}\frac{1}{H(t,t_1)}\int_{t_1}^{t}\left(H(t,s)q(s)\delta(s)(1-r(\tau(s)))^{\gamma-1}-\frac{(h_-(t,s))^\gamma a(\tau(s))}{\gamma^\gamma(\delta(s)\tau^\Delta(s))^{\gamma-1}}\right)\Delta s=+\infty\tag{4.5.31}$$

成立，这里 $\delta\in C_{rd}^1([t_0,+\infty)_{\mathbb{T}},\mathbf{R})$ 是正值函数，则方程(4.5.1)是振动的.

证明　假设方程(4.5.1)在$[t_0,+\infty)_{\mathbb{T}}$上存在非振动解 x，不妨设 x 最终为正，即存在 $t_1\in[t_0,+\infty)_{\mathbb{T}}$ 使得 $x(t)>0,x(\tau(t))>0,t\in[t_1,+\infty)_{\mathbb{T}}$. 我们只考虑这种情况，当 x 最终为负时可类似证明. 由定理 4.5.1 的证明，得到式(4.5.19). 将式(4.5.19)两端用 s 代替 t，同乘以 $H(t,s)$，并对 s 从 t_1 到 t 积分，可得

$$\begin{aligned}\int_{t_1}^{t}H(t,s)\omega^\Delta(s)\Delta s\leqslant&-\int_{t_1}^{t}H(t,s)q(s)\delta(s)(1-r(\tau(s)))^{\gamma-1}\Delta s\\&+\int_{t_1}^{t}H(t,s)\frac{|a(s)\delta^\Delta(s)-p(s)\delta(s)|}{a(s)\delta^\sigma(s)}\omega^\sigma(s)\Delta s\\&-\int_{t_1}^{t}H(t,s)\frac{(\gamma-1)\delta(s)\tau^\Delta(s)}{(a(\tau(s)))^{\lambda-1}(\delta^\sigma(s))^\lambda}(\omega^\sigma(s))^\lambda\Delta s.\end{aligned}$$

由分部积分，式(4.5.29)和式(4.5.30)，得到

$$\begin{aligned}&\int_{t_1}^{t}H(t,s)q(s)\delta(s)(1-r(\tau(s)))^{\gamma-1}\Delta s\\\leqslant&H(t,t_1)\omega(t_1)+\int_{t_1}^{t}H^{\Delta_s}(t,s)\omega^\sigma(s)\Delta s+\int_{t_1}^{t}H(t,s)\frac{|a(s)\delta^\Delta(s)-p(s)\delta(s)|}{a(s)\delta^\sigma(s)}\omega^\sigma(s)\Delta s\\&-\int_{t_1}^{t}H(t,s)\frac{(\gamma-1)\delta(s)\tau^\Delta(s)}{(a(\tau(s)))^{\lambda-1}(\delta^\sigma(s))^\lambda}(\omega^\sigma(s))^\lambda\Delta s\\\leqslant&H(t,t_1)\omega(t_1)+\int_{t_1}^{t}\left[-\frac{h(t,s)}{\delta^\sigma(s)}(H(t,s))^{\frac{1}{\lambda}}\omega^\sigma(s)-H(t,s)\frac{(\gamma-1)\delta(s)\tau^\Delta(s)}{(a(\tau(s)))^{\lambda-1}(\delta^\sigma(s))^\lambda}(\omega^\sigma(s))^\lambda\right]\Delta s\\\leqslant&H(t,t_1)\omega(t_1)+\int_{t_1}^{t}\left[\frac{h_-(t,s)}{\delta^\sigma(s)}(H(t,s))^{\frac{1}{\lambda}}\omega^\sigma(s)-H(t,s)\frac{(\gamma-1)\delta(s)\tau^\Delta(s)}{(a(\tau(s)))^{\lambda-1}(\delta^\sigma(s))^\lambda}(\omega^\sigma(s))^\lambda\right]\Delta s.\end{aligned}\tag{4.5.32}$$

分别定义 X 和 Y 为

$$X = \left(H(t,s)\frac{(\gamma-1)\delta(s)\tau^{\Delta}(s)}{(a(\tau(s)))^{\lambda-1}(\delta^{\sigma}(s))^{\lambda}}\right)^{\frac{1}{\lambda}}\omega^{\sigma}(s),$$

$$Y = \left(\frac{h_{-}(t,s)}{\lambda\delta^{\sigma}(s)}\left(\frac{(\gamma-1)\delta(s)\tau^{\Delta}(s)}{(a(\tau(s)))^{\lambda-1}(\delta^{\sigma}(s))^{\lambda}}\right)^{-\frac{1}{\lambda}}\right)^{\frac{1}{\lambda-1}}.$$

由式(4.5.10)，得

$$\frac{h_{-}(t,s)}{\delta^{\sigma}(s)}(H(t,s))^{\frac{1}{\lambda}}\omega^{\sigma}(s) - H(t,s)\frac{(\gamma-1)\delta(s)\tau^{\Delta}(s)}{(a(\tau(s)))^{\lambda-1}(\delta^{\sigma}(s))^{\lambda}}(\omega^{\sigma}(s))^{\lambda} \leqslant \frac{(h_{-}(t,s))^{\gamma}a(\tau(s))}{\gamma^{\gamma}(\delta(s)\tau^{\Delta}(s))^{\gamma-1}}. \tag{4.5.33}$$

由式(4.5.32)和式(4.5.33)，得到

$$\int_{t_1}^{t} H(t,s)q(s)\delta(s)(1-r(\tau(s)))^{\gamma-1}\Delta s - \int_{t_1}^{t}\frac{(h_{-}(t,s))^{\gamma}a(\tau(s))}{\gamma^{\gamma}(\delta(s)\tau^{\Delta}(s))^{\gamma-1}}\Delta s \leqslant H(t,t_1)\omega(t_1),$$

即 $$\frac{1}{H(t,t_1)}\int_{t_1}^{t}\left(H(t,s)q(s)\delta(s)(1-r(\tau(s)))^{\gamma-1} - \frac{(h_{-}(t,s))^{\gamma}a(\tau(s))}{\gamma^{\gamma}(\delta(s)\tau^{\Delta}(s))^{\gamma-1}}\right)\Delta s \leqslant \omega(t_1).$$

这与式(4.5.31)矛盾. 证毕.

定理 4.5.5　假设条件(C_1)和(C_2)成立，$\tau\circ\sigma=\sigma\circ\tau$. 如果存在正值函数$\delta,\eta\in C_{\mathrm{rd}}^{1}([t_0,+\infty)_{\mathbb{T}},\mathbf{R})$，$\eta^{\Delta}(t)\geqslant 0$，且

$$\int_{t_0}^{+\infty}\left[\frac{1}{a(t)}e_{-p/a}(t,t_0)\right]^{\frac{1}{\gamma-1}}\Delta t < +\infty, \tag{4.5.34}$$

对所有充分大的t_1，使得式(4.5.11)和

$$\int_{t_1}^{+\infty}\left(\frac{1}{\eta(t)a(t)}\int_{t_1}^{t}e_{-p/a}(t,\sigma(s))\eta(s)q(s)\Delta s\right)^{\frac{1}{\gamma-1}}\Delta t = +\infty \tag{4.5.35}$$

成立，则方程(4.5.1)的所有解或者是振动的或者是收敛于零的.

证明　假设方程(4.5.1)在$[t_0,+\infty)_{\mathbb{T}}$上存在非振动解$x$，不妨设$x$最终为正，即存在$t_1\in[t_0,+\infty)_{\mathbb{T}}$使得$x(t)>0$，$x(\tau(t))>0$，$t\in[t_1,+\infty)_{\mathbb{T}}$. 我们只考虑这种情况，当$x$最终为负时可类似证明. 由引理4.5.3的证明可知，$z^{\Delta}(t)$是最终为正或最终为负的，这里$t\in[t_1,+\infty)_{\mathbb{T}}$.

(Ⅰ) 当$z^{\Delta}(t)>0$最终成立时，根据定理4.5.1的证明，得到方程(4.5.1)是振动的. 故证明过程省略.

(Ⅱ) 假设$z^{\Delta}(t)<0$最终成立，则x是递减的，且$\lim\limits_{t\to+\infty}x(t)=b\geqslant 0$. 因此，容易得到

$$z(\tau(t)) \geqslant z(t) \geqslant z(\sigma(t)) \geqslant b \geqslant 0. \tag{4.5.36}$$

定义函数u为

$$u(t)=\eta(t)a(t)\mid z^{\Delta}(t)\mid^{\gamma-2}z^{\Delta}(t) = -\eta(t)a(t)\mid z^{\Delta}(t)\mid^{\gamma-1}, t\in[t_1,+\infty)_{\mathbb{T}}.$$

则$u(t)<0$，$t\in[t_1,+\infty)_{\mathbb{T}}$. 由求导法则，并由方程(4.5.1)和式(4.5.36)，得

$$\begin{aligned} u^{\Delta}(t) &= -\eta^{\Delta}(t)a^{\sigma}(t)\mid z^{\Delta\sigma}(t)\mid^{\gamma-1} - \eta(t)(a(t)\mid z^{\Delta}(t)\mid^{\gamma-1})^{\Delta} \\ &\leqslant \eta(t)(p(t)\mid z^{\Delta}(t)\mid^{\gamma-1} - q(t)(z(\tau(t)))^{\gamma-1}) \\ &\leqslant -\frac{p(t)}{a(t)}u(t) - b^{\gamma-1}\eta(t)q(t). \end{aligned} \tag{4.5.37}$$

因为$-p/a\in\mathbf{R}_{+}$，所以式(4.5.37)满足[28]中定理6.1的条件. 故由该定理可得

$$u(t) \leqslant u(t_1)e_{-p/a}(t,t_1) - b^{\gamma-1}\int_{t_1}^{t} e_{-p/a}(t,\sigma(s))\eta(s)q(s)\Delta s$$
$$< -b^{\gamma-1}\int_{t_1}^{t} e_{-p/a}(t,\sigma(s))\eta(s)q(s)\Delta s.$$

所以,对于任意的 $l \in [t_1,+\infty)_{\mathbb{T}}$,有

$$\int_{t_1}^{l} z^{\Delta}(u)\Delta u < -b\int_{t_1}^{l}\left(\frac{1}{\eta(u)a(u)}\int_{t_1}^{u} e_{-p/a}(u,\sigma(s))\eta(s)q(s)\Delta s\right)^{\frac{1}{\gamma-1}}\Delta u \quad (4.5.38)$$

成立.假设 $b>0$,则将条件(4.5.35)应用到式(4.5.38),可得 $\lim\limits_{l\to+\infty} z(l) = -\infty$.这与 $z(t)>0$ 矛盾.所以 $b=0$,即 $\lim\limits_{t\to+\infty} z(t)=0$.证毕.

注 4.5.4 如果取 $\eta(t)=1, r(t)\equiv 0$,则条件(4.5.35)即为文献[211]中定理4.3的条件(4.9),所以我们的结论包含[211]中的定理4.3.

4.5.4 例 子

例 4.5.1 考虑时间尺度上具阻尼项的二阶半线性时滞 2-差分方程

$$(|z^{\Delta}(t)|^{\gamma-2}z^{\Delta}(t))^{\Delta} + \frac{1}{t\sigma(t)}|z^{\Delta}(t)|^{\gamma-2}z^{\Delta}(t)$$
$$+\frac{\beta}{t}\left(\frac{\sigma(t)}{t}\right)^{\gamma-1}\left|x\left(\frac{t}{2}\right)\right|^{\gamma-2}x\left(\frac{t}{2}\right)=0, t\in 2^{z}, t\geqslant 2, \quad (4.5.39)$$

这里,$z(t)=x(t)+\left(1-\frac{t}{\sigma(t)}\right)x\left(\frac{t}{2}\right)$,$\gamma>1$,且 $a(t)=1$,$r(t)=1-\frac{t}{\sigma(t)}$,$p(t)=\frac{1}{t\sigma(t)}$,$q(t)=\frac{\beta}{t}\left(\frac{\sigma(t)}{t}\right)^{\gamma-1}$,$\sigma(t)=2t$,$\tau(t)=\frac{t}{2}$.

显然 $\tau\circ\sigma=\frac{2t}{2}=2\frac{t}{2}=\sigma\circ\tau$.当 $t\geqslant 2$ 时,$1-\mu(t)\frac{p(t)}{a(t)}=1-t\frac{1}{2t^2}>0$,所以,条件($C_1$)和($C_2$)成立.由条件($C_1$),可得

$$e_{-p/a}(t,2)\geqslant 1-\int_2^t \frac{p(s)}{a(s)}\Delta s = 1-\int_2^t\frac{1}{s\sigma(s)}\Delta s = 1-\frac{1}{2}\int_2^t\frac{1}{s^2}\Delta s$$
$$=1-\frac{1}{2}\frac{t^{-1}-2^{-1}}{2^{-1}-1}=1+\frac{1}{t}-\frac{1}{2}>\frac{1}{2},$$

并且

$$\int_{t_0}^{t}\left[\frac{1}{a(t)}e_{-p/a}(s,t_0)\right]^{\frac{1}{\gamma-1}}\Delta s=\int_2^t (e_{-p/a}(s,2))^{\frac{1}{\gamma-1}}\Delta s>\left(\frac{1}{2}\right)^{\frac{1}{\gamma-1}}(t-2).$$

在上述不等式中,令 $t\to+\infty$ 时,式(4.5.4)成立.令 $\delta(t)=t$,则当 $\beta>1/\gamma^{\gamma}$ 时,

$$\limsup_{t\to+\infty}\int_2^t\left[q(s)(1-r(\tau(s)))^{\gamma-1}-\frac{a(\tau(s))\left|\frac{\delta^{\Delta}(s)}{\delta(s)}-\frac{p(s)}{a(s)}\right|^{\gamma}}{\gamma^{\gamma}(\tau^{\Delta}(s))^{\gamma-1}}\right]\delta(s)\Delta s$$

$$=\limsup_{t\to+\infty}\int_2^t\left[\frac{\beta}{s}\left(\frac{\sigma(s)}{s}\right)^{\gamma-1}\left(\frac{s}{\sigma(s)}\right)^{\gamma-1}-\frac{\left|\frac{1}{s}-\frac{1}{s\sigma(s)}\right|^{\gamma}}{\gamma^{\gamma}\left(\frac{1}{2}\right)^{\gamma-1}}\right]s\Delta s$$

$$>\limsup_{t\to+\infty}\int_2^t\left(\beta-\frac{1}{\gamma^{\gamma}}\right)\Delta s=\left(\beta-\frac{1}{\gamma^{\gamma}}\right)\limsup_{t\to+\infty}\frac{t-2}{2-1}=+\infty.$$

所以,当 $\beta > 1/\gamma^{\gamma}$ 时,由定理 4.5.1 可得方程(4.5.39) 是振动的.

4.5.5　小　结

本节借助时间尺度的有关理论,运用 Riccati 变换技巧,平均函数技术及不等式技巧,研究了时间尺度上一类二阶具阻尼项的半线性中立型时滞动力方程的振动性,给出该类方程振动的几个充分条件,推广并改进了已有的某些结果. 本节主要结果来自于文献[303].

第5章 时间尺度上高阶非线性时滞动态方程振动理论

5.1 时间尺度上三阶非线性时滞动态方程的振动准则

5.1.1 引　言

时间尺度上的分析理论是由 Stefan Hilger 在他的博士论文[22]中提出的，其目的是为了统一连续分析与离散分析理论. 该理论提出后受到学术界的广泛关注. 该理论中时间尺度$\mathbb{T}$是实数域上的任意非空闭子集，当时间尺度等于实数集或整数集时，则分别表示为微分方程和差分方程. 存在很多其他有趣的时间尺度，在实际问题中具有重要的应用价值. 例如，生物种群的动态模型就可以很好地用时间尺度上动力方程来刻画(见文献[28]).

时间尺度上动力方程理论不仅统一了微分方程和差分方程的理论，而且将这些经典理论推广到微分方程和差分方程“中间”的情形，如 q - 差分方程. 很多学者已经从不同方面来研究这种新的理论，可参见文献[27,84].

近年来，关于时间尺度上不同种类方程解的振动性和非振动性研究已经有了大量结果，如文献[122,133,145,169,195,196]. 而关于三阶和高阶动力方程解的振动结果还比较少，如文献[130,132,201 ~ 203,207 ~ 209,213,228,234].

2007 年，Erbe 等在文献[132]中研究了三阶时滞动力方程

$$x^{\Delta\Delta\Delta}(t) + p(t)x(t) = 0, t \in \mathbb{T}, \tag{5.1.1}$$

建立了方程(5.1.1)的几个振动准则.

Han 等[203]研究了时间尺度上三阶非线性时滞动态方程

$$((x^{\Delta\Delta}(t))^{\gamma})^{\Delta} + p(t)x^{\gamma}(\tau(t)) = 0, t \in \mathbb{T} \tag{5.1.2}$$

解的振动性. 文献[203]中得到的结果需要下面的条件：

$$\int_{t_0}^{+\infty} p(t)(h_2(\tau(s),t_0))^{\gamma}\Delta t = +\infty, \tag{5.1.3}$$

这里，泰勒单项式$\{h_n(t,s)\}_{n=0}^{+\infty}$[28,1.6 节]定义为：

$$h_0(t,s) = 1, h_{n+1}(t,s) = \int_s^t h_n(\tau,s)\Delta\tau, t,s \in \mathbb{T}, n \geqslant 1.$$

通过使用形式为$\omega(t) = \delta(t)\dfrac{(x^{\Delta\Delta}(t))^{\gamma}}{(x^{\Delta}(t))^{\gamma}}$的 Riccati 变换技术，得到了方程(5.1.2)振动的几

个结果.

Han 等[209] 研究了三阶 Emden-Fowler 中立型时滞动力方程

$$(r(t)(x(t)-a(t)x(\tau(t)))^{\Delta\Delta})^{\Delta}+p(t)x^{\gamma}(\delta(t))=0, t\in\mathbb{T} \tag{5.1.4}$$

的振动性,这里 $r^{\Delta}(t)\geqslant 0$,并且需要式(5.1.3) 成立.

Hassan[201] 研究了时间尺度上三阶非线性时滞动态方程

$$(c(t)((a(t)x^{\Delta}(t))^{\Delta})^{\gamma})^{\Delta}+f(t,x(\tau(t)))=0, t\in\mathbb{T} \tag{5.1.5}$$

的振动性,在条件 $\tau(\sigma(t))=\sigma(\tau(t))$ 下,建立了方程(5.1.5) 所有解振动的一些充分条件,推广了已有文献中的相关结果.

在条件

$$r^{\Delta}(t)\leqslant 0,\int_{t_0}^{+\infty}p(t)\tau^{\gamma}(t)\Delta t=+\infty, t\in\mathbb{T} \tag{5.1.6}$$

成立的情况下,Li 等[234] 研究了三阶非线性时滞动力方程(5.1.5).

注意到由于上述结果不能应用于微分方程

$$(t(tx'(t))')'+(t^2-3t+1)e^{2t-6}x^3(t-2)=0, t\geqslant 3, \tag{5.1.7}$$

所以,文献[203] 和[234] 中的结果受到条件式(5.1.3) 和式(5.1.6) 的限制.

在本节,我们将研究三阶非线性时滞动力方程

$$(a(t)(r(t)x^{\Delta}(t))^{\Delta})^{\Delta}+p(t)x^{\gamma}(\tau(t))=0, t\in\mathbb{T}. \tag{5.1.8}$$

假设 $\gamma>0$ 是正奇数的比,a,r,p 是定义上$\mathbb{T}$的正的实值 rd 连续函数,$\tau:\mathbb{T}\to\mathbb{T}$是 rd 连续函数,使得 $\tau(t)\leqslant t$ 且 $\tau(t)\to+\infty(t\to+\infty)$.

由于我们感兴趣的是方程的自变量趋于无穷时,方程解的振动和渐近性质,所以假设 $\sup\mathbb{T}=+\infty$.

本节分为以下几个部分:第 5.1.2 节,运用 Keller 链锁法则的一个简单推论,得到方程(5.1.8) 的所有解或者是振动的,或者在$+\infty$ 处存在有限极限的几个充分条件. 第 5.1.3 节,给出了几个例子来说明主要结果的合理性. 第 5.1.4 节,给出小结.

本节假设所有的泛函不等式都是最终成立的,即它们对于所有充分大的 t 成立.

5.1.2　主要结果

在这一部分,我们将给出方程(5.1.8) 振动的几个新的准则. 为了证明主要结果,需要用到下面的公式:

$$((x(t))^{\gamma})^{\Delta}=\gamma\int_0^1[hx^{\sigma}(t)+(1-h)x(t)]^{\gamma-1}x^{\Delta}(t)dh, \tag{5.1.9}$$

其中,$x(t)$ 是 Δ 可微的,并且是最终为正或最终为负的. 公式(5.1.9) 是 Keller 链锁法则的一个简单推论(见 Bohner 和 Peterson[28,定理 1.90]).

在证明主要结论之前,给出下列几个引理,这将对于主要结论的证明将起到重要作用.

引理 5.1.1　假设

$$\int_{t_0}^{+\infty}\frac{1}{a(t)}\Delta t=\int_{t_0}^{+\infty}\frac{1}{r(t)}\Delta t=+\infty. \tag{5.1.10}$$

进一步,假设 x 是方程(5.1.8) 的一个最终正解. 则对于充分大的 $t\geqslant t_0$ 只存在下列

两种情况：

(1)$x(t)>0, x^{\Delta}(t)>0, (r(t)x^{\Delta}(t))^{\Delta}>0, (a(t)(r(t)x^{\Delta}(t))^{\Delta})^{\Delta}<0$；

或者

(2)$x(t)>0, x^{\Delta}(t)<0, (r(t)x^{\Delta}(t))^{\Delta}>0, (a(t)(r(t)x^{\Delta}(t))^{\Delta})^{\Delta}<0$.

引理 5.1.1 的证明过程与 Hassan[201,引理 2.1] 类似，故省略.

引理 5.1.2[132,引理4] 假设 u 满足 $u(t)>0, u^{\Delta}(t)>0, u^{\Delta\Delta}(t)>0, u^{\Delta\Delta\Delta}(t)<0$，则

$$\liminf_{t\to+\infty}\frac{tu(t)}{h_2(t,t_0)u^{\Delta}(t)}\geqslant 1. \tag{5.1.11}$$

引理 5.1.3[138,引理1] 假设下列条件成立：

$(H_1)\ u\in C_{\mathrm{rd}}^2(I,\mathbf{R})$，这里对某 $t_*>0, I=[t_*,+\infty)_{\mathbb{T}}\subset\mathbb{T}$；

$(H_2)\ u(t)>0, u^{\Delta}(t)>0$ 且 $u^{\Delta\Delta}(t)\leqslant 0, t\geqslant t_*$.

则对于任意的 $k\in(0,1)$，存在常数 $t_k\in\mathbb{T}, t_k\geqslant t_*$，使得对于 $t\geqslant t_k$，有

$$u(\sigma(t))\leqslant\frac{\sigma(t)}{k\tau(t)}u(\tau(t)). \tag{5.1.12}$$

引理 5.1.4 假设 x 是方程(5.1.8)满足引理 5.1.1 的情况(2)的一个解. 如果

$$\int_{t_0}^{+\infty}\frac{1}{r(z)}\int_z^{+\infty}\frac{1}{a(u)}\int_u^{+\infty}p(s)\Delta s\Delta u\Delta z=+\infty, \tag{5.1.13}$$

则 $\lim\limits_{t\to+\infty}x(t)=0$

引理 5.1.4 的证明过程与 Hassan[201,引理 2.1] 类似，故省略.

注 5.1.1 事实上，假设 x 是方程(5.1.8)满足引理 5.1.1 的情况(2)的一个解. 如果

$$\int_{t_0}^{+\infty}p(t)\Delta t=+\infty \tag{5.1.14}$$

或者

$$\int_{t_0}^{+\infty}p(t)\Delta t<+\infty, \int_{t_0}^{+\infty}\frac{1}{a(u)}\int_u^{+\infty}p(s)\Delta s\Delta u=+\infty \tag{5.1.15}$$

成立，则 $\lim\limits_{t\to+\infty}x(t)=0$.

定理 5.1.1 假设式(5.1.10)成立，$a^{\Delta}(t)\geqslant 0, r^{\Delta}(t)\geqslant 0, \gamma\geqslant 1$. 进一步，假设存在一个正值函数 $\delta\in C_{\mathrm{rd}}^1([t_0,+\infty)_{\mathbb{T}},\mathbf{R})$，使得对某 $l,k\in(0,1)$，并且对于任意的常数 $M>0$，有

$$\limsup_{t\to+\infty}\int_{t_0}^{t}\left((lk)^{\gamma}p(s)\delta^{\sigma}(s)\xi(s)-\frac{a(s)m^{-\gamma}(s)(\delta^{\Delta}(s))^2}{4\gamma M^{\gamma-1}\delta^{\sigma}(s)}\right)\Delta s=+\infty, \tag{5.1.16}$$

这里，$\xi(t):=(h_2(\tau(t),t_0)/(r(\tau(t))\sigma(t)))^{\gamma}, m(t):=t/(t+2\mu(t))$. 则方程(5.1.8)的所有解 x 或者是振动的，或者 $\lim\limits_{t\to+\infty}x(t)$ 存在.

证明 假设方程(5.1.8)在 $[t_0,+\infty)_{\mathbb{T}}$ 上存在非振动解 x. 不失一般性，假设存在 $t_1\in[t_0,+\infty)_{\mathbb{T}}$，有 $x(t)>0$ 和 $x(\tau(t))>0, t\in[t_1,+\infty)_{\mathbb{T}}$. 则由引理 5.1.1，$x$ 满足情况(1)或者(2). 假设 x 满足情况(1). 定义函数 ω 为

$$\omega(t)=\delta(t)\frac{a(t)(r(t)x^{\Delta}(t))^{\Delta}}{(r(t)x^{\Delta}(t))^{\gamma}}, t\in[t_1,+\infty)_{\mathbb{T}}. \tag{5.1.17}$$

则对于 $t\in[t_1,+\infty)_{\mathbb{T}}, \omega(t)>0$. 由乘积的求导法则，得到

$$\omega^{\Delta}(t)=\delta^{\Delta}(t)\frac{a(t)(r(t)x^{\Delta}(t))^{\Delta}}{(r(t)x^{\Delta}(t))^{\gamma}}+\delta^{\sigma}(t)\left(\frac{a(t)(r(t)x^{\Delta}(t))^{\Delta}}{(r(t)x^{\Delta}(t))^{\gamma}}\right)^{\Delta}.$$

由商的求导法则，得到

$$\omega^{\Delta}(t)=\delta^{\Delta}(t)\frac{a(t)(r(t)x^{\Delta}(t))^{\Delta}}{(r(t)x^{\Delta}(t))^{\gamma}}$$

$$+\delta^{\sigma}(t)\frac{(a(t)(r(t)x^{\Delta}(t))^{\Delta})^{\Delta}(r(t)x^{\Delta}(t))^{\gamma}-a(t)(r(t)x^{\Delta}(t))^{\Delta}(r(t)x^{\Delta}(t))^{\gamma})^{\Delta}}{(r(t)x^{\Delta}(t))^{\gamma}(r(\sigma(t))x^{\Delta}(\sigma(t)))^{\gamma}}.$$

由方程(5.1.8) 和式(5.1.17)，有

$$\omega^{\Delta}(t)=\frac{\delta^{\Delta}(t)}{\delta(t)}\omega(t)-p(t)\delta^{\sigma}(t)\frac{x^{\gamma}(\tau(t))}{(r(\sigma(t))x^{\Delta}(\sigma(t)))^{\gamma}}$$

$$-\delta^{\sigma}(t)\frac{a(t)(r(t)x^{\Delta}(t))^{\Delta}((r(t)x^{\Delta}(t))^{\gamma})^{\Delta}}{(r(t)x^{\Delta}(t))^{\gamma}(r(\sigma(t))x^{\Delta}(\sigma(t)))^{\gamma}}. \tag{5.1.18}$$

由情况(1)，得到

$$\int_{t_1}^{t}r(s)x^{\Delta}(s)\Delta s>0,r(t)x^{\Delta}(t)>0,(r(t)x^{\Delta}(t))^{\Delta}>0,t\in(t_1,+\infty)_{\mathbb{T}}.$$

由$(a(t)(r(t)x^{\Delta}(t))^{\Delta})^{\Delta}<0,a^{\Delta}(t)\geqslant 0,(r(t)x^{\Delta}(t))^{\Delta}>0$ 和

$$(a(t)(r(t)x^{\Delta}(t))^{\Delta})^{\Delta}=a^{\Delta}(t)(r(t)x^{\Delta}(t))^{\Delta}+a(\sigma(t))((r(t)x^{\Delta}(t))^{\Delta})^{\Delta},$$

可得

$$((r(t)x^{\Delta}(t))^{\Delta})^{\Delta}<0,t\in[t_1,+\infty)_{\mathbb{T}}. \tag{5.1.19}$$

令 $u(t)=\int_{t_1}^{t}r(s)x^{\Delta}(s)\Delta s$. 则 $u(t)>0,u^{\Delta}(t)>0,u^{\Delta\Delta}(t)>0,u^{\Delta\Delta\Delta}(t)<0$. 由引理 5.1.2，对于任意的 $l\in(0,1)$，存在 $t_l\in[t_1,+\infty)_{\mathbb{T}}$，使得$\frac{u(t)}{u^{\Delta}(t)}\geqslant l\frac{h(t,t_0)}{t},t\in[t_l,+\infty)_{\mathbb{T}}$，即，

$$\frac{\int_{t_1}^{t}r(s)x^{\Delta}(s)\Delta s}{r(t)x^{\Delta}(t)}\geqslant l\frac{h_2(t,t_0)}{t},t\in[t_l,+\infty)_{\mathbb{T}}. \tag{5.1.20}$$

注意到 $r^{\Delta}(t)\geqslant 0$ 和$\int_{t_1}^{t}r(s)x^{\Delta}(s)\Delta s=r(t)x(t)-r(t_1)x(t_1)-\int_{t_1}^{t}r^{\Delta}(s)x(\sigma(s))\Delta s$，所以

$$\frac{r(t)x(t)}{r(t)x^{\Delta}(t)}\geqslant\int_{t_1}^{t}\frac{r(s)x^{\Delta}(s)}{r(t)x^{\Delta}(t)}\Delta s.$$

因此由式(5.1.20)，得到

$$\frac{x(t)}{x^{\Delta}(t)}\geqslant l\frac{h_2(t,t_0)}{t},t\in[t_l,+\infty)_{\mathbb{T}}. \tag{5.1.21}$$

另一方面，令 $u(t)=r(t)x^{\Delta}(t)$. 由(1) 和式(5.1.19)，$u(t)>0,u^{\Delta}(t)>0,u^{\Delta\Delta}(t)<0$. 所以，由式(5.1.12)，对于任意的 $k\in(0,1)$，存在 $t_k\in[t_1,+\infty)_{\mathbb{T}}$，使得

$$\frac{r(\tau(t))x^{\Delta}(\tau(t))}{r(\sigma(t))x^{\Delta}(\sigma(t))}\geqslant k\frac{\tau(t)}{\sigma(t)},t\in[t_k,+\infty)_{\mathbb{T}}. \tag{5.1.22}$$

因此由式(5.1.21) 和式(5.1.22)，存在 $t_2\in[t_1,+\infty)_{\mathbb{T}},t_2\geqslant\max\{t_l,t_k\}$，使得

$$\frac{x(\tau(t))}{r(\sigma(t))x^{\Delta}(\sigma(t))}=\frac{x(\tau(t))}{x^{\Delta}(\tau(t))}\frac{x^{\Delta}(\tau(t))}{x^{\Delta}(\sigma(t))}\frac{1}{r(\sigma(t))}$$

$$\geqslant lk\frac{h_2(\tau(t),t_0)}{\tau(t)}\frac{\tau(t)}{\sigma(t)}\frac{r(\sigma(t))}{r(\tau(t))}\frac{1}{r(\sigma(t))}$$

$$=lk\frac{h_2(\tau(t),t_0)}{r(\tau(t))\sigma(t)},t\in[t_2,+\infty)_{\mathbb{T}}. \tag{5.1.23}$$

由于 $\gamma\geqslant 1$,由式(5.1.16) 和(1),可得

$$((r(t)x^{\Delta}(t))^{\gamma})^{\Delta}=\gamma\int_0^1[hr^{\sigma}(t)x^{\Delta\sigma}(t)+(1-h)r(t)x^{\Delta}(t)]^{\gamma-1}(r(t)x^{\Delta}(t))^{\Delta}\mathrm{d}h$$

$$\geqslant\gamma(r(t)x^{\Delta}(t))^{\gamma-1}(r(t)x^{\Delta}(t))^{\Delta}\geqslant\gamma M^{\gamma-1}(r(t)x^{\Delta}(t))^{\Delta}, \tag{5.1.24}$$

这里,$M=r(t_1)x^{\Delta}(t_1)$. 由式(5.1.18)、式(5.1.23) 和式(5.1.24),得到

$$\omega^{\Delta}(t)\leqslant-(lk)^{\gamma}p(t)\delta^{\sigma}(t)\xi(t)+\frac{\delta^{\Delta}(t)}{\delta(t)}\omega(t)$$

$$-\frac{\gamma M^{\gamma-1}\delta^{\sigma}(t)}{a(t)}\frac{(a(t)(r(t)x^{\Delta}(t))^{\Delta})^2}{(r(t)x^{\Delta}(t))^{\gamma}(r(\sigma(t))x^{\Delta}(\sigma(t)))^{\gamma}}. \tag{5.1.25}$$

由于 $r(t)x^{\Delta}(t)=r(t_1)x^{\Delta}(t_1)+\int_{t_1}^{t}(r(s)x^{\Delta}(s))^{\Delta}\Delta s\geqslant(t-t_1)(r(t)x^{\Delta}(t))^{\Delta}$,所以最终有

$$r(t)x^{\Delta}(t)\geqslant\frac{t}{2}(r(t)x^{\Delta}(t))^{\Delta}. \tag{5.1.26}$$

因此

$$\frac{r(t)x^{\Delta}(t)}{r(\sigma(t))x^{\Delta}(\sigma(t))}=\frac{r(t)x^{\Delta}(t)}{r(t)x^{\Delta}(t)+\mu(t)(r(t)x^{\Delta}(t))^{\Delta}}$$

$$=\frac{1}{1+\mu(t)\dfrac{(r(t)x^{\Delta}(t))^{\Delta}}{r(t)x^{\Delta}(t)}}\geqslant\frac{t}{t+2\mu(t)}. \tag{5.1.27}$$

所以,由式(5.1.25)、式(5.1.27) 和式(5.1.17),可得

$$\omega^{\Delta}(t)\leqslant-(lk)^{\gamma}p(t)\delta^{\sigma}(t)\xi(t)+\frac{\delta^{\Delta}(t)}{\delta(t)}\omega(t)-\frac{\gamma M^{\gamma-1}\delta^{\sigma}(t)}{a(t)m^{-\gamma}(t)\delta^2(t)}\omega^2(t).$$

因此

$$\omega^{\Delta}(t)\leqslant-(lk)^{\gamma}p(t)\delta^{\sigma}(t)\xi(t)+\frac{a(t)m^{-\gamma}(t)(\delta^{\Delta}(t))^2}{4\gamma M^{\gamma-1}\delta^{\sigma}(t)}. \tag{5.1.28}$$

将不等式(5.1.28) 从 t_2 到 t 积分,得

$$-\omega(t_2)\leqslant\omega(t)-\omega(t_2)\leqslant-\int_{t_2}^{t}\left((lk)^{\gamma}p(s)\delta^{\sigma}(s)\xi(s)-\frac{a(s)m^{-\gamma}(s)(\delta^{\Delta}(s))^2}{4\gamma M^{\gamma-1}\delta^{\sigma}(s)}\right)\Delta s,$$

即对于所有充分大的 t,

$$\int_{t_2}^{t}\left((lk)^{\gamma}p(s)\delta^{\sigma}(s)\xi(s)-\frac{a(s)m^{-\gamma}(s)(\delta^{\Delta}(s))^2}{4\gamma M^{\gamma-1}\delta^{\sigma}(s)}\right)\Delta s\leqslant\omega(t_2),$$

这与式(5.1.16) 矛盾. 如果情况(2) 成立,则 $\lim\limits_{t\to+\infty}x(t)$ 存在. 证毕.

注 5.1.2 由定理 5.1.1,通过选择不同的函数 δ,可以得到方程(5.1.8) 的所有解振动的不同条件. 例如,令 $\delta(t)=t$ 或者 $\delta(t)=1$. 由定理 5.1.1 有下面的结果.

推论 5.1.1 假设式(5.1.10) 成立且 $\gamma\geqslant 1$. 进一步,假设 $a^{\Delta}(t)\geqslant 0$,$r^{\Delta}(t)\geqslant 0$. 如果对某 $l,k\in(0,1)$ 并且对于任意的常数 $M>0$,

$$\limsup_{t\to+\infty}\int_{t_0}^{t}\left((lk)^{\gamma}p(s)\sigma(s)\left(\frac{h_2(\tau(s),t_0)}{r(\tau(s))\sigma(s)}\right)^{\gamma}-\frac{a(s)m^{-\gamma}(s)}{4\gamma M^{\gamma-1}\sigma(s)}\right)\Delta s=+\infty,\tag{5.1.29}$$

这里,m 是定理 5.1.1 中所定义的,则方程(5.1.8) 的所有解 x 或者是振动的,或者 $\lim\limits_{t\to+\infty}x(t)$ 存在.

推论 5.1.2　假设式(5.1.10) 成立和 $\gamma\geqslant 1$. 进一步,假设 $a^{\Delta}(t)\geqslant 0, r^{\Delta}(t)\geqslant 0$. 如果

$$\limsup_{t\to+\infty}\int_{t_0}^{t}p(s)\left(\frac{h_2(\tau(s),t_0)}{r(\tau(s))\sigma(s)}\right)^{\gamma}\Delta s=+\infty,\tag{5.1.30}$$

则方程(5.1.8) 的所有解 x 或者是振动的,或者 $\lim\limits_{t\to+\infty}x(t)$ 存在.

定理 5.1.2　假设式(5.1.10) 成立和 $\gamma>1$. 进一步,假设 $a^{\Delta}(t)\geqslant 0, r^{\Delta}(t)\geqslant 0$. 如果

$$\limsup_{t\to+\infty}\int_{t_0}^{t}\frac{p(s)\sigma(s)}{a(s)}\left(\frac{h_2(\tau(s),t_0)}{r(\tau(s))\sigma(s)}\right)^{\gamma}\Delta s=+\infty,\tag{5.1.31}$$

则方程(5.1.8) 的所有解 x 或者是振动的,或者 $\lim\limits_{t\to+\infty}x(t)$ 存在.

证明　假设方程(5.1.8) 在 $[t_0,+\infty)_{\mathbb{T}}$ 上存在非振动解 x. 不失一般性,假设存在 $t_1\in[t_0,+\infty)_{\mathbb{T}}$, 有 $x(t)>0$ 和 $x(\tau(t))>0, t\in[t_1,+\infty)_{\mathbb{T}}$. 则由引理 5.1.1,$x$ 满足情况(1) 或者(2).

假设 x 满足情况(1). 定义函数 ω 为

$$\omega(t)=t\frac{a(t)(r(t)x^{\Delta}(t))^{\Delta}}{(r(t)x^{\Delta}(t))^{\gamma}},t\in[t_1,+\infty)_{\mathbb{T}}.$$

根据定理 5.1.1 的证明,对某 $l,k\in(0,1)$, 有式(5.1.23) 成立. 则由方程(5.1.8) 和(5.1.23) 式得到

$$\begin{aligned}\omega^{\Delta}(t)&=[a(t)(r(t)x^{\Delta}(t))^{\Delta}+\sigma(t)(a(t)(r(t)x^{\Delta}(t))^{\Delta})^{\Delta}](r^{\sigma}(t)x^{\Delta\sigma}(t))^{-\gamma}\\&\quad+ta(t)(r(t)x^{\Delta}(t))^{\Delta}((r(t)x^{\Delta}(t))^{-\gamma})^{\Delta}\\&=a(t)(r(t)x^{\Delta}(t))^{\Delta}(r^{\sigma}(t)x^{\Delta\sigma}(t))^{-\gamma}-\sigma(t)p(t)\left(\frac{x(\tau(t))}{r^{\sigma}(t)x^{\Delta\sigma}(t)}\right)^{\gamma}\\&\quad+ta(t)(r(t)x^{\Delta}(t))^{\Delta}((r(t)x^{\Delta}(t))^{-\gamma})^{\Delta}\\&\leqslant a(t)\frac{\left((r(t)x^{\Delta}(t))^{1-\gamma}\right)^{\Delta}}{1-\gamma}-(lk)^{\gamma}\sigma(t)p(t)\left(\frac{h_2(\tau(t),t_0)}{r(\tau(t))\sigma(t)}\right)^{\gamma},\end{aligned}$$

由式(5.1.9) 得到 $((r(t)x^{\Delta}(t))^{-\gamma})^{\Delta}\leqslant 0$, 并且

$$\begin{aligned}\left((r(t)x^{\Delta}(t))^{1-\gamma}\right)^{\Delta}&=(1-\gamma)\int_0^1\left[hr^{\sigma}(t)x^{\Delta\sigma}(t)+(1-h)r(t)x^{\Delta}(t)\right]^{-\gamma}(r(t)x^{\Delta}(t))^{\Delta}\mathrm{d}h\\&\leqslant(1-\gamma)\int_0^1\left[hr^{\sigma}(t)x^{\Delta\sigma}(t)+(1-h)r^{\sigma}(t)x^{\Delta\sigma}(t)\right]^{-\gamma}(r(t)x^{\Delta}(t))^{\Delta}\mathrm{d}h\\&=(1-\gamma)(r^{\sigma}(t)x^{\Delta\sigma}(t))^{-\gamma}(r(t)x^{\Delta}(t))^{\Delta},\end{aligned}$$

所以上述不等式成立. 积分后,由于 $a^{\Delta}(t)\geqslant 0$, 对于充分大的 $t_2\in[t_1,+\infty)_{\mathbb{T}}$, 得到

$$\begin{aligned}&\int_{t_2}^{t}(lk)^{\gamma}\frac{\sigma(s)p(s)}{a(s)}\left(\frac{h_2(\tau(s),t_0)}{r(\tau(s))\sigma(s)}\right)^{\gamma}\Delta s\leqslant\int_{t_2}^{t}\left[\frac{((r(s)x^{\Delta}(s))^{1-\gamma})^{\Delta}}{1-\gamma}-\frac{\omega^{\Delta}(s)}{a(s)}\right]\Delta s\\&=\frac{(r(t)x^{\Delta}(t))^{1-\gamma}}{1-\gamma}-\frac{r(t_2)(x^{\Delta}(t_2))^{1-\gamma}}{1-\gamma}-\frac{\omega(t)}{a(t)}+\frac{\omega(t_2)}{a(t_2)}+\int_{t_2}^{t}\omega^{\sigma}(s)\left(\frac{1}{a(s)}\right)^{\Delta}\Delta s\\&\leqslant\frac{(r(t_2)x^{\Delta}(t_2))^{1-\gamma}}{\gamma-1}+\frac{\omega(t_2)}{a(t_2)},\end{aligned}$$

这与式(5.1.31)矛盾.如果情况(2)成立,则 $\lim_{t\to+\infty}x(t)$ 存在.证毕.

定理 5.1.3 假设式(5.1.10)成立,$a^{\Delta}(t)\geqslant 0$,$r^{\Delta}(t)\geqslant 0$,$\gamma\leqslant 1$.进一步,假设存在一个正值函数 $\delta\in C_{\mathrm{rd}}^{1}([t_0,+\infty)_{\mathbb{T}},\mathbf{R})$ 使得对某 $l,k\in(0,1)$ 并且对于任意的常数 $H>0$,

$$\lim_{t\to+\infty}\sup\int_{t_0}^{t}\left((lk)^{\gamma}p(s)\delta^{\sigma}(s)\xi(s)-\frac{a(s)m^{-\gamma}(s)(\delta^{\Delta}(s))^2}{4\gamma(H\sigma(s))^{\gamma-1}\delta^{\sigma}(s)}\right)\Delta s=+\infty,\quad(5.1.32)$$

这里,ξ,m 是定理 5.1.1 中所定义的.则方程(5.1.8)的所有解 x 或者是振动的,或者 $\lim_{t\to+\infty}x(t)$ 存在.

证明 假设方程(5.1.8)在 $[t_0,+\infty)_{\mathbb{T}}$ 上存在非振动解 x.不失一般性,假设存在 $t_1\in[t_0,+\infty)_{\mathbb{T}}$,有 $x(t)>0$ 和 $x(\tau(t))>0$,$t\in[t_1,+\infty)_{\mathbb{T}}$.则由引理 5.1.1,$x$ 满足情况(1)或者(2).假设 x 满足情况(1).定义函数 ω 为式(5.1.17).根据定理 5.1.1 的证明,对于任意的 $l,k\in(0,1)$,得到式(5.1.18)、式(5.1.19)、式(5.1.23)和式(5.1.27).由于 $\gamma\leqslant 1$,由式(5.1.9)和(1),得到

$$\begin{aligned}((r(t)x^{\Delta}(t))^{\gamma})^{\Delta}&=\gamma\int_0^1[hr^{\sigma}(t)x^{\Delta\sigma}(t)+(1-h)r(t)x^{\Delta}(t)]^{\gamma-1}(r(t)x^{\Delta}(t))^{\Delta}\mathrm{d}h\\&\geqslant\gamma(r^{\sigma}(t)x^{\Delta\sigma}(t))^{\gamma-1}(r(t)x^{\Delta}(t))^{\Delta},\end{aligned}$$

由式(5.1.18),注意到

$$\begin{aligned}r(t)x^{\Delta}(t)&=r(t_1)x^{\Delta}(t_1)+\int_{t_1}^{t}(r(s)x^{\Delta}(s))^{\Delta}\Delta s\\&\leqslant r(t_1)x^{\Delta}(t_1)+(r(t_1)x^{\Delta}(t_1))^{\Delta}(t-t_1)\\&\leqslant L+Mt\leqslant Ht,\end{aligned}$$

这里,$L=r(t_1)x^{\Delta}(t_1)$,$M=(r(t_1)x^{\Delta}(t_1))^{\Delta}$,$H\geqslant M+L/t_0$.所以

$$((r(t)x^{\Delta}(t))^{\gamma})^{\Delta}\geqslant\gamma(H\sigma(t))^{\gamma-1}(r(t)x^{\Delta}(t))^{\Delta}.\quad(5.1.33)$$

由式(5.1.18)、式(5.1.23)和式(5.1.33),可得

$$\begin{aligned}\omega^{\Delta}(t)\leqslant&-(lk)^{\gamma}p(t)\delta^{\sigma}(t)\xi(t)+\frac{\delta^{\Delta}(t)}{\delta(t)}\omega(t)\\&-\frac{\gamma(H\sigma(t))^{\gamma-1}\delta^{\sigma}(t)}{a(t)}\frac{(a(t)(r(t)x^{\Delta}(t))^{\Delta})^2}{(r(t)x^{\Delta}(t))^{\gamma}(r(\sigma(t))x^{\Delta}(\sigma(t)))^{\gamma}}.\end{aligned}\quad(5.1.34)$$

所以,由式(5.1.34)、式(5.1.27)和式(5.1.17),得到

$$\omega^{\Delta}(t)\leqslant-(lk)^{\gamma}p(t)\delta^{\sigma}(t)\xi(t)+\frac{\delta^{\Delta}(t)}{\delta(t)}\omega(t)-\frac{\gamma(H\sigma(t))^{\gamma-1}\delta^{\sigma}(t)}{a(t)m^{-\gamma}(t)\delta^2(t)}\omega^2(t).$$

因此

$$\omega^{\Delta}(t)\leqslant-(lk)^{\gamma}p(t)\delta^{\sigma}(t)\xi(t)+\frac{a(t)m^{-\gamma}(t)(\delta^{\Delta}(t))^2}{4\gamma(H\sigma(t))^{\gamma-1}\delta^{\sigma}(t)}.\quad(5.1.35)$$

将不等式(5.1.35)从 t_2($t_2\in[t_1,+\infty)_{\mathbb{T}}$ 充分大)到 t 积分,得到

$$-\omega(t_2)\leqslant\omega(t)-\omega(t_2)\leqslant-\int_{t_2}^{t}\left((lk)^{\gamma}p(s)\delta^{\sigma}(s)\xi(s)-\frac{a(s)m^{-\gamma}(s)(\delta^{\Delta}(s))^2}{4\gamma(H\sigma(s))^{\gamma-1}\delta^{\sigma}(s)}\right)\Delta s,$$

即对于所有充分大的 t,

$$\int_{t_2}^{t}\left((lk)^{\gamma}p(s)\delta^{\sigma}(s)\xi(s)-\frac{a(s)m^{-\gamma}(s)(\delta^{\Delta}(s))^2}{4\gamma(H\sigma(s))^{\gamma-1}\delta^{\sigma}(s)}\right)\Delta s\leqslant\omega(t_2),$$

这与式(5.1.32)矛盾.如果情况(2)成立,则 $\lim_{t\to+\infty}x(t)$ 存在.证毕.

注 5.1.3　由定理 5.1.3,通过选择不同的函数 δ,可以得到方程(5.1.8)的所有解振动的不同条件.

例如,令 $\delta(t)=t$ 或者 $\delta(t)=1$.由定理 5.1.3 得到下面的结果:

推论 5.1.3　假设式(5.1.10)成立和 $\gamma\leqslant 1$.进一步,假设 $a^{\Delta}(t)\geqslant 0, r^{\Delta}(t)\geqslant 0$.如果对某 $l,k\in(0,1)$ 并且对于任意的常数 $H>0$,

$$\limsup_{t\to+\infty}\int_{t_0}^{t}\left((lk)^{\gamma}p(s)\sigma(s)\left(\frac{h_2(\tau(s),t_0)}{r(\tau(s))\sigma(s)}\right)^{\gamma}-\frac{a(s)m^{-\gamma}(s)}{4\gamma(H\sigma(s))^{\gamma-1}\sigma(s)}\right)\Delta s=+\infty, \tag{5.1.36}$$

则方程(5.1.8)的所有解 x 或者是振动的,或者 $\lim\limits_{t\to+\infty}x(t)$ 存在.

推论 5.1.4　假设式(5.1.10)成立和 $\gamma\leqslant 1$.进一步,假设 $a^{\Delta}(t)\geqslant 0, r^{\Delta}(t)\geqslant 0$.如果式(5.1.30)成立,则方程(5.1.8)的所有解 x 或者是振动的,或者 $\lim\limits_{t\to+\infty}x(t)$ 存在.

定理 5.1.4　假设式(5.1.10)成立,$a^{\Delta}(t)\geqslant 0, r^{\Delta}(t)\geqslant 0, \gamma<1$.如果

$$\limsup_{t\to+\infty}\int_{t_0}^{t}\frac{p(s)}{a^{\sigma}(s)}\left(\frac{h_2(\tau(s),t_0)}{r(\tau(s))\sigma(s)}s\right)^{\gamma}\Delta s=+\infty, \tag{5.1.37}$$

则方程(5.1.8)的所有解 x 或者是振动的,或者 $\lim\limits_{t\to+\infty}x(t)$ 存在.

证明　假设方程(5.1.8)在 $[t_0,+\infty)_{\mathbb{T}}$ 上存在非振动解 x.不失一般性,假设存在 $t_1\in[t_0,+\infty)_{\mathbb{T}}$,有 $x(t)>0$ 和 $x(\tau(t))>0, t\in[t_1,+\infty)_{\mathbb{T}}$.则由引理 5.1.1,$x$ 满足情况(1)或者(2).假设 x 满足情况(1).根据定理 5.1.1 的证明,对于任意的 $l,k\in(0,1)$,得到式(5.1.19)、式(5.1.23)和式(5.1.26).由(1)、式(5.1.9)和式(5.1.19),得到

$$\begin{aligned}&(((r(t)x^{\Delta}(t))^{\Delta})^{1-\gamma})^{\Delta}\\&=(1-\gamma)\int_0^1\left[h((r(t)x^{\Delta}(t))^{\Delta})^{\sigma}+(1-h)(r(t)x^{\Delta}(t))^{\Delta}\right]^{-\gamma}((r(t)x^{\Delta}(t))^{\Delta})^{\Delta}\mathrm{d}h\\&\leqslant(1-\gamma)\int_0^1\left[h(r(t)x^{\Delta}(t))^{\Delta}+(1-h)(r(t)x^{\Delta}(t))^{\Delta}\right]^{-\gamma}((r(t)x^{\Delta}(t))^{\Delta})^{\Delta}\mathrm{d}h\\&=(1-\gamma)((r(t)x^{\Delta}(t))^{\Delta})^{-\gamma}((r(t)x^{\Delta}(t))^{\Delta})^{\Delta},\end{aligned}$$

所以

$$((r(t)x^{\Delta}(t))^{\Delta})^{-\gamma}((r(t)x^{\Delta}(t))^{\Delta})^{\Delta}\geqslant\frac{(((r(t)x^{\Delta}(t))^{\Delta})^{1-\gamma})^{\Delta}}{1-\gamma}.$$

由式(5.1.23)和式(5.1.26),对于所有充分大的 t,得到

$$\begin{aligned}0&\geqslant\frac{a^{\sigma}(t)((r(t)x^{\Delta}(t))^{\Delta})^{\Delta}+p(t)x^{\gamma}(\tau(t))}{((r(t)x^{\Delta}(t))^{\Delta})^{\gamma}}\\&=a^{\sigma}(t)((r(t)x^{\Delta}(t))^{\Delta})^{-\gamma}((r(t)x^{\Delta}(t))^{\Delta})^{\Delta}+p(t)\left(\frac{x(\tau(t))}{(r(t)x^{\Delta}(t))^{\Delta}}\right)^{\gamma}\\&\geqslant a^{\sigma}(t)\frac{(((r(t)x^{\Delta}(t))^{\Delta})^{1-\gamma})^{\Delta}}{1-\gamma}+p(t)\left(\frac{x(\tau(t))}{r(t)x^{\Delta}(t)}\frac{r(t)x^{\Delta}(t)}{(r(t)x^{\Delta}(t))^{\Delta}}\right)^{\gamma}\\&\geqslant a^{\sigma}(t)\frac{(((r(t)x^{\Delta}(t))^{\Delta})^{1-\gamma})^{\Delta}}{1-\gamma}+p(t)\left(\frac{lk}{2}\frac{h_2(\tau(t),t_0)}{r(\tau(t))\sigma(t)}t\right)^{\gamma}.\end{aligned}$$

因此

$$\frac{p(t)}{a^{\sigma}(t)}\left(\frac{lk}{2}\frac{h_2(\tau(t),t_0)}{r(\tau(t))\sigma(t)}t\right)^{\gamma}\leqslant\frac{(((r(t)x^{\Delta}(t))^{\Delta})^{1-\gamma})^{\Delta}}{\gamma-1}.$$

积分后，对于充分大的 $t_2 \in [t_1, +\infty)_{\mathbb{T}}$，得到

$$\int_{t_2}^{t} \frac{p(s)}{a^{\sigma}(s)} \left(\frac{lk}{2} \frac{h_2(\tau(s), t_0)}{r(\tau(s))\sigma(s)} s \right)^{\gamma} \Delta s \leqslant \int_{t_2}^{t} \frac{(((r(s)x^{\Delta}(s))^{\Delta})^{1-\gamma})^{\Delta}}{\gamma - 1} \Delta s \leqslant \frac{((r(t_2)x^{\Delta}(t_2))^{\Delta})^{1-\gamma}}{1-\gamma},$$

这与式(5.1.37)矛盾. 如果情况(2)成立，则 $\lim\limits_{t\to+\infty} x(t)$ 存在. 证毕.

由引理 5.1.4，可以得到下面的结果.

定理 5.1.5　假设式(5.1.10)成立并且条件式(5.1.16)与式(5.1.31)中有一个成立，$a^{\Delta}(t) \geqslant 0, r^{\Delta}(t) \geqslant 0, \gamma > 1$. 如果条件式(5.1.13)、式(5.1.14)和式(5.1.15)中有一个成立，则方程(5.1.8)的所有解或者是振动的，或者收敛于零.

定理 5.1.6　假设式(5.1.10)和式(5.1.16)成立，$a^{\Delta}(t) \geqslant 0, r^{\Delta}(t) \geqslant 0, \gamma = 1$. 如果条件式(5.1.13)、式(5.1.14)和式(5.1.15)中有一个成立，则方程(5.1.8)的所有解或者是振动的，或者收敛于零.

定理 5.1.7　假设式(5.1.10)成立并且条件式(5.1.32)与式(5.1.37)中有一个成立，$a^{\Delta}(t) \geqslant 0, r^{\Delta}(t) \geqslant 0, \gamma < 1$. 如果条件式(5.1.13)、式(5.1.14)和式(5.1.15)中有一个成立，则方程(5.1.8)的所有解或者是振动的，或者收敛于零.

5.1.3　应用举例

在这一部分，我们将给出下面的例子来说明主要结果.

例 5.1.1　考虑三阶超线性时滞动力方程

$$(a(t)(r(t)x^{\Delta}(t))^{\Delta})^{\Delta} + \frac{\beta a(t)}{t\sigma(t)} \left(\frac{r(\tau(t))\sigma(t)}{h_2(\tau(t), t_0)} \right)^{\gamma} x^{\gamma}(\tau(t)) = 0, t \in [t_0, +\infty)_{\mathbb{T}}, \tag{5.1.38}$$

这里 $\int_{t_0}^{+\infty} \frac{1}{a(t)} \Delta t = \int_{t_0}^{+\infty} \frac{1}{r(t)} \Delta t = +\infty, a^{\Delta}(t) \geqslant 0, r^{\Delta}(t) \geqslant 0, \beta > 0, \gamma > 1$ 是正奇数的比.

令 $p(t) = \frac{\beta a(t)}{t\sigma(t)} \left(\frac{r(\tau(t))\sigma(t)}{h_2(\tau(t), t_0)} \right)^{\gamma}$. 容易证明式(5.1.31)成立. 所以由定理 5.1.2，方程(5.1.38)的所有解 x 或者是振动的，或者 $\lim\limits_{t\to+\infty} x(t)$ 存在.

例 5.1.2　考虑三阶次线性时滞动力方程

$$(a(t)(r(t)x^{\Delta}(t))^{\Delta})^{\Delta} + \frac{\beta}{ta^{\sigma}(t)} \left(\frac{r(\tau(t))\sigma(t)}{th_2(\tau(t), t_0)} \right)^{\gamma} x^{\gamma}(\tau(t)) = 0, \tau \in [t_0, +\infty)_{\mathbb{T}}, \tag{5.1.39}$$

这里 $\int_{t_0}^{+\infty} \frac{1}{a(t)} \Delta t = \int_{t_0}^{+\infty} \frac{1}{r(t)} \Delta t = +\infty, a^{\Delta}(t) \geqslant 0, r^{\Delta}(t) \geqslant 0, \beta > 0, \gamma < 1$ 是正奇数的比.

令 $p(t) = \frac{\beta}{ta^{\sigma}(t)} \left(\frac{r(\tau(t))\sigma(t)}{th_2(\tau(t), t_0)} \right)^{\gamma}$. 容易证明式(5.1.37)成立. 所以由定理 5.1.4，方程(5.1.39)的所有解 x 或者是振动的，或者 $\lim\limits_{t\to+\infty} x(t)$ 存在.

例 5.1.3　考虑三阶时滞微分方程(5.1.7). 容易证明式(5.1.14)和式(5.1.31)成立. 由定理 5.1.5，方程(5.1.7)的所有解 x 或者是振动的，或者 $\lim\limits_{t\to+\infty} x(t)$. 例如 $x(t) = e^{-t}$ 是方程(5.1.7)的一个解.

5.1.4　小　　结

在本节中，我们研究了时间尺度上非线性时滞动态方程，所得主要结果不需要文献

[201] 所必需的条件式(5.1.6) 和 $\tau\circ\sigma=\sigma\circ\tau$,容易看到已有文献[201,203,209]中的结果不能应用到方程(5.1.8).另外,寻找别的方法来研究当 $a^{\Delta}(t)\leqslant 0$ 或者 $r^{\Delta}(t)\leqslant 0$ 时,方程(5.1.8) 的振动性是有意义的.

本节主要结果来自于文献[244].

5.2　时间尺度上三阶非线性时滞动态方程的振动性判据

5.2.1　研究背景

近几年,数学工作者开始对时间尺度上动态方程的振动性进行研究,但是关于时间尺度上三阶时滞动态方程的振动性研究结果并不丰富,如文献[130,132,201,202,203].

Erbe 等[130] 研究了时间尺度上三阶非线性时滞动态方程

$$(c(t)(a(t)x^{\Delta}(t))^{\Delta})^{\Delta}+q(t)f(t,x(t))=0,t\in\mathbb{T}\tag{5.2.1}$$

的振动性,这里 $c(t)$,$a(t)$ 和 $q(t)$ 是定义在$\mathbb{T}$上的正实值 rd 连续函数,$f\in C(\mathbf{R},\mathbf{R})$,对任意常数 $k>0$,存在 $M=M_k>0$,有$\dfrac{f(u)}{u}\geqslant M$, $|u|\geqslant k$;当 $x\neq 0$ 时,有 $xf(x)>0$.得到如下结果:

定理 A　如果

$$\int_{t_0}^{+\infty}\frac{1}{c(t)}\Delta t=\int_{t_0}^{+\infty}\frac{1}{a(t)}\Delta t=+\infty,\tag{5.2.2}$$

且存在 Δ 可微函数 $\delta(t)$,对任意的 $M>0$ 和充分大的 t_1,有

$$\limsup_{t\to+\infty}\int_{t_1}^{t}\left[M\delta(s)q(s)-\frac{(\delta^{\Delta}(s))^2a(s)}{4\delta(s)\int_{t_1}^{s}\frac{\Delta u}{c(u)}}\right]\Delta s=+\infty.\tag{5.2.3}$$

那么方程(5.2.1) 的每一个解 $x(t)$ 或者振动,或者存在 $\lim\limits_{t\to+\infty}x(t)$.进一步,若有

$$\int_{t_0}^{+\infty}q(t)\Delta t=+\infty,\tag{5.2.4}$$

则方程(5.2.1) 的每一个解 $x(t)$ 或者振动,或者存在 $\lim\limits_{t\to+\infty}x(t)=0$.

Erbe 等[130] 研究了时间尺度上三阶线性动态方程

$$x^{\Delta\Delta\Delta}(t)+p(t)x(t)=0,t\in\mathbb{T},\tag{5.2.5}$$

这里,$p(t)$ 是定义在$\mathbb{T}$上的正实值 rd 连续函数,建立了方程(5.2.5)Hille 型和 Nehari 型振动准则.

Yu 和 Wang[202] 研究了时间尺度上三阶非线性时滞动态方程

$$\left(\frac{1}{a_2(t)}\left(\left(\frac{1}{a_1(t)}(x^{\Delta}(t))^{\alpha_1}\right)^{\Delta}\right)^{\alpha_2}\right)^{\Delta}+q(t)f(x(t))=0,t\in\mathbb{T},\tag{5.2.6}$$

这里,$a_i(t)$ 和 $q(t)$ 是定义在$\mathbb{T}$上的正实值 rd 连续函数,α_i 是两个正奇数的商,$i=1,2$,$f\in C(\mathbf{R},\mathbf{R})$,对任意常数 $k>0$,存在 $M=M_k>0$,使得$\dfrac{f(u)}{u}\geqslant M$, $|u|\geqslant k$;当 $x\neq 0$ 时,有 $xf(x)>0$.得到如下结果:

定理 B 如果

$$\alpha_1\alpha_2 = 1, \int_{t_0}^{+\infty} [a_i(s)]^{\frac{1}{\alpha_i}} \Delta s = +\infty, i = 1,2, \tag{5.2.7}$$

且存在 Δ 可微函数 $\delta(t)$，对任意的 $M > 0$ 和充分大的 $t_1, t_2, t_2 > t_1$，有

$$\limsup_{t\to+\infty} \int_{t_2}^{t} \left[M\delta(s)q(s) - \frac{(\delta^{\Delta}(s))^2}{4Q(s)} \right] \Delta s = +\infty, \tag{5.2.8}$$

这里

$$Q(t) = \delta(t)(a_1(t)\delta(t,t_1))^{\frac{1}{\alpha_1}}, \delta(t,t_1) = \int_{t_1}^{t} (a_2(s))^{\frac{1}{\alpha_2}} \Delta s,$$

那么方程(5.2.6) 的每一个解 $x(t)$ 或者振动，或者存在 $\lim_{t\to+\infty} x(t)$. 进一步，若有(5.2.4) 成立，则方程(5.2.6) 的每一个解 $x(t)$ 或者振动，或者存在 $\lim_{t\to+\infty} x(t) = 0$.

Hassan[201] 研究了时间尺度上三阶非线性时滞动态方程

$$\left(a(t)((r(t)x^{\Delta}(t))^{\Delta})^{\gamma}\right)^{\Delta} + f(t, x(\tau(t))) = 0, t \in \mathbb{T}, \tag{5.2.9}$$

在条件 $\tau(\sigma(t)) = \sigma(\tau(t))$ 下，建立了该方程所有解振动或者收敛于零的一些充分条件.

本节我们将研究时间尺度上三阶非线性时滞动力方程

$$\left(c(t)(p(t)x^{\Delta}(t))^{\Delta}\right)^{\Delta} + q(t)f(x(\tau(t))) = 0, t \in \mathbb{T} \tag{5.2.10}$$

解的振动性. 这里 $c(t), p(t)$ 和 $q(t)$ 是定义在$\mathbb{T}$上的正实值 rd 连续函数，$\tau: \mathbb{T} \to \mathbb{T}, \tau(t) \leqslant t$, $\lim_{t\to+\infty} \tau(t) = +\infty$, $f \in C(\mathbf{R}, \mathbf{R})$，对正常数 L，有 $|f(x)| \geqslant L|x|$；当 $x \neq 0$ 时，$xf(x) > 0$.

本节利用 Riccati 变换技术和不等式技巧，建立方程(5.2.10) 所有解振动或者收敛的几个新准则，我们的结果改进了 Hassan[201] 的结果.

5.2.2 主要引理

为方便起见，下面记：

$$d_+(t) = \max\{0, d(t)\}, d_-(t) = \max\{0, -d(t)\},$$

$$b(t) = \frac{t}{\sigma(t)}, \delta(t, T_1) = \int_{T_1}^{t} \frac{\Delta s}{a^{1/\gamma}(s)}, \beta(t) = \begin{cases} b(t), 0 < \gamma \leqslant 1 \\ b^{\gamma}(t), \gamma > 1 \end{cases}.$$

引理 5.2.1[130,引理1] 假设

$$\int_{t_0}^{+\infty} \frac{1}{c(t)} \Delta t = \int_{t_0}^{+\infty} \frac{1}{p(t)} \Delta t = +\infty \tag{5.2.11}$$

成立. 若函数 x 是方程(5.2.10) 的一个最终正解，则存在 $t_1 \in [t_0, +\infty)_{\mathbb{T}}$，当 $t \in [T, +\infty)_{\mathbb{T}}$，有

(1) $x(t) > 0, x^{\Delta}(t) > 0, (p(t)x^{\Delta}(t))^{\Delta} > 0, t \in [t_1, +\infty)_{\mathbb{T}}$；

或者

(2) $x(t) > 0, x^{\Delta}(t) < 0, (p(t)x^{\Delta}(t))^{\Delta} > 0, t \in [t_1, +\infty)_{\mathbb{T}}$.

引理 5.2.2[130,引理3] 假设函数 x 是方程(5.2.10) 的一个解，满足引理 5.2.1 中情况(1)，那么存在 $t_1 \in [t_0, +\infty)_{\mathbb{T}}$，有

$$x^{\Delta}(t) \geqslant \frac{\int_{t_1}^{t} \frac{1}{c(s)} \Delta s}{p(t)} c(t)(p(t)x^{\Delta}(t))^{\Delta}, t \in [t_1, +\infty)_{\mathbb{T}}. \tag{5.2.12}$$

引理 5.2.3 假设函数 x 是方程(5.2.10)的一个解,满足引理 5.2.1 中情况(1),进一步假设 $p^{\Delta}(t) \leqslant 0$,且

$$\int_{t_0}^{+\infty} \tau(t)q(t)\Delta t = +\infty. \tag{5.2.13}$$

则存在 $t_* \in [t_0, +\infty)_{\mathbb{T}}$,使得

$$x(t) > tx^{\Delta}(t), \frac{x(t)}{t} \text{ 严格递减}, t \in [t_*, +\infty)_{\mathbb{T}}. \tag{5.2.14}$$

证明 因为函数 x 是方程(5.2.10)的一个解,满足引理 5.2.1 中情况(1),于是有 $(p(t)x^{\Delta}(t))^{\Delta} = p^{\Delta}(t)x^{\Delta}(t) + p^{\sigma}(t)x^{\Delta\Delta}(t) > 0, p^{\Delta}(t) \leqslant 0, x^{\Delta}(t) > 0, t \in [t_1, +\infty)_{\mathbb{T}}$,可得到 $x^{\Delta\Delta}(t) > 0, t \in [t_1, +\infty)_{\mathbb{T}}$. 令 $X(t) := x(t) - tx^{\Delta}(t)$. 所以,

$$X^{\Delta}(t) = x^{\Delta}(t) - (x^{\Delta}(t) + \sigma(t)x^{\Delta\Delta}(t)) = -\sigma(t)x^{\Delta\Delta}(t) < 0, t \in [t_1, +\infty)_{\mathbb{T}}, \tag{5.2.15}$$

我们证明,存在 $t_2 \in [t_1, +\infty)_{\mathbb{T}}$ 使得 $X(t) > 0, t_2 \in [t_1, +\infty)_{\mathbb{T}}$. 不然,$X(t) < 0, t_2 \in [t_1, +\infty)_{\mathbb{T}}$,因此,$\left(\frac{x(t)}{t}\right)^{\Delta} = \frac{tx^{\Delta}(t) - x(t)}{t\sigma(t)} = -\frac{X(t)}{t\sigma(t)} > 0, t \in [t_2, +\infty)_{\mathbb{T}}$,推出 $\frac{x(t)}{t}$ 在 $[t_2, +\infty)_{\mathbb{T}}$ 上严格递增. 取 $t_3 \in [t_2, +\infty)_{\mathbb{T}}$ 使得 $\tau(t) \geqslant \tau(t_3), t \in [t_3, +\infty)_{\mathbb{T}}$,则 $\frac{x(\tau(t))}{\tau(t)} \geqslant \frac{x(\tau(t_3))}{\tau(t_3)} := d > 0$,故 $x(\tau(t)) \geqslant d\tau(t), t \in [t_3, +\infty)_{\mathbb{T}}$. 对方程(5.2.10)两边从 t_3 到 t 积分,得到

$$c(t)(p(t)x^{\Delta}(t))^{\Delta} - c(t_3)(p(t_3)x^{\Delta}(t_3))^{\Delta} = -\int_{t_3}^{t} q(s)f(x(\tau(s)))\Delta s,$$

于是,有

$$\begin{aligned} c(t_3)(p(t_3)x^{\Delta}(t_3))^{\Delta} &= c(t)(p(t)x^{\Delta}(t))^{\Delta} + \int_{t_3}^{t} q(s)f(x(\tau(s)))\Delta s \\ &\geqslant \int_{t_3}^{t} q(s)f(x(\tau(s)))\Delta s \geqslant Ld\int_{t_3}^{t} q(s)\tau(s)\Delta s, \end{aligned}$$

这与式(5.2.13)矛盾. 所以存在 $t_2 \in [t_1, +\infty)_{\mathbb{T}}$,使得 $X(t) > 0, t \in [t_2, +\infty)_{\mathbb{T}}$. 因此 $\frac{x(t)}{t}$ 最终严格递减. 证毕.

引理 5.2.4 假设函数 x 是方程(5.2.10)的一个解,满足引理 5.2.1 中情况(2),进一步假设

$$\int_{t_0}^{+\infty} \frac{1}{p(v)} \int_{v}^{+\infty} \frac{1}{c(u)} \int_{u}^{+\infty} q(s)\Delta s\Delta u\Delta v = +\infty. \tag{5.2.16}$$

那么 $\lim\limits_{t \to +\infty} x(t) = 0$.

证明 因为函数 x 是方程(5.2.10)的一个解,满足引理 5.2.1 中情况(2),因此 $x(t)$ 是递减的,且有 $\lim\limits_{t \to +\infty} x(t) = b \geqslant 0$. 我们将证明 $b = 0$. 如若不然,有 $x(\tau(t)) \geqslant x(t) \geqslant b > 0, t \in [t_1, +\infty)_{\mathbb{T}}$. 对方程(5.2.10)从充分大的 t 到 $+\infty$ 积分,得

$$(p(t)x^{\Delta}(t))^{\Delta} \geqslant \frac{L}{c(t)}\int_{t}^{+\infty} q(s)x(\tau(s))\Delta s,$$

再对上面不等式从充分大的 t 到 $+\infty$ 积分，得

$$-x^{\Delta}(t) \geqslant \frac{1}{p(t)}\int_{t}^{+\infty} \frac{L}{c(u)}\int_{u}^{+\infty} q(s)x(\tau(s))\Delta s\Delta u,$$

再对上面不等式从充分大的 t_0 到 $+\infty$ 积分，得

$$\begin{aligned} x(t_0) &\geqslant \int_{t_0}^{+\infty} \frac{1}{p(v)}\int_{v}^{+\infty} \frac{L}{c(u)}\int_{u}^{+\infty} q(s)x(\tau(s))\Delta s\Delta u\Delta v \\ &\geqslant bL\int_{t_0}^{+\infty} \frac{1}{p(v)}\int_{v}^{+\infty} \frac{1}{c(u)}\int_{u}^{+\infty} q(s)\Delta s\Delta u\Delta v = +\infty, \end{aligned}$$

这与条件(5.2.16)矛盾. 证毕.

引理 5.2.5[114] 假设 $\tau(t) < t$，不等式 $x^{\Delta}(t) + p(t)x(\tau(t)) \leqslant 0$ 有一个最终正解，那么 $\alpha \geqslant 1$，这里

$$\alpha = \lim_{t_0 \to +\infty} \sup_{t > t_0} \sup_{\lambda \in E} \left\{\lambda \exp\left\{\int_{\tau(t)}^{t} \zeta_{\mu(s)}(-\lambda p(s))\Delta s\right\}\right\}, E = \{\lambda : \lambda > 0, 1 - \lambda p(t)\mu(t) > 0\}.$$

5.2.3 主要结果与证明

定理 5.2.1 假设式(5.2.11)、式(5.2.13)和 $p^{\Delta}(t) \leqslant 0$ 成立. 若存在一个正值函数 $\delta(t) \in C_{\mathrm{rd}}^{1}([t_0, +\infty)_{\mathbb{T}}, \mathbf{R})$，对任意的 t_1，存在 $T > t_1$，使得

$$\limsup_{t \to +\infty} \int_{T}^{t} \left[\delta(\sigma(s))q(s)\frac{\tau(s)}{\sigma(s)} - \frac{p(s)\sigma(s)(\delta^{\Delta}(s))^2}{4Ls\delta(\sigma(s))\int_{t_1}^{s}\frac{1}{c(u)}\Delta u}\right]\Delta s = +\infty, \quad (5.2.17)$$

则方程(5.2.10)的每一个解 x 或者是振动的，或者存在 $\lim\limits_{t \to +\infty} x(t)$.

证明 假设方程(5.2.10)有非振动解 x，不妨设最终为正，即存在 $t_1 \in [t_0, +\infty)_{\mathbb{T}}$，有

$x(t) > 0, x(\tau(t)) > 0, t \in [t_1, +\infty)_{\mathbb{T}}$. 因为式(5.2.11)成立，由引理 5.2.1 得，x 满足情况(1)，或者满足情况(2). 假设 x 满足情况(1)，则定义函数 $\omega(t)$ 为

$$\omega(t) = \frac{\delta(t)c(t)(p(t)x^{\Delta}(t))^{\Delta}}{x(t)}, t \in [t_1, +\infty)_{\mathbb{T}}, \quad (5.2.18)$$

则 $\omega(t) > 0$. 由求导法则，得到

$$\begin{aligned} \omega^{\Delta}(t) &= \delta^{\Delta}(t)\frac{c(t)(px^{\Delta})^{\Delta}(t)}{x(t)} + \delta(\sigma(t))\frac{(c(t)(p(t)x^{\Delta}(t))^{\Delta})^{\Delta}}{x(\sigma(t))} \\ &\quad - \delta(\sigma(t))\frac{c(t)(p(t)x^{\Delta}(t))^{\Delta}x^{\Delta}(t)}{x(t)x(\sigma(t))}. \end{aligned}$$

由方程(5.2.10)和式(5.2.18)，得到

$$\begin{aligned} \omega^{\Delta}(t) &\leqslant -L\delta(\sigma(t))q(t)\frac{x(\tau(t))}{x(\sigma(t))} + \frac{\delta^{\Delta}(t)}{\delta(t)}\omega(t) \\ &\quad - \frac{\delta(\sigma(t))}{\delta^2(t)}\frac{x(t)}{x(\sigma(t))}\frac{x^{\Delta}(t)}{c(t)(p(t)x^{\Delta}(t))^{\Delta}}\omega^2(t), \end{aligned}$$

由引理 5.2.2，存在 $t_2 \geqslant t_1$，使得

$$x^{\Delta}(t) \geqslant \frac{\int_{t_1}^{t}\frac{1}{c(s)}\Delta s}{p(t)}c(t)(p(t)x^{\Delta}(t))^{\Delta}, t \geqslant t_2.$$

由引理 5.2.3,我们有

$$\frac{x(\tau(t))}{x(\sigma(t))} \geqslant \frac{\tau(t)}{\sigma(t)}, \frac{x(t)}{x(\sigma(t))} \geqslant \frac{t}{\sigma(t)}.$$

所以,

$$\omega^{\Delta}(t) \leqslant -L\delta(\sigma(t))q(t)\frac{\tau(t)}{\sigma(t)} + \frac{(\delta^{\Delta}(t))_{+}}{\delta(t)}\omega(t) - \frac{\delta(\sigma(t))}{\delta^{2}(t)}\frac{t}{\sigma(t)}\frac{\int_{t_1}^{t}\frac{1}{c(s)}\Delta s}{p(t)}\omega^{2}(t). \tag{5.2.19}$$

于是,

$$\frac{(\delta^{\Delta}(t))_{+}}{\delta(t)}\omega(t) - \frac{\delta(\sigma(t))}{\delta^{2}(t)}\frac{t}{\sigma(t)}\frac{\int_{t_1}^{t}\frac{1}{c(s)}\Delta s}{p(t)}\omega^{2}(t) \leqslant \frac{p(t)\sigma(t)(\delta^{\Delta}(t))^{2}}{4t\delta(\sigma(t))\int_{t_1}^{t}\frac{1}{c(s)}\Delta s},$$

$$\omega^{\Delta}(t) \leqslant -\left[L\delta(\sigma(t))q(t)\frac{\tau(t)}{\sigma(t)} - \frac{p(t)\sigma(t)(\delta^{\Delta}(t))^{2}}{4t\delta(\sigma(t))\int_{t_1}^{t}\frac{1}{c(s)}\Delta s}\right]. \tag{5.2.20}$$

对式(5.2.20) 从 t_2 到 t 积分,得

$$-\omega(t_2) \leqslant \omega(t) - \omega(t_2) \leqslant -\int_{t_2}^{t}\left[L\delta(\sigma(s))q(s)\frac{\tau(s)}{\sigma(s)} - \frac{p(s)\sigma(s)(\delta^{\Delta}(s))^{2}}{4s\delta(\sigma(s))\int_{t_1}^{s}\frac{1}{c(u)}\Delta u}\right]\Delta s.$$

于是,

$$\int_{t_2}^{t}\left[\delta(\sigma(s))q(s)\frac{\tau(s)}{\sigma(s)} - \frac{p(s)\sigma(s)(\delta^{\Delta}(s))^{2}}{4Ls\delta(\sigma(s))\int_{t_1}^{s}\frac{1}{c(u)}\Delta u}\right]\Delta s \leqslant \omega(t_2).$$

这与式(5.2.17) 矛盾.因此,情况(1) 不成立.

假设 x 满足情况(2),那么存在 $\lim\limits_{t\to+\infty}x(t)$.证毕.

推论 5.2.1　假设式(5.2.11)、式(5.2.13) 和 $p^{\Delta}(t) \leqslant 0$ 成立,对任意的 t_1,存在 $T > t_1$,使得

$$\limsup_{t\to+\infty}\int_{T}^{t}\left(\tau(s)q(s) - \frac{p(s)}{4Ls\int_{t_1}^{s}\frac{\Delta u}{c(u)}}\right)\Delta s = +\infty, \tag{5.2.21}$$

则方程(5.2.10) 的每一个解 x 或者是振动的,或者存在 $\lim\limits_{t\to+\infty}x(t)$.

推论 5.2.2　假设式(5.2.11)、式(5.2.13)、式(5.2.16) 和 $p^{\Delta}(t) \leqslant 0$ 成立,对任意的 t_1,存在 $T > t_1$,使得式(5.2.17) 成立,则方程(5.2.10) 的每一个解 x 或者是振动的,或者存在 $\lim\limits_{t\to+\infty}x(t) = 0$.

定理 5.2.2　假设式(5.2.11)、式(5.2.13) 和 $p^{\Delta}(t) \leqslant 0$ 成立.若存在函数 $H, h \in C_{\mathrm{rd}}(D, \mathbf{R})$, $D \equiv \{(t,s) \in \mathbb{T}^2 : t \geqslant s \geqslant t_0\}$,使得

$$H(t,t) = 0, t \geqslant t_0, H(t,s) > 0, t > s \geqslant t_0, \tag{5.2.22}$$

且 H 关于第二变元 s 有非正连续的 Δ 偏导数 $H^{\Delta_s}(t,s)$,满足

$$H^{\Delta_s}(\sigma(t),\sigma(s))+H(\sigma(t),\sigma(s))\frac{\delta^{\Delta}(s)}{\delta(s)}=-\frac{h(t,s)}{\delta(s)}(H(\sigma(t),\sigma(s)))^{\frac{1}{2}}. \quad (5.2.23)$$

如果对所有充分大的 t_1，存在 $T>t_1$，使得

$$\limsup_{t\to+\infty}\frac{1}{H(\sigma(t),T)}\int_T^{\sigma(t)}K(t,s)\Delta s=+\infty, \quad (5.2.24)$$

这里，$\delta(t)$ 是正值 Δ 可微函数，

$$K(t,s)=H(\sigma(t),\sigma(s))L\delta(\sigma(s))q(s)\frac{\tau(s)}{\sigma(s)}-\frac{p(s)\sigma(s)(h_-(t,s))^2}{4s\delta(\sigma(s))\int_{t_1}^{s}\frac{\Delta u}{c(u)}}.$$

则方程(5.2.10)的每一个解 x 或者是振动的，或者存在 $\lim_{t\to+\infty}x(t)$.

证明 假设方程(5.2.10)有非振动解 x，不妨设最终为正，即存在 $t_1\in[t_0,+\infty)_{\mathbb{T}}$，有 $x(t)>0,x(\tau(t))>0,t\in[t_1,+\infty)_{\mathbb{T}}$. 由引理 5.2.1 得，存在两种情况：$x$ 满足情况(1)，或者满足情况(2). 假设 x 满足情况(1)，则由定理 5.2.1 的证明过程，可得式(5.2.19). 用 $\delta^{\Delta}(t)$ 替代$(\delta^{\Delta}(t))_+$，得

$$L\delta(\sigma(t))q(t)\frac{\tau(t)}{\sigma(t)}\leqslant-\omega^{\Delta}(t)+\frac{\delta^{\Delta}(t)}{\delta(t)}\omega(t)-\frac{\delta(\sigma(t))}{\delta^2(t)}\frac{t}{\sigma(t)}\frac{\int_{t_1}^{t}\frac{\Delta s}{c(s)}}{p(t)}\omega^2(t). \quad (5.2.25)$$

于是，

$$\int_{t_2}^{\sigma(t)}H(\sigma(t),\sigma(s))L\delta(\sigma(s))q(s)\frac{\tau(s)}{\sigma(s)}\Delta s\leqslant-\int_{t_2}^{\sigma(t)}H(\sigma(t),\sigma(s))\omega^{\Delta}(s)\Delta s$$

$$+\int_{t_2}^{\sigma(t)}H(\sigma(t),\sigma(s))\frac{\delta^{\Delta}(s)}{\delta(s)}\omega(s)\Delta s-\int_{t_2}^{\sigma(t)}\left[H(\sigma(t),\sigma(s))\frac{\delta(\sigma(s))}{\delta^2(s)}\frac{s}{\sigma(s)}\frac{\int_{t_1}^{s}\frac{\Delta u}{c(u)}}{p(s)}\omega^2(s)\right]\Delta s.$$

再由式(5.2.22)和式(5.2.23)，得

$$\int_{t_2}^{\sigma(t)}H(\sigma(t),\sigma(s))L\delta(\sigma(s))q(s)\frac{\tau(s)}{\sigma(s)}\Delta s\leqslant H(\sigma(t),t_2)\omega(t_2)+\int_{t_2}^{\sigma(t)}H^{\Delta_s}(\sigma(t),s)\omega(s)\Delta s$$

$$+\int_{t_2}^{\sigma(t)}H(\sigma(t),\sigma(s))\frac{\delta^{\Delta}(s)}{\delta(s)}\omega(s)\Delta s-\int_{t_2}^{\sigma(t)}\left[H(\sigma(t),\sigma(s))\frac{\delta(\sigma(s))}{\delta^2(s)}\frac{s}{\sigma(s)}\frac{\int_{t_1}^{s}\frac{\Delta u}{c(u)}}{p(s)}\omega^2(s)\right]\Delta s$$

$$\leqslant H(\sigma(t),t_2)\omega(t_2)+$$

$$\int_{t_2}^{\sigma(t)}\left[-\frac{h(t,s)}{\delta(s)}(H(\sigma(t),\sigma(s)))^{\frac{1}{2}}\omega(s)-H(\sigma(t),\sigma(s))\frac{\delta(\sigma(s))}{\delta^2(s)}\frac{s}{\sigma(s)}\frac{\int_{t_1}^{s}\frac{\Delta u}{c(u)}}{p(s)}\omega^2(s)\right]\Delta s$$

$$\leqslant H(\sigma(t),t_2)\omega(t_2)$$

$$+\int_{t_2}^{\sigma(t)}\left[\frac{h_-(t,s)}{\delta(s)}(H(\sigma(t),\sigma(s)))^{\frac{1}{2}}\omega(s)-H(\sigma(t),\sigma(s))\frac{\delta(\sigma(s))}{\delta^2(s)}\frac{s}{\sigma(s)}\frac{\int_{t_1}^{s}\frac{\Delta u}{c(u)}}{p(s)}\omega^2(s)\right]\Delta s.$$

因此，

$$\frac{h_-(t,s)}{\delta(s)}(H(\sigma(t),\sigma(s)))^{\frac{1}{2}}\omega(s)-H(\sigma(t),\sigma(s))\frac{\delta(\sigma(s))}{\delta^2(s)}\frac{s}{\sigma(s)}\frac{\int_{t_1}^{s}\frac{\Delta u}{c(u)}}{p(s)}\omega^2(s)$$

$$\leqslant \frac{p(s)\sigma(s)(h_{-}(t,s))^2}{4s\delta(\sigma(s))\int_{t_1}^{s}\frac{1}{c(u)}\Delta u}.$$

由 $K(t,s)$ 的定义，得 $\int_{t_2}^{t} K(t,s)\Delta s \leqslant H(\sigma(t),t_2)\omega(t_2)$，$\frac{1}{H(\sigma(t),t_2)}\int_{t_2}^{\sigma(t)} K(t,s)\Delta s \leqslant \omega(t_2)$，这与式(5.2.24) 矛盾. 因此，情况(1) 不成立.

假设 x 满足情况(2)，那么存在 $\lim\limits_{t\to+\infty} x(t)$. 证毕.

推论 5.2.3　假设式(5.2.11)、式(5.2.13)、式(5.2.16) 和 $p^{\Delta}(t)\leqslant 0$ 成立，对任意的 t_1，存在 $T>t_1$，使得式(5.2.24) 成立，则方程(5.2.10) 的每一个解 x 或者是振动的，或者存在 $\lim\limits_{t\to+\infty} x(t)=0$.

定理 5.2.3　假设式(5.2.11)、式(5.2.13) 和 $p^{\Delta}(t)\leqslant 0$ 式成立. 若

$$\limsup_{t\to+\infty}\int_{t_0}^{t} q(s)\frac{\tau(s)}{s}\Delta s=+\infty, \tag{5.2.26}$$

则方程(5.2.10) 的每一个解 x 或者是振动的，或者存在 $\lim\limits_{t\to+\infty} x(t)$.

证明　假设方程(5.2.10) 有非振动解 x，不妨设最终为正，即存在 $t_1\in[t_0,+\infty)_{\mathbb{T}}$，有 $x(t)>0$，$x(\tau(t))>0$，$t\in[t_1,+\infty)_{\mathbb{T}}$. 由引理 5.2.1 得，存在两种情况：$x$ 满足情况(1)，或者满足情况(2). 假设 x 满足情况(1)，则存在 $\alpha>0$，使得 $x(t)\geqslant\alpha$，$t\in[t_1,+\infty)_{\mathbb{T}}$. 令 $y(t)=c(t)(p(t)x^{\Delta}(t))^{\Delta}$. 于是有 $y(t)>0$，$t\in[t_1,+\infty)_{\mathbb{T}}$. 因此，

$$y(t)=y(t_1)+\int_{t_1}^{t} y^{\Delta}(s)\Delta s\leqslant y(t_1)-L\int_{t_1}^{t} q(s)x(\tau(s))\Delta s,$$

由引理 5.2.3，得

$$L\alpha\int_{t_1}^{t} q(s)\frac{\tau(s)}{s}\Delta s\leqslant y(t_1),$$

这与式(5.2.26) 矛盾. 因此，情况(1) 不成立.

假设 x 满足情况(2)，那么存在 $\lim\limits_{t\to+\infty} x(t)$. 证毕.

推论 5.2.4　假设式(5.2.11)、式(5.2.13)、式(5.2.16)、式(5.2.26) 和 $p^{\Delta}(t)\leqslant 0$ 成立，则方程(5.2.10) 的每一个解 x 或者是振动的，或者存在 $\lim\limits_{t\to+\infty} x(t)=0$.

定理 5.2.4　假设式(5.2.11)、式(5.2.13) 和 $p^{\Delta}(t)\leqslant 0$ 式成立. 若对任意的 t_1，有

$$\limsup_{t\to+\infty}\left[\frac{t\int_{t_1}^{t}\frac{\Delta s}{c(s)}}{p(t)}\int_{t}^{+\infty} q(s)\frac{\tau(s)}{s}\Delta s\right]>\frac{1}{L}. \tag{5.2.27}$$

则方程(5.2.10) 的每一个解 x 或者是振动的，或者存在 $\lim\limits_{t\to+\infty} x(t)$.

证明　假设方程(5.2.10) 有非振动解 x，不妨设最终为正，即存在 $t_1\in[t_0,+\infty)_{\mathbb{T}}$，有 $x(t)>0$，$x(\tau(t))>0$，$t\in[t_1,+\infty)_{\mathbb{T}}$. 由引理 5.2.1 得，存在两种情况：$x$ 满足情况(1)，或者满足情况(2). 假设 x 满足情况(1)，则存在 $\alpha>0$，使得 $x(t)\geqslant\alpha$，$t\in[t_1,+\infty)_{\mathbb{T}}$. 令 $y(t)=c(t)(p(t)x^{\Delta}(t))^{\Delta}$. 于是有 $y(t)>0$，$t\in[t_1,+\infty)_{\mathbb{T}}$. 对 $T>t$，有

$$y(T)=y(t)+\int_{t}^{T} y^{\Delta}(s)\Delta s\leqslant y(t)-L\int_{t}^{T} q(s)x(\tau(s))\Delta s,$$

$$L\int_{t}^{T} q(s)x(\tau(s))\Delta s\leqslant y(t)-y(T)\leqslant y(t)=c(t)(p(t)x^{\Delta}(t))^{\Delta}.$$

由引理 5.2.2 和引理 5.2.3,得

$$\frac{p(t)}{t\int_{t_1}^{t}\frac{\Delta s}{c(s)}}x(t)\geqslant x^{\Delta}(t)\frac{p(t)}{\int_{t_1}^{t}\frac{\Delta s}{c(s)}}\geqslant c(t)(p(t)x^{\Delta}(t))^{\Delta}\geqslant Lx(t)\int_{t}^{+\infty}q(s)\frac{\tau(s)}{s}\Delta s,$$

因此

$$\limsup_{t\to+\infty}\left[\frac{t\int_{t_1}^{t}\frac{\Delta s}{c(s)}}{p(t)}\int_{t}^{+\infty}q(s)\frac{\tau(s)}{s}\Delta s\right]\leqslant\frac{1}{L},$$

这与式(5.2.27)矛盾.因此,情况(1)不成立.

假设 x 满足情况(2),那么存在 $\lim_{t\to+\infty}x(t)$.证毕.

推论 5.2.5 假设式(5.2.11)、式(5.2.13)、式(5.2.16)、式(5.2.27)和 $p^{\Delta}(t)\leqslant 0$ 成立,则方程(5.2.10)的每一个解 x 或者是振动的,或者存在 $\lim_{t\to+\infty}x(t)=0$.

定理 5.2.5 假设式(5.2.11)、式(5.2.13)和 $p^{\Delta}(t)\leqslant 0$ 式成立.若 x 是方程(5.2.10)满足引理 5.2.1 情况(1)的解.那么对充分大的 t_1,存在 $\beta\geqslant 1$,这里

$$\beta=\lim_{t_0\to+\infty}\sup_{t>t_0}\sup_{\lambda\in E}\left\{\lambda\exp\left\{\int_{\tau(t)}^{t}\zeta_{\mu(s)}\left(-\lambda Lq(s)\tau(s)\frac{\int_{t_1}^{\tau(s)}\frac{\Delta u}{c(u)}}{p(\tau(s))}\right)\Delta s\right\}\right\},\tag{5.2.28}$$

$$E=\left\{\lambda:\lambda>0,1-\lambda Lq(t)\tau(t)\frac{\int_{t_1}^{\tau(t)}\frac{\Delta s}{c(s)}}{p(\tau(t))}\mu(t)>0\right\}.\tag{5.2.29}$$

证明 若 x 是方程(5.2.10)满足引理 5.2.1 情况(1)的解,不妨设 $x(t)>0,x(\tau(t))>0,t\in[t_1,+\infty)_{\mathbb{T}}$.由引理 5.2.2 和引理 5.2.3 得,存在 $t_2\geqslant t_1$,当 $t\geqslant t_2$ 时,有

$$\begin{aligned}(c(t)(p(t)x^{\Delta}(t))^{\Delta})^{\Delta}&\leqslant -Lq(t)x(\tau(t))\leqslant -Lq(t)\tau(t)x^{\Delta}(\tau(t))\\&\leqslant -Lq(t)\tau(t)\frac{\int_{t_1}^{\tau(t)}\frac{\Delta s}{c(s)}}{p(\tau(t))}c(\tau(t))(p(\tau(t))x^{\Delta}(\tau(t)))^{\Delta}.\end{aligned}$$

令 $y(t)=c(t)(p(t)x^{\Delta}(t))^{\Delta}$.有 $y^{\Delta}(t)\leqslant -Lq(t)\tau(t)\frac{\int_{t_1}^{\tau(t)}\frac{\Delta s}{c(s)}}{p(\tau(t))}y(\tau(t))$.所以,$y(t)$ 是下列不等式的一个最终正解:

$$y^{\Delta}(t)+Lq(t)\tau(t)\frac{\int_{t_1}^{\tau(t)}\frac{\Delta s}{c(s)}}{p(\tau(t))}y(\tau(t))\leqslant 0,\tag{5.2.30}$$

由引理 5.2.5,可得结论成立.证毕.

由定理 5.2.5,可得下面结论:

定理 5.2.6 假设式(5.2.11)、式(5.2.13)和 $\tau(t)<t,p^{\Delta}(t)\leqslant 0$ 成立.若对充分大的 t_1,存在 $\beta<1$,则方程(5.2.10)的每一个解 x 或者是振动的,或者存在 $\lim_{t\to+\infty}x(t)$.

定理 5.2.7 假设式(5.2.11)、式(5.2.13)和 $\tau(t)<t,p^{\Delta}(t)\leqslant 0$ 成立.若对充分大的 t_1,有

$$\int_{\tau(t)}^{t} q(s)\tau(s)\frac{\int_{t_1}^{\tau(s)}\frac{\Delta u}{c(u)}}{p(\tau(s))}\Delta s > \frac{1}{L}. \tag{5.2.31}$$

则方程(5.2.10)的每一个解 x 或者是振动的，或者存在 $\lim\limits_{t\to+\infty} x(t)$.

证明　假设方程(5.2.10)有非振动解 x，不妨设最终为正，即存在 $t_1 \in [t_0, +\infty)_{\mathbb{T}}$，有 $x(t) > 0, x(\tau(t)) > 0, t \in [t_1, +\infty)_{\mathbb{T}}$. 由引理 5.2.1 得，存在两种情况：$x$ 满足情况(1)，或者满足情况(2). 假设 x 满足情况(1)，由定理 5.2.5，可得式(5.2.30)成立，再由定理 5.2.5 中 $y(t)$ 的定义，对充分大的 t，可以得到

$$0 \geqslant y(t) + y(\tau(t))\left[\int_{\tau(t)}^{t} Lq(s)\tau(s)\frac{\int_{t_1}^{\tau(s)}\frac{\Delta u}{c(u)}}{p(\tau(s))}\Delta s - 1\right] > 0, \tag{5.2.32}$$

矛盾. 因此，情况(1)不成立.

假设 x 满足情况(2)，那么存在 $\lim\limits_{t\to+\infty} x(t)$. 证毕.

5.2.4　应用举例

例 5.2.1　考虑时间尺度上三阶时滞动力方程

$$\left(\frac{1}{t}x^{\Delta}(t)\right)^{\Delta\Delta} + \frac{\beta}{t\tau(t)}x(\tau(t)) = 0, t \in [1, +\infty)_{\mathbb{T}}, \tag{5.2.33}$$

这里，$c(t) = 1, p(t) = \dfrac{1}{t}, q(t) = \dfrac{\beta}{t\tau(t)}, L = 1, \tau(t) < t, \beta > 0$.

明显条件(5.2.11)成立. $p^{\Delta}(t) < 0, \int_{t_0}^{+\infty}\tau(t)q(t)\Delta t = \int_{t_0}^{+\infty}\dfrac{\beta}{t}\Delta t = +\infty$，即式(5.4.13)成立. 取 $\delta(t) = t$，得

$$\limsup_{t\to+\infty}\int_{t_1}^{t}\left(\tau(s)q(s) - \frac{p(s)}{4Ls\int_{t_1}^{s}\frac{\Delta u}{c(u)}}\right)\Delta s = \limsup_{t\to+\infty}\int_{t_1}^{t}\left[\frac{\beta}{s} - \frac{1}{4s^2(s-t_1)}\right]\Delta s = +\infty.$$

$$\int_{t_0}^{+\infty}\frac{1}{p(v)}\int_{v}^{+\infty}\frac{1}{c(u)}\int_{u}^{+\infty} q(s)\Delta s\Delta u\Delta v = +\infty.$$

由推论 5.2.2 可知，方程(5.2.33)的所有解或者振动，或者 $\lim\limits_{t\to+\infty} x(t) = 0$.

注 5.2.1　需要指出的是 Hassan[201] 的结果不能应用到方程(5.2.33)，因为 Hassan[201] 的结论受到条件 $\tau(\sigma(t)) = \sigma(\tau(t))$ 的限制.

例 5.2.2　考虑时间尺度上三阶时滞动力方程

$$(tx^{\Delta\Delta}(t))^{\Delta} + \frac{1}{t}x(\tau(t)) = 0, t \in [t_0, +\infty)_{\mathbb{T}}, \tag{5.2.34}$$

这里，$\mathbb{T} = q^{N}, c(t) = t, p(t) = 1, q(t) = \dfrac{1}{t}, \tau(t) = t - q^{n_0}, p^{\Delta}(t) = 0$.

明显条件(5.2.11)、(5.2.13)和(5.2.16)成立，且 $\limsup\limits_{t\to+\infty}\int_{t_0}^{t} q(s)\dfrac{\tau(s)}{s}\Delta s = +\infty$，由推论 5.2.4 可知，方程(5.2.34)的所有解或者振动，或者 $\lim\limits_{t\to+\infty} x(t) = 0$.

注 5.2.2　需要指出的是 Hassan[201] 的结果也不能应用到方程(5.2.34)，因为条件 $\tau(\sigma(t)) = \sigma(\tau(t))$ 不成立.

5.2.5 小　结

本节研究了时间尺度上一类三阶非线性时滞动力方程的振动性，改进了 Hassan[201] 的结果.

本节主要结果来自于文献[235].

5.3 时间尺度上一类三阶非线性中立型时滞动态方程的振动行为

5.3.1 研究背景

本节我们研究了三阶非线性中立型时滞动力方程

$$(b(t)((((x(t)-p(t)x(\tau(t)))^{\Delta})^{\alpha_1})^{\Delta})^{\alpha_2})^{\Delta}+f(t,x(\delta(t)))=0 \tag{5.3.1}$$

的振动准则. 假设下列条件成立：

$(C_1)\alpha_i$ 是正奇数的比，$i=1,2$；

$(C_2)b$ 和 $p:\mathbb{T}\to\mathbf{R}$ 是正的实值 rd 连续函数，使得 $p(t)<1,\lim\limits_{t\to+\infty}p(t)=P<1$，并且

$$\int_{t_0}^{+\infty}\left(\frac{1}{b(t)}\right)^{\frac{1}{\alpha^2}}\Delta t=+\infty; \tag{5.3.2}$$

(C_3) 实值函数 $\tau,\delta:\mathbb{T}\to\mathbb{T}$是 rd 连续函数，使得 $\tau(t)\leqslant t,\lim\limits_{t\to+\infty}\tau(t)=\lim\limits_{t\to+\infty}\delta(t)=+\infty$；

$(C_4)f(t,u):\mathbb{T}\times\mathbf{R}\to\mathbf{R}$ 是连续函数，使得 $uf(t,u)>0$，并存在一个定义在时间尺度 $\mathbb{T}$上正的 rd 连续函数，使得对于所有的 $u\neq0$，$|f(t,u)|\geqslant q(t)|u|$.

韩振来等[209] 研究了三阶 Emden-Fowler 型中立型时滞动力方程

$$(r(t)(x(t)-a(t)x(\tau(t)))^{\Delta\Delta})^{\Delta}+p(t)x^{\gamma}(\delta(t))=0,t\in\mathbb{T} \tag{5.3.3}$$

的振动性和渐近性. 运用广义的 Riccati 变换技术和积分平均技巧，得到了保证方程(5.3.3) 的所有解振动或者收敛于 0 的充分条件.

显然，上述方程是方程(5.3.1) 的特殊形式，并且当方程(5.3.1) 中的条件 $p(t)>0$ 和 $\alpha_1,\alpha_2\neq1$ 成立时，上述结果将不适用. 目前，在方程(5.3.1) 中的条件 $p(t)>0$ 和 $\alpha_1,\alpha_2\neq1$ 成立情况下的结果还很少. 本节我们运用 Riccati 变换技术，得到保证方程(5.3.1) 的所有解或者振动，或者收敛于 0 的几个新的充分条件.

5.3.2 基本引理

为方便起见，引入下列记号：

$$z(t)=x(t)-p(t)x(\tau(t)),t\in[t_0,+\infty)_{\mathbb{T}},d_+(t):=\max\{0,d(t)\},$$

$$d_-(t):=\max\{0,-d(t)\},a(t)=\begin{cases}\dfrac{\delta(t)}{t},\text{如果 }\delta(t)\leqslant t,\\ 1,\text{如果 }\delta(t)>t.\end{cases}$$

进一步，假设

(H) 存在$\{c_k\}_{k\in N_0}\subset\mathbb{T}$，使得 $\lim\limits_{t\to+\infty}c_k=+\infty,\tau(c_{k+1})=c_k$.

引理 5.3.1 假设条件(H) 和式(5.3.2) 成立. 进一步，假设 x 是方程(5.3.1) 的最终正解. 则对于充分大的 $t\geqslant t_0$，有

(Ⅰ)$z(t)>0,z^{\Delta}(t)>0,z^{\Delta\Delta}(t)>0$；

或者

(Ⅱ) $z(t)\geqslant 0, z^{\Delta}(t)<0, z^{\Delta\Delta}(t)>0, \lim\limits_{t\to+\infty} z(t)=l\geqslant 0, \lim\limits_{t\to+\infty} x(t)=l/(1-P)$.

证明　令 x 是方程(5.3.1)的一个最终正解. 则存在 $t_1\in[t_0,+\infty)_{\mathbb{T}}$, 对于所有的 $t\in[t_1,+\infty)_{\mathbb{T}}$, 有 $x(t)>0, x(\tau(t))>0, x(\delta(t))>0$. 由条件($C_4$)和方程(5.3.1), 显然有

$$(b(t)(((z^{\Delta}(t))^{\alpha_1})^{\Delta})^{\alpha_2})^{\Delta}=-f(t,x(\delta(t)))\leqslant -q(t)x(\delta(t))<0, t\in[t_1,+\infty)_{\mathbb{T}},$$

则 $b(t)(((z^{\Delta}(t))^{\alpha_1})^{\Delta})^{\alpha_2}$ 在 $[t_1,+\infty)_{\mathbb{T}}$ 上是严格递减的, 所以 $((z^{\Delta}(t))^{\alpha_1})^{\Delta}$ 是最终定号的. 可以证得 $((z^{\Delta}(t))^{\alpha_1})^{\Delta}>0$. 否则, 存在 $t_2\in[t_1,+\infty)_{\mathbb{T}}$, 使得 $((z^{\Delta}(t))^{\alpha_1})^{\Delta}<0, t\in[t_2,+\infty)_{\mathbb{T}}$. 则 $(z^{\Delta}(t))^{\alpha_1}$ 是递减的, 并且可以取一个负常数 d 和 $t_3\in[t_2,+\infty)_{\mathbb{T}}$, 使得

$$b(t)(((z^{\Delta}(t))^{\alpha_1})^{\Delta})^{\alpha_2}\leqslant d, t\in[t_3,+\infty)_{\mathbb{T}},$$

将上述不等式两端同时除以 $b(t)$ 并从 t_3 到 t 积分, 得到

$$(z^{\Delta}(t))^{\alpha_1}\leqslant (z^{\Delta}(t_3))^{\alpha_1}+d^{\frac{1}{\alpha_2}}\int_{t_3}^{t}\left(\frac{1}{b(s)}\right)^{\frac{1}{\alpha_2}}\Delta s, \tag{5.3.4}$$

令式(5.3.4)中的 $t\to+\infty$, 由式(5.3.2)可得 $(z^{\Delta}(t))^{\alpha_1}\to-\infty$. 因此, 存在常数 a 和 $t_4\in[t_3,+\infty)_{\mathbb{T}}$, 使得 $z^{\Delta}(t)\leqslant z^{\Delta}(t_4)=a<0, t\in[t_4,+\infty)_{\mathbb{T}}$. 对该不等式从 t_4 到 t 积分, 得到

$$z(t)-z(t_4)\leqslant a(t-t_4), \tag{5.3.5}$$

由式(5.3.5)可得当 $t\to+\infty$ 时, 有 $z(t)\to-\infty$. 由 $\lim\limits_{t\to+\infty}p(t)=P<1$, 取 $p_0<1$, 使得 $p(t)\leqslant p_0$. 所以, 存在 $m>0$ 和 $t_5\in[t_4,+\infty)_{\mathbb{T}}$, 使得

$$x(t)\leqslant -m+p(t)x(\tau(t))\leqslant -m+p_0x(\tau(t)), t\in[t_5,+\infty)_{\mathbb{T}}.$$

由条件(H), 取某一正整数 k_0, 使得对于 $k\geqslant k_0$, 有 $c_k\geqslant t_5$. 因此, 得到

$$\begin{aligned}x(c_k)&\leqslant -m+p_0x(\tau(c_k))=-m+p_0x(c_{k-1})\leqslant -m-p_0m+p_0^2x(\tau(c_{k-1}))\\&=-m-p_0m+p_0^2x(c_{k-2})\leqslant\cdots\leqslant -m-p_0m-\cdots-p_0^{k-k_0-1}m+p_0^{k-k_0}x(\tau(c_{k_0+1}))\\&=-m-p_0m-\cdots-p_0^{k-k_0-1}m+p_0^{k-k_0}x(c_{k_0}),\end{aligned}$$

这说明对于充分大的 k, $x(c_k)<0$, 这与 $x(t)>0$ 矛盾. 所以, 得到

$$((z^{\Delta}(t))^{\alpha_1})^{\Delta}>0, t\in[t_1,+\infty)_{\mathbb{T}},$$

所以或者 $z^{\Delta}(t)>0$ 或者 $z^{\Delta}(t)<0$. 如果 $z^{\Delta}(t)>0$, 由式(5.3.5), 有

$$((z^{\Delta}(t))^{\alpha_1})^{\Delta}=\alpha\int_0^1[hz^{\Delta\sigma}(t)+(1-h)z^{\Delta}(t)]^{\alpha_1-1}z^{\Delta\Delta}(t)\mathrm{d}h>0, \tag{5.3.6}$$

所以 $z^{\Delta\Delta}(t)>0$. 因此, 得到 $z(t)>0$.

另一方面, 如果 $z^{\Delta}(t)<0$, 那么由式(5.3.6), 可得 $z^{\Delta\Delta}(t)>0$. 可以证得 $z(t)\geqslant 0$. 否则, 得到 $\lim\limits_{t\to+\infty}z(t)<0$ 或者 $\lim\limits_{t\to+\infty}z(t)=-\infty$. 由条件(H), 存在 $t_6\in[t_5,+\infty)_{\mathbb{T}}$, 并且取某一正整数 k_0, 使得对于 $k\geqslant k_0$, 有 $c_k\geqslant t_6$, 因此

$$\begin{aligned}x(c_k)&\leqslant p_0x(\tau(c_k))=p_0x(c_{k-1})\leqslant p_0^2x(\tau(c_{k-1}))\\&=p_0^2x(c_{k-2})\leqslant\cdots\leqslant p_0^{k-k_0}x(\tau(c_{k_0+1}))=p_0^{k-k_0}x(c_{k_0}),\end{aligned}$$

因而 $\lim\limits_{k\to+\infty}x(c_k)=0$. 根据 z 的定义, 得到 $\lim\limits_{k\to+\infty}z(c_k)=0$. 这与 $\lim\limits_{t\to+\infty}z(t)<0$ 或者 $\lim\limits_{t\to+\infty}z(t)=-\infty$ 矛盾. 因此, 得到 $\lim\limits_{t\to+\infty}z(t)=l\geqslant 0$, 这里 l 是有限的. 可以证得 x 是有界的. 否则, 存

在数列$\{s_k\}_{k\in\mathbf{N}}\subset[t_6,+\infty)_{\mathbb{T}}$，$\lim\limits_{k\to+\infty}s_k=+\infty$，使得

$$x(s_k)=\sup_{t_0\leqslant s\leqslant s_k}x(s),\ \lim_{k\to+\infty}x(s_k)=+\infty,$$

对于所有充分大的t并由$\tau(t)\leqslant t$，

$$z(s_k)=x(s_k)-p(s_k)x(\tau(s_k))\geqslant(1-p_0)x(s_k).$$

所以$\lim\limits_{k\to+\infty}z(s_k)=+\infty$，这与$\lim\limits_{t\to+\infty}z(t)=l\geqslant 0$矛盾. 因此，假设

$$\limsup_{t\to+\infty}x(t)=x_1,\ \liminf_{t\to+\infty}x(t)=x_2,$$

这里，$x_1,x_2<+\infty$. 根据$0\leqslant P<1$，得到

$$x_1-Px_1\leqslant l\leqslant x_2-Px_2,$$

所以有$x_1\leqslant x_2$，故$x_1=x_2$. 因此$\lim\limits_{t\to+\infty}x(t)=l/(1-P)\geqslant 0$. 证毕.

引理 5.3.2 假设x是方程(5.3.1)的最终正解并满足引理5.3.1的情况(Ⅰ). 则存在$t_1\in[t_0,+\infty)_{\mathbb{T}}$，使得

$$z^{\Delta}(t)\geqslant\zeta^{\frac{1}{\alpha_1}}(t)\left(b(\sigma(t))(((z^{\Delta}(\sigma(t)))^{\alpha_1})^{\Delta})^{\alpha_2}\right)^{\frac{1}{\alpha_1\alpha_2}},t\in[t_1,+\infty)_{\mathbb{T}},\tag{5.3.7}$$

这里，$\zeta(t)=\int_{t_1}^{t}b^{-1/\alpha_2}(s)\Delta s$.

证明 令x是方程(5.3.1)的一个最终正解并满足引理5.3.1的情况(Ⅰ). 则由条件(C_4)和方程(5.3.1)，存在$t_1\in[t_0,+\infty)_{\mathbb{T}}$，使得对于$t\in[t_1,+\infty)$，

$$z^{\Delta}(t)>0,z^{\Delta\Delta}(t)>0,(b(t)(((z^{\Delta}(t))^{\alpha_1})^{\Delta})^{\alpha_2})^{\Delta}<0,$$

则$b(t)(((z^{\Delta}(t))^{\alpha_1})^{\Delta})^{\alpha_2}$在$[t_1,+\infty)_{\mathbb{T}}$上是严格递减的. 对于$t\in[t_1,+\infty)_{\mathbb{T}}$，得到

$$(z^{\Delta}(t))^{\alpha_1}=(z^{\Delta}(t_1))^{\alpha_1}+\int_{t_1}^{t}\frac{b^{\frac{1}{\alpha_2}}(s)((z^{\Delta}(s))^{\alpha_1})^{\Delta}}{b^{\frac{1}{\alpha_2}}(s)}\Delta s\geqslant b^{\frac{1}{\alpha_2}}(t)((z^{\Delta}(t))^{\alpha_1})^{\Delta}\zeta(t),$$

即

$$z^{\Delta}(t)\geqslant(b^{\frac{1}{\alpha_2}}(t)((z^{\Delta}(t))^{\alpha_1})^{\Delta}\zeta(t))^{\frac{1}{\alpha_1}},\tag{5.3.8}$$

则$b(t)(((z^{\Delta}(t))^{\alpha_1})^{\Delta})^{\alpha_2}$在$[t_1,+\infty)_{\mathbb{T}}$上是递减的，有

$$z^{\Delta}(t)\geqslant(b^{\frac{1}{\alpha_2}}(\sigma(t))((z^{\Delta}(\sigma(t)))^{\alpha_1})^{\Delta}\zeta(t))^{\frac{1}{\alpha_1}},$$

并且得到式(5.3.7). 证毕.

引理 5.3.3 假设x是方程(5.3.1)的最终正解并满足引理5.3.1的情况(Ⅰ). 进一步，假设

$$\int_{t_0}^{+\infty}\delta(t)q(t)\Delta t=+\infty,\tag{5.3.9}$$

则存在$t_1\in[t_0,+\infty)_{\mathbb{T}}$，使得在$[t_1,+\infty)_{\mathbb{T}}$上

$$z(t)>tz^{\Delta}(t),\ \frac{z(t)}{t}\text{是严格递减的.}\tag{5.3.10}$$

证明 令x是方程(5.3.1)在区间$[t_1,+\infty)_{\mathbb{T}}$上的一个最终正解，并且满足引理5.3.1的情况(Ⅰ). 定义函数

$$Z(t)=z(t)-tz^{\Delta}(t).$$

由乘积的求导法则，得到

$$Z^{\Delta}(t)=z^{\Delta}(t)-(z^{\Delta}(t)+\sigma(t)z^{\Delta\Delta}(t))=-\sigma(t)z^{\Delta\Delta}(t)<0,t\in[t_1,+\infty)_{\mathbb{T}}.$$

下面证明 $Z(t)>0$ 最终成立. 否则,存在 $t_2\in[t_1,+\infty)_{\mathbb{T}}$ 使得 $Z(t)<0,t\in[t_2,+\infty)_{\mathbb{T}}$. 所以,

$$\left(\frac{z(t)}{t}\right)^{\Delta}=\frac{tz^{\Delta}(t)-z(t)}{t\sigma(t)}=-\frac{Z(t)}{t\sigma(t)}>0,t\in[t_2,+\infty)_{\mathbb{T}},$$

则 $z(t)/t$ 在$[t_2,+\infty)_{\mathbb{T}}$ 上是严格递增的. 取 $t_3\in[t_2,+\infty)_{\mathbb{T}}$,使得 $\delta(t)\geqslant\delta(t_3)\geqslant t_2$, $t\in[t_3,+\infty)_{\mathbb{T}}$,且

$$\frac{z(\delta(t))}{\delta(t)}\geqslant\frac{z(\delta(t_3))}{\delta(t_3)}=P_1>0,$$

故 $z(\delta(t))\geqslant P_1\delta(t),t\in[t_3,+\infty)_{\mathbb{T}}$. 根据 z 的定义,得到 $x(t)\geqslant z(t)$. 根据条件(C_4) 和方程(5.3.1),有

$$(b(t)(((z^{\Delta}(t))^{\alpha_1})^{\Delta})^{\alpha_2})^{\Delta}+q(t)z(\delta(t))\leqslant 0. \tag{5.3.11}$$

将式(5.3.11) 两端从 t_3 到 t 积分,可得

$$b(t)(((z^{\Delta}(t))^{\alpha_1})^{\Delta})^{\alpha_2}-b(t_3)(((z^{\Delta}(t_3))^{\alpha_1})^{\Delta})^{\alpha_2}\leqslant-\int_{t_3}^{t}q(s)z(\delta(s))\Delta s,$$

即有

$$b(t_3)(((z^{\Delta}(t_3))^{\alpha_1})^{\Delta})^{\alpha_2}\geqslant\int_{t_3}^{t}q(s)z(\delta(s))\Delta s\geqslant P_1\int_{t_3}^{t}\delta(s)q(s)\Delta s,$$

这与式(5.3.9) 矛盾. 因此,在$[t_1,+\infty)_{\mathbb{T}}$ 上,$Z(t)>0$ 并且 $z(t)/t$ 是最终严格递减的. 证毕.

引理 5.3.4　假设 x 是方程(5.3.1) 的一个最终正解并且满足引理 5.3.1 的情况(Ⅱ). 如果

$$\int_{t_0}^{+\infty}\left[\int_{u}^{+\infty}\left(\frac{1}{b(v)}\int_{v}^{+\infty}q(s)\Delta s\right)^{\frac{1}{\alpha_2}}\Delta v\right]^{\frac{1}{\alpha_1}}\Delta u=+\infty, \tag{5.3.12}$$

则 $\lim\limits_{t\to+\infty}x(t)=0$.

证明　令 x 是方程(5.3.1) 的一个最终正解并满足引理 5.3.1 的情况(Ⅱ). 则 $\lim\limits_{t\to+\infty}z(t)=l\geqslant 0$. 下面证明 $l=0$. 否则,存在 $t_1\in[t_0,+\infty)_{\mathbb{T}}$,使得 $z(t)\geqslant l>0,t\in[t_1,+\infty)_{\mathbb{T}}$. 根据 z 的定义,知式(5.3.11) 成立. 将式(5.3.11) 两端从 t 到$+\infty$ 积分,得到

$$((z^{\Delta}(t))^{\alpha_1})^{\Delta}\geqslant\left(\frac{1}{b(t)}\int_{t}^{+\infty}q(s)z(\delta(s))\Delta s\right)^{\frac{1}{\alpha_2}}.$$

将上述不等式两端从 t 到$+\infty$ 积分,可得

$$-(z^{\Delta}(t))^{\alpha_1}\geqslant\int_{t}^{+\infty}\left(\frac{1}{b(v)}\int_{v}^{+\infty}q(s)z(\delta(s))\Delta s\right)^{\frac{1}{\alpha_2}}\Delta v,$$

所以有

$$-z^{\Delta}(t)\geqslant\left[\int_{t}^{+\infty}\left(\frac{1}{b(v)}\int_{v}^{+\infty}q(s)z(\delta(s))\Delta s\right)^{\frac{1}{\alpha_2}}\Delta v\right]^{\frac{1}{\alpha_1}}.$$

再将上述不等式两端从 t_0 到$+\infty$ 积分,得到

$$z(t_0)\geqslant\int_{t_0}^{+\infty}\left[\int_{u}^{+\infty}\left(\frac{1}{b(v)}\int_{v}^{+\infty}q(s)z(\delta(s))\Delta s\right)^{\frac{1}{\alpha_2}}\Delta v\right]^{\frac{1}{\alpha_1}}\Delta u$$

$$\geqslant l\int_{t_0}^{+\infty}\left[\int_u^{+\infty}\left(\frac{1}{b(v)}\int_v^{+\infty}q(s)\Delta s\right)^{\frac{1}{\alpha_2}}\Delta v\right]^{\frac{1}{\alpha_1}}\Delta u,$$

这与式(5.3.12)矛盾.所以有 $\lim\limits_{t\to+\infty}x(t)=0$.证毕.

5.3.3 主要结果与证明

定理 5.3.1 假设(H)、式(5.3.2)、式(5.3.9)、式(5.3.12)和 $\alpha_1\alpha_2\geqslant 1$ 成立.进一步,假设存在正值函数 $r\in C_{\mathrm{rd}}^1([t_0,+\infty)_{\mathbb{T}},\mathbf{R}]$,对于充分大的 $t_1\geqslant t_0$,使得

$$\limsup_{t\to+\infty}\int_{t_1}^{t}\left[r(s)q(s)\alpha(s)-\frac{(r^{\Delta}(s))^2}{4Mr(s)\zeta^{\frac{1}{\alpha_1}}(s)}\right]\Delta s=+\infty, \tag{5.3.13}$$

这里,M 是正的常数,ζ 是引理 5.3.2 中定义的.则方程(5.3.1)的所有解或者是振动的,或者 $\lim\limits_{t\to+\infty}x(t)=0$.

证明 假设方程(5.3.1)有非振动解 x.不失一般性,假设存在 $t_1\in[t_0,+\infty)_{\mathbb{T}}$,使得 $x(t)>0,x(\tau(t))>0,x(\delta(t))>0,t\in[t_1,+\infty)_{\mathbb{T}}$.我们只考虑这种情况,当 x 是最终负解时,证明过程类似.由引理 5.3.1 可知,z 满足引理 5.3.1 的情况(Ⅰ)或者(Ⅱ).

假设 z 满足情况(Ⅰ).定义函数 ω 为

$$\omega(t)=r(t)\frac{b(t)(((z^{\Delta}(t))^{\alpha_1})^{\Delta})^{\alpha_2}}{z(t)},t\in[t_1,+\infty)_{\mathbb{T}}, \tag{5.3.14}$$

则 $\omega(t)>0$.由乘积的求导法则,得到

$$\omega^{\Delta}(t)=b(\sigma(t))(((z^{\Delta}(\sigma(t)))^{\alpha_1})^{\Delta})^{\alpha_2}\left(\frac{r(t)}{z(t)}\right)^{\Delta}+\frac{r(t)}{z(t)}(b(t)(((z^{\Delta}(t))^{\alpha_1})^{\Delta})^{\alpha_2})^{\Delta},$$

由商的求导法则并将式(5.3.11)用于上述不等式中,可得

$$\omega^{\Delta}(t)\leqslant b(\sigma(t))(((z^{\Delta}(\sigma(t)))^{\alpha_1})^{\Delta})^{\alpha_2}\frac{r^{\Delta}(t)z(t)-r(t)z^{\Delta}(t)}{z(t)z(\sigma(t))}-r(t)q(t)\frac{z(\delta(t))}{z(t)},$$

由式(5.3.14),得

$$\omega^{\Delta}(t)\leqslant -r(t)q(t)\frac{z(\delta(t))}{z(t)}+\frac{r^{\Delta}(t)}{r(\sigma(t))}\omega(\sigma(t))-b(\sigma(t))(((z^{\Delta}(\sigma(t)))^{\alpha_1})^{\Delta})^{\alpha_2}\frac{r(t)z^{\Delta}(t)}{z(t)z(\sigma(t))}. \tag{5.3.15}$$

因为 $b(t)(((z^{\Delta}(t))^{\alpha_1})^{\Delta})^{\alpha_2}$ 在 $[t_1,+\infty)_{\mathbb{T}}$ 上是递减的,所以存在常数 $b_1>0$,使得

$$b(\sigma(t))(((z^{\Delta}(\sigma(t)))^{\alpha_1})^{\Delta})^{\alpha_2}\leqslant b(t)(((z^{\Delta}(t))^{\alpha_1})^{\Delta})^{\alpha_2}\leqslant b_1,t\in[t_1,+\infty)_{\mathbb{T}}. \tag{5.3.16}$$

将式(5.3.16)用于式(5.3.7)中并且注意到 $\alpha_1\alpha_2\geqslant 1$,得到

$$z^{\Delta}(t)\geqslant M\zeta^{\frac{1}{\alpha_1}}(t)b(\sigma(t))(((z^{\Delta}(\sigma(t)))^{\alpha_1})^{\Delta})^{\alpha_2}, \tag{5.3.17}$$

这里,$M=b_1^{1/\alpha_1\alpha_2-1}$.由式(5.3.14)、式(5.3.15)、式(5.3.17)并注意到 $z^{\Delta}(t)>0$,得

$$\begin{aligned}\omega^{\Delta}(t)&\leqslant -r(t)q(t)\frac{z(\delta(t))}{z(t)}+\frac{r^{\Delta}(t)}{r(\sigma(t))}\omega(\sigma(t))-M\frac{r(t)\zeta^{\frac{1}{\alpha_1}}(t)}{z(t)z(\sigma(t))}(b(\sigma(t))(((z^{\Delta}(\sigma(t)))^{\alpha_1})^{\Delta})^{\alpha_2})^2\\&\leqslant -r(t)q(t)\frac{z(\delta(t))}{z(t)}+\frac{r^{\Delta}(t)}{r(\sigma(t))}\omega(\sigma(t))-\frac{Mr(t)\zeta^{\frac{1}{\alpha_1}}(t)}{r^2(\sigma(t))}\omega^2(\sigma(t)).\end{aligned} \tag{5.3.18}$$

考虑下面两种情况:

(ⅰ)令 $\delta(t)>t$.由 $z^{\Delta}(t)>0$,得到 $z(\delta(t))>z(t)$,即

$$\frac{z(\delta(t))}{z(t)}>1. \tag{5.3.19}$$

（ⅱ）令 $\delta(t)\leqslant t$. 由式(5.3.10)，有

$$\frac{z(\delta(t))}{z(t)}\geqslant\frac{\delta(t)}{t}. \tag{5.3.20}$$

把式(5.3.18) 与式(5.3.19) 和式(5.3.20) 结合，得到

$$\begin{aligned}\omega^{\Delta}(t)&\leqslant -r(t)q(t)\alpha(t)+\frac{r^{\Delta}(t)}{r(\sigma(t))}\omega(\sigma(t))-\frac{Mr(t)\zeta^{\frac{1}{\alpha_1}}(t)}{r^2(\sigma(t))}\omega^2(\sigma(t))\\&=-r(t)q(t)\alpha(t)-\left[\frac{\sqrt{Mr(t)\zeta^{\frac{1}{\alpha_1}}(t)}}{r(\sigma(t))}\omega(\sigma(t))-\frac{r^{\Delta}(t)}{2\sqrt{Mr(t)\zeta^{\frac{1}{\alpha_1}}(t)}}\right]^2+\frac{(r^{\Delta}(t))^2}{4Mr(t)\zeta^{\frac{1}{\alpha_1}}(t)},\end{aligned} \tag{5.3.21}$$

于是，有

$$\omega^{\Delta}(t)\leqslant -\left(r(t)q(t)\alpha(t)-\frac{(r^{\Delta}(t))^2}{4Mr(t)\zeta^{\frac{1}{\alpha_1}}(t)}\right), \tag{5.3.22}$$

对式(5.3.22) 从 t_1 到 t 积分，得到

$$\int_{t_1}^{t}\left(r(s)q(s)\alpha(s)-\frac{(r^{\Delta}(s))^2}{4Mr(s)\zeta^{\frac{1}{\alpha_1}}(s)}\right)\Delta s\leqslant\omega(t_1)-\omega(t)<\omega(t_1),$$

这与式(5.3.13) 矛盾.

另一方面，如果引理 5.3.1 的情况(Ⅱ) 成立，由引理 5.3.4，得到 $\lim\limits_{t\to+\infty}x(t)=0$. 证毕.

令定理 5.3.1 中的 $r(t)=1$ 或者 $r(t)=t$，得到下面的两个结论：

推论 5.3.1　假设条件(H)、式(5.3.2)、式(5.3.9)、式(5.3.12) 和 $\alpha_1\alpha_2\geqslant 1$ 成立. 进一步，假设

$$\int_{t_0}^{+\infty}q(s)\alpha(s)\Delta s=+\infty,$$

则方程(5.3.1) 的所有解或者是振动的，或者 $\lim\limits_{t\to+\infty}x(t)=0$.

推论 5.3.2　假设条件(H)、式(5.3.2)、式(5.3.9)、式(5.3.12) 和 $\alpha_1\alpha_2\geqslant 1$ 成立. 进一步，假设

$$\limsup_{t\to+\infty}\int_{t_0}^{t}\left[sq(s)\alpha(s)-\frac{1}{4Ms\zeta^{\frac{1}{\alpha_1}}(s)}\right]\Delta s=+\infty,$$

这里，M 和 ζ 是定理 5.3.1 中定义的，则方程(5.3.1) 的所有解或者是振动的，或者 $\lim\limits_{t\to+\infty}x(t)=0$.

定理 5.3.2　假设条件(H)、式(5.3.2)、式(5.3.9)、式(5.3.12) 和 $\alpha_1\alpha_2\geqslant 1$ 成立. 进一步，假设存在 $m\geqslant 1$ 和正值函数 $r\in C_{\mathrm{rd}}^1([t_0,+\infty)_{\mathbf{T}},\mathbf{R})$，对于充分大的 $t_1\geqslant t_0$，使得

$$\limsup_{t\to+\infty}\frac{1}{t^m}\int_{t_1}^{t}\left[(t-s)^m r(s)q(s)\alpha(s)-\frac{r^2(\sigma(s))}{4M(t-s)^m r(s)\zeta^{\frac{1}{\alpha_1}}(s)}K^2(t,s)\right]\Delta s=+\infty, \tag{5.3.23}$$

这里，M 和 ζ 是定理 5.3.1 中定义的，

$$K(t,s)=(t-s)^m\frac{r^{\Delta}(s)}{r(\sigma(s))}-m(t-\sigma(s))^{m-1},\ t\geqslant\sigma(s)\geqslant t_0,$$

则方程(5.3.1) 的所有解或者是振动的，或者 $\lim\limits_{t\to+\infty}x(t)=0$.

证明 假设方程(5.3.1)有非振动解 x. 不失一般性,假设存在 $t_1 \in [t_0, +\infty)_{\mathbb{T}}$,使得 $x(t) > 0, x(\tau(t)) > 0, x(\delta(t)) > 0, t \in [t_1, +\infty)_{\mathbb{T}}$. 由引理 5.3.1 可知,$z$ 满足引理 5.3.1 的情况(Ⅰ)或者(Ⅱ).

假设 z 满足情况(Ⅰ). 定义函数 ω 为式(5.3.14),根据定理 5.3.1 的证明得到式(5.3.21). 对式(5.3.21)两端同时乘上 $(t-s)^m$ 并从 t_1 到 t 积分,得到

$$\int_{t_1}^{t}(t-s)^m\omega^{\Delta}(s)\Delta s \leqslant -\int_{t_1}^{t}(t-s)^m r(s)q(s)\alpha(s)\Delta s$$

$$+\int_{t_1}^{t}(t-s)^m\frac{r^{\Delta}(s)}{r(\sigma(s))}\omega(\sigma(s))\Delta s - \int_{t_1}^{t}M(t-s)^m\frac{r(s)\zeta^{\frac{1}{\alpha_1}}(s)}{r^2(\sigma(s))}\omega^2(\sigma(s))\Delta s.$$

剩下的证明过程与本节定理 5.3.2 的证明类似,得到与式(5.3.23)相矛盾的结果.

另一方面,如果引理 5.3.1 的情况(Ⅱ)成立,由引理 5.3.4,得到 $\lim\limits_{t\to+\infty}x(t) = 0$. 证毕.

定理 5.3.3 假设条件(H)、式(5.3.2)、式(5.3.9)、式(5.3.12)和 $\alpha_1\alpha_2 \geqslant 1$ 成立. 进一步,假设存在函数 $H, h \in C_{\mathrm{rd}}(D, \mathbf{R})$,这里 $D \equiv \{(t,s): t \geqslant s \geqslant t_0\}$,使得式

$$H(t,t) = 0, t \geqslant t_0, H(t,s) > 0, t > s \geqslant t_0, \tag{5.3.24}$$

H 关于第二变元 s 有非正连续的 Δ 偏导数 $H^{\Delta_s}(t,s)$ 满足

$$H^{\Delta_s}(t,s) + H(t,s)\frac{r^{\Delta}(s)}{r(\sigma(s))} = -\frac{h(t,s)}{r(\sigma(s))}H^{\frac{1}{2}}(t,s), \tag{5.3.25}$$

并且对于所有充分大的 t_1,有

$$\limsup_{t\to+\infty}\frac{1}{H(t,t_0)}\int_{t_0}^{t}\left[H(t,s)r(s)q(s)\alpha(s) - \frac{(h_-(t,s))^2}{4Mr(s)\zeta^{\frac{1}{\alpha_1}}(s)}\right]\Delta s = +\infty, \tag{5.3.26}$$

这里,r 是正的 Δ 可微函数,M, ζ 是定理 5.3.1 中定义的,$h_-(t,s) = \max\{0, -h(t,s)\}$. 则方程(5.3.1)的所有解或者是振动的,或者 $\lim\limits_{t\to+\infty}x(t) = 0$.

证明 假设方程(5.3.1)有非振动解 x. 不失一般性,假设存在 $t_1 \in [t_0, +\infty)_{\mathbb{T}}$,使得 $x(t) > 0, x(\tau(t)) > 0, x(\delta(t)) > 0, t \in [t_1, +\infty)_{\mathbb{T}}$. 由引理 5.3.1 可知,$z$ 满足引理 5.3.1 的情况(Ⅰ)或者(Ⅱ).

假设 z 满足情况(Ⅰ). 定义函数 ω 为式(5.3.14),根据定理 5.3.1 的证明得到式(5.3.21). 对式(5.3.21)两端同时乘上 $H(t,s)$ 并从 t_1 到 t 积分,得到

$$\int_{t_1}^{t}H(t,s)r(s)q(s)\alpha(s)\Delta s \leqslant -\int_{t_1}^{t}H(t,s)\omega^{\Delta}(s)\Delta s$$

$$+\int_{t_1}^{t}H(t,s)\frac{r^{\Delta}(s)}{r(\sigma(s))}\omega(\sigma(s))\Delta s - \int_{t_1}^{t}MH(t,s)\frac{r(s)\zeta^{\frac{1}{\alpha_1}}(s)}{r^2(\sigma(s))}\omega^2(\sigma(s))\Delta s,$$

由式(5.3.24)、式(5.3.25)和上述不等式,得

$$\int_{t_1}^{t}H(t,s)r(s)q(s)\alpha(s)\Delta s$$

$$\leqslant H(t,t_1)\omega(t_1) + \int_{t_1}^{t}H^{\Delta_s}(t,s)\omega(\sigma(s))\Delta s + \int_{t_1}^{t}H(t,s)\frac{r^{\Delta}(s)}{r(\sigma(s))}\omega(\sigma(s))\Delta s$$

$$-\int_{t_1}^{t}MH(t,s)\frac{r(s)\zeta^{\frac{1}{\alpha_1}}(s)}{r^2(\sigma(s))}\omega^2(\sigma(s))\Delta s$$

$$\leqslant H(t,t_1)\omega(t_1)+\int_{t_1}^{t}\left[\frac{h_-(t,s)}{r(\sigma(s))}H^{\frac{1}{2}}(t,s)\omega(\sigma(s))-MH(t,s)\frac{r(s)\zeta^{\frac{1}{\alpha_1}}(s)}{r^2(\sigma(s))}\omega^2(\sigma(s))\right]\Delta s$$

$$\leqslant H(t,t_1)\omega(t_1)+\int_{t_1}^{t}\frac{(h_-(t,s))^2}{4Mr(s)\zeta^{\frac{1}{\alpha_1}}(s)}\Delta s\int_{t_1}^{t}\left[\frac{\sqrt{MH(t,s)r(s)\zeta^{\frac{1}{\alpha_1}}(s)}}{r(\sigma(s))}\omega(\sigma(s))-\frac{h_-(t,s)}{2\sqrt{Mr(s)\zeta^{\frac{1}{\alpha_1}}(s)}}\right]^2\Delta s$$

$$\leqslant H(t,t_1)\omega(t_1)+\int_{t_1}^{t}\frac{(h_-(t,s))^2}{Mr(s)\zeta^{\frac{1}{\alpha_1}}(s)}\Delta s,$$

即

$$\frac{1}{H(t,t_1)}\int_{t_1}^{t}\left[H(t,s)r(s)q(s)\alpha(s)-\frac{(h_-(t,s))^2}{4Mr(s)\zeta^{\frac{1}{\alpha_1}}(s)}\right]\Delta s\leqslant\omega(t_1),$$

这与式(5.3.26)矛盾.

另一方面,如果引理 5.3.1 的情况(Ⅱ)成立,由引理 5.3.4,得到 $\lim_{t\to+\infty}x(t)=0$. 证毕.

定理 5.3.4　假设条件(H)、式(5.3.2)、式(5.3.9)、式(5.3.12)和 $\alpha_1\alpha_2<1$ 成立. 进一步,假设对于所有充分大的 $t_1\geqslant t_0$,有

$$\limsup_{t\to+\infty}\left[t^{\alpha_1\alpha_2}\zeta^{\alpha_2}(t)\int_t^{+\infty}q(s)\alpha(s)\Delta s\right]=+\infty,\tag{5.3.27}$$

这里 ζ 是引理 5.3.2 中定义的. 则方程(5.3.1)的所有解或者是振动的,或者 $\lim_{t\to+\infty}x(t)=0$.

证明　假设方程(5.3.1)有非振动解 x. 不失一般性,假设存在 $t_1\in[t_0,+\infty)_{\mathbb{T}}$,使得 $x(t)>0,x(\tau(t))>0,x(\delta(t))>0,t\in[t_1,+\infty)_{\mathbb{T}}$. 由引理 5.3.1 可知,$z$ 满足引理 5.3.1 的情况(Ⅰ)或者(Ⅱ).

假设 z 满足情况(Ⅰ). 由式(5.3.11)并对于所有充分大的 T_1,得到

$$\int_t^T q(s)z(\delta(s))\Delta s\leqslant b(t)(((z^\Delta(t))^{\alpha_1})^\Delta)^{\alpha_2}-b(T_1)(((z^\Delta(T_1))^{\alpha_1})^\Delta)^{\alpha_2}$$

$$<b(t)(((z^\Delta(t))^{\alpha_1})^\Delta)^{\alpha_2},$$

所以有

$$\int_t^{+\infty}q(s)z(\delta(s))\Delta s<b(t)(((z^\Delta(t))^{\alpha_1})^\Delta)^{\alpha_2},$$

由式(5.3.8),得

$$\zeta^{\alpha_2}(t)\int_t^{+\infty}q(s)z(\delta(s))\Delta s<(z^\Delta(t))^{\alpha_1\alpha_2},$$

注意到 $z^\Delta(t)>0$ 和 $\alpha_1\alpha_2<1$,存在 $Q>0$,使得

$$\zeta^{\alpha_2}(t)\int_t^{+\infty}q(s)\frac{z(\delta(s))}{z(s)}\Delta s<\frac{(z^\Delta(t))^{\alpha_1\alpha_2}}{z(t)}\leqslant Q\left(\frac{z^\Delta(t)}{z(t)}\right)^{\alpha_1\alpha_2},t\in[t_1,+\infty)_{\mathbb{T}},$$

这里,$Q=z^{\alpha_1\alpha_2-1}(t_1)$. 由式(5.3.10),得到

$$\zeta^{\alpha_2}(t)\int_t^{+\infty}q(s)\alpha(s)\Delta s<Q\left(\frac{1}{t}\right)^{\alpha_1\alpha_2},\tag{5.3.28}$$

当 $t\to+\infty$ 时,对式(5.3.28)两端取上极限,得到

$$\limsup_{t\to+\infty}\left[t^{\alpha_1\alpha_2}\zeta^{\alpha_2}(t)\int_t^{+\infty}q(s)\alpha(s)\Delta s\right]\leqslant Q,$$

这与式(5.3.27)矛盾.

另一方面，如果引理 5.3.1 的情况(Ⅱ)成立，由引理 5.3.4，得到 $\lim_{t\to+\infty} x(t)=0$. 证毕.

5.3.4 小结

本节研究了一类三阶非线性中立型时滞动力方程的振动性. 利用时间尺度上的有关理论、Riccati 变换技术和不等式技巧，给出方程所有解振动或者收敛于零的几个充分条件.

本节的主要结果来自于研究成果 Sun Yibing, Han Zhenlai, Zhang Chao, et al. Oscillation for third order nonlinear neutral delay dynamic equations on time scales，已投出.

5.4 时间尺度上一类三阶非线性时滞动态方程的振动准则

5.4.1 研究背景

近几年，数学工作者开始对时间尺度上动力方程的振动性进行研究，但是关于时间尺度上三阶时滞动力方程的振动性研究结果并不丰富，如文献[201].

Hassan[201] 研究了时间尺度上三阶非线性时滞动力方程

$$(a(t)((r(t)x^{\Delta}(t))^{\Delta})^{\gamma})^{\Delta}+f(t,x(\tau(t)))=0,t\in\mathbb{T} \tag{5.4.1}$$

的振动性，在条件 $\tau\circ\sigma=\sigma\circ\tau$ 下，建立了该方程所有解振动或者收敛于零的一些充分条件. Erbe[130,132,233] 研究了时间尺度上三阶动力方程

$$(a(t)(r(t)x^{\Delta}(t))^{\Delta})^{\Delta}+p(t)f(x(t))=0,$$

$$x^{\Delta\Delta\Delta}(t)+p(t)x(t)=0,t\in\mathbb{T},$$

$$(a(t)((r(t)x^{\Delta}(t))^{\Delta})^{\gamma})^{\Delta}+f(t,x(t))=0,t\in\mathbb{T}$$

的振动性与渐近性.

为此，本节我们进一步研究时间尺度上三阶非线性时滞动力方程(5.4.1)解的振动性. 这里假设 $\gamma>0$ 是两个正奇数的比值，a 和 r 是定义在时间尺度 $\mathbb{T}$ 上的正的实数值 rd 连续函数. $\tau:\mathbb{T}\to\mathbb{T}$ 是 rd 连续函数，$\tau(t)\leqslant t$，$\lim_{t\to+\infty}\tau(t)=+\infty$. $f\in C(\mathbb{T}\times\mathbf{R},\mathbf{R})$，满足 $uf(t,u)>0$，$u\neq0$，存在定义在时间尺度 $\mathbb{T}$ 上的正的实数值 rd 连续函数 p，使得 $\dfrac{f(t,u)}{u^{\gamma}}\geqslant p(t)$，$u\neq0$.

由于我们感兴趣的是方程解的振动性与渐近性，所以假设时间尺度 $\mathbb{T}$ 是无界的，即它是时间尺度上的无穷区间 $[t_0,+\infty)_{\mathbb{T}}=[t_0,+\infty)\cap\mathbb{T}$.

本节利用 Riccati 变换技术和不等式技巧，建立方程(5.4.1)所有解振动或者收敛的几个新准则，我们的结果改进了 Hassan[201] 的结果.

5.4.2 引理

为方便起见，下面记：

$$d_{+}(t)=\max\{0,d(t)\},d_{-}(t)=\max\{0,-d(t)\},$$

$$b(t)=\frac{t}{\sigma(t)},\delta(t,T_1)=\int_{T_1}^{t}\frac{\Delta s}{a^{1/\gamma}(s)},\beta(t)=\begin{cases}b(t),0<\gamma\leqslant 1\\ b^{\gamma}(t),\gamma>1\end{cases}.$$

引理 5.4.1[201,引理2.1]　假设

$$\int_{t_0}^{+\infty}\frac{\Delta t}{a^{1/\gamma}(t)}=\int_{t_0}^{+\infty}\frac{\Delta t}{r(t)}=+\infty,\tag{5.4.2}$$

$$\int_{t_0}^{+\infty}\frac{1}{r(t)}\int_{t_0}^{+\infty}\left[\frac{1}{a(s)}\int_{t}^{+\infty}p(u)\Delta u\right]^{1/\gamma}\Delta s\Delta t=+\infty.\tag{5.4.3}$$

若函数 x 是方程(5.4.1) 的一个最终正解，则存在 $T\in[t_0,+\infty)_{\mathbb{T}}$，当 $t\in[T,+\infty)_{\mathbb{T}}$，有$(a(t)((r(t)x^{\Delta}(t))^{\Delta})^{\gamma})^{\Delta}<0,(r(t)x^{\Delta}(t))^{\Delta}>0,x^{\Delta}(t)>0$，或者 $\lim\limits_{t\to+\infty}x(t)=0$.

引理 5.4.2[201,引理2.2]　假设函数 x 是方程(5.4.1) 的一个最终正解，并且

$$[r(t)x^{\Delta}(t)]^{\Delta}>0,x^{\Delta}(t)>0,t\in[t_*,+\infty)_{\mathbb{T}},t_*\in[t_0,+\infty)_{\mathbb{T}},$$

则 $x^{\Delta}(t)\geqslant\dfrac{\delta(t,t_*)}{r(t)}a^{1/\gamma}(t)(r(t)x^{\Delta}(t))^{\Delta}$.

引理 5.4.3　假设函数 x 是方程(5.4.1) 的一个最终正解，并且

$$[r(t)x^{\Delta}(t)]^{\Delta}>0,x^{\Delta}(t)>0,t\in[t_*,+\infty)_{\mathbb{T}},t_*\in[t_0,+\infty)_{\mathbb{T}}.$$

若 $r^{\Delta}(t)\leqslant 0$，

$$\int_{t_0}^{+\infty}p(t)\tau^{\gamma}(t)\Delta t=+\infty,\tag{5.4.4}$$

则存在 $T\in[t_*,+\infty)_{\mathbb{T}}$，使得 $x(t)>tx^{\Delta}(t)$，$\dfrac{x(t)}{t}$ 严格递减，$t\in[T,+\infty)_{\mathbb{T}}$.

证明　因为$[r(t)x^{\Delta}(t)]^{\Delta}=r^{\Delta}(t)x^{\Delta}(t)+r^{\sigma}(t)x^{\Delta\Delta}(t)>0$，所以，$x^{\Delta\Delta}(t)>0,t\in[t_*,+\infty)_{\mathbb{T}}$. 令 $U(t)=x(t)-tx^{\Delta}(t)$. 则 $U^{\Delta}(t)=-\sigma(t)x^{\Delta\Delta}(t)<0,t\in[t_*,+\infty)_{\mathbb{T}}$.

我们证明，存在 $t_1\in[t_*,+\infty)_{\mathbb{T}}$ 使得 $U(t)>0,t\in[t_1,+\infty)_{\mathbb{T}}$. 不然，$U(t)<0,t\in[t_1,+\infty)_{\mathbb{T}}$，因此，

$$\left(\frac{x(t)}{t}\right)^{\Delta}=-\frac{U(t)}{t\sigma(t)}>0,t\in[t_1,+\infty)_{\mathbb{T}},$$

推出$\dfrac{x(t)}{t}$在$[t_1,+\infty)_{\mathbb{T}}$上严格递增. 取 $t_2\in[t_1,+\infty)_{\mathbb{T}}$ 使得 $\tau(t)\geqslant t_1,t\in[t_2,+\infty)_{\mathbb{T}}$. 则

$$\frac{x(\tau(t))}{\tau(t)}\geqslant\frac{x(t_1)}{t_1}=d>0,$$

故 $x(\tau(t))\geqslant d\tau(t),t\in[t_2,+\infty)_{\mathbb{T}}$. 由方程(5.4.1)，得到

$$(a(t)((r(t)x^{\Delta}(t))^{\Delta})^{\gamma})^{\Delta}\leqslant -p(t)x^{\gamma}(\tau(t))<0,t\geqslant t_2.\tag{5.4.5}$$

对式(5.4.5) 从 t_2 到 t 积分，可得

$$a(t)((r(t)x^{\Delta}(t))^{\Delta})^{\gamma}-a(t_2)((r(t_2)x^{\Delta}(t_2))^{\Delta})^{\gamma}+\int_{t_2}^{t}p(s)x^{\gamma}(\tau(s))\Delta s<0,$$

故

$$a(t)((r(t)x^{\Delta}(t))^{\Delta})^{\gamma}\geqslant\int_{t_2}^{t}p(s)x^{\gamma}(\tau(s))\Delta s\geqslant d^{\gamma}\int_{t_2}^{t}p(s)\tau^{\gamma}(s)\Delta s,$$

这与式(5.4.1) 矛盾. 所以存在 $T\in[t_*,+\infty)_{\mathbb{T}}$，使得 $x(t)>tx^{\Delta}(t)$，$\dfrac{x(t)}{t}$ 严格递减，

$t \in [T, +\infty)_{\mathbb{T}}$. 证毕.

5.4.3 主要结果与证明

定理 5.4.1 假设式(5.4.2)、式(5.4.3) 和式(5.4.4) 成立. $r^{\Delta}(t) \leqslant 0$,若存在一个正值函数 $\alpha \in C_{\mathrm{rd}}^{1}([t_0, +\infty)_{\mathbb{T}}, \mathbf{R})$,对任意的 $T_1 \in [t_0, +\infty)_{\mathbb{T}}$,存在 $T > T_1$,使得

$$\limsup_{t \to +\infty} \int_{T}^{t} \left[\alpha^{\sigma}(s) p(s) \left(\frac{\tau(s)}{\sigma(s)}\right)^{\gamma} - \frac{r^{\gamma}(s)((\alpha^{\Delta}(s))_{+})^{\gamma+1}}{(\gamma+1)^{\gamma+1}(\beta(s)\alpha^{\sigma}(s)\delta(s, T_1))^{\gamma}}\right] \Delta s = +\infty \tag{5.4.6}$$

成立,则方程(5.4.1) 的解 x 或者是振动的,或者当 $t \to +\infty$ 时收敛于零.

证明 假设方程(5.4.1)有非振动解 x,不妨设最终为正,即存在 $t_1 \in [t_0, +\infty)_{\mathbb{T}}$,有 $x(t) > 0, x(\tau(t)) > 0, t \in [t_1, +\infty)_{\mathbb{T}}$. 由引理 5.4.1, $(a(t)((r(t)x^{\Delta}(t))^{\Delta})^{\gamma})^{\Delta} < 0$, $(r(t)x^{\Delta}(t))^{\Delta} > 0, x^{\Delta}(t) > 0, t \in [t_1, +\infty)_{\mathbb{T}}$,或者 $\lim_{t \to +\infty} x(t) = 0$. 如果 $x^{\Delta}(t) > 0$,定义函数 ω 为

$$\omega(t) = \alpha(t) \frac{a(t)((r(t)x^{\Delta}(t))^{\Delta})^{\gamma}}{x^{\gamma}(t)}, t \in [t_1, +\infty)_{\mathbb{T}}. \tag{5.4.7}$$

则 $\omega(t) > 0$. 由求导法则,得到

$$\begin{aligned} \omega^{\Delta}(t) &= \alpha^{\Delta}(t) \frac{a(t)((r(t)x^{\Delta}(t))^{\Delta})^{\gamma}}{x^{\gamma}(t)} + \alpha^{\sigma}(t) \left[\frac{a(t)((r(t)x^{\Delta}(t))^{\Delta})^{\gamma}}{x^{\gamma}(t)}\right]^{\Delta} \\ &= \alpha^{\Delta}(t) \frac{a(t)((r(t)x^{\Delta}(t))^{\Delta})^{\gamma}}{x^{\gamma}(t)} + \alpha^{\sigma}(t) \frac{(a(t)((r(t)x^{\Delta}(t))^{\Delta})^{\gamma})^{\Delta}}{x^{\gamma\sigma}(t)} \\ &\quad - \alpha^{\sigma}(t) \frac{a(t)((r(t)x^{\Delta}(t))^{\Delta})^{\gamma}(x^{\gamma}(t))^{\Delta}}{x^{\gamma}(t)x^{\gamma\sigma}(t)}. \end{aligned}$$

由引理 5.4.3、方程(5.4.1) 和式(5.4.7),得到

$$\omega^{\Delta}(t) \leqslant -\alpha^{\sigma}(t) p(t) \left(\frac{\tau(t)}{\sigma(t)}\right)^{\gamma} + \frac{\alpha^{\Delta}(t)}{\alpha(t)} \omega(t) - \alpha^{\sigma}(t) \frac{a(t)((r(t)x^{\Delta}(t))^{\Delta})^{\gamma}(x^{\gamma}(t))^{\Delta}}{x^{\gamma}(t)x^{\gamma\sigma}(t)}. \tag{5.4.8}$$

当 $0 < \gamma \leqslant 1$,我们有

$$((x(t))^{\gamma})^{\Delta} = \gamma \int_0^1 [hx^{\sigma}(t) + (1-h)x(t)]^{\gamma-1} x^{\Delta}(t) \mathrm{d}h \geqslant \gamma (x^{\sigma}(t))^{\gamma-1} x^{\Delta}(t).$$

所以,由式(5.4.8)、引理 5.4.2 和引理 5.4.3,可得

$$\omega^{\Delta}(t) \leqslant -\alpha^{\sigma}(t) p(t) \left(\frac{\tau(t)}{\sigma(t)}\right)^{\gamma} + \frac{\alpha^{\Delta}(t)}{\alpha(t)} \omega(t) - \gamma \alpha^{\sigma}(t) \frac{t}{\sigma(t)} \frac{\delta(t, t_*)}{r(t)} \frac{\omega^{(\gamma+1)/\gamma}(t)}{\alpha^{(\gamma+1)/\gamma}(t)}. \tag{5.4.9}$$

当 $\gamma > 1$,我们有

$$((x(t))^{\gamma})^{\Delta} = \gamma \int_0^1 [hx^{\sigma}(t) + (1-h)x(t)]^{\gamma-1} x^{\Delta}(t) \mathrm{d}h \geqslant \gamma (x(t))^{\gamma-1} x^{\Delta}(t).$$

所以,由式(5.4.9)、引理 5.4.2 和引理 5.4.3,可得

$$\omega^{\Delta}(t) \leqslant -\alpha^{\sigma}(t) p(t) \left(\frac{\tau(t)}{\sigma(t)}\right)^{\gamma} + \frac{\alpha^{\Delta}(t)}{\alpha(t)} \omega(t) - \gamma \alpha^{\sigma}(t) \left(\frac{t}{\sigma(t)}\right)^{\gamma} \frac{\delta(t, t_*)}{r(t)} \frac{\omega^{(\gamma+1)/\gamma}(t)}{\alpha^{(\gamma+1)/\gamma}(t)}. \tag{5.4.10}$$

由式(5.4.9)、式(5.4.10)、$b(t)$ 和 $\beta(t)$ 的定义,对 $\gamma > 0$,

$$\omega^{\Delta}(t) \leqslant -\alpha^{\sigma}(t) p(t) \left(\frac{\tau(t)}{\sigma(t)}\right)^{\gamma} + \frac{(\alpha^{\Delta}(t))_{+}}{\alpha(t)} \omega(t) - \gamma \alpha^{\sigma}(t) \beta(t) \frac{\delta(t, t_*)}{r(t)} \frac{\omega^{\lambda}(t)}{\alpha^{\lambda}(t)}, \tag{5.4.11}$$

其中,$\lambda = (\gamma+1)\gamma$.

令

$$A^{\lambda}=\gamma\alpha^{\sigma}(t)\beta(t)\frac{\delta(t,t_{*})}{r(t)}\frac{\omega^{\lambda}(t)}{\alpha^{\lambda}(t)},B^{\lambda-1}=\frac{(\alpha^{\Delta}(t))_{+}r^{1/\lambda}(t)}{\lambda(\gamma\beta(t)\alpha^{\sigma}(t)\delta(t,t_{*}))^{1/\lambda}}.$$

由不等式,得到

$$\frac{(\alpha^{\Delta}(t))_{+}}{\alpha(t)}\omega(t)-\gamma\alpha^{\sigma}(t)\beta(t)\frac{\delta(t,t_{*})}{r(t)}\frac{\omega^{\lambda}(t)}{\alpha^{\lambda}(t)}\leqslant\frac{r^{\gamma}(t)((\alpha^{\Delta}(t))_{+})^{\gamma+1}}{(\gamma+1)^{\gamma+1}(\beta(t)\alpha^{\sigma}(t)\delta(t,t_{*}))^{\gamma}}.$$

对上式两边从 t_1 到 t 积分,得

$$\int_{t_1}^{t}\left[\alpha^{\sigma}(s)p(s)\left(\frac{\tau(s)}{\sigma(s)}\right)^{\gamma}-\frac{r^{\gamma}(s)((\alpha^{\Delta}(s))_{+})^{\gamma+1}}{(\gamma+1)^{\gamma+1}(\beta(s)\alpha^{\sigma}(s)\delta(s,t_{*}))^{\gamma}}\right]\Delta s$$

$$\leqslant\omega(t_1)-\omega(t)\leqslant\omega(t_1).$$

这与式(5.4.6)矛盾.证毕.

下面的定理是关于方程(5.4.1)的 Philos 型振动准则.

定理 5.4.2　假设式(5.4.2)、式(5.4.3)和式(5.4.4)成立.$r^{\Delta}(t)\leqslant 0$,函数 α 如定理 5.4.1 所定义.若存在函数 $H,h\in C_{\rm rd}(D,\mathbf{R})$,$D\equiv\{(t,s)\in\mathbb{T}^2:t\geqslant s\geqslant t_0\}$,使得

$$H(t,t)=0,t\geqslant t_0,H(t,s)>0,t>s\geqslant t_0,\tag{5.4.12}$$

且 H 关于第二变元 s 有非正连续的 Δ 偏导数 $H^{\Delta_s}(t,s)$,满足

$$H^{\Delta_s}(\sigma(t),s)+H(\sigma(t),\sigma(s))\frac{\delta^{\Delta}(s)}{\delta(s)}=-\frac{h(t,s)}{\delta(s)}(H(\sigma(t),\sigma(s)))^{\gamma/(\gamma+1)},\tag{5.4.13}$$

如果对所有充分大的 $T_1\in[t_0,+\infty)_{\mathbb{T}}$,存在 $T>T_1$,使得

$$\limsup_{t\to+\infty}\frac{1}{H(\sigma(t),T)}\int_{T}^{\sigma(t)}K(t,s)\Delta s=+\infty,\tag{5.4.14}$$

这里,$K(t,s)=H(\sigma(t),\sigma(s))\alpha^{\sigma}(s)p(s)\left(\frac{\tau(s)}{\sigma(s)}\right)^{\gamma}-\frac{r^{\gamma}(s)(h_{-}(t,s))^{\gamma+1}}{(\gamma+1)^{\gamma+1}(\beta(s)\alpha^{\sigma}(s)\delta(s,T_1))^{\gamma}}$.则方程(5.4.1)的解 x 或者是振动的,或者当 $t\to+\infty$ 时收敛于零.

定理 5.4.2 的证明利用式(5.4.11),类似本章定理 5.3.3 的证明.

5.4.4　应用举例

例 5.4.1　考虑时间尺度上三阶时滞动力方程

$$x^{\Delta\Delta\Delta}(t)+\frac{\beta}{t\tau(t)}x(\tau(t))=0,t\in[t_0,+\infty)_{\mathbb{T}},\tag{5.4.15}$$

这里,$\beta>0$.

我们有,$a(t)=r(t)=1,p(t)=\frac{\beta}{t\tau(t)},t\in[t_0,+\infty)_{\mathbb{T}}$.显然式(5.4.2)、式(5.4.3)和式(5.4.4)成立.取 $\alpha(t)=t$,则定理 5.4.1 的条件成立,因此方程(5.4.15)的所有解或者振动或者当 $t\to+\infty$ 时收敛于零.

5.4.5　小　结

本节研究了时间尺度上一类三阶非线性时滞动力方程的振动性与渐近性,不需要条件 $\tau\circ\sigma=\sigma\circ\tau$,从而改进了 Hassan[201] 的结果.

本节主要结果来自于文献[234].

5.5 时间尺度上一类三阶半线性时滞动态方程的振动性与渐近性

5.5.1 引 言

近几年,数学工作者对时间尺度上动力方程的振动性进行研究,但是关于时间尺度上三阶时滞动力方程的振动性研究结果并不丰富,如文献[130,132,301].

Erbe 等[130] 研究了时间尺度上一类三阶非线性时滞动态方程的振动性:

$$(c(t)(a(t)x^{\Delta}(t))^{\Delta})^{\Delta}+q(t)f(x(t))=0,t\in\mathbb{T}, \tag{5.5.1}$$

这里,c,a 和 q 是定义在$\mathbb{T}$上的正的实值 rd 连续函数,$f\in C(\mathbf{R},\mathbf{R})$,对每一个正常数 $k>0$,存在 $M=M_k>0$,使得 $f(u)/u\geqslant M$,$|u|\geqslant k$,$xf(x)>0$,$x\neq 0$. 得到下面结果:

定理 A 如果

$$\int_{t_0}^{+\infty}\frac{1}{c(t)}\Delta t=\int_{t_0}^{+\infty}\frac{1}{a(t)}\Delta t=+\infty,$$

存在正的 Δ 可微函数 δ,对 $M>0$ 和充分大的 t_1,有

$$\limsup_{t\to+\infty}\int_{t_1}^{t}\left[M\delta(s)q(s)-\frac{(\delta^{\Delta}(s))^2a(s)}{4\delta(s)\int_{t_1}^{s}\frac{\Delta u}{c(u)}}\right]\Delta s=+\infty,$$

那么方程(5.5.1) 的每一个解 x 是振动的,或者有 $\lim\limits_{t\to+\infty}x(t)$ 存在(有限).

更进一步,如果

$$\int_{t_0}^{+\infty}q(t)\Delta t=+\infty, \tag{5.5.2}$$

那么方程(5.5.1) 的每一个解 x 是振动的,或者有 $\lim\limits_{t\to+\infty}x(t)=0$.

Erbe 等[132] 研究了时间尺度上一类三阶非线性时滞动态方程的振动性,

$$x^{\Delta\Delta\Delta}(t)+p(t)x(t)=0,t\in\mathbb{T}, \tag{5.5.3}$$

这里 p 是定义在$\mathbb{T}$上的正的实值 rd 连续函数,建立了方程(5.5.3)Hille 型和 Nehari 型振动准则.

Yu 等[301] 研究了时间尺度上一类三阶非线性时滞动态方程的振动性,

$$\left(\frac{1}{\alpha_2(t)}\left(\left(\frac{1}{\alpha_1(t)}(x^{\Delta}(t))^{\alpha_1}\right)^{\Delta}\right)^{\alpha_2}\right)^{\Delta}+q(t)f(x(t))=0,t\in\mathbb{T}, \tag{5.5.4}$$

这里 a_i,q 是定义在$\mathbb{T}$上的正的实值 rd 连续函数,α_i 是正奇数的商,$i=1,2,$,$f\in C(\mathbf{R},\mathbf{R})$,对正常数 $k>0$,存在 $M=M_k>0$,使得 $f(u)/u\geqslant M$,$|u|\geqslant k$,$xf(x)>0$,$x\neq 0$. 得到下面结果:

定理 B 如果

$$\alpha_1\alpha_2=1,\int_{t_0}^{+\infty}(a_i(s))^{\frac{1}{\alpha_i}}\Delta s=+\infty,i=1,2,$$

存在正的 Δ 可微函数 δ,对任意 $M>0$,和充分大的 t_1,t_2,$t_2>t_1$,有

$$\limsup_{t\to+\infty}\int_{t_2}^{t}\left[M\delta(s)q(s)-\frac{(\delta^{\Delta}(s))^2}{4Q(s)}\right]\Delta s=+\infty,$$

$$Q(t)=\delta(t)(a_1(t)\delta(t,t_1))^{\frac{1}{\alpha_1}},\delta(t,t_1)=\int_{t_1}^{t}(a_2(s))^{\frac{1}{\alpha_2}}\Delta s,$$

那么方程(5.5.4) 的每一个解 x 是振动的,或者有 $\lim\limits_{t\to+\infty} x(t)$ 存在(有限).

更进一步,如果有式(5.5.2) 成立,那么方程(5.5.4) 的解 x 是振动的,或者有 $\lim\limits_{t\to+\infty} x(t) = 0$.

本节将研究时间尺度上一类三阶半线性时滞动态方程的振动性与渐近性:

$$(r(t)(x^{\Delta\Delta}(t))^{\gamma})^{\Delta} + p(t)x^{\gamma}(\tau(t)) = 0, t \in \mathbb{T}, \tag{5.5.5}$$

这里,$\gamma > 0$ 是正奇数的商,r 和 p 是定义在$\mathbb{T}$上的正的实值 rd 连续函数,$\tau: \mathbb{T} \to \mathbb{T}, \tau(t) \leqslant t, \tau(t) \to +\infty (t \to +\infty)$.

因为我们考虑振动性和渐近性,我们假设时间尺度$\mathbb{T}$是无界的. 设 $t_0 \in \mathbb{T}$,不妨设 $t_0 > 0$. 定义区间$[t_0, +\infty)_{\mathbb{T}} = [t_0, +\infty) \cap \mathbb{T}$.

5.5.2　基本引理

不等式

$$\lambda AB^{\lambda-1} - A^{\lambda} \leqslant (\lambda - 1)B^{\lambda}, \lambda \geqslant 1, \tag{5.5.6}$$

这里,A 和 B 是非负的.

Keller 链锁法则:

$$\left((x(t))^{\gamma}\right)^{\Delta} = \gamma\int_0^1 [hx^{\sigma} + (1-h)x]^{\gamma-1} x^{\Delta}(t)\mathrm{d}h, \tag{5.5.7}$$

这里,x 是 Δ 可微最终为正或最终为负函数.

给出下面记号:

$$d_+(t) := \max\{0, d(t)\}, d_-(t) := \max\{0, -d(t)\}, a(t) := \frac{\tau(t)}{\sigma(t)},$$

$$\alpha(t) := \frac{t}{\sigma(t)}, b(t) := \begin{cases} \alpha(t), 0 < \gamma \leqslant 1; \\ \alpha^{\gamma}(t), \gamma > 1. \end{cases}$$

引理 5.5.1　假设

$$\int_{t_0}^{+\infty} \frac{\Delta t}{r^{\frac{1}{\gamma}}(t)} = +\infty, \tag{5.5.8}$$

假设 x 是方程(5.5.5) 的一个最终正解,那么存在 $t_1 \in [t_0, +\infty)_{\mathbb{T}}$,使得

(ⅰ)　$x(t) > 0, x^{\Delta}(t) > 0, x^{\Delta\Delta}(t) > 0, t \in [t_1, +\infty)_{\mathbb{T}}$;

或者

(ⅱ)　$x(t) > 0, x^{\Delta}(t) < 0, x^{\Delta\Delta}(t) > 0, t \in [t_1, +\infty)_{\mathbb{T}}$.

证明　证明过程类似与[130,引理 1],故略.

引理 5.5.2　假设 x 是方程(5.5.5) 满足引理 5.5.1 中情况(ⅰ)的一个解,那么存在 $t_1 \in [t_0, +\infty)_{\mathbb{T}}$,使得

$$x^{\Delta}(t) \geqslant \left(r^{\frac{1}{\gamma}}(t)\int_{t_1}^{t} \frac{\Delta s}{r^{\frac{1}{\gamma}}(s)}\right) x^{\Delta\Delta}(t), t \in [t_1, +\infty)_{\mathbb{T}}. \tag{5.5.9}$$

证明　设 x 是方程(5.5.5) 满足引理 5.5.1 中情况(ⅰ)的一个解. 由方程(5.5.5),存在 $t_1 \in [t_0, +\infty)_{\mathbb{T}}$,得

$$(r(t)(x^{\Delta\Delta})^{\gamma}(t))^{\Delta} = -p(t)x^{\gamma}(\tau(t)) < 0, t \in [t_1, +\infty)_{\mathbb{T}}. \tag{5.5.10}$$

这意味着 $r(t)(x^{\Delta\Delta})^{\gamma}(t)$ 是严格递减的,由于 $x^{\Delta\Delta}(t) > 0$,有

$$x^{\Delta}(t) \geqslant x^{\Delta}(t) - x^{\Delta}(t_1) = \int_{t_1}^{t} \frac{(r(s)(x^{\Delta\Delta})^{\gamma}(s))^{\frac{1}{\gamma}}}{r^{\frac{1}{\gamma}}(s)} \Delta s \geqslant \left(r^{\frac{1}{\gamma}}(t) \int_{t_1}^{t} \frac{\Delta s}{r^{\frac{1}{\gamma}}(s)} \right) x^{\Delta\Delta}(t).$$

证毕.

引理 5.5.3 假设 x 是方程(5.5.5)满足引理 5.5.1 中情况(i)的一个解,且

$$\int_{t_0}^{+\infty} \tau^{\gamma}(t) p(t) \Delta t = +\infty, \tag{5.5.11}$$

那么存在 $t_1 \in [t_0, +\infty)_{\mathbb{T}}$,当 $t \in [t_1, +\infty)_{\mathbb{T}}$ 时,有

$$x(t) > t x^{\Delta}(t), \tag{5.5.12}$$

$\frac{x(t)}{t}$ 严格递减.

证明 设 x 是方程(5.5.5)满足引理 5.5.1 中情况(ⅰ)的一个解. 令 $X(t) := x(t) - t x^{\Delta}(t)$,因为

$$X^{\Delta}(t) = x^{\Delta}(t) - (x^{\Delta}(t) + \sigma(t) x^{\Delta\Delta}(t)) = -\sigma(t) x^{\Delta\Delta}(t) < 0, t \in [t_1, +\infty)_{\mathbb{T}}. \tag{5.5.13}$$

所以,$X(t)$ 是递减的. 我们将证明,存在 $t_2 \in [t_1, +\infty)_{\mathbb{T}}$,使得 $X(t) > 0, t \in [t_2, +\infty)_{\mathbb{T}}$.

否则,对任意 $t_2 \in [t_1, +\infty)_{\mathbb{T}}$,存在 $t_3 \in [t_2, +\infty)_{\mathbb{T}}$,有 $X(t_3) < 0$. 由于 $X(t)$ 是递减的,所以当 $t \in [t_3, +\infty)_{\mathbb{T}}$ 时,有 $X(t) \leqslant X(t_3) < 0$. 又因为

$$\left(\frac{x(t)}{t} \right)^{\Delta} = \frac{t x^{\Delta}(t) - x(t)}{t\sigma(t)} = -\frac{X(t)}{t\sigma(t)} > 0, t \in [t_3, +\infty)_{\mathbb{T}},$$

这意味着 $x(t)/t$ 在 $[t_3, +\infty)_{\mathbb{T}}$ 上是严格递增的. 取 $t_4 \in [t_3, +\infty)_{\mathbb{T}}$,使得 $\tau(t) \geqslant \tau(t_4), t \in [t_4, +\infty)_{\mathbb{T}}$. 于是

$$\frac{x(\tau(t))}{\tau(t)} \geqslant \frac{x(\tau(t_4))}{\tau(t_4)} := d > 0,$$

所以 $x(\tau(t)) \geqslant d\tau(t), t \in [t_4, +\infty)_{\mathbb{T}}$. 对式(5.5.10)两边,从 t_4 到 t 积分,得

$$r(t)(x^{\Delta\Delta}(t))^{\gamma} - r(t_4)(x^{\Delta\Delta}(t_4))^{\gamma} = -\int_{t_4}^{t} p(s) x^{\gamma}(\tau(s)) \Delta s,$$

所以

$$r(t_4)(x^{\Delta\Delta}(t_4))^{\gamma} = r(t)(x^{\Delta\Delta}(t))^{\gamma} + \int_{t_4}^{t} p(s) x^{\gamma}(\tau(s)) \Delta s$$

$$\geqslant \int_{t_4}^{t} p(s) x^{\gamma}(\tau(s)) \Delta s \geqslant d^{\gamma} \int_{t_4}^{t} p(s) \tau^{\gamma}(s) \Delta s,$$

这与式(5.5.11)矛盾. 存在 $t_2 \in [t_1, +\infty)_{\mathbb{T}}$,使得 $X(t) > 0, t \in [t_2, +\infty)_{\mathbb{T}}$,$x(t)/t$ 严格递减,证毕.

引理 5.5.4 假设 x 是方程(5.5.5)满足引理 5.5.1 中情况(ⅱ)的一个解,且

$$\int_{t_0}^{+\infty} \int_{v}^{+\infty} \left(\frac{1}{r(u)} \int_{u}^{+\infty} p(s) \Delta s \right)^{\frac{1}{\gamma}} \Delta u \Delta v = +\infty, \tag{5.5.14}$$

那么 $\lim_{t \to +\infty} x(t) = 0$.

证明 设 x 是方程(5.5.5)满足引理 5.5.1 中情况(ⅱ)的一个解. 那么 $x(t)$ 是递减的,于是有 $\lim_{t \to +\infty} x(t) = b \geqslant 0$. 我们可以证明 $b = 0$. 否则,可得 $x(\tau(t)) \geqslant x(t) \geqslant b > 0$,

$t\in[t_1,+\infty)_{\mathbb{T}}$. 对式(5.5.5)两边,从 t 到 $+\infty$ 积分,得

$$x^{\Delta\Delta}\geqslant\left(\frac{1}{r(t)}\int_t^{+\infty}p(s)x^{\gamma}(\tau(s))\Delta s\right)^{\frac{1}{\gamma}}.$$

对上式两边,从 t 到 $+\infty$ 积分,得

$$-x^{\Delta}(t)\geqslant\int_t^{+\infty}\left(\frac{1}{r(u)}\int_u^{+\infty}p(s)x^{\gamma}(\tau(s))\Delta s\right)^{\frac{1}{\gamma}}\Delta u,$$

再对上式两边,从 t_0 到 $+\infty$ 积分,得

$$x(t_0)\geqslant\int_{t_0}^{+\infty}\int_v^{+\infty}\left(\frac{1}{r(u)}\int_u^{+\infty}p(s)x^{\gamma}(\tau(s))\Delta s\right)^{\frac{1}{\gamma}}\Delta u\Delta v\geqslant b\int_{t_0}^{+\infty}\int_v^{+\infty}\left(\frac{1}{r(u)}\int_u^{+\infty}p(s)\Delta s\right)^{\frac{1}{\gamma}}\Delta u\Delta v,$$

这与式(5.5.14)矛盾.证毕.

5.5.3　主要结果

定理 5.5.1　假设式(5.5.8)和式(5.5.11)成立.存在正函数 $\delta\in C_{\mathrm{rd}}^1([t_0,+\infty)_{\mathbb{T}},\mathbf{R})$,对充分大的 t_1,使得

$$\limsup_{t\to+\infty}\int_{t_1}^{t}\left[\delta^{\sigma}(s)p(s)a^{\gamma}(s)-\frac{((\delta^{\Delta}(s))_+)^{\gamma+1}}{(\gamma+1)^{\gamma+1}\left(b(s)\delta^{\sigma}(s)\int_{t_1}^{s}\frac{\Delta u}{r^{\frac{1}{\gamma}}(u)}\right)^{\gamma}}\right]\Delta s=+\infty,\tag{5.5.15}$$

那么方程(5.5.5)的解 x 是振动的,或者存在 $\lim\limits_{t\to+\infty}x(t)$(有限).

证明　假设方程(5.5.5)有非振动解 x.不失一般性,可设 $x(t)>0$,$x(\tau(t))>0$,$t\in[t_1,+\infty)_{\mathbb{T}}$.由引理 5.5.1,我们看到 x 满足情况(ⅰ),或者情况(ⅱ).

如果引理 5.5.1 中的情况(ⅰ)成立,那么我们定义函数 ω 为

$$\omega(t)=\delta(t)\frac{r(t)(x^{\Delta\Delta}(t))^{\gamma}}{x^{\gamma}(t)},t\in[t_1,+\infty)_{\mathbb{T}}.\tag{3.5.16}$$

于是 $\omega(t)>0$,可得

$$\omega^{\Delta}(t)=\delta^{\Delta}(t)\frac{r(t)(x^{\Delta\Delta}(t))^{\gamma}}{x^{\gamma}(t)}+\delta^{\sigma}(t)\left(\frac{r(t)(x^{\Delta\Delta}(t))^{\gamma}}{x^{\gamma}(t)}\right)^{\Delta},$$

于是

$$\omega^{\Delta}(t)=\delta^{\Delta}(t)\frac{r(t)(x^{\Delta\Delta}(t))^{\gamma}}{x^{\gamma}(t)}+\delta^{\sigma}(t)\frac{(r(t)(x^{\Delta\Delta}(t))^{\gamma})^{\Delta}}{x^{\gamma\sigma}(t)}-\delta^{\sigma}(t)\frac{r(t)(x^{\Delta\Delta}(t))^{\gamma}(x^{\gamma}(t))^{\Delta}}{x^{\gamma}(t)x^{\gamma\sigma}(t)}.$$

由方程式(5.5.5)和式(5.5.16),得

$$\omega^{\Delta}(t)=-\delta^{\sigma}(t)p(t)\frac{x^{\gamma}(\tau(t))}{x^{\gamma\sigma}(t)}+\frac{\delta^{\Delta}(t)}{\delta(t)}\omega(t)-\delta^{\sigma}(t)\frac{r(t)(x^{\Delta\Delta}(t))^{\gamma}(x^{\gamma}(t))^{\Delta}}{x^{\gamma}(t)x^{\gamma\sigma}(t)}.\tag{5.5.17}$$

当 $\gamma\leqslant1$ 时,应用 Keller 链锁法则(5.5.7),注意到 x 是严格递增的,可得

$$\begin{aligned}((x(t))^{\gamma})^{\Delta}&=\gamma\int_0^1[h(x(t))^{\sigma}+(1-h)x(t)]^{\gamma-1}(x(t))^{\Delta}\mathrm{d}h\\&\geqslant\gamma\int_0^1[h(x^{\sigma}(t))+(1-h)x^{\sigma}(t)]^{\gamma-1}(x(t))^{\Delta}\mathrm{d}h\\&=\gamma(x^{\sigma}(t))^{\gamma-1}x^{\Delta}(t).\end{aligned}$$

由引理 5.5.3 及式(5.5.17),得

$$\omega^{\Delta}(t)\leqslant-\delta^{\sigma}(t)p(t)\left(\frac{\tau(t)}{\sigma(t)}\right)^{\gamma}+\frac{\delta^{\Delta}(t)}{\delta(t)}\omega(t)-\gamma\delta^{\sigma}(t)\frac{r(t)(x^{\Delta\Delta}(t))^{\gamma+1}}{x^{\gamma+1}(t)}\frac{x^{\Delta}(t)}{x^{\Delta\Delta}(t)}\frac{x(t)}{x^{\sigma}(t)},$$

再由引理 5.5.2、引理 5.5.3 和式(5.5.16),得

$$\omega^{\Delta}(t)\leqslant-\delta^{\sigma}(t)p(t)\left(\frac{\tau(t)}{\sigma(t)}\right)^{\gamma}+\frac{\delta^{\Delta}(t)}{\delta(t)}\omega(t)-\gamma\frac{\delta^{\sigma}(t)}{\delta^{\frac{\gamma+1}{\gamma}}(t)}\frac{t}{\sigma(t)}\omega^{\frac{\gamma+1}{\gamma}}(t)\int_{t_1}^{t}\frac{\Delta s}{r^{\frac{1}{\gamma}}(s)}.\tag{5.5.18}$$

当 $\gamma>1$ 时,应用 Keller 链锁法则(5.5.7),注意到 x 是严格递增的,可得

$$\begin{aligned}((x(t))^{\gamma})^{\Delta}&=\gamma\int_0^1[h(x(t))^{\sigma}+(1-h)x(t)]^{\gamma-1}(x(t))^{\Delta}\mathrm{d}h\\&\geqslant\gamma\int_0^1[h(x(t))+(1-h)x(t)]^{\gamma-1}(x(t))^{\Delta}\mathrm{d}h=\gamma(x(t))^{\gamma-1}x^{\Delta}(t).\end{aligned}$$

由引理 5.5.3 及式(5.5.17),得

$$\omega^{\Delta}(t)\leqslant-\delta^{\sigma}(t)p(t)\left(\frac{\tau(t)}{\sigma(t)}\right)^{\gamma}+\frac{\delta^{\Delta}(t)}{\delta(t)}\omega(t)-\gamma\delta^{\sigma}(t)\frac{r(t)(x^{\Delta\Delta}(t))^{\gamma+1}}{x^{\gamma+1}(t)}\frac{x^{\Delta}(t)}{x^{\Delta\Delta}(t)}\left(\frac{x(t)}{x^{\sigma}(t)}\right)^{\gamma},$$

再由引理 5.5.2、引理 5.5.3 和式(5.5.16),得

$$\omega^{\Delta}(t)\leqslant-\delta^{\sigma}(t)p(t)\left(\frac{\tau(t)}{\sigma(t)}\right)^{\gamma}+\frac{\delta^{\Delta}(t)}{\delta(t)}\omega(t)-\gamma\frac{\delta^{\sigma}(t)}{\delta^{\frac{\gamma+1}{\gamma}}(t)}\left(\frac{t}{\sigma(t)}\right)^{\gamma}\omega^{\frac{\gamma+1}{\gamma}}(t)\int_{t_1}^{t}\frac{\Delta s}{r^{\frac{1}{\gamma}}(s)}.\tag{5.5.19}$$

应用式(5.5.18) 和式(5.5.19),根据记号 a 和 b 的定义,当 $\gamma>0$ 时,有

$$\omega^{\Delta}(t)\leqslant-\delta^{\sigma}(t)p(t)a^{\gamma}(t)+\frac{(\delta^{\Delta}(t))_+}{\delta(t)}\omega(t)-\gamma\frac{\delta^{\sigma}(t)}{\delta^{\lambda}(t)}b(t)\omega^{\lambda}(t)\int_{t_1}^{t}\frac{\Delta s}{r^{\frac{1}{\gamma}}(s)},\tag{5.5.20}$$

这里,$\lambda:=(\gamma+1)/\gamma$. 定义 $A>0$ 和 $B>0$:

$$A^{\lambda}:=\gamma\frac{\delta^{\sigma}(t)}{\delta^{\lambda}(t)}b(t)\omega^{\lambda}(t)\int_{t_1}^{t}\frac{\Delta s}{r^{\frac{1}{\gamma}}(s)},B^{\lambda-1}:=\frac{(\delta^{\Delta}(t))_+}{\lambda\left(\gamma\delta^{\sigma}(t)b(t)\int_{t_1}^{t}\frac{\Delta s}{r^{\frac{1}{\gamma}}(s)}\right)^{\frac{1}{\lambda}}}.$$

应用不等式(5.5.6),得

$$\frac{(\delta^{\Delta}(t))_+}{\delta(t)}\omega(t)-\gamma\frac{\delta^{\sigma}(t)}{\delta^{\lambda}(t)}b(t)\omega^{\lambda}(t)\int_{t_1}^{t}\frac{\Delta s}{r^{\frac{1}{\gamma}}(s)}\leqslant\frac{1}{(\gamma+1)^{\gamma+1}}\frac{((\delta^{\Delta}(t))_+)^{\gamma+1}}{\left(b(t)\delta^{\sigma}(t)\int_{t_1}^{t}\frac{\Delta s}{r^{\frac{1}{\gamma}}(s)}\right)^{\gamma}}.$$

由不等式(5.5.20),得

$$\omega^{\Delta}(t)\leqslant-\delta^{\sigma}(t)p(t)a^{\gamma}(t)+\frac{1}{(\gamma+1)^{\gamma+1}}\frac{((\delta^{\Delta}(t))_+)^{\gamma+1}}{\left(b(t)\delta^{\sigma}(t)\int_{t_1}^{t}\frac{\Delta s}{r^{\frac{1}{\gamma}}(s)}\right)^{\gamma}}.$$

从 t_1 到 t 积分,可得

$$\int_{t_1}^{t}\left[\delta^{\sigma}(s)p(s)a^{\gamma}(s)-\frac{((\delta^{\Delta}(s))_+)^{\gamma+1}}{(\gamma+1)^{\gamma+1}\left(b(s)\delta^{\sigma}(s)\int_{t_1}^{s}\frac{\Delta u}{r^{\frac{1}{\gamma}}(u)}\right)^{\gamma}}\right]\Delta s\leqslant\omega(t_1)-\omega(t)\leqslant\omega(t_1),$$

这与假设条件(5.5.15) 矛盾. 因此引理 5.5.1 中的情况(ⅰ)不成立.

如果引理 5.5.1 中的情况(ⅱ)成立,那么 $\lim_{t\to+\infty}x(t)$ 存在(有限). 证毕.

注 5.5.1 由定理 5.5.1,通过选择不同的函数 δ,得到一些不同的振动条件.

由定理 5.5.1 和式(5.5.14),可以得到下面推论.

推论 5.5.1　假设式(5.5.8) 和式(5.5.11) 成立. 而且设(5.5.14) 和式(5.5.15) 成立. 那么方程(5.5.5) 的解 x 是振动的,或者 $\lim_{t\to+\infty} x(t)=0$.

定理 5.5.2　假设式(5.5.8) 和式(5.5.11) 成立. 存在函数 $H,h\in C_{\mathrm{rd}}(D,\mathbf{R})$,这里 $D\equiv\{(t,s):t\geqslant s\geqslant t_0\}$,使得

$$H(t,t)=0,t\geqslant t_0,H(t,s)>0,t>s\geqslant t_0,\tag{5.5.21}$$

H 有非正的连续 Δ 偏导数 $H^{\Delta_s}(t,s)$,满足

$$H^{\Delta_s}(\sigma(t),s)+H(\sigma(t),\sigma(s))\frac{\delta^\Delta(s)}{\delta(s)}=-\frac{h(t,s)}{\delta(s)}(H(\sigma(t),\sigma(s)))^{\frac{\gamma}{\gamma+1}},\tag{5.5.22}$$

对充分大的 t_1,有

$$\limsup_{t\to+\infty}\frac{1}{H(\sigma(t),t_1)}\int_{t_1}^{\sigma(t)}K(t,s)\Delta s=+\infty,\tag{5.5.23}$$

这里,δ 是正的 Δ 可微函数,并且

$$K(t,s)=H(\sigma(t),\sigma(s))a^\gamma(s)\delta^\sigma(s)p(s)-\frac{(h_-(t,s))^{\gamma+1}}{(\gamma+1)^{\gamma+1}\left(b(s)\delta^\sigma(s)\int_{t_1}^{s}\frac{\Delta u}{r^{\frac{1}{\gamma}}(u)}\right)^\gamma},$$

那么方程(5.5.5) 的解 x 是振动的,或者存在 $\lim_{t\to+\infty} x(t)$(有限).

证明　假设方程(5.5.5) 有非振动解 x. 不失一般性,可设 $x(t)>0,x(\tau(t))>0$,$t\in[t_1,+\infty)_{\mathbf{T}}$. 由引理 5.5.1,我们看到 x 满足情况(ⅰ),或者情况(ⅱ).

如果引理 5.5.1 中的情况(ⅰ) 成立,那么由定理 5.5.1 的证明,可得式(5.5.20) 成立. 用 $\delta^\Delta(t)$ 替代式(5.5.20) 中的 $(\delta^\Delta(t))_+$,得

$$p(t)\delta^\sigma(t)a^\gamma(t)\leqslant-\omega^\Delta(t)+\frac{\delta^\Delta(t)}{\delta(t)}\omega(t)-\gamma\frac{\delta^\sigma(t)}{\delta^\lambda(t)}b(t)\omega^\lambda(t)\int_{t_1}^{t}\frac{\Delta s}{r^{\frac{1}{\gamma}}(s)}.\tag{5.5.24}$$

于是

$$\begin{aligned}&\int_{t_1}^{\sigma(t)}H(\sigma(t),\sigma(s))p(s)\delta^\sigma(s)a^\gamma(s)\Delta s\\&\leqslant-\int_{t_1}^{\sigma(t)}H(\sigma(t),\sigma(s))\omega^\Delta(s)\Delta s+\int_{t_1}^{\sigma(t)}H(\sigma(t),\sigma(s))\frac{\delta^\Delta(s)}{\delta(s)}\omega(s)\Delta s\\&\quad-\int_{t_1}^{\sigma(t)}H(\sigma(t),\sigma(s))\gamma\frac{\delta^\sigma(s)}{\delta^\lambda(s)}b(s)\omega^\lambda(s)\int_{t_1}^{s}\frac{\Delta u}{r^{\frac{1}{\gamma}}(u)}\Delta s.\end{aligned}$$

结合式(5.5.21) 和式(5.5.22),可得

$$\begin{aligned}&\int_{t_1}^{\sigma(t)}H(\sigma(t),\sigma(s))p(s)\delta^\sigma(s)a^\gamma(s)\Delta s\\&\leqslant H(\sigma(t),t_1)\omega(t_1)+\int_{t_1}^{\sigma(t)}H^{\Delta_s}(\sigma(t),s)\omega(s)\Delta s+\int_{t_1}^{\sigma(t)}H(\sigma(t),\sigma(s))\frac{\delta^\Delta(s)}{\delta(s)}\omega(s)\Delta s\\&\quad-\int_{t_1}^{\sigma(t)}H(\sigma(t),\sigma(s))\gamma\frac{\delta^\sigma(s)}{\delta^\lambda(s)}b(s)\omega^\lambda(s)\int_{t_1}^{s}\frac{\Delta u}{r^{\frac{1}{\gamma}}(u)}\Delta s\\&\leqslant H(\sigma(t),t_1)\omega(t_1)\\&\quad+\int_{t_1}^{\sigma(t)}\left[-\frac{h(t,s)}{\delta(s)}(H(\sigma(t),\sigma(s)))^{\frac{1}{\lambda}}\omega(s)-H(\sigma(t),\sigma(s))\gamma\frac{\delta^\sigma(s)}{\delta^\lambda(s)}b(s)\omega^\lambda(s)\int_{t_1}^{s}\frac{\Delta u}{r^{\frac{1}{\gamma}}(u)}\right]\Delta s\end{aligned}$$

$$\leqslant H(\sigma(t),t_1)\omega(t_1)$$
$$+\int_{t_1}^{\sigma(t)}\left[\frac{h_-(t,s)}{\delta(s)}(H(\sigma(t),\sigma(s)))^{\frac{1}{\lambda}}\omega(s)-H(\sigma(t),\sigma(s))\gamma\frac{\delta^\sigma(s)}{\delta^\lambda(s)}b(s)\omega^\lambda(s)\int_{t_1}^{s}\frac{\Delta u}{r^{\frac{1}{\gamma}}(u)}\right]\Delta s,$$

这里,$\lambda:=(\gamma+1)/\gamma$,如下定义 $A\geqslant 0$ 和 $B\geqslant 0$:

$$A^\lambda:=H(\sigma(t),\sigma(s))\gamma\frac{\delta^\sigma(s)}{\delta^\lambda(s)}b(s)\omega^\lambda(s)\int_{t_1}^{s}\frac{\Delta u}{r^{\frac{1}{\gamma}}(u)}.$$

$$B^{\lambda-1}:=\frac{h_-(t,s)}{\lambda\left(\gamma\delta^\sigma(s)b(s)\int_{t_1}^{s}\frac{\Delta u}{r^{\frac{1}{\gamma}}(u)}\right)^{\frac{1}{\lambda}}}.$$

应用不等式(5.5.6),得

$$\frac{h_-(t,s)}{\delta(s)}(H(\sigma(t),\sigma(s)))^{\frac{1}{\lambda}}\omega(s)-H(\sigma(t),\sigma(s))\gamma\frac{\delta^\sigma(s)}{\delta^\lambda(s)}b(s)\omega^\lambda(s)\int_{t_1}^{s}\frac{\Delta u}{r^{\frac{1}{\gamma}}(u)}$$
$$\leqslant\frac{(h_-(t,s))^{\gamma+1}}{(\gamma+1)^{\gamma+1}\left(b(s)\delta^\sigma(s)\int_{t_1}^{s}\frac{\Delta u}{r^{\frac{1}{\gamma}}(u)}\right)^{\gamma}}.$$

因此,由 $K(t,s)$ 的定义,可得

$$\int_{t_1}^{\sigma(t)}K(t,s)\Delta s\leqslant H(\sigma(t),t_1)\omega(t_1),$$

于是

$$\frac{1}{H(\sigma(t),t_1)}\int_{t_1}^{\sigma(t)}K(t,s)\Delta s\leqslant\omega(t_1),$$

这与假设条件(5.5.23)矛盾.因此引理5.5.1中的情况(ⅰ)不成立.

如果引理5.5.1中的情况(ⅱ)成立,那么 $\lim_{t\to+\infty}x(t)$ 存在(有限).证毕.

由定理5.5.2和式(5.5.14),可得下面推论.

推论 5.5.2 假设式(5.5.8)和式(5.5.11)成立,而且式(5.5.14)和式(5.5.23)也成立.那么方程(5.5.5)的解 x 是振动的,或者 $\lim_{t\to+\infty}x(t)=0$.

定理 5.5.3 假设式(5.5.8)、式(5.5.11)和式(5.5.14)成立.对充分大的 t_1,有

$$\limsup_{t\to+\infty}\left[\left(t\int_{t_1}^{t}\frac{\Delta s}{r^{\frac{1}{\gamma}}(s)}\right)^{\gamma}\int_{t}^{+\infty}p(s)\left(\frac{\tau(s)}{s}\right)^{\gamma}\Delta s\right]>1,\tag{5.5.25}$$

那么方程(5.5.5)的解 x 是振动的,或者 $\lim_{t\to+\infty}x(t)=0$.

证明 假设方程(5.5.5)有非振动解 x.不失一般性,可设 $x(t)>0,x(\tau(t))>0$,$t\in[t_1,+\infty)_{\mathbb{T}}$.由引理5.5.1,我们看到 x 满足情况(ⅰ),或者情况(ⅱ).

如果引理5.5.1中的情况(ⅰ)成立,那么,对充分大的 t',有

$$\int_{t}^{t'}p(s)x^\gamma(\tau(s))\Delta s=r(t)(x^{\Delta\Delta}(t))^\gamma-r(t')(x^{\Delta\Delta}(t'))^\gamma<r(t)(x^{\Delta\Delta}(t))^\gamma.$$

所以

$$\frac{1}{r(t)}\int_{t}^{+\infty}p(s)x^\gamma(\tau(s))\Delta s<(x^{\Delta\Delta}(t))^\gamma.$$

由引理5.5.2的证明,可得

$$\frac{1}{r(t)}\int_t^{+\infty} p(s)x^\gamma(\tau(s))\Delta s < \frac{(x^\Delta(t))^\gamma}{r(t)\left(\int_{t_1}^t \frac{\Delta s}{r^{\frac{1}{\gamma}}(s)}\right)^\gamma},$$

由引理 5.5.3,得

$$\left(\int_{t_1}^t \frac{\Delta s}{r^{\frac{1}{\gamma}}(s)}\right)^\gamma \int_t^{+\infty} p(s)\left(\frac{\tau(s)}{s}\right)^\gamma \Delta s < \left(\frac{x^\Delta(t)}{x(t)}\right)^\gamma < \left(\frac{1}{t}\right)^\gamma,$$

于是

$$\limsup_{t\to+\infty}\left[\left(t\int_{t_1}^t \frac{\Delta s}{r^{\frac{1}{\gamma}}(s)}\right)^\gamma \int_t^{+\infty} p(s)\left(\frac{\tau(s)}{s}\right)^\gamma \Delta s\right] \leqslant 1,$$

这与假设条件(5.5.25)矛盾.因此引理 5.5.1 中的情况(ⅰ)不成立.

如果引理 5.5.1 中的情况(ⅱ)成立,那么 $\lim_{t\to+\infty} x(t)$ 存在(有限),由引理 5.5.4,得 $\lim_{t\to+\infty} x(t) = 0$. 证毕.

5.5.4　应　用

例 5.5.1　考虑下面时间尺度上三阶线性时滞动态方程

$$x^{\Delta\Delta\Delta}(t) + \frac{\beta}{t\tau(t)}x(\tau(t)) = 0, t \in [1, +\infty)_{\mathbb{T}}, \qquad (5.5.26)$$

这里

$$r(t) = 1, p(t) = \frac{\beta}{t\tau(t)}, \tau(t) < t, \gamma = 1, \beta > 0, \int_{t_0}^{+\infty} \tau^\gamma(t)p(t)\Delta t = +\infty,$$

于是式(5.5.8)成立,由于

$$\int_{t_0}^{+\infty}\int_v^{+\infty}\left(\frac{1}{r(u)}\int_u^{+\infty} p(s)\Delta s\right)^{\frac{1}{\gamma}}\Delta u\Delta v = +\infty,$$

所以,式(5.5.11)成立.令 $\delta(t) = t$,由定理 5.5.1,得

$$\limsup_{t\to+\infty}\int_{t_1}^t \left[\frac{\beta}{s} - \frac{1}{4s(s-t_1)}\right]\Delta s = +\infty,$$

因此,由推论 5.5.1,得方程(5.5.26)的解 x 是振动的,或者 $\lim_{t\to+\infty} x(t) = 0$.

例 5.5.2　考虑下面三阶非线性时滞 q - 差分方程

$$((x^{\Delta\Delta})^\gamma)^\Delta(t) + \frac{\beta}{t\tau^\gamma(t)}x^\gamma(\tau(t)) = 0, t \in [1, +\infty)_{\mathbb{T}}, \qquad (5.5.27)$$

这里 $\mathbb{T} = q^{N_0} = \{q^t : t \in N_0, q > 1\}$,于是 $\sigma(t) = qt$.假设 $\beta > 0$,γ 是正奇数的商,$1/2 < \gamma \leqslant 1$.明显,式(5.5.8)和式(5.5.11)成立.令 $\delta(t) = t$,由定理 5.5.1,得

$$\begin{aligned}&\limsup_{t\to+\infty}\int_{t_1}^t \left[\sigma(s)\frac{\beta}{s\tau^\gamma(s)}\frac{\tau^\gamma(s)}{\sigma^\gamma(s)} - \frac{1}{(\gamma+1)^{\gamma+1}}\frac{1}{(s(s-t_1))^\gamma}\right]\Delta s\\ &= \limsup_{t\to+\infty}\int_{t_1}^t \left[\frac{\beta}{q^{\gamma-1}}\frac{1}{s^\gamma} - \frac{1}{(\gamma+1)^{\gamma+1}}\frac{1}{(s(s-t_1))^\gamma}\right]\Delta s = +\infty,\end{aligned}$$

因此,由推论 5.5.1,得方程(5.5.27)的解 x 是振动的,或者 $\lim_{t\to+\infty} x(t) = 0$.

需要说明的是,文献[130,132,301]中的结果不能应用到方程(5.5.26)和方程(5.5.27).

5.5.5 小　结

本节研究了时间尺度上一类三阶半线性时滞动态方程的振动性与渐近性，改进了文献[130，132，301]中的结果.

本节主要结果来自于文献[213].

5.6 时间尺度上一类四阶非线性时滞动态方程的振动准则

5.6.1 引　言

考虑时间尺度上一类四阶非线性时滞动态方程

$$x^{\Delta^4}(t)+q(t)x^{\lambda}(t)=0, \tag{5.6.1}$$

这里λ是两个正奇数的商，q是定义在$\mathbb{T}$上的正的实值rd连续函数，$\mathbb{T}$是时间尺度，且$\sup\mathbb{T}=+\infty$. 四阶微分方程（即$\mathbb{T}=\mathbf{R}$）和差分方程（即$\mathbb{T}=\mathbf{N}$）有较深入研究，但对时间尺度上四阶非线性时滞动态方程振动性研究还比较少见.

5.6.2 主要结果

考虑不等式

$$x^{\Delta\Delta}(t)+q(t)x^{\lambda}(t)\leqslant 0, \tag{5.6.2}$$

$$x^{\Delta\Delta}(t)+q(t)x^{\lambda}(t)\geqslant 0, \tag{5.6.3}$$

和方程

$$x^{\Delta\Delta}(t)+q(t)x^{\lambda}(t)=0. \tag{5.6.4}$$

引理 5.6.1　如果不等式(5.6.2)（不等式(5.6.3)）有最终正(负)解，那么方程(5.6.4)也有最终正(负)解.

证明　令x是不等式(5.6.2)的最终正解，即$x(t)>0,t\geqslant t_0$. 那么$x^{\Delta\Delta}(t)<0,t\geqslant t_0$. 所以$x^{\Delta}$是递减的. 因此存在$t_1\geqslant t_0$，当$t\geqslant t_1$时，有$x^{\Delta}(t)>0$；或者存在$t_1\geqslant t_0$，当$t\geqslant t_1$时，有$x^{\Delta}(t)<0$. 如果是后者，则有

$$x(t)=x(t_1)+\int_{t_1}^{t}x^{\Delta}(\tau)\Delta\tau\leqslant x(t_1)+\int_{t_1}^{t}x^{\Delta}(t_1)\Delta\tau=x(t_1)+(t-t_1)x^{\Delta}(t_1),t\geqslant t_1,$$

这与x是正的相矛盾. 所以有$x^{\Delta}(t)>0,t\geqslant t_1$. 令$y(t)=x^{\Delta}(t)$，从$t_1$到$t\geqslant t_1$积分，可得

$$x(t)=x(t_1)+\int_{t_1}^{t}y(s)\Delta s,$$

所以式(5.6.2)变为

$$y^{\Delta}(t)+q(t)\Big(x(t_1)+\int_{t_1}^{t}y(s)\Delta s\Big)^{\lambda}\leqslant 0,t\geqslant t_1. \tag{5.6.5}$$

对式(5.6.5)从t到$u\geqslant t\geqslant t_1$积分，并令$u\to+\infty$，得

$$y(t)\geqslant\int_{t}^{+\infty}q(s)\Big(x(t_0)+\int_{t_1}^{s}y(\tau)\Delta\tau\Big)^{\lambda}\Delta s.$$

现在定义数列$\{z_j(t)\}_{j\in N_0}$：

$$z_0(t)=y(t),$$

$$z_{j+1}(t)=\int_t^{+\infty}q(s)\left(x(t_0)+\int_{t_1}^s z_j(\tau)\Delta\tau\right)^\lambda\Delta s, j\in N_0, t\geqslant t_1.$$

通过归纳容易证明

$$0<z_j(t)\leqslant y(t)\text{ 且 }z_{j+1}(t)\leqslant z_j(t), j\in N_0, t\geqslant t_1.$$

所以,数列$\{z_j(t)\}_{j\in N_0}$是正的,并且关于j是非增的.由此可以定义

$$z(t)=\lim_{j\to+\infty}z_j(t)>0.$$

因为$0<z(t)\leqslant z_j(t)\leqslant y(t), j\in N_0$,所以

$$\left(x(t_1)+\int_{t_1}^t z_j(s)\Delta s\right)^\lambda\leqslant\left(x(t_1)+\int_{t_1}^t y(s)\Delta s\right)^\lambda.$$

由 Lebesgue 控制定理易得

$$z(t)=\int_t^{+\infty}q(s)\left(x(t_0)+\int_{t_1}^s z(\tau)\Delta\tau\right)^\lambda\Delta s,$$

于是

$$z^\Delta(t)=-q(t)\left(x(t_1)+\int_{t_1}^t z(s)\Delta s\right)^\lambda=-q(t)v^\lambda(t),\tag{5.6.6}$$

其中

$$v(t)=x(t_1)+\int_{t_1}^t z(s)\Delta s.$$

所以$v(t)>0, t\geqslant t_0$且

$$v^\Delta(t)=z(t).\tag{5.6.7}$$

由式(5.6.6)和(5.6.7式),得

$$v^{\Delta\Delta}(t)+q(t)v^\lambda(t)=0.$$

这说明方程(5.6.4)有正解v.

对不等式(5.6.3)情况,可类似证明,故略.证毕.

使用下列记号:

$$h_1(t,s)=t-s, h_2(t,s)=\int_s^t(\tau-s)\Delta\tau, t,s\in\mathbb{T},$$

假设

$$\int_{t_0}^{+\infty}q(s)\Delta s<+\infty,\tag{5.6.8}$$

定义

$$Q_1(t):=\int_t^{+\infty}\int_s^{+\infty}q(\tau)\Delta\tau\Delta s;$$

$$Q_2(t):=\left(\frac{\alpha-t_0}{t-t_0}h_2(t,\alpha)\right)^\lambda q(t), \alpha\in\mathbb{T}^k, t\in\mathbb{T}, t\geqslant\alpha>t_0.$$

注意到Q_1的定义,有

$$\int_t^{+\infty}h_1(\sigma(s),t)q(s)\Delta s<+\infty, t\geqslant t_0,$$

等价于

$$\int_{t_0}^{+\infty}h_1(\sigma(s),t_0)q(s)\Delta s<+\infty,$$

也等价于

$$\int_{t_0}^{+\infty}\sigma(s)q(s)\Delta s<+\infty. \tag{5.6.9}$$

定理 5.6.1 假设式(5.6.8)和式(5.6.9)成立.如果下面两个二阶动态方程

$$y^{\Delta\Delta}(t)+Q_1(t)y^{\lambda}(t)=0 \tag{5.6.10}$$

和

$$z^{\Delta\Delta}(t)+Q_2(t)z^{\lambda}(t)=0 \tag{5.6.11}$$

是振动的,那么方程(5.6.1)是振动的.

证明 令 x 是方程(5.6.1)的一个非振动解,不妨设 $x(t)>0,t\geqslant t_0$.因为 $x^{\Delta^4}(t)<0,t\geqslant t_0$,所以存在 $t_1\geqslant t_0$,当 $t\geqslant t_1$ 时,使得 $x^{\Delta^3}(t),x^{\Delta\Delta}(t),x^{\Delta^3}(t)$ 是定号的.有 8 种不同的情况组合.其中 $x^{\Delta^i}(t)>0,x^{\Delta^{i+1}}(t)<0,x^{\Delta^{i+2}}(t)<0$ 和 $x^{\Delta^i}(t)<0,x^{\Delta^{i+1}}(t)>0,x^{\Delta^{i+2}}(t)>0(i\in\{0,1,2\})$ 是不可能的.剩余的有下面两种情况:

(Ⅰ)$x(t)>0,x^{\Delta}(t)>0,x^{\Delta\Delta}(t)>0,x^{\Delta^3}(t)>0,x^{\Delta^4}(t)<0,t\geqslant t_1$;

(Ⅱ)$x(t)>0,x^{\Delta}(t)>0,x^{\Delta\Delta}(t)<0,x^{\Delta^3}(t)>0,x^{\Delta^4}(t)<0,t\geqslant t_0$.

情况(Ⅰ).设 $x(t)>0,x^{\Delta}(t)>0,x^{\Delta\Delta}(t)>0,x^{\Delta^3}(t)>0,x^{\Delta^4}(t)<0,t\geqslant t_1$.则

$$x^{\Delta\Delta}(t)=x^{\Delta\Delta}(t_1)+\int_{t_1}^{t}x^{\Delta^3}(s)\Delta s>(t-t_1)x^{\Delta^3}(t),t\geqslant t_1.$$

所以

$$\left(\frac{x^{\Delta\Delta}}{h_1(\cdot,t_1)}\right)^{\Delta}(t)=\frac{(t-t_1)x^{\Delta^3}(t)-x^{\Delta\Delta^3}(t)}{(t-t_1)(\sigma(t)-t_1)}<0,t\geqslant t_1. \tag{5.6.12}$$

因此函数$\dfrac{x^{\Delta\Delta}}{h_1(\cdot,t_1)}$是递减的.使用 Taylor 公式,当 $t_2\in\mathbb{T}^{\kappa},t_2>t_1,t\in\mathbb{T}$时,有

$$x(t)\geqslant h_2(t,t_2)x^{\Delta\Delta}(t_2),t\geqslant t_2. \tag{5.6.13}$$

由式(5.6.12)和式(5.6.13),得

$$x(t)\geqslant h_2(t,t_2)\,\frac{t_2-t_1}{t-t_1}x^{\Delta\Delta}(t),t\geqslant t_2>t_1. \tag{5.6.14}$$

由式(5.6.1),得

$$-x^{\Delta^4}(t)=q(t)x^{\lambda}(t)\geqslant\left(\frac{t_2-t_1}{t-t_1}\right)^{\lambda}(h_2(t,t_2))^{\lambda}q(t)(x^{\Delta\Delta}(t))^{\lambda}=Q_2(t)(x^{\Delta\Delta}(t))^{\lambda}. \tag{5.6.15}$$

令 $x^{\Delta\Delta}(t)=y(t)$,得

$$y^{\Delta\Delta}(t)+Q_2(t)y^{\lambda}(t)\leqslant 0,t\geqslant t_2.$$

由引理 5.6.1,得方程(5.6.11)有最终正解,这与假设矛盾.

情况(Ⅱ).设 $x(t)>0,x^{\Delta}(t)>0,x^{\Delta\Delta}(t)<0,x^{\Delta^3}(t)>0,x^{\Delta^4}(t)<0,t\geqslant t_0$.对方程(5.6.1)从 $t\geqslant t_0$ 到 $u\geqslant t$ 积分两次,且令 $u\to+\infty$,可得

$$-x^{\Delta\Delta}(t)\geqslant\left(\int_t^{+\infty}\int_s^{+\infty}q(\tau)\Delta\tau\Delta s\right)x^{\lambda}(t)=Q_1(t)x^{\lambda}(t),t\geqslant t_0.$$

由引理 5.6.1,方程(5.6.10)有最终正解,这与假设矛盾.证毕.

例 5.6.1 令$\mathbb{T}=\mathbf{R}$.如果 $q(t)=6/t^4,t\geqslant 1$,那么 $Q_1(t)=1/t^2$,方程(5.6.10)是振

动的. 这与已知的结果是一致的：当 $\gamma > \dfrac{1}{4}$ 时，方程 $x'' + \dfrac{\gamma}{t^2}x = 0$ 是振动的.

下面，令

$$h_3(t,s) = \int_s^t h_2(\tau,s)\Delta\tau, t,s \in \mathbb{T};$$

$$Q(t) := \int_t^{+\infty} q(s)\Delta s, Q^*(t) := \int_t^{+\infty}\int_s^{+\infty} Q(\tau)\Delta\tau\Delta s, t \geqslant t_0.$$

注意，Q 有意义当且仅当式(5.6.8)成立，Q^* 有意义当且仅当下式成立：

$$\int_t^{+\infty} h_2(t,\sigma(s))q(s)\Delta s < +\infty, t \geqslant t_0,$$

而上式成立当且仅当

$$\int_{t_0}^{+\infty} h_2(t_0,\sigma(s))q(s)\Delta s < +\infty. \tag{5.6.16}$$

定理 5.6.2　假设式(5.6.8)和(5.6.16)成立. 如果 $\lambda = 1, t \geqslant t_0$，有

$$\limsup_{t\to+\infty}\{h_3(t,t_0)Q(t)\} > 1, \tag{5.6.17}$$

$$\limsup_{t\to+\infty}\{h_1(t,t_0)Q^*(t)\} > 1, \tag{5.6.18}$$

那么方程(5.6.1)是振动的.

证明　令 x 是方程(5.6.1)的一个非振动解，不妨设 $x(t) > 0, t \geqslant t_0$. 如定理5.6.1的证明可知，仅有下面两种情况：

情况(Ⅰ). 设 $x(t) > 0, x^{\Delta}(t) > 0, x^{\Delta\Delta}(t) > 0, x^{\Delta^3}(t) > 0, x^{\Delta^4}(t) < 0, t \geqslant t_1$. 那么

$$x^{\Delta\Delta}(t) = x^{\Delta\Delta}(t_1) + \int_{t_1}^t x^{\Delta^3}(s)\Delta s \geqslant (t-t_1)x^{\Delta^3}(t), t \geqslant t_1. \tag{5.6.19}$$

对式(5.6.19)从 t_1 到 $t \geqslant t_1$ 积分两次，得

$$x(t) \geqslant h_3(t,t_1)x^{\Delta^3}(t), t \geqslant t_1. \tag{5.6.20}$$

对式(5.6.1)从 $t \geqslant t_1$ 到 $u \geqslant t$ 积分，令 $u \to +\infty$，得

$$x^{\Delta^3}(t) \geqslant \int_t^{+\infty} q(s)x(s)\Delta s \geqslant Q(t)x(t), t \geqslant t_1 \tag{5.6.21}$$

由式(5.6.21)和式(5.6.20)，得

$$x(t) \geqslant h_3(t,t_1)x^{\Delta^3}(t) \geqslant h_3(t,t_1)Q(t)x(t), t \geqslant t_1, \tag{5.6.22}$$

所以

$$1 \geqslant h_3(t,t_1)Q(t), t \geqslant t_1. \tag{5.6.23}$$

对式(5.6.23)两边取上极限($t \to +\infty$)，所得结果与条件(5.6.17)矛盾.

情况(Ⅱ). 设 $x(t) > 0, x^{\Delta}(t) > 0, x^{\Delta\Delta}(t) < 0, x^{\Delta^3}(t) > 0, x^{\Delta^4}(t) < 0, t \geqslant t_0$. 对(5.6.1)式从 $t \geqslant t_0$ 到 $u \geqslant t$ 积分三次，令 $u \to +\infty$，得，当 $t \geqslant t_0$ 时，有

$$x^{\Delta^3}(t) \geqslant Q(t)x(t), -x^{\Delta\Delta}(t) \geqslant \left(\int_t^{+\infty} Q(s)\Delta s\right)x(t),$$

$$x^{\Delta}(t) \geqslant \left(\int_t^{+\infty}\int_s^{+\infty} Q(\tau)\Delta\tau\Delta s\right)x(t) = Q^*(t)x(t). \tag{5.6.24}$$

由于

$$x(t) = x(t_0) + \int_{t_0}^t x^{\Delta}(s)\Delta s \geqslant (t-t_0)x^{\Delta}(t), t \geqslant t_0. \tag{5.6.25}$$

结合式(5.6.24)和式(5.6.25),得

$$x(t) \geqslant (t-t_0)x^{\Delta}(t) \geqslant (t-t_0)Q^*(t)x(t), t \geqslant t_0 \tag{5.6.26}$$

所以

$$1 \geqslant (t-t_0)Q^*(t), t \geqslant t_0. \tag{5.6.27}$$

对式(5.6.27)两边取上极限($t \to +\infty$),所得结果与条件(5.6.18)矛盾. 证毕.

结合式(5.6.17)和式(5.6.18),令

$$H(t,t_0) = \min\{h_3(t,t_0)Q(t), h_1(t,t_0)Q^*(t)\}, t \geqslant t_0. \tag{5.6.28}$$

由定理5.6.2,可得下面推论.

推论 5.6.1 假设式(5.6.8)和(5.6.16)成立. 如果 $\lambda = 1$,有

$$\limsup_{t \to +\infty} H(t,t_0) > 1, \tag{5.6.29}$$

那么方程(5.6.1)是振动的.

例 5.6.2 设$\mathbb{T}$是一个时间尺度,$\sup \mathbb{T} = +\infty$,存在 $\alpha > 1$,$\sigma(t) \leqslant \alpha t$,$t \in \mathbb{T}$. 令$t_0 \in \mathbb{T}$,定义

$$q(t) = \frac{2h_2(t,t_0)}{h_3(t,t_0)h_3(\sigma(t),t_0)}, t \geqslant t_0.$$

于是

$$Q(t) = 2\int_t^{+\infty} \frac{h_2(\tau,t_0)}{h_3(\tau,t_0)h_3(\sigma(\tau),t_0)}\Delta\tau = 2\int_t^{+\infty}\left(\frac{1}{h_3(\cdot,t_0)}\right)^{\Delta}(\tau)\Delta\tau = \frac{2}{h_3(t,t_0)}.$$

所以式(5.6.8)成立,于是

$$\begin{aligned}
Q_1(t) &= 2\int_t^{+\infty} \frac{\Delta\tau}{h_3(\tau,t_0)} \geqslant 12\int_t^{+\infty} \frac{\Delta\tau}{(\tau-t_0)^3} \\
&= 6\int_t^{+\infty}\left[\frac{1}{(\tau-t_0)(\tau-t_0)^2} + \frac{1}{(\tau-t_0)^2(\tau-t_0)}\right]\Delta\tau \\
&\geqslant 6\int_t^{+\infty}\left[\frac{1}{(\tau-t_0)(\sigma(\tau)-t_0)^2} + \frac{1}{(\tau-t_0)^2(\sigma(\tau)-t_0)}\right]\Delta\tau = \frac{6}{(t-t_0)^2}.
\end{aligned}$$

且

$$Q^*(T) \geqslant 6\int_t^{+\infty} \frac{\Delta\tau}{(\tau-t_0)^2} \geqslant 6\int_t^{+\infty} \frac{\Delta\tau}{(\tau-t_0)(\sigma(\tau)-t_0)} = \frac{6}{t-t_0}.$$

式(5.6.9)和式(5.6.16)成立,于是

$$H(t,t_0) = \min\{h_3(t,t_0)Q(t), h_1(t,t_0)Q^*(t)\} = \min\{2,6\} = 2 > 1,$$

由推论5.6.1,得方程(5.6.1)是振动的.

定理 5.6.3 假设式(5.6.8)、式(5.6.16)和式(5.6.18)成立. 如果 $\lambda = 1$,那么方程(5.6.1)的有界解是振动的.

证明 令 x 是方程(5.6.1)的一个有界非振动解,不妨设 $x(t) > 0$,$t \geqslant t_0$. 如定理5.6.1的证明可知,情况(Ⅰ)是不存在的. 因此,只考虑情况(Ⅱ). 下面的证明类似与定理5.6.2中情况(Ⅱ)时的证明,故略,证毕.

由定理5.6.1的证明可知,如果方程(5.6.1)的解 $x(t) > 0$,$t \geqslant t_0$. 那么 x 满足情况(Ⅰ)或者情况(Ⅱ),因此 x 可以是无界的. 当 x 仅满足情况(Ⅱ)时,x 一定是有界的. 由不等式(5.6.22)和(5.6.26),当 $\lambda \neq 1$ 时,有

$$x(t) \geqslant h_3(t,t_1)Q(t)x^{\lambda}(t),t \geqslant t_1$$

$$x(t) \geqslant h_1(t,t_0)Q^*(t)x^{\lambda}(t),t \geqslant t_0.$$

定理 5.6.4　假设式(5.6.8)、式(5.6.16)成立.如果 $\lambda > 1$,且

$$\limsup_{t\to+\infty}\{h_3(t,t_0)Q(t)\} > 0, \limsup_{t\to+\infty}\{h_1(t,t_0)Q^*(t)\} > 0$$

或者

$$\limsup_{t\to+\infty}H(t,t_0) > 0,$$

那么方程(5.6.1)是振动的.

定理 5.6.5　假设式(5.6.8)、式(5.6.16)成立.如果 $0 < \lambda < 1$,且

$$\limsup_{t\to+\infty}\{h_3(t,t_0)Q(t)\} = +\infty, \limsup_{t\to+\infty}\{h_1(t,t_0)Q^*(t)\} = +\infty,$$

或者

$$\limsup_{t\to+\infty}H(t,t_0) = +\infty,$$

那么方程(5.6.1)是振动的.

定理 5.6.6　假设式(5.6.8)、式(5.6.16)成立,$\lambda \neq 1$.如果对任意常数 $c > 0$,有

$$\limsup_{t\to+\infty}\{h_1(t,t_0)Q^*(t)\} > c,$$

那么方程(5.6.1)的无界解是振动的.

5.6.3　小　结

本节研究了时间尺度上一类四阶非线性时滞动态方程的振动性,得到一些新结果.本节主要结果来自于文献[302].

参考文献

[1] 秦元勋,刘永清,王联,等. 带有时滞的动力系统的运动稳定性[M]. 2 版. 北京:科学出版社,1989:1-260.

[2] Hale J K. Theory of functional differential equations[M]. New York: Springer, 1977: 1-335.

[3] 李森林,温立志. 泛函微分方程[M]. 长沙:湖南科学技术出版社,1987:1-471.

[4] Ladde G S, Lakshmikantham V, Zhang Binggen. Oscillation theory of differential equations with deviating arguments[M]. New York: Marcel Dekker, 1987: 1-420.

[5] Gyori I, Ladas G. Oscillation theory of delay differential equations with applications[M]. Oxford: Clarendon Press, 1991: 1-360.

[6] Gopalsamy K. Stability and oscillation in delay differential equation of population dynamics[M]. Boston: Kluwer Academic, 1992: 1-240.

[7] Agarwal R P, Bohner M, Li W T. Nonoscillation and oscillation: theory for functional differential equations[M]. New York: Marcel Dekker, 2004: 1-376.

[8] Hadaler K P. Delay equations in biology[M]. Lect Notes in Math. Vol 730, New York: Springer, 1978: 1-240.

[9] 张炳根. 泛函微分方程振动理论的发展[J]. 科学通报,1998,43(4):345-354.

[10] Driver R D. Ordinary and delay differential equations[M]. New York: Springer, 1977: 1-410.

[11] Bailey F N, Wiliams M Z. Some results on the difference equation $\dot{X}(t)=\sum_{i=0}^{N}A_iX(t-T_i)$ [J]. J. Math. Anal. Appl., 1966, 15: 569-587.

[12] Brayton R, Willoughby R A. On the numerical integration of a symmetric system of differential difference equations of neutral type[J]. J. Math. Anal. Appl., 1967, 18: 182-189.

[13] Kelley W G, Peterson A C. Difference equations with applications[M]. New York: Acad. Press, 1991, 1-430.

[14] Erbe L H, Zhang Binggen. Oscillation of discrete analogues of delay equations [J]. Differential Integral Equations, 1989, 2(3): 300-309.

[15] Yu Jianshe, Wang Zhicheng. Asymptotic behavior and oscillation in neutral

delay neutral difference equations[J]. Funkcial. Ekvac., 1994, 37:241-248.

[16] Cooke K L, Ivanov A F. On the discretization of a delay differential equation [J]. J. Diff. Equa. Appl., 2000, 6(1): 105-119.

[17] Hooker J W. Some differences between difference equations and differential equations[J]. J. Diff. Equa. Appl., 1996, 2(2): 219-225.

[18] Agarwal R P. Difference equations and inqualities: Theory, Methods and Applications[M]. New York: Marcel Dekker Inc., 1992: 1-350.

[19] Agarwal R P, Wong P J Y. Advanced topics in difference equations[M]. Dordrecht: Kluwer Kluwer Academic Publishers, 1997: 1-368.

[20] Agarwal R P, Grace S R, O'Regan D. Oscillation theory for difference and differential equations[M]. Dordrecht: Kluwer Academic Publishers, 2000: 1-296.

[21]Ladas G. Recent development in the oscillation of delay difference equations [M]. New York: Acad. Press, 1991: 1-351.

[22]Hilger S. Ein maβkettenkalkul mit anwendungauf zentrumsmannigfaltigkeiten [D]. PhD thesis. Universität Wurzbürg, 1988: 1-210.

[23] Hilger S. Analysis on measure chains—a unified approach to continuous and discrete calculus[J]. Results Math., 1990, 18(1-2):18-56.

[24] Hilger S. Differential and difference calculus-unified[J]. Nonlinear Analysis, 1997, 30(5): 2683-2694.

[25] Agarwal R P, Bohner M. Basic calculus on time scales and some of its applications[J]. Results Math., 1999, 35: 3-22.

[26] Agarwal R P, Bohner M, Peterson A. Inequalities on time scales: a survey [J]. Mathematical Inequalities & Applications, 2001, 4(4): 535-557.

[27] Agarwal R P, Bohner M, O'Regan D, et al. Dynamic equations on time scales: a survey[J]. J. Comput. Appl. Math., 2002, 141(1-2): 1-26.

[28] Bohner M, Peterson A. Dynamic Equations on Time Scales, An Introduction with Applications[M]. Boston: Birkhauser, 2001: 1-336.

[29] 斯特列可夫. 振动理论引论[M]. 何文蛟，译. 北京：高等教育出版社，1956: 1-290.

[30] Swanson C A. Comparison and oscillation theory of linear differential equations[M]. New York: Academic Press, 1968: 1-340.

[31] Kreith K. Oscillation theory[M]. New York: Springer, 1973: 1-250.

[32] 燕居让. 常微分方程振动理论[M]. 太原：山西教育出版社，1992: 1-241.

[33] Zhang Binggen. A survey of the oscillation of solutions to first order differential equations with deviating arguments[C]. Proceeding of the 6th Nonlinear Analysis International Conference, Texas, Arlington, USA, 1984, New York: Marcel Dekker, 1986, 476-483.

[34] Erbe L H, Kong Q, Zhang Binggen. Oscillation theory for functional differ-

ential equations[M]. New York: Marcel Dekker, 1995: 1-294.

[35] Fite W B. Properties of the solutions of certain functional differential equations[J]. Trans Amer Math Soc, 1921, 22: 311-319.

[36] Shevelo V V. Oscillation theory of the solutions to differential equations with deviating arguments[M]. Dunka: Kiev Naukova, 1978: 1-320.

[37] Zahariev A I, Bainov D D. Oscillating properties of the solutions of a class of neutral type functional differential equations[J]. Bull. Austral Math. Soc., 1980, 22: 365-372.

[38] Bainov D D, Mishev D P. Oscillation theory for neutral differential equations with delay[M]. New York: Adam Hilger, 1991: 1-350.

[39] Lian W C, Yeh C C, Li H J. The distance between zeros of an oscillatory solution to a half linear differential equations[J]. Computers Math. Appl., 1995, 29(8): 39-43.

[40] 李秉团. 一阶时滞微分方程的零点距估计[J]. 应用数学学报, 1990, 13: 467-472.

[41] Liang F X. The distribution of zeros of solutions of first order delay differential equations[J]. J. Math. Anal. Appl., 1994, 168: 383-392.

[42] 林诗仲. 中立型时滞微分方程的零点分布[J]. 应用数学学报, 1994, 17: 458-461.

[43] Zhou Yong. The distribution of zeros of solutions of neutral equations[J]. Appl. Math. Mech., 1997, 18: 1197-1204.

[44] 周勇, 刘正荣. 中立型时滞微分方程解的零点距估计[J]. 应用数学学报, 1998, 21: 505-512.

[45] 周勇,俞元洪. 具有连续变量的差分方程的零点分布[J]. 数学年刊, 1999, 20A(3):295-300.

[46] Kocic V, Ladas G. Global behavior of nonlinear difference equations of higher order[M]. Dordrecht: Kluwer Academic Publishers, 1993: 1-352.

[47] Lakshmikantham V, Wen Lizhi, Zhang Binggen. Theory of differential equations with unbounded delay[M]. Dordreeht: Kluwe Academic Publishers, 1994: 1-286.

[48] Hartman P. Difference equations: Disconjugacy, principal solution, Green's function, complete monotonicity[J]. Trans Amer Math Soc, 1978, 246: 1-30.

[49] Fort T. Finite difference and difference equations in the real domain[M]. London: Oxford University Press, 1948: 1-260.

[50] Agarwal R P, Grace S R. The oscillation of vertain difference equations[J]. Math. Comput. Modeling, 1999, 30: 53-66.

[51] Cheng S S. Partial difference equations[M]. New York: Taylor & Francis, 2003: 1-210.

[52] Chen Shaozhu, Erbe L H. Riccati techniques and discrete oscillations[J]. J.

Math. Anal. Appl., 1989, 142: 468-487.

[53] He X Z. Oscillation and asymptotic behaviour of second order nonlinear difference equations[J]. J. Math. Anal. Appl., 1993, 175: 482-498.

[54] Lalli B S, Zhang Binggen, Hao J. On oscillation and existence of positive solutions of neutral difference equations[J]. J. Math. Anal. Appl., 1991, 158: 213-233.

[55] Li H J, Yeh C C. Oscillation criteria for second order neutral delay difference equations[J]. Computer Math. Applic., 1998, 36: 123-132.

[56] Pani E T, Ravi K, Gracy J R. Oscillation and comparison theorems for half linear second order difference equations [J]. J. Comp. Math. Appl., 2001, 42: 953-960.

[57] Saker S H. New oscillation criteria for second-order nonlinear neutral delay difference equations[J]. Appl. Math. Comp., 2003, 142: 99-111.

[58] Sun Yuangong, Saker S H. Oscillation for second-order nonlinear neutral delay difference equations[J]. Appl. Math. Comp., 2005, 163: 909-918.

[59] Yu Jianshe, Zhang Binggen, Wang Z S. Oscillation of delay difference equations[J]. Applicable Analysis, 1991, 53: 117-124.

[60] Zhang Binggen. Oscillation and asymptotic behavior of second order difference equations[J]. J. Math. Anal. Appl., 1993, 173: 58-68.

[61] Zhang Binggen, Liu S T, Cheng S S. Oscillation of a class of delay partial difference equations [J]. J. Difference Equations Appl., 1995, 1: 215-226.

[62] Zhang Binggen, Liu S T. Necessary and sufficient conditions for oscillations of linear delay partial difference equations[J]. Discrete Dynamics in Nature and Society, 1998, 1: 265-268.

[63] Zhang Binggen, Yu J S. Linearized oscillation theorems for nonlinear delay partial difference equations[J]. Computer Math. Appl., 1998, 35(4): 111-116.

[64] Zhang Binggen, Liu B M. Linearized oscillation theorems for certain nonlinear difference equations with continuous arguments[J]. Math. Comput. Modelling, 1999, 30: 89-96.

[65] Zhang Guang, Cheng S S. A necessary and sufficient oscillation condition for the discrete Euler equation[J]. Pan American Math. J., 1999, 9: 29-34.

[66] Zhang Binggen. Oscillation theorems for certain nonlinear delay partial difference equations [J]. Nonlinear Analysis, 2000, 41: 447-454.

[67] Zhang Binggen. Oscillation of a class of difference equations with continuous arguments[J]. Applied Math. Letters, 2001, 14: 557-561.

[68] Zhang Y, Yan J. Oscillation criteria for difference equations with continuous arguments[J]. Acta. Math. Sinics, 1995, 38: 406-411.

[69] Zhang Zhenguo, Chen Jianfeng, Zhang Caishun. Oscillation of solution for second-order nonlinear difference equations with nonlinear neutral term[J]. Computers

Math. Applic., 2001, 41: 1487-1497.

[70] Zhou Yong, Zhang Binggen. Oscillations of delay difference equations in a critical state[J]. J. Comp. Math. Appl., 2000, 39: 1-7.

[71] Zhou Yong, Zhang Binggen. Classification and existence of non-oscillatory solutions of second order neutral delay difference equations[J]. J. Math. Anal. Appl., 2001, 20(1): 223-234.

[72] Zhou Yong, Huang Y Q. Existence of nonoscillatory solutions of second order neutral delay difference equations[J]. J. Math. Anal. Appl., 2001, 20(4): 1065-1074.

[73] 申建华. 具有连续变量的差分方程振动性的比较定理及应用[J]. 科学通报, 1996,41:1441-1444.

[74] 张广,高英. 差分方程的振动理论[M]. 北京:高等教育出版社,2001: 1-349.

[75] 王联,王慕秋. 常差分方程[M]. 乌鲁木齐:新疆大学出版社,1990: 1-355.

[76] 张玉珠,燕居让. 具有连续变量的差分方程的振动性判据[J]. 数学学报,1995, 38:406-411.

[77] Anderson D R, Kenz Z R. Global asymptotic behavior for delay dynamic equations[J]. Nonlinear Analysis, 2007, 66(7): 1633-1644.

[78] Agarwal R P, O'Regan D. Triple solutions to boundary value problem on time scales[J]. Appl. Math. Letters, 2003, 13: 7-11.

[79] Ahlbrandt C D. Eigenvalue intervals for two points boundary value problem on a measure chain[J]. J. Comput. Appl. Math., 2002, 141(1-2): 57-64.

[80] Avery R I, Douglas R. Existence of three positive solutions to a second order boundary value problem on a measure chain[J]. J. Comput. Appl. Math., 2002, 141 (1-2): 65-73.

[81] Atici F M, Eloe P W, Kaymakalan B. The quasilinearization method for boundary value problems on time scales[J]. J. Math. Anal. Appl., 2002, 276(1): 357-372.

[82] Bohner M, Peterson A. First and second order linear dynamic equations on time scales[J]. J. Difference Equ. Appl., 2001, 7: 767-792.

[83] Bohner M, Lutz D A. Asymptotic behavior of dynamic equations on time scales[J]. J. Difference Equ. Appl., 2001, 7(1): 21-50.

[84] Bohner M, Peterson A. Advances in Dynamic Equations on Time Scales[M]. Boston: Birkhauser, 2003: 1-334.

[85] Bohner Martin, Sh G. Guseinov. Improper integrals on time scales[J]. Dynam. Systems Appl., 2003, 12(1-2): 45-66.

[86] Calvin D. Ahlbrandi, Christina Morian. Partial differential equations on time scales[J]. J. Comput. Appl. Math., 2002, 141(1-2): 35-55.

[87] Cermak J, Urbanek M. On the asymptotics of solutions of delay dynamic equations on time scales[J]. Math. Comput. Modelling, 2007, 46(3-4): 445-458.

[88] Chyan C J, Henderson J. Twin solutions of BVPs for differential equations on measure chains[J]. J. Comp. Appl. Math., 2002, 141:123-131.

[89] Erbe L H, Hilger S. Sturmian theory on measure chains[J]. Differential Equations Dynam. Systems, 1993, 1: 223-246.

[90] Erbe L H, Peterson A. Green functions and comparison theorems for differential equations on measure chains[J]. Dynamics Contin. Discrete. Impuls. Systems., 1999, 6: 121-137.

[91] Erbe L H, Peterson A. Positive solutions for a nonlinear differential equation on a measure chain[J]. Math. Comput. Modelling, 2000, 32(5-6): 571-585.

[92] Erbe L H, Peterson A. Riccati equation on a measure chain[J]. In Proc. Dynamic Systems Appl., 2001, 3: 193-199.

[93] Erbe L H, Peterson A, Rehak P. Comparison theorems for linear dynamic equations on time scales[J]. J. Math. Anal. Appl., 2002, 275(1): 418-438.

[94] Erbe L H, Peterson A. Oscillation criteria for second order matrix dynamic equations on a time scale[J]. J. Comput. Appl. Math., 2002, 141(1-2): 169-185.

[95] Henderson J. Existence of solutions for third order boundary value problems on a time scale[J]. Advances in difference equations, IV, Comput. Math. Appl., 2003, 45(6-9): 1101-1111.

[96] Henderson J. Nontrivial solutions to a nonlinear boundary value problem on a time scale [J]. Comm. Appl. Nonlinear Analysis, 2004, 11(1): 65-71.

[97] Henderson J, Tisdell C C. Topological transversality and boundary value problems on time scales[J]. J. Math. Anal. Appl., 2004, 289(1): 110-125.

[98] Hong C H, Yeh C C. Positive solutions for eigenvalue problems on a measure chain[J]. Nonlinear Analysis, 2002, 51(3): 499-507.

[99] Huang C Y, Li W T. Classification and existence of positive solutions to nonlinear differential equations on time scales[J]. J. Differential Equations, 2004, 17: 1-8.

[100] Kaymakalan B, Lawrence B A. Coupled solutions and monotone iterative techniques for some nonlinear initial value problems on time scales[J]. Nonlinear Analysis, Real World Appl. 2003, 4(2): 245-259.

[101] Kaufmann E R, Raffoul Y N. Periodic solutions for a neutral nonlinear dynamical equation on a time scale[J]. J. Math. Anal. Appl., 2006, 319(1): 315-325.

[102] Kong L, Kong Q K. Positive solutions of nonlinear m-point boundary value problems on a measure chain[J]. J. Difference Equ. Appl., 2003, 9(1): 121-133.

[103] Lakshmikantham V, Sivasundaram S, Kaymakcalan B. Dynamic Systems on Measure Chains[M]. Boston: Kluwer Academic Publishers, 1996: 1-348.

[104] Li Wantong, Sun Hongrui. Multiple positive solutions for nonlinear Dynamical systems on a measure chain[J]. J. Comput. Appl. Math., 2004, 162(2): 421-430.

[105] Merdivenci A F, Guseinov G S. On Green's functions and positive solutions

for boundary value problems on time scales[J]. J. Comput. Appl. Math., 2002, 141: 75-99.

[106] Messer K R. Riccati techniques on a time scale[J]. Panamer. Math. J., 2003, 13(2): 1-17.

[107] Sun Hongrui, Li Wantong. Positive solutions of second-order half-linear dynamic equations on time scales[J]. Appl. Math. Comput., 2004, 158(2): 331-344.

[108] Wu Haihua, Zhou Zhan. Stability for first order delay dynamic equations on time scales[J]. Computers Math. Appl., 2007, 53(12): 1820-1831.

[109] Zhang Binggen, Fu Yunlian. The distribution of generalized zeros of solutions of delay differential equations on time scales[J]. J. Difference Equ. Appl., 2004, 10(8): 759-771.

[110] Zhao Y H, Sun J P, Yan K M, et al. A new existence theorem for Sturm-Liouville boundary value problems on a measure chain[J]. Int. J. Differ. Equ. Appl., 2003, 7(3): 247-255.

[111] Marks R J, Gravagne I A, Davis J M, et al. Nonregressivity in switched linear circuits and mechanical systems[J]. Math. Comput. Modelling, 2006, 43(3-4): 1383-1392.

[112] Bartosiewicz Z, Kotta U, Pawluszewicz E. Equivalence of linear control systems on time scales[J]. Proc. Estonian Acad. Sci. Phys. Math., 2006, 55(1): 43-52.

[113] Agarwal R P, O'Regan D, Saker S H. Oscillation criteria for second order nonlinear neutral delay dynamic equations[J]. J. Math. Anal. Appl., 2004, 300(1): 203-217.

[114] Agarwal R P, Bohner M, Saker S H. Oscillation of second order delay dynamic equations [J]. Canadian Applied Mathematics Quarterly, 2005, 13(1): 1-18.

[115] Akin-Bohner E, Erbe L, Kaymakalan B, et al. Oscillation results for a dynamic equation on a time scale[J]. J. Difference Equ. Appl., 2001, 7(6): 793-810.

[116] Akin-Bohner E, Hoffacker J. Oscillation properties of an Emden--Fowler type equation on discrete time scales[J]. J. Difference Equ. Appl., 2003, 9(6): 603-612.

[117] Akin-Bohner E, Hoffacker J. Solution properties on discrete time scales[J]. J. Difference Equ. Appl., 2003, 9(1): 63-75.

[118] Akin-Bohner E, Bohner M, Saker S H. Oscillation criteria for a certain class of second order Emden-Fowler dynamic equations[J]. Electron. Trans. Numer. Anal., 2007, 27: 1-12.

[119] Bohner M, Dosly O, Kratz W. An oscillation theorem for discrete eigenvalue problems[J]. Rocky Mountain J. Math., 2003, 33(4): 1233-1260.

[120] Bohner M, Saker S H. Oscillation criteria for perturbed nonlinear dynamic equations [J]. Math. Comput. Modelling, 2004, 40(3-4): 249-260.

[121] Bohner M, Saker S H. Oscillation of second order nonlinear dynamic equations on time scales[J]. Rocky Mountain J. Math., 2004, 34(4): 1239-1254.

[122] Bohner M. Some oscillation criteria for first order delay dynamic equations [J]. Far East J. Appl. Math., 2005, 18(3): 289-304.

[123] Bohner M, Erbe Lynn, Peterson Allan. Oscillation for nonlinear second order dynamic equations on time scales[J]. J. Math. Anal. Appl., 2005, 301: 491-507.

[124] Dosly O, Hilger S. A necessary and sufficient condition for oscillation of the Sturm Liouville dynamic equation on time scales[J]. J. Comput. Appl. Math., 2002, 141(1-2): 147-158.

[125] Erbe L H. Oscillation criteria for second order on a time scale[J]. Canad. Appl. Math. Quart. 2001, 9: 1-31.

[126] Erbe L H. Oscillation criteria for second order linear equations on a time scale[J]. Canad. Appl. Math. Quart., 2001, 9(4): 345-375.

[127] Erbe L H. Oscillation results for second order linear equations on a time scale[J]. J. Difference Equ. Appl., 2002, 8(11): 1061-1071.

[128] Erbe L H, Peterson A, Saker S H. Oscillation criteria for second-order nonlinear dynamic equations on time scales[J]. J. London Math. Soc., 2003, 67(3): 701-714.

[129] Erbe L H, Peterson A. Boundedness and oscillation for nonlinear dynamic equations on a time scale[J]. Proc. Amer. Math. Soc., 2004, 132(3): 735-744.

[130] Erbe L H, Peterson A, Saker S H. Asymptotic behavior of solutions of a third-order nonlinear dynamic equation on time scales[J]. J. Comput. Appl. Math., 2005, 181(1):92-102.

[131] Erbe L H, Peterson A, Saker S H. Hille-Kneser-type criteria for second-order dynamic equations on time scales[J]. Advances in Difference Equations, 2006, Vol. 2006: 1-18.

[132] Erbe L H, Peterson A, Saker S H. Hille and Nehari type criteria for third-order dynamic equations[J]. J. Math. Anal. Appl., 2007, 329(1): 112-131.

[133] Erbe L H, Peterson A, Saker S H. Oscillation criteria for second-order nonlinear delay dynamic equations[J]. J. Math. Anal. Appl., 2007, 333(1): 505-522.

[134] Manojlovic J V. Oscillation criteria for second-order half-linear differential equations on time scales[J]. Math. Comput. Modelling., 1999, 30: 109-119.

[135] Liu Ailian, Wu Hongwu, Zhu Siming, et al. Oscillation for nonautonomous neutral dynamic delay equations on time scales[J]. Acta Mathematica Scientia, 2006, 26(1): 99-106.

[136] Medico A, Kong Q. Kamenev-type and interval oscillation criteria for second-order linear differential equations on a measure chain[J]. J. Math. Anal. Appl., 2004, 294: 621-643.

[137] Medico A, Kong Q. New Kamenev-type oscillation criteria for second-order differential equations on a measure chain[J]. Computers Math. Appl., 2005, 50: 1211-1230.

[138] Sahiner Y. Oscillation of second-order delay differential equations on time scales[J]. Nonlinear Analysis, 2005, 63(5-6): 1073-1080

[139] Sahiner Y. Oscillation of second-order neutral delay and mixed-type dynamic equations on time scales[J]. Advances in Difference Equations, 2006, Vol. 2006: 1-9.

[140] Saker S H. Oscillation of nonlinear dynamic equations on time scales[J]. Appl. Math. Comput., 2004, 148(1): 81-91.

[141] Saker S H. Oscillation criteria of second-order half-linear dynamic equations on time scales[J]. J. Comp. Appl. Math. 2005, 177(2): 375-387.

[142] Saker S H. Oscillation of second-order nonlinear neutral delay dynamic equations on time scales[J]. J. Comp. Appl. Math., 2006, 187(2): 123-141.

[143] Saker S H, Agarwal R P, O'Regan D. Oscillation of second-order damped dynamic equations on time scales[J]. J. Math. Anal. Appl., 2007, 330(2): 1317-1337.

[144] Wu Hongwu, Zhuang Rongkun, Mathsen R M. Oscillation criteria for second-order nonlinear neutral variable delay dynamic equations[J]. Appl. Math. Comput., 2006, 178(2): 321-331.

[145] Zhang Binggen, Deng Xinghua. Oscillation of delay differential equations on time scales[J]. Math. Comput. Modelling, 2002, 36(11-13): 1307-1318.

[146] Zhang Binggen, Zhu Shanliang. Oscillation of second order nonlinear delay dynamic equations on time scales[J]. Computers Math. Applic., 2005, 49(4): 599-609.

[147] Agarwal R P, Grace S R, O'Regan D. Nonoscillatory solutions of delay and neutral singular differential equations[J]. Appl. Anal., 2002, 81: 1221-1244.

[148] Butler G J, Erbe L H. Oscillation results for selfadjoint differential systems [J]. J. Math. Anal. Appl., 1986, 115: 470-481.

[149] Erbe L H. Oscillation theorems for second order nonlinear differential equations[J]. Proc. Amer. Math. Soc., 1970, 24: 811-814.

[150] Erbe L H. Oscillation criteria for second order nonlinear differential equations[J]. Ann. Mat. Pura Appl., 1972, 44: 257-268.

[151] Erbe L H. Oscillation criteria for second order nonlinear delay equations[J]. Canad. Math. Bull., 1973, 16(1): 49-56.

[152] Grace S R. Oscillation theorems for nonlinear differential equations of second order[J]. J. Math. Anal. Appl., 1992, 171: 220-241.

[153] Li W T. Oscillation of certain second order nonlinear differential equations [J]. J. Math. Anal. Appl., 1998, 217: 1-14.

[154] Yeh C C. Oscillation criteria for second order nonlinear perturbed differential equations[J]. J. Math. Anal. Appl., 1989, 138: 157-165.

[155] Yu V Rogovchenko. Oscillation criteria for second order nonlinear perturbed differential equations[J]. J. Math. Anal. Appl., 1997, 215: 334-357.

[156] Yu V Rogovchenko. Oscillation criteria for certain nonlinear differential equations[J]. J. Math. Anal. Appl., 1999, 229: 399-416.

[157] Kubiaczyk I, Saker S H. Oscillation theorems of second order nonlinear neutral delay differential equations[J]. Disc. Math. Diff. Incl. Cont. Optim., 2002, 22: 185-212.

[158] Ladde G S, Qian C. Linearized oscillations for odd order neutral delay differential equations[J]. J. Differential Equations, 1990, 88: 238-247.

[159] Ladde G S, Qian C. Linearized oscillations for even order neutral delay differential equations[J]. J. Math. Anal. Appl. 1991, 159: 237-250.

[160] Lin L C, Wang G Q. On oscillations of first order nonlinear neutral differential equations [J]. J. Math. Anal. Appl., 1994, 186: 605-618.

[161] Mathsen R, Xu Y T, Wang Q R. Asymptotics and oscillation for first order neutral functional equations[J]. Rocky Mountain J. Math., 1994, 24(1): 199-212.

[162] Xu Run, Meng Fanwei. Some new oscillation criteria for second order quasi-linear neutral delay differential equations [J]. Appl. Math. Comput., 2006, 182: 797-803.

[163] Wang Qiru. Oscillation theorems for first order nonlinear neutral functional differential equations[J]. Computers Math. Appl., 2000, 39(5-6): 19-28.

[164] Wang Xiaoli, Meng Fanwei. Oscillation criteria of second-order quasi-linear neutral delay differential equations[J]. Math. Comput. Modelling, 2007, 46(3-4): 415-421.

[165] Wintner A. A criterion of oscillatory stability[J]. Quart. Appl. Math., 1949, 7: 115-117.

[166] Zheng Zhaowen, Meng Fanwei. Oscillation criteria for forced second-order quasi-linear differential equations[J]. Math. Comput. Modelling, 2007, 45: 215-220.

[167] Atkinson F V. On second-order nonlinear oscillations[J]. Pacific J. Math. 1955, 5: 643-647.

[168] Wong J S W. On the generalized Emden-Fowler equation[J]. SIAM Review, 1975, 17: 339-360.

[169] Han Zhenlai, Sun Shurong, Shi Bao. Oscillation criteria for a class of second order Emden-Fowler delay dynamic equations on time scales[J]. J. Math. Anal. Appl., 2007, 334(2):847-858.

[170] Abdallah S H. Oscillatory and non-oscillatory behavior of second-order neutral delay equations[J]. Appl. Math. Comput., 2003, 135: 333-344.

[171] Dzurina J, Mihalikova B. Oscillation criteria for second order neutral differential equations[J]. Math. Bohem., 2000, 125: 145-153.

[172] Grammatikopoulos M K, Ladas G, Meimaridou A. Oscillation of second order neutral delay differential equations[J]. Rat. Mat., 1985, 1: 267-274.

[173] Hsu H B, Yeh C C. Oscillation theorems for second order half linear differential equations [J]. Appl. Math. Lett., 1996, 9(6): 71-77.

[174] Kong Q. Nonoscillation and oscillation of second order half-linear differential equations [J]. J. Math. Anal. Appl., 2007, 332(1): 512-522.

[175] Kwong M K, Wong J S W. A non-oscillation theorem for superlinear Emden-Fowler equations with near-critical coefficients[J]. J. Diff. Equ., 2007, 238(1): 18-42.

[176] Li H J, Yeh C C. Nonoscillation criteria for second order half linear differential equations [J]. Appl. Math. Lett., 1995, 8(5): 63-70.

[177] Li H J, Liu W J. Oscillation for second order neutral differential equations [J]. Can. J Math., 1996, 48: 871-886.

[178] Li H J. Oscillation theorem for second order neutral delay differential equations[J]. Nonlinear Analysis, TMA, 1996, 26: 1397-1409.

[179] Li Wantong. Interval criteria for oscillation of second order half-linear ordinary differential equations[J]. Acta Math. Sinica, 2002, 445: 509-516.

[180] Xu Zhiting, Xia Yong. Kamenev-type oscillation criteria for second-order quasilinear differential equations[J]. Electron. J. Diff. Equ., 2005, Vol. 2005: 1-9.

[181] Xu Zhiting, Liu Xiuxiang. Philos-type oscillation criteria for Emden-Fowler neutral delay differential equations [J]. J. Comp. Appl. Math., 2007, 206 (2): 1116-1126.

[182] Yang Qigui, Yang L, Zhu S. Interval criteria for Oscillation of second order neutral differential equations[J]. Comput. Math. Appl., 2003, 46: 903-918.

[183] Wong J S W. Necessary and sufficient conditions for oscillation for second order neutral differential equations[J]. J. Math. Anal. Appl., 2000, 252: 342-352.

[184] Zhang Binggen, Yu Jianshe. Oscillation and nonoscillation for neutral differential equations[J]. J. Math. Anal. Appl., 1993, 173: 11-23.

[185] Han Zhenlai, Sun Shurong, Li Tongxing, et al. Oscillatory behavior of quasilinear neutral delay dynamic equations on time scales[J]. Advances in Difference Equations, vol. 2010, Article ID 450264, 24 pages.

[186] Hassan T S. Oscillation for half-linear dynamic equations on time scales[J]. J. Math. Anal. Appl., 2008, 345: 176-185.

[187] Han Zhenlai, Shi Baoshi, Sun Shurong. Oscillation criteria for second-order delay dynamic equations on time scales[J]. Advances in Difference Equations, 2007, vol. 2007, Article ID 70730, 16 pages.

[188] Tripathy A K. Some oscillation results for second order nonlinear dynamic equations of neutral type[J]. Nonlinear Analysis,TMA, 2009, 71(12):1727-1735.

[189] 韩振来，孙书荣，时宝. 时间尺度上一类二阶时滞动力方程的振动定理[J]. 上海交通大学学报，2007，41(10)：1718-1721.

[190] 韩振来，时宝，孙书荣. 时间尺度上二阶时滞动力方程的振动性[J]. 中山大学学报(自然科学版)，2007，46(6)：10-14.

[191] Erbe L H, Hassan T S, Peterson A. Oscillation criteria for nonlinear damped dynamic equations on time scales[J]. Appl. Math. Comput., 2008, 203: 343-357.

[192] Erbe L H, Jia Baoguo, Peterson A. Nonoscillation for second order sublinear dynamic equations on time scales[J]. J. Comut. Appl. Math., 2009, 232: 594-599.

[193] Han Zhenlai, Li Tongxing, Sun Shurong, et al. Oscillation for second-order nonlinear delay dynamic equations on time scales[J]. Advances in Difference Equations, 2009, vol. 2009, Article ID 756171, 13 pages.

[194] Sun Shurong, Han Zhenlai, Zhang Chenghui. Oscillation of second-order delay dynamic equations on time scales[J]. J. Appl. Math. Comput., 2009, 30: 459-468.

[195] Zhu Zhiqiang, Wang Qiru. Existence of nonoscillatory solutions to neutral dynamic equations on time scales[J]. J. Math. Anal. Appl., 2007, 335: 751-762.

[196] Grace S R, Agarwal R P, Bohner M, et al. Oscillation of second-order strongly superlinear and strongly sublinear dynamic equations[J]. Communications in Nonlinear Science and Numerical Simulation, 2009, 14: 3463-3471.

[197] 孙书荣，韩振来，张承慧. 时间尺度上二阶 Emden-Fowler 中立型时滞动力方程的振动准则[J]. 上海交通大学学报，2008，42(12)：2070-2075.

[198] Li Tongxing, Han Zhenlai, Sun Shurong, et al. Existence of nonoscillatory solutions to second-order neutral delay dynamic equations on time scales[J]. Advances in Difference Equations, 2009, vol. 2009, Article ID 562329, 10 pages.

[199] Li Tongxing, Han Zhenlai, Sun Shurong, et al. Forced oscillation of second order nonlinear dynamic equations on time scales[J]. Electronic Journal of Qualitative Theory of Differential Equations, 2009, 60: 1-8.

[200] Jia Baoguo, Erbe L, Peterson A. New comparison and oscillation theorems for second-order half-linear dynamic equations on time scales[J]. Comput. Math. Appl., 2008, 56: 2744-2756.

[201] Hassan T S. Oscillation of third order nonlinear delay dynamic equations on time scales[J]. Math. Comput. Modelling, 2009, 49: 1573-1586.

[202] Yu Zhihua, Wang Qiru. Asymptotic behavior of solutions of third-order nonlinear dynamic equations on time scales[J]. J. Comput. Appl. Math., 2009, 225: 531-540.

[203] Han Zhenlai, Li Tongxing, Sun Shurong, et al. Oscillation criteria for third

order nonlinear delay dynamic equations on time scales[J]. Ann. Polon. Math. 2010, 99(2): 143-156.

[204] Mathsen R M, Wang Q R, Wu H W. Oscillation for neutral dynamic functional equations on time scales[J]. J. Diffrence Equ. Appl., 2004, 10: 651-659.

[205] Saker S H, Agarwal R P, O'Regan D. Oscillation results for second-order nonlinear neutral delay dynamic equations on time scales[J]. Applicable Analysis, 2007, 86: 1-17.

[206] Saker S H. Oscillation of second-order neutral delay dynamic equations of Emden-Fowler type[J]. Dyn. Sys. Appl., 2006, 15: 629-644.

[207] Karpuz B. Unbounded oscillation of higher-order nonlinear delay dynamic equations of neutral type with oscillating coefficients[J]. Electron. J. Qual. Theory Differ. Equ., 2009, vol. 2009, 34:1-14.

[208] Karpuz B. Asymptotic behaviour of bounded solutions of a class of higher-order neutral dynamic equations[J]. Appl. Math. Comput., 2009, 215: 2174-2183.

[209] Han Zhenlai, Li Tongxing, Sun Shurong, et al. Oscillation behavior of third order neutral Emden-Fowler delay dynamic equations on time scales[J]. Advances in Difference Equations, vol. 2010, Article ID 586312, 23 pages.

[210] Li Tongxing, Han Zhenlai. Oscillation criteria of second-order nonlinear neutral delay dynamic equationns on time scales[J]. Proceeding of the 6th Conference of Biomathematics Taian, 2008, 563-567.

[211] 张全信，高丽. 时间尺度上具阻尼项的二阶半线性时滞动力方程的振动准则[J]. 中国科学：数学，2010，40(7)：673-682

[212] 孙一冰，徐美荣，李同兴，等. 时间尺度上二阶具阻尼项 Emden-Fowler 型动力方程振动性[J]. 滨州学院学报，2011，27(6)：13-17.

[213] Li Tongxing, Han Zhenlai, Sun Yibing, et al. Asymptotic behavior of solutions for third-order half-linear delay dynamic equations on time scales[J]. J Appl Math Comput (2011) 36 (1-2): 333-346.

[214] Sun Yibing, Han Zhenlai, Sun Ying, et al. Oscillation theorems for certain third order nonlinear delay dynamic equations on time scales[J]. Electronic Journal of Qualitative Theory of Differential Equations, 2011, 2011 (75): 1-14.

[215] Han Zhenlai, Sun Shurong, Sui Meizhen. Oscillation criteria of second-order delay dynamic equations on time scales[C]. Proc 8th ACIS International Conference on Software Engineering, Artificial Intelligence, Networking, and Parallel/Distributed Computing (SNPD 2007), IEEE Computer Society, 2007: 406-411.

[216] Agarwal R P, Zafer A. Oscillation criteria for second-order forced dynamic equations with mixed nonlinearities[J]. Advances in Difference Equations, 2009, vol. 2009: 1-20.

[217] Anderson D R. Oscillation of second-order forced functional dynamic equa-

tions with oscillatory potentials[J]. Journal of Difference Equations and Applications, 2007, 13(5): 407-421.

[218] Bohner M, Tisdell C. Oscillation and nonoscillation of forced second order dynamic equations[J]. Pacific Journal of Mathematics, 2007, 230: 59-71.

[219] Huang Mugen, Feng Weizhen. Oscillation for forced second-order nonlinear dynamic equations on time scales[J]. Electronic Journal of Differential Equations, 2006, 145: 1-8.

[220] Huang Mugen, Feng Weizhen. Forced oscillation of second order nonlinear dynamic equations on time scales[J]. Electronic Journal of Qualitative Theory of Differential Equations, 2008, 36: 1-13.

[221] Saker S H. Oscillation of second-order forced nonlinear dynamic equations on time scales[J]. Electronic Journal of Qualitative Theory of Differential Equations, 2005, 23: 1-17.

[222] Agarwal R P, Grace S R. Forced oscillation of nth order nonlinear differential equations[J]. Applied Mathematics Letters, 2000, 13: 53-57.

[223] Ou C H, Wong J S W. Forced oscillation of nth-order functional differential equations[J]. Journal of Mathematical Analysis and Applications, 2001, 262: 722-732.

[224] Wong J S W. Oscillation criteria for a forced second-order linear differential equation[J]. Journal of Mathematical Analysis and Applications, 1999, 231: 235-240.

[225] Sun Yuangong, Saker S H. Forced oscillation of higher order nonlinear difference equations[J]. Applied Mathematics and Computation, 2007, 187: 868-872.

[226] Erbe L H, Peterson A, Saker S H. Oscillation criteria for a forced second-order nonlinear dynamic equation[J]. Journal of Difference Equations and Applications, 2008, 14(10-11): 997-1009.

[227] Anderson D R. Interval criteria for oscillation of nonlinear second-order dynamic equations on time scales[J]. Nonlinear Analysis, 2008, 69(12): 4614-4623.

[228] Erbe L H, Hassan T S, Peterson A. Oscillation criteria for forced second-order functional dynamic equations with mixed nonlinearities on time scales[J]. Advances in Dynamical Systems and Applications, 2010, 5(1): 61-73.

[229] Sun Yibing, Han Zhenlai, Li Tongxing, et al. Oscillation criteria for second order quasi-linear neutral delay dynamic equations on time scales[J]. Advances in Difference Equations, vol. 2010, Article ID 512437, 14 pages.

[230] Han Zhenlai, Li Tongxing, Sun Shurong, et al. On the oscillation of second order neutral delay dynamic equations on time scales[J]. African Diaspora Journal of Mathematics, 2010,9(1):76-86.

[231] Chen Mu, Xu Zhiting. Interval oscillation of second order Emden-Fowler neutral delay differential equations[J]. Electron. J. Differ. Equ., 2007, 58: 1-9.

[232] Qin Huizeng, Shang Nina, Lu Youmin. A note on oscillation criteria of sec-

ond order nonlinear neutral delay differential equations[J]. Comput. Math. Appl., 2008, 56: 2987-2992.

[233] Erbe L H, Peterson A, Saker S H. Oscillation and asymptotic behavior of a third-order nonlinear dynamic equation[J]. The Canadian Applied Mathematics Quarterly, 2006, 14(2): 129-147.

[234] Li Tongxing, Han Zhenlai, Sun Shurong, et al. Oscillation results for third order nonlinear delay dynamic equations on time scales[J]. Bull. Malays. Math. Sci. Soc. (2), 2011, 34(3): 639-648.

[235] Han Zhenlai, Li Tongxing, Sun Shurong, et al. Oscillation behavior of solutions of third-order nonlinear delay dynamic equations on time scales[J]. Commun. Korean Math. Soc., 2011, 26(3): 499-513.

[236] Agwo H A. Oscillation of nonlinear second order neutral delay dynamic equations on time scales[J]. Bull. Korean Math. Soc., 2008, 45: 299-312.

[237] Lin Xiaoyan. Oscillation of second-order nonlinear neutral differential equations[J] J. Math. Anal. Appl., 2005, 309: 442-452.

[238] Wong J S W. Corrigendum to "Necessary and sufficient conditions for oscillation of second order neutral differential equations [J. Math. Anal. Appl. 252 (2000) 342-352]" [J]. J. Math. Anal. Appl. 2007, 332: 751-752.

[239] Li Wantong, Saker S H. Oscillation of second-order sublinear neutral delay difference equations[J]. Appl. Math. Comput. 2003, 146: 543-551.

[240] Yildiz M K, Öcalan Ö. Oscillation results for higher order nonlinear neutral delay difference equations[J]. Appl. Math. Lett. 2007, 20: 243-247.

[241] Cheng Jinfa. Kamenev-type oscillation criteria for delay difference equations [J]. Acta Mathematics Scientia, 2007, 27: 574-580.

[242] Han Zhenlai, Li Tongxing, Sun Shurong, et al. Oscillation criteria for a class of second order neutral delay dynamic equations of Emden-Fowler type[J]. Abs. Appl. Anal., vol. 2011, Article ID 653689, 26 pages.

[243] Chen Weisong, Han Zhenlai, Sun Shurong, et al. Oscillation behavior of a class of second-order dynamic equations with damping on time scales[J]. Discrete Dynamics in Nature and Society, 2010, vol. 2010, Article ID 907130, 15 pages.

[244] 李同兴,韩振来,张承慧,等. 时间尺度上三阶 Emden-Fowler 时滞动力方程振动准则[J]. 数学物理学报, 2012, 32A(1): 222-232.

[245] 时宝,翟景春. 具有时滞的 Volterra 反应扩散差分方程的稳定性[J]. 高校应用数学学报(A 辑). 2000, 15(4): 407-414.

[246] 李同兴,韩振来. 一类具振动系数的二阶中立型差分方程振动性[J]. 济南大学学报(自然科学版), 2009, 23(4): 410-413.

[247] 赵以阁,孙书荣. 一类三阶非线性中立型时滞差分方程的振动性[J]. 北京工商大学学报(自然科学版), 2009, 27(5): 65-67.

[248] 韩振来. 具连续变量的非线性时滞差分方程的振动性[J]. 应用数学与计算数学学报，1999，13(1)：60-64.

[249] 熊万民，王志成. 具连续变量的中立型差分方程的振动性[J]. 湖南大学学报，2001，28(1)：8-12.

[250] 刘召爽，吴淑慧. 连续变量一阶中立型差分方程的振动性[J]. 河北师范大学学报，2002，26(2)：113-117.

[251] 廖新元，朱惠延. 具有连续变量的中立型差分方程解的振动性[J]. 数学理论与应用，2002，22(2)：27-30.

[252] 孙书荣，韩振来. 一类具有连续变量的二阶中立型差分方程的振动性[J]. 工程数学学报，2005，22(5)：943-946.

[253] 李同兴，韩振来，张萌，等. 一类具有连续变量的二阶非线性中立型时滞差分方程的振动性[J]. 山东大学学报(理学版)，2008，43(2)：70-73.

[254] 韩振来，孙书荣，时宝. 具有连续变量的多时滞二阶非线性中立型差分方程的振动性[J]. 生物数学学报，2007，22(2)：293-297

[255] 关新平，杨军，俞元洪. 二阶非线性中立型时滞差分方程的正解[J]. 应用数学学报，1999，22(3)：383-391.

[256] 张广，高英. 高阶非线性差分方程的正解[J]. 系统科学与数学，1999，19(2)：157-161.

[257] 孙书荣，韩振来. 高阶非线性变系数非自治中立型时滞差分方程正解的存在性[J]. 华东理工大学学报，2007，33(1)：145-148.

[258] 张萌，孙书荣. 偶数阶中立型差分方程最终正解的存在性[J]. 北京工商大学学报(自然科学版)，2009，27(6)：66-68.

[259] 韩振来，孙书荣，滕厚山. 三阶非线性非自治中立型时滞差分方程正解存在性定理[J]. 数学的实践与认识，2006，36(8)：304-308.

[260] 韩振来，孙书荣，滕厚山. 高阶非线性时滞差分方程的振动性判据[J]. 华东理工大学学报，2005，31(2)：237-239.

[261] Sun Shurong, Han Zhenlai. Oscillation criteria for second order difference equations of neutral type with mixed arguments[J]. Ann. of Diff. Eqs., 2005, 21(2): 198-202.

[262] Agarwal R P, Shieh S L, Yeh C C. Oscillation criteria for second order retarded differential equations[J]. Math. Comput. Modelling, 1997, 26(4): 1-11.

[263] Deng J Q. Oscillation of second order linear differential equations[J]. J. Math. Anal. Appl., 2002, 271(1): 418-438.

[264] Elbert A. Oscillation and nonoscillation criteria for linear second order differential equations[J]. J. Math. Anal. Appl., 1998, 226: 207-219.

[265] Wong P J, Agarwal R P. Oscillatory behavior of solutions of certain second order nonlinear differential equations[J]. J. Math. Anal. Appl., 1996, 198: 337-354.

[266] Kamenev I V. An integral criterion for oscillation of linear differential equa-

tions of second order[J]. Mat. Zametki, 1978, 23: 249-251.

[267] Kong Qingkai. Interval criteria for oscillation of second order linear ordinary differential equations[J]. J. Math. Anal. Appl., 1999, 229: 258-270.

[268] Li H J. Oscillation criteria for second order linear differential equations[J]. J. Math. Anal. Appl., 1995, 194: 217-234.

[269] Yan Jurang. Oscillation theorem for second order linear differential equations with damping[J]. Proc. Amer. Math. Soc., 1986, 98: 276-282.

[270] Han Zhenlai, Li Tongxing, Sun Shurong, et al. Remarks on the paper [Appl. Math. Comput. 207 (2009) 388-396] [J]. Applied Mathematics and Computation, 2010, 215: 3998-4007.

[271] Sun Yuangong, Meng Fanwei. Oscillation of second-order delay differential equations with mixed nonlinearities[J]. Appl. Math. Comput., 2009, 207: 135-139.

[272] Sun Yuangong, Meng Fanwei. Note on the paper of Džurina and Stavroulakis[J]. Appl. Math. Comput., 2006, 174: 1634-1641.

[273] Han Zhenlai, Li Tongxing, Sun Shurong, et al. Oscillation criteria for second-order nonlinear neutral delay differential equations[J]. Adv. Differ. Equ. 2010, vol. 2010, Article ID 763278, 23 pages.

[274] Han Zhenlai, Li Tongxing, Sun Shurong, et al. On the oscillation of second order neutral delay differential equations[J]. Adv. Diff. Equ. 2010, vol. 2010, Article ID 289340, 8 pages.

[275] Han Zhenlai, Li Tongxing, Sun Shurong, et al. Oscillation of second order quasilinear neutral delay differential equations[J]. Journal of Appl. Math. Comput, 2012, 40:551-554.

[276] 韩振来，孙一冰，李同兴，等. 一类偶数阶中立型半线性时滞微分方程振动性[J]. 吉首大学学报，2010,31(2):7-9.

[277] Li Tongxing, Han Zhenlai, Zhao Ping, et al. Oscillation of Even-order neutral delay differential equtions[J]. Adv. Diff. Equ. 2010, vol. 2010, Article ID 184180, 9 pages.

[278] 韩振来，李同兴，孙一冰，等. 二阶 Emden-Fowler 中立型时滞微分方程振动准则[J]. 理论数学，2011，1(1):37-40.

[279] Li Tongxing, Han Zhenlai, Zhang Chenghui, et al. On the oscillation of second-order Emden-Fowler neutral differential equations[J]. J Appl Math Comput, 2011, 37(1-2):601-610.

[280] Han Zhenlai, Li Tongxing, Zhang Chenghui, et al. Oscillation criteria for a certain second-order nonlinear neutral differential equations of mixed type[J]. Abstract and Applied Analysis, 2011, vol. 2011, Article ID387483, 9 pages.

[281] Sun Yibing, Han Zhenlai, Zhao Ping, et al. Oscillation theorems for certain second order nonlinear differential equations[J]. Journal of Applied Mathematics and

Informatics, 2011, 29(5-6):1557-1569.

[282] Sun Shurong, Li Tongxing, Han Zhenlai, et al. Oscillation of second-order neutral functional differential equations with mixed nonlinearities[J]. Abstract and Applied Analysis, 2011,vol. 2011, Article ID 927690,15 pages.

[283] Li Tongxing, Han Zhenlai, Zhang Chenghui, et al. Oscillation criteria for second-order superlinear neutral differential equations[J]. Abstract and Applied Analysis, 2011, vol. 2011, Article ID367541, 17 pages.

[284] Sun Shurong, Li Tongxing, Han Zhenlai, et al. Oscillation theorems for second-order quasi-linear neutral functional differential equations[J]. Abstract and Applied Analysis, 2012, vol. 2012, Article ID 819342, 17 pages.

[285] 程祥凤,孙一冰,刘雪艳,等. 二阶具混合非线性时滞微分方程的振动性[J]. 聊城大学学报(自然科学版), 2011,24(2): 1-4.

[286] 张全信,俞元洪. 偶阶半线性阻尼泛函微分方程的振动性[J]. 应用数学学报, 2010, 33(4): 601-610.

[287] Liu S H, Zhang Quanxin, Yu Y H. Oscillation of even-order half-linear functional differential equations with damping[J]. Computers and Mathematics with Applications, 2011, 61(8): 2191-2196.

[288] Zhang Quanxin, Yan Jurang, Gao Li. Oscillation behavior of even-order nonlinear neutral differential equations with variable coefficient[J]. Computers and Mathematics with Applications, 2010, 59: 426-430.

[289] Zhang Chenghui, Li Tongxchg, Sun Bin, et al. On the oscillation of higher-order half-linear delay differential equations[J]. Applied Mathematics Letters, 2011, 24: 1618-1621.

[290] Baculíkova B, Džurina J. Oscillation theorems for second order neutral differential equations[J]. Computational and Applied Mathematics, 2011, 61: 94-99.

[291] Meng Fanwei, Xu Run. Oscillation criteria for certain even order quasi-linear neutral differential equations with deviating arguments[J]. Applied Mathematics and Computation, 2007, 190: 458-464.

[292] Zafer A. Oscillation criteria for even order neutral differential equations[J]. Applied Mathematics Letters, 1998, 11: 21-25.

[293] Sun Yibing, Han Zhenlai, Sun Shurong, et al. Oscillation criteria for even order nonlineaar neutral differential equations[J]. Electronic Journal of Qualitative Theory of Differential Equations, 2012, 2012(30): 1-12.

[294] Ruan S G. Oscillations of second order neutral differential equations[J]. Canadian Mathematical Bulletin, 1993, 36(4): 485-496.

[295] Xu Run, Meng Fanwei. New Kamenev-type oscillation criteria for second order neutral nonlinear differential equations[J]. Applied Mathematics and Computation, 2007, 188(2): 1364-1370

[296] Ye L, Xu Z. Oscillation criteria for second order quasilinear neutral delay differential equations [J]. Applied Mathematics and Computation, 2009, 207 (2): 388-396.

[297] Liu L, Bai Y. New oscillation criteria for second-order nonlinear neutral delay differential equations[J]. Journal of Computational and Applied Mathematics, 2009, 231(2): 657-663.

[298] Han Zhenlai, Li Tongxing, Sun Shurong, et al. An Oscillation Criteria for Third Order Neutral Delay Differential Equations [J]. Journal of Applied Analysis, 2010, 16: 295-303.

[299] Han Zhenlai, Li Tongxing, Zhang Chenghui, et al. Oscillatory behavior of solutions of certain third-order mixed neutral functional differential equations[J]. Bulletin of the Malaysian Mathematical Society, 2012, 35(3): 661-620.

[300] Zafer A. On oscillation and nonoscillation of second order dynamic equations [J]. Appl. Math. Lett., 2009, 22: 136-141.

[301] Yu Zhihua, Wang Qiru. Asymptotic behavior of solutions of third-order nonlinear dynamic equations on time scales[J]. J. Comput. Appl. Math., 2009, 225: 531-540.

[302] Grace S R, Bohner M, Sun Shurong. Oscillation of fourth-order dynamic equations[J]. Hacettepe Journal of Mathematics and Statistics, 2010, 39(4): 545-553.

[303] 孙一冰,韩振来,孙书荣,等.时间尺度上一类二阶具阻尼项的半线性中立型时滞动力方程的振动性[J].应用数学学报,2013,36(3):480-494.

[304] Hanan M. Oscillation criteria for third order differential equations[J]. Pacific J. Math., 1961, 11: 919-944.

[305] Baculíková B, Džurina J. Oscillation of third-order neutral differential equations[J]. Math. Comput. Modelling, 2010, 52: 215-226.

[306] Grace S R. On the oscillations of mixed neutral equations[J]. J. Math. Anal. Appl., 1995, 194: 377-388.

[307] Grace S R. Oscillations of mixed neutral functional differential equations[J]. Appl. Math. Comput., 1995, 68: 1-13.

[308] Yan Jurang. Oscillations of higher order neutral differential equations of mixed type[J]. Israel. J. Math., 2000, 115: 125-136.

[309] Sun Yibing, Han Zhenlai, Sun Shurong, et al. Interval oscillation criteria for second order nonlinear forced dynamic equations with damping on time scales[J]. Abstract and Applied Analysis, 2013, vol. 2013, Article ID 359240, 11 pages.